세상의 모든 고기
Every Meat in the World

세상의 모든 고기
Every Meat in the World

1판 1쇄 인쇄 | 2022년 6월 10일
1판 1쇄 발행 | 2022년 6월 15일

지 은 이 | 이성기
고 문 | 김학민
펴 낸 이 | 양기원
펴 낸 곳 | 학민사

출판등록 | 제10-142호, 1978년 3월 22일
주 소 | 서울시 마포구 토정로 222 한국출판콘텐츠센터 314호(㊝ 04091)
전 화 | 02-3143-3326~7
팩 스 | 02-3143-3328
홈페이지 | www.hakminsa.co.kr
이 메 일 | hakminsa@hakminsa.co.kr

ISBN 978-89-7193-263-6 (03590), Printed in Korea

먹어야 할까 말아야 할까, 40년 식육 연구자가 알려 주는 고기에 관한 모든 것

세상의 모든 고기
Every Meat in the World

글 · 이성기

그림 · 이 지 수

머리말

지구상에 수많은 생명체가 있지만, 척추 포유동물에 속하는 영장류인 인간이 진화과정에서 최후의 승자로 살아남았다. 인간의 주변에는 원숭이, 침팬지도 있고, 사자, 호랑이 소, 말, 양들도 함께 살아가고 있다. 벌레와 그보다 작은 박테리아와 바이러스도 함께 살아가고 있어 모든 생명체가 공존 공생하는 것처럼 보이지만, 자세히 들여다보면 생존경쟁의 냉혹한 자연법칙 하에 적자생존만이 있다.

인간은 마음만 먹으면 무엇이든 먹을 수 있다. 최근 바이러스가 인간의 몸을 자기들의 먹이인 줄 알고 덤벼들고 있지만, 오늘날 인간의 시조 시절처럼 큰 위협을 주는 맹수는 없다. 아프리카나 시베리아에 사자나 호랑이가 있어도 인간의 삶에 크게 위협이 되지 않는다. 호모사피엔스가 그들을 이미 제압하였기 때문이다. 인간은 오히려 야생동물을 가축화하여 그들의 고기를 먹고 있다.

인류가 문명의 세계에 진입한 후 고기는 최고의 음식이었다. 모두가 즐기기에 항상 부족하여, 고기는 남자의 음식이었으며 권력자가 이용한 신의 음식이었다. 먹거리를 정의한다면, 그렇게 품위 있고 고상하지 않다. 먹거리는 인간이 인간 외의 생물체를 살생하거나 약탈해서 얻은 유기체다. 무, 배추, 토마토, 고추, 감자, 쌀, 보리, 밀 등 식물성 식품도 마찬가지다.

왜 인간은 고기에 열광하는가? 고기는 외형과 내장기관, 근육의 미세구조, 오감과 감성, 어쩌면 영혼까지도 인간과 유사한 동물을 죽여 얻은 결과물이기 때문이다. 고기는 살육의 기쁨과 죄의식, 먹고 싶은 욕망과 망설임이 혼재한 상태에서 얻어진 음식이다. 그러나 고기에 대한 갈등에도 불구하고 언제나 욕망이 승리를 거두었다. 불에 지글지글 익으면서 풍기는 향과 고소한 맛이 모든 심적 갈등이나 장애물을 압도했기 때문이다.

고기에 농축된 고 영양가 때문에 인간은 적자생존에서 유리하게 진화하였다. 사람의 근육은 희생된 타자의 근육을 섭취하여 축적되었다. 자기 몸속에 소 5마리쯤은 들어있을 것이라고, 어느 아르헨티나인은 농담했다. 인간의 근육은 고기와 여러 식품을 통하여 유전정보를 받아 형성되었다. 물론 섭취한 고기가 곧바로 근육이 되는 것은 아니지만, 고기에 들어있는 고급 단백질이 인간의 살점이 되는 데는 기여하고 있다.

신을 위한 고기는 과학이 발달하고 경제가 성장하면서 대중의 먹거리로 변화하기 시작하였다. 고기섭취의 욕망은 누구에게나 실현되었고, 또 다른 먹거리의 풍족함 때문에 고기를 먹지 않아도 살 수 있는 세상이 되었다. 고기섭취를 비판하거나 거부하는 소비층도 생기기 시작했다.

고기를 먹고 싶다는 욕망에서 벗어나 다른 눈으로 소, 돼지를 바라보면 생각이 복잡해진다. 그들이 인간과 너무나 가까운 생물체라는 사실이다. 원시 선조가 동굴벽화에 표현한 동물의 인간화, 반인반수의 모습은 혼란스럽다. 동물에 대한 사랑과 측은지심 따위의 감정일 것이다.

가축의 대량사육 과정에서 발생하는 항생제 남용, 열악한 사육환경, 환경오염 문제, 붉은색 고기와 가공식품의 과잉섭취는 인간과 동물의 관계를 더욱 어렵게 만들고 있다. 아직도 보신탕을 즐기는 마니아가 있는가 하면, 애완용 동물이나 반려견을 가족처럼 생각하는 사람도 많다. 개고기 식당 옆에 애완견 용품점이나 애완견 카페가 영업 중인 세상에 우리는 살고 있다.

나는 40년간 식육학食肉學을 연구하고 강의하였다. 근육의 미세구조와 근육의 고기 전환, 도축과 도체처리, 육질과 위생증진, 포장·유통·가공기술의 개발을 위해 연구소와 학교에서 반평생을 보냈다. 식육학과 영양학에서 추구하는 고기의 가치와 사회학이나 환경 분야에서 관찰하는 고기는 약간의 거리가 있음을 느낀다. 동물애호가나 채식주의자가 보는 고기에 대한 관점은 말할 것 없다.

대중에게 고기에 대한 바른 지식을 전달해야 하고, 그래서 그들이 고기에 대해 올바른 인식을 가지는 것이 필요하다. 영양성분이 우수한 고기, 위생적인 고기를 알아야 하고, 자신의 건강에 맞는 식이 방법을 택해야 한다.

고기는 우리에게 어떤 의미를 주는 음식인가? 왜 고기를 먹거나 먹지 말아야 하는가? 고기는 우리의 삶에 어떻게 영향을 미쳤는가? 이러한 질문들에 대한 대답이 이 책이다.

이 책은 강원대학교 교수 퇴임을 앞두고 그간에 쓴 글들의 모음이다. 이 책에 수록된 글들은 각각 집필 시점이 달라 일부 설명이 중복되거나 부족한 부분도 있다. 또한, 식육학 외에 고기를 인문학적으로 접근한 글들은 그 분야 여러 전문가의 연구를 참조하였는바, 그 연구물을 내가 제대로 소화하여 반영했는지 조심스럽다. 부족한 점이 있다면 독자 여러분의 너그러운 질정과 이해를 바란다.

그동안 교수로, 연구자로 고지식하게 한 길을 걸어온 남편을 조용히 응원해준 아내 서미혜, 5개월 아이를 키우면서 초고 교정을 도와준 큰 딸 지영, 직장생활을 하면서 바쁜 시간을 쪼개어 멋진 삽화를 그려준 둘째 딸 지수, 박사과정을 하면서 늘 관심과 지지를 보내준 아들 호욱에게 고마움을 표한다. 끝으로, 복잡한 원고를 가지런히 정리하여 전문 연구서로 멋지게 출간해 준 양기원 대표 등 학민사 여러분께도 감사드린다.

2022년 5월

이 성 기

차 례

PART 1 고기 이야기

PART 2 세계의 유명 육가공품들

PART 3 고기의 인문학

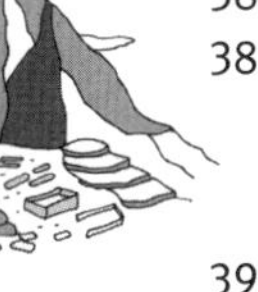

PART 1

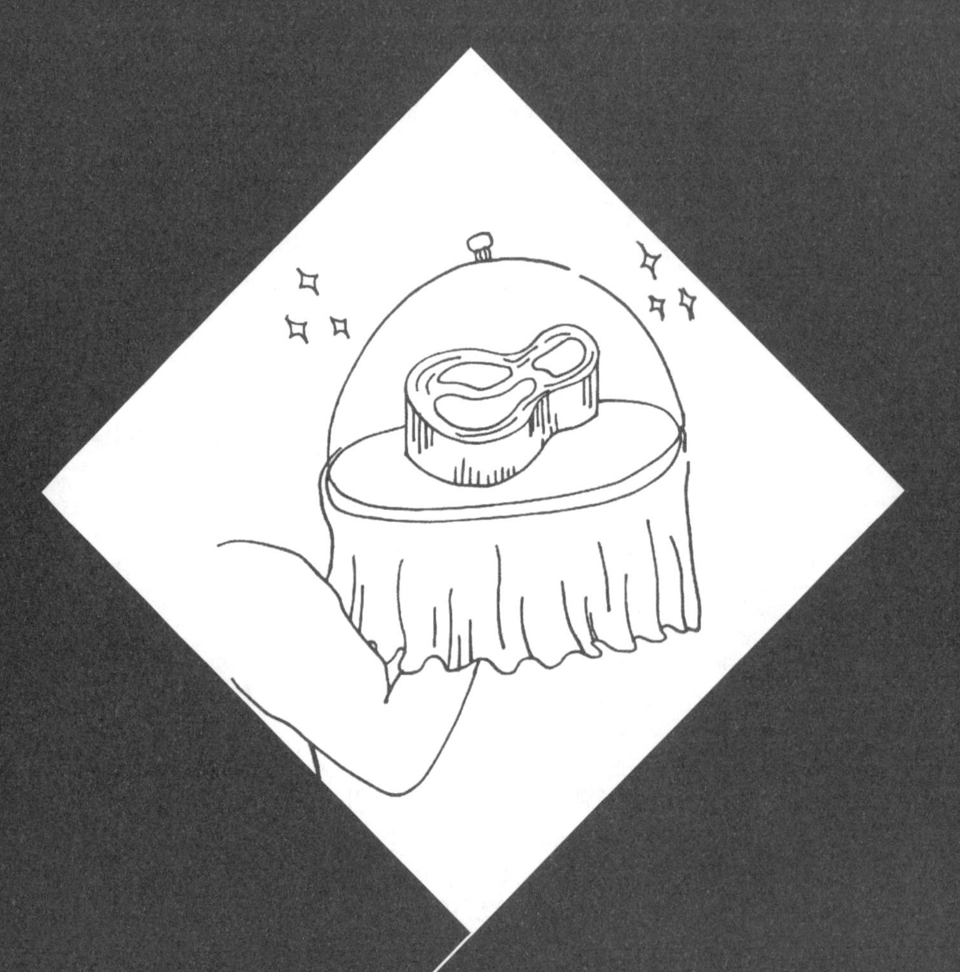

고기 이야기

제1장_ 고기, 제대로 알고 먹자

제2장_ 좋다 나쁘다, 고기 논쟁

제3장_ 억울하다, 고기 기름

제4장_ 뜨는 고기, 지는 고기

제1장

고기, 제대로 알고 먹자

01 _ 근육에서 고기로

근육과 고기는 언뜻 비슷한 용어처럼 느껴진다. 실제 고기를 근육 식품이라고도 한다. 그렇지만 근육을 먹는다고 하지 않고 고기를 먹는다고 한다. 근육과 고기는 비슷하면서도 명확하게 다르다. 근육이란 동물의 운동을 담당하는 기관으로 뼈에 붙어있는 혈액, 힘줄, 껍데기를 포함하여 살을 통틀어 이르는 말이다. 일반적으로 어류를 포함한 가축과 사람의 살을 지칭하며, 생사와 상관없이 쓰는 용어이다. 이에 비해 고기란 생명이 끊어진 동물의 사체로부터 얻는 것 중에 인간이 식용할 수 있는 근육이다. 곧 살코기를 말한다. 죽은 살인지 살아있는 살인지, 그리고 식용 가능한지가 근육과 고기를 구분하는 기준이다.

학교에서 식육학食肉學을 강의하기 전에 기초 학문으로써 근육의 구조와 기능을 설명할 때는 똑같은 포유동물이자 척추동물인 사람의 근육에 관한 자료를 많이 활용한다. 그만큼 소, 돼지의 근육보다는 인간 근육에 관한 연구와 시청각 자료가 많기 때문일 것이다. 하지만 그보다 더 중요한 이유는 기본적인 구조와 기능에 있어 사람과 동물의 근육 간에 별 차이가 없기 때문이다.

살아있는 근육은 일생에 걸쳐 변하는 유기체이다. 기존의 근육은 사라지고 새로 생성되는 단백질의 합성과 분해가 반복적으로 진행된다. 그러므로 얼마 전의 내 살과 피가 지금의 내 것이 아니다. 끊임없이 리모델링 과정에 의해 생기고 없어지며 유지되는 것이다. 성장할 때는 근육량의 소실보다 생성이 많고, 노화가 진행되면 생성보다 소실되는 것이 많다.

근육은 근섬유를 주축으로 신경과 모세혈관을 포함하여 입체적으로 구성되어 있다. 근육을 확대해서 들여다보면 각종 막膜으로 둘러싸여 있고, 막 내부에 섬유가 들어가 있으며, 그 사이에 다량의 물과 많은 미세조직을 함유하고 있다. 그러므로 근육의 주요 구성 물질은 근섬유muscle fiber이다. 삶은 고기가 한 방향으로 실처럼 찢겨 지는 것을 보면 근육이 섬유로 구성되어 있음을 쉽게 알 수 있다.

건강하고 정상적인 근육은 유연하고 탄력이 있다. 축구 경기 중에 선수들이 다리에 쥐가 나서 쓰러진 모습을 가끔 본다. 다리 근육이 마비된 것이다. 일반인도 격렬한 감정의 변화가 있거나 악몽에 시달릴 때 팔다리가 일시적으로 마비되는 경험을 하게 된다. 이렇게 근육이 경련을 일으키면서 딱딱하게 변하는 현상을 수축contraction이라고 하며, 편안하고 부드럽게 유지되는 상태를 이완relaxation이라고 한다. 살아있는 근육은 수축과 이완의 기능을 갖고 있다. 이게 살아있다는 증거다.

왜 쥐가 났다가 풀어지는가? 이를 이해하기 위해 근섬유의 구조를 살펴볼 필요가 있다. 근섬유는 마이오신myosin과 액틴actin이라는 근원섬유 단백질로 구성되어 있는데, 평상시는 서로 떨어져 유지하고 있다. 그런데 어떤 자극이 신체에 가해지면 이들이 서로 달라붙게 된다. 칠월칠석에 견우와 직녀가 은하수 다리를 건너 서로 만나는 전설처럼 말이다. 칠석날 연결 다리는 만남을 의미하지만, 액틴과 마이오신의 연결 다리는 수축을 의미한다. 살아있는 자의 근육은 부분적인 수축에서 이내 이완으로 회복되어 정상 근육이 된다. 그렇지만 죽은 자의 근육은 수축이 고착화하여 다시 돌아오지 못한다. 견우와 직녀에게는 연결 다리가 필요하지만, 사람에게는 근섬유끼리 연결되지 않아야 좋다. 동물 근육에서 근원섬유끼리의 완전한 연결은 곧 죽음을 의미한다.

건강한 근육에는 항상 ATP라는 에너지와 마그네슘Mg이 관여하고 있다. 근섬유 간 거리를 유지하는 힘이다. 죽은 자의 근육에는 ATP가 없고, 대신 젖산만 축적된다. 살아있는 근육의 ATP는 음식으로부터 생성된다. 섭취된 영양 성분이 대사과정을 거쳐 근육 속의 미토콘드리아의 막을 지나면서 최종적으로 ATP가 탄생한다. 근육에서 ATP라는 에너지를 생산하기 위해서는 음식을 통해 얻은 영양소와 호흡을 통해 운반된 산소, 이것을 운반하는 혈류의 흐름(심장박동)이 필요하다. 정상적으로 음식을 섭취하고 호흡을 하면 문제가 없다. 그런데 격렬하게 운동하거나, 산소를 충분히 공급하지 못하거나 몹시 피곤할 때, 때로는 스트레스를 많이 받게 될 때 근육에서 ATP가 일시적으로 생성되지 못하고 대신 젖산으로 남게 된다. 젖산이 축적되어 산성화된 근육은 피곤한 상태가 되어 부분적으로 수축이 일어난다. 이런 경우에는 충분히 휴식을 취해야 한다. 피로의 회복이란 휴식을 통해 혈액 속의 젖산이 간肝에서 사라지고 다시 포도당으로 전환됨을 의미한다. 만약 간 기능에 이상이 있다면 젖산이 계속 남아있어 피로의 회복이 늦어질 것이다.

ATP는 살아있는 자만이 갖는 신의 선물이다. ATP는 근육의 마이오신과 액틴이라는 초원섬유가 서로 일정한 거리를 두고 붙지 않게 하는 에너지이며, 근육을 부드럽게 해주는 역할을 한다. 동물이 죽게 되면 ATP가 서서히 사라지면서 근육이 굳어지기 시작한다. 이를 사후강직死後强直이라고 부른다. 살아있는 근육에서는 근육 마비가 일어나도 통상 전체 근육의 5% 이내에서 부분적으로 이루어지나, 죽은 근육은 100% 수축된다. 죽은 후 하루 정도 지난 시신을 손으로 더듬어 본 적이 있는가? 살았을 때의 느낌과 다르게 돌덩어리처럼 딱딱하게 변한 촉감을 느꼈을 것이다. 우리는 예외 없이 언젠가는 죽어서 내 몸의 마이오신과 액틴이 결합하여 근육이 100% 수축하는 날이 올 것이다.

고기로 이야기를 바꿔보자. 인류는 지구상에 출현할 때부터 먹거리를 위해, 또는 생존을 위해 매머드와 같은 대형 척추 포유동물과 싸웠다. 결과적으로 현생 인류는 타 동물과의 생존 경쟁에서 살아남았다. 그리고 그 전리품이 바로 고기이다. 왜 채식주의자들이 고기에 거부감을 보이는가? 그것은 타자를 살생해서 그 육신을 먹기 때문일 것이다. 더구나 소, 돼지는 인간과 유전적으로 가까운 동물이다. 그들도 오감이 있어 느낄 줄 알고, 사랑과 종족 보호 본능이 있다. 적어도 근육의 미세 구조 측면에서는 사람과 다르지 않다. 인간이 동물을 살생하면서 복잡한 감정이 솟구치는 것은 자연스러운 현상일 것이다.

인류는 태초부터 고기를 먹어왔다. 살아남기 위해 살생을 저질렀다. 그것만이 전부가 아니다. 고기를 먹고 싶은 욕망이 그 어느 행위보다 본능적으로 강했다. 고기를 얻기 위한 살생에는 항상 기쁨과 동시에 죄의식이 동반되었다. 만약 인류가 고기를 먹지 않고 사냥도 포기했다면 지구상에 존재하지 않았거나, 아니면 타자의 손에 길들어진 가축이 되었을 것이다. 고기야말로 인류의 먹거리 중에서 가장 맛있고 영양가가 많아 본능적

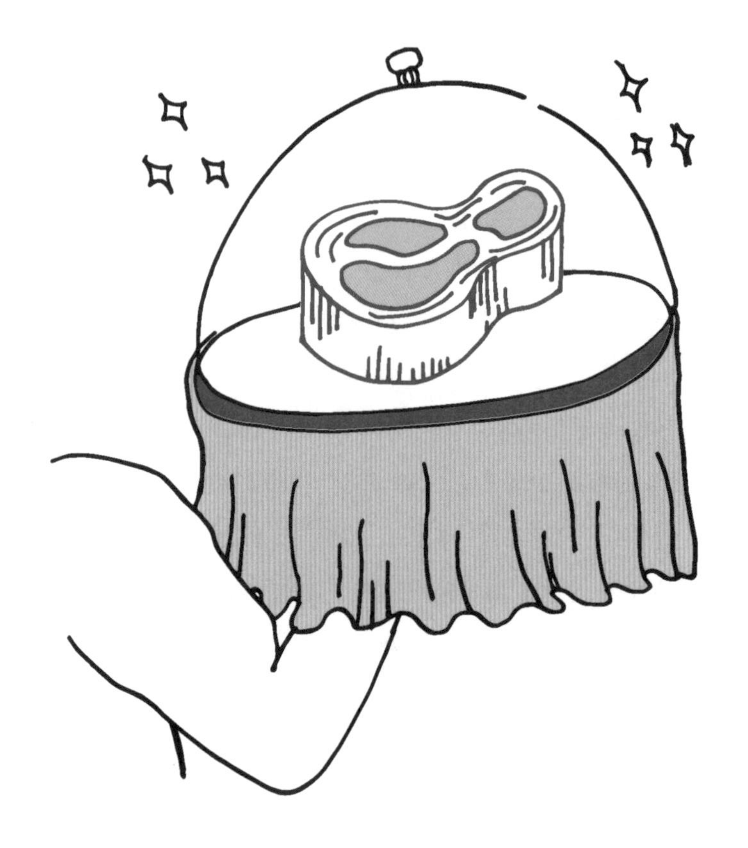

으로 끌리는 음식이며, 나아가 인간이 지구에서 승자가 될 수 있었던 요인이었다.

가축을 도축해서 하루 정도 지나면 고기가 매우 질기고 맛도 없는 상태가 된다. 근원섬유가 100% 수축하였기 때문이다. 고기는 살아있는 근육처럼 이완이 불가능하므로 숙성熟成이라는 다른 방법으로 조직을 부드럽게 한다. 숙성이란 이미 굳어진 근육의 입체 구조를 파괴하는 행위이다. 이 작용을 효소enzyme가 담당한다. 효소는 우리 몸 스스로 가지고 있는 것과 외부 미생물이 생산하는 것으로 분류할 수 있다. 우리 몸에 지닌 대표적 효소가 카텝신cathepsin과 칼페인calpain이다. 이들은 살아있는 근육 단백질의 분해와 재생에 관여하지만, 죽게 되면 강직된 근육 구조물을 파괴하는 역할만 한다. 그 결과 딱딱한 고기가 부드럽게 변할 뿐 아니라 맛과 향기도 좋아진다.

숙성시킬 때 주의할 사항은 위생이다. 고기를 잘못 취급하여 미생물에 오염되면 숙성이 아니라 부패로 이어진다. 오염된 미생물에서 나오는 효소도 고기 조직을 분해하기 때문이다. 성공적인 숙성이란 외부 미생물에 의한 고기 단백질의 분해가 아니라, 고기 자체가 가지고 있는 효소에 의해 분해되는 것이다. 미생물도 사람과 같이 강직된 고기보다 숙성된 고기를 더 좋아한다. 인간으로서는 미생물이 덤벼들기 전에 고기를 숙성시켜 소비하는 것이 여러모로 좋다. 그러므로 미생물의 초기 오염을 막아야 한다. 여기에서도 미생물과 사람 사이에 경쟁이 벌어지는 것이다. 지구상의 먹잇감 사슬에서 인간이 절대 강자가 아님을 보여주고 있다. 순환과 반복만 있을 뿐이다. 신神은 동물이 죽으면 자연으로 빨리 돌아가라고 자기의 몸을 스스로 분해하는 효소를 부여한 것 같다. 사람이 먹든 미생물이 먹든, 인간도 다른 생명체의 식량 자원이 되어야 하는 생명체이다.

결론적으로 가축의 사체로부터 얻은 근육을 잘 다루어 품질이 좋은 고기로 전환해야 한다. 그러기 위해서는 위생적인 상태에서 근육(고기)의 입체적 구조물이 스스로 분해되도록 기다려야 한다. 조직이 부드럽고 향기 가득한 상태에 이르렀을 때 소비해야 한다. 이것이 성공적인 숙성 방법이고 고급육 생산 방안이다.

02 _ 적색근과 백색근

근육을 화학적으로 처리하여 현미경으로 들여다보면 밝고 어두운 세포들이 섞여 있다. 어둡고 붉은색인 적색근 섬유와 밝고 하얀색인 백색근 섬유, 그리고 중간 형태의 섬유들이 분포되어 있다. 눈으로 직접 고기를 보아도 붉은색이나 하얀색을 띠는 고기가 있다. 예를 들어 소, 돼지, 양, 염소고기는 색깔이 붉은 편이고, 닭고기는 하얗다. 그래서 통상 전자를 적색근red muscle, 후자를 백색근white muscle이라고 한다. 적색근이라고 100% 적색 근섬유로 구성되는 것이 아니다. 사람을 포함한 모든 포유동물은 동일한 개체일지라도 운동 부위나 나이에 따라 조성 비율이 다르다. 사람은 노화에 따라 근육이 줄어드는데 상대적으로 백색근이 많이 줄어든다.

소고기와 같이 붉은색 고기는 적색 근섬유가 많이 포함되어 있다. 근육이 붉다는 것은 마이오글로빈myoglobin이라는 색소 단백질이 있기 때문이다. 최근 붉은색 고기와 관련하여 건강 유해설이 종종 거론되고 있는데, 이는 색깔 자체 때문이 아니라 상대적으로 많은 포화지방산과 철鐵에 의한 유해산소 생성, 지방산화 때문이다. 붉은색 고기가 건강에 나쁘고 백색 고기가 건강에 좋다는 논리에 전적으로 동의하지 않지만, 아무튼 서구인을 중심으로 붉은색 고기를 피하고, 대신 지방이 적고 단백질이 많은 닭고기 가슴살을 선호하는 경향이 있다. 가슴살은 고기 색소나 지방이 거의 들어있지 않아 가열해서 먹을 때 퍽퍽하다. 서구인들은 우리와 다르게 가슴살로 스테이크나 너깃nugget과 같은 요리를 한다. 가슴살이 그들의 조리방법에 적합할 뿐 아니라 순 살코기로 구성되었기에 더 열광하는 것 같다. 반면 우리나라 소비자는 기름기가 적당하고 쫀득한 닭다리살을 좋아하는 편이다.

소고기와 닭고기는 단순히 색깔만 다른 게 아니라, 근육의 생리 작용 측면에서도 다른 특성이 있다. 학문적으로 붉은색 근섬유와 하얀색 근섬유를 각각 'type I'과 'type II' 근섬유라고 부른다. 'type II'는 다시 중간적인 성질을 지닌 것과 구별하기 위해 'IIa'와 'IIx'로 나눈다. 동물 고기의 부위에 따라 차이는 나지만 소고기에는 'type I', 닭고기에는 'type II' 근섬유가 상대적으로 많다.

근섬유의 분포 정도는 살아있는 근육의 생명 유지를 위해 필요한 각종 생리적인 특성에 영향을 주고, 죽은 근육의 경우 고기의 품질을 좌우하는 중요한 요인이 된다. 동물이 죽게 되면 모든 근육이 수축하여 딱딱한 근육으로 변하는데, 근육의 종류에 따라 강직 특성이 달라진다. 'type I' 섬유가 많은 가축을 도살하게 되면 근육이 서서히 수축을 일으켜 강직되고 숙성 시간이 길어진다. 그래서 적색근을 지근slow twitch이라고 한다. 대표적 지근인 소고기나 양고기는 천천히 사후대사 과정이 진행되기 때문에 도축 후 바로 먹으면 그 맛이 형편 없다. 부드럽고 향기로운 고기가 되기 위해 반드시 숙성aging 작업을 해야 한다. 그러나 'type II'가 주류인 닭고기는 근육에서 고기로 전환될 때 강한 힘으로 빠르게 수축하거나 경련을 한다. 그래서 백색근을 속근fast slow이라고 한다. 속근이 주류인 고기는 맛있게 먹기 위해 숙성시킬 필요가 없다. 이처럼 근섬유에 따라 고기를 어떻게 처리하고 조리해야 하는지 정해야 한다.

붉은색 섬유가 많은 동물은 산소를 많이 필요하기 때문에 산화적 대사를 한다. 근육에는 항상 산소가 필요하기 때문에 활동할 수 있는 에너지ATP도 그만큼 충만하다. 에너지는 우리가 먹은 음식이 분해하여 대사과정을 통해 근육에서 형성된다. 이때 호흡을 통해 산소가 허파에서 혈관을 경유하여 분해된 영양소와 만난다. 산소가 영양 성분과 만나서 에너지ATP를 생성하는 곳이 미토콘드리아mitochondria이다. 근육에 미토콘드리아가 많으면 그만큼 산소를 많이 요구하고, 에너지도 많이 생성할 수 있다. 바로 붉은색 근섬유가 많을수록 모세혈관이 많이 퍼져있고, 따라서 헤모글로빈(혈색소)과 마이오글로빈(근육색소)의 기능이 왕성하므로 색깔이 붉게 나타나며 에너지도 지속적으로 생산할 수 있다.

살아있는 근육은 운동과 환경, 감정의 변화에 따라 끊임없이 수축하거나 이완할 수 있다. 붉은색 근육이 많은 사람이나 동물은 장시간 피로하지 않고 운동을 할 수 있다. 유산소 운동을 주도하는 근육이기 때문에 모세혈관도 세밀하게 분포되어 있고, 축적된 에너지원으로 지방도 많이 함유하고 있다. 하얀색 근육이 많은 동물은 이와 반대이다. 그들은 산화적 대사보다는 근육 속에 들어있는 당분해 대사를 주로 한다. 거기에는 산소가 이동되어 에너지를 생산해야 할 미토콘드리아 수도 적고 지방 함량도 적다. 근육을 수축하고 이완하는데 순간적인 힘을 낼 수는 있지만 쉽게 피로해진다.

물고기도 적색근과 백색근이 많고 적은 것으로 분류할 수 있고, 한 마리의 개체에서도 적색 근섬유와 백색 근섬유가 혼재되어 있다. 물고기 중에서는 일생 장거리를 이동하는 부류도 있고, 평생 연안에서 머물다가 생을 마감하는 것도 있다. 가다랑어, 방어, 고등어, 꽁치 등은 장거리를 이동하는 어종이다. 연어는 수만 km를 이동해서 고향으로 돌아오는 대표적인 회유성 어류이다. 반면에 지역 연안 주위에서만 활동하는 돔, 넙치, 대구, 조기와 같이 정착성(저서성) 어류가 있다. 전자는 붉은색 근섬유가 많고, 후자는 하얀색 근섬유가 많다.

아프리카에 서식하는 야생동물들은 서로 잡아먹고 잡혀먹는 생존 경쟁이 치열하다. 소형 동물일지라도 야생에서 생존할 수 있는 비결 중 하나는 유전적으로 진화되어 온 근육의 특성에 있다. 힘으로만 따지면 사자나 치타와 같은 맹수만이 살아남고, 가젤과 같은 온순한 동물은 절멸되어야 한다. 그러나 실상은 서로 공존한다. 공존에는 여러 이유가 있지만, 동물에 따라 근육 조성이 다르기 때문이다. 어떤 동물은 순간적인 힘을 발휘하여 먹잇감을 쫓을 수가 있지만, 단시간에 포획하지 못하면 지구력이 약해 이내 지쳐버린다. 반면 어느 동물은 순간적인 힘은 약하지만, 지속하여 도망칠 수 있는 근육을 가지고 있기 때문에 죽음을 면할 수 있다. 공존의 법칙에 잘 적응하여 진화되어온 근육을 가진 동물들만이 오늘날까지 살아남았다.

조류의 경우는 어떤가? 기러기나 제비와 같이 철새들은 몇만 km까지 이동한다. 놀라운 힘이다. 이 힘이 어디에서 나오는가? 바로 지구력을 유지하면서 오랫동안 쉬지 않고 대사 활동을 할 수 있는 적색 근섬유의 활동에서 나온다. 철새는 장거리를 이동하기 위해 강력한 날갯짓을 할 수 있는 근육과 에너지가 필요하다. 따라서 이들 근육에는 에너지원으로 활용할 피하지방이 많이 축적되어 있고, 이를 이용할 효소가 발달하여 있으며, 지속적인 힘을 발휘할 수 있는 산화적 대사와 당분해 경로가 함께

근섬유 형태에 따른 특성 비교

	type I (적색 근섬유)	type II (백색 근섬유)
수축시간	느리게 일어남	빠르게 일어남
근육	강직성 (Tonic muscles)	경련성 (Tetanic muscles)
근섬유 직경	작다	크다
색깔 및 부위	어둡고 붉은색 / 다리	창백하거나 하얀색 / 가슴
활동형태	유산소 대사작용	염기성(무산소) 대사작용
미토콘드리아	많다	적다
미세혈관 밀도	높다	낮다
힘 생산력	장기적이고 지속적	단기적이고 순간적
피곤한 정도	피로 저항성이 강함	쉽게 피로해짐
지방 함량	많다	적다
근육 이용형태	지구력 운동에 적합 (마라톤 선수)	순발력 운동에 적합 (높이뛰기 선수)
운동선수별 조성 마라톤 선수 높이뛰기 선수	 80% 20%	 20% 80%

발달하여 있는 'type IIa' 근섬유가 많다.

닭이나 오리는 오래전에 이미 가축화되었다. 날지 못하고 튼튼한 다리로 움직인다. 더구나 과학의 발달로 고기량이 많은 가축으로 개량되어 왔다. 따라서 날갯짓을 할 필요가 없고, 날개와 연결되는 가슴살이 지속하여 수축할 필요성도 없어졌다. 닭의 가슴살과 다리살의 근섬유는 각각 다르게 진화되었다. 가슴살은 염기적 당분해 경로로 대사하는 백색 근섬유(type II)가 대부분을 차지한다. 반면 다리는 먹이를 찾아 종일 움직여야 하므로 지속적인 힘이 솟는 적색 근섬유(type I)가 발달하였다. 사람의 근육도 나이와 운동의 강도에 따라 형태가 달라진다. 앞의 표에서 보는 바와 같이 마라톤 선수와 높이뛰기 선수의 근섬유 조성이 현저히 다른 것이 그 증거이다.

03 _ 근육의 생성과 노화

근육조직이라고 하면, 일반적으로 인간의 뼈에 부착하여 운동을 실행하는 부위, 동물이 죽어서 살코기를 제공하는 부위라고 할 수 있다. 뼈의 연결 부위에 붙어 골격과 평행하게 덮여 있는 근육이기에 골격근skeletal muscle이라고도 한다. 사람의 경우 650여 개의 골격근이 있어 몸무게의 40~50%를 차지하고 있다. 근육은 운동성, 균형성, 내구성과 같은 물리적인 기능을 담당한다. 골격근의 경우 호흡을 하거나 운동을 할 때 근력을 생산하고, 자세를 유지해줄 뿐 아니라 추울 때 열을 발산하여 보호해주는 역할을 한다.

근육의 성장과 소실 과정은 사람에게는 건강에 영향을 주고, 가축에게는 도축 후 육량과 육질에 영향을 끼친다. 근육의 생성은 임신과 함께 시작된다. 임신기, 성장기, 노쇠기로 가면서 근육은 끊임없이 생성, 발달, 감소 과정을 거친다. 생명의 시초로써 난자가 정자를 만나 수정란이 되고, 이어 장배로 형성된다. 그중에서 중배엽이 분화하여 근육이 된다. 임신 초기에는 생명의 핵심 부위인 중추신경계, 심장, 간, 콩팥이 먼저 생성되고, 후반기에 소화기관이 발달한다. 중배엽에서 분화된 근아세포가 다핵의 근육세포로 완성된다.

근육은 털실과 같이 긴 섬유로 구성되어있다. 근섬유muscle fiber가 자라고 합쳐져 드디어 근육이 된다. 태아가 성장함에 따라 근육이 커지는 것은 근섬유 수가 늘어나면서 그 직경이 커지기 때문이다. 성장의 개념에서 보면 기존에 생성된 세포의 크기나 근섬유의 직경이 커지는 것을 비대hypertrophy라 하고, 세포나 근섬유의 수가 증가하는 것을 증산hyperplasia이라고 한다. 이런 기본적인 두 작용에 의해 근육이 성장하고 발달한다. 그러므로 임신 2/3 기간까지는 근섬유 수가 활발히 늘어나는 증산 기간이며, 나머지 1/3 기간 이후에는 근섬유 크기가 증가하는 비대 기간이다. 근섬유 수가 늘어나는 임신 전반부에는 1차 근섬유가, 후반부에는 2차 근섬유가 많이 형성된다. 임신 말기에 1차 근섬유 주위에는 2차 근섬유가 여러 개 분포하게 된다. 출생 후에 1차 근섬유는 적색 근섬유로 불리는 'type I'(지근)으로, 2차 근섬유는 백색 근섬유로 불리는 'type II'(속근)로 변한다. 인간을 포함한 동물에게 근섬유 수나 근섬유 비율은 성장과 발달, 건강에 상당히 영향을 끼친다.

동물의 크기도 근섬유와 관련이 많다. 동일한 어미에서 출산한 여러 마리의 새끼들도 크고 작은 것이 있다. 덩치가 큰 녀석일수록 그들의 근육에서 1차에 대한 2차 근섬유의 비율이 높다. 그러면 동물의 종류별 덩치가 다른 경우는 어떤가? 코끼리와 같은 대형 동물이 있지만, 쥐와 같은 소형 동물도 있다. 덩치가 크다고 근섬유의 직경이 큰 것이 아니다. 다만 근섬유 수의 차이가 있다. 코끼리는 근섬유 수가 많고 쥐는 적다. 근섬유 수가 많을수록 동물의 덩치에서 차이가 나지만 근섬유의 직경과는 상관이 없다. 근육량이 많으려면 기본적으로 근섬유 수가 많아야 한다.

동물이나 사람의 태아의 근섬유 수는 임신 초기부터 2/3 기간에 빠르게 늘어나고 임신 말이나 출생 후부터는 완만하게 증가한다. 출생 후부터 근육이 본격적으로 발달하기 시작한다. 새끼의 근섬유 수는 완만히 증가하지만, 근섬유의 직경은 계속 어느 수준까지 커진다. 이때 근섬유의 길이가 먼저 늘어나고 이어서 직경이 커지게 된다. 성장이 빠른 동물일수록 직경이 커지는 속도가 빠르다. 그러므로 출생 후 근육량의 증가는 임신 중에 형성되는 근섬유의 수에 의해 먼저 영향을 받는다. 이때 태아의 영양 공급 상태가 중요하다. 적절한 영양분을 태아에게 공급하면 출생 후에도 정상적인 근육이 형성되나, 빈약한 영양 상태라면 출생 후에 어른이 되어서도 근육의 비정상적인 발달과 연계하여 지방의 과잉 축적, 내분비 이상 등이 발생하여 각종 질병의 원인이 된다.

모체로부터 영양 공급을 받던 태아는 출생 후에는 직접 음식을 섭취함으로 영양 공급을 받는다. 섭취한 영양분은 생리학적 기능을 하는 기관 → 뼈 → 근육 → 지방 순으로 이용된다. 곧 신경계나 순환계로 공급되어 먼저 발달시킨 다음 근육조직으로 이어진다. 생명 유지에 필요한 곳부터 영양분이 우선 분배되고, 남는 것이 지방으로 전환되어 내장지방, 피하지방, 근간지방, 근내지방 순으로 축적된다. 우리나라 한우의 고급육이라고 하면 마블링(근내지방 분포)이 높은 1^{++}, 1^{+} 등급을 말하는데, 이는 그만큼 영양분이 과할 정도로 공급되어야만 마지막 부위인 근육 내부 깊숙한 곳까지 지방이 축적된다. 근내지방이 많은 고기를 생산하려면 내장과 피하(표피 아래 부위)에 지방이 쌓인 후 나중에 근내지방이 축적되므로 그만큼 사료를 많이 공급해야 한다. 그 때문에 일부 소비자 단체에서는 고급육을 생산하는 것은 자원 낭비라고 비판하고 있다.

성장 시기에도 영양이 중요하다. 적절하게 영양을 공급하지 못하면 체구성에 나쁜 영향을 준다. 사육 초기 영양실조에 걸린 돼지를 사육 중기에 높은 영양 수준으로 급여하면 성장률이 빠르게 회복되나, 뼈와 근육의 성장보다는 체지방 축적이 빠르게 이루어진다. 그래서 비계가 두꺼워지고 근육에 기름이 많이 끼어 품질이 떨어진다. 저급육의 생산은 식육 산업에서는 곧 재화의 손실이고 경영 악화를 의미한다. 인간에게도 임신 중이나 출생 후 유아 시절에 영양이 결핍되면 성인이 되어 각종 질병에 걸린다는 역학조사가 보고되고 있다. 그만큼 성장 발달 시기의 적절한 영양 공급이 건강과 고기품질에 중요하다.

성인이나 성축이 되면 근육은 더 늘어나지 않는다. 다 자랐기 때문이다. 그렇지만 바디빌딩 같은 운동을 하면 근육이 불어나고, 근육에 상처가 생기면 치료 후에 새 살이 오르는 것을 볼 수 있다. 이는 새로운 근육이 생겼다는 증거다. 정상적인 세포 분열로는 설명할 수 없는 현상이다. 이 일을 위성세포(근육 줄기세포)가 담당한다. 많은 핵을 가지고 있는 위성세포는 평상시에 세포를 분열하지 않는 휴지 상태로 있지만, 운동을 하거나 상처와 같이 근육이 훼손되면 다시 세포를 분열시켜 재생 작업을 하는 것이다. 더 자라지 못하는 근육이지만 비상 상태에서 구제하려고 하는 신의 지시라고 할 수 있다.

기원전 400여 년 경 히포크라테스가 관절 손상을 입은 군인들의 어깨를 치료하기 위해 주위 근육에 의도적으로 상처를 내 새살을 키워서 지지하거나 보강하는 의술을 시행하였다는 기록이 있다. 이는 프로로테라피의 기원이기도 하다. 이 시술은 1956년에 조지 헤켓George Hackett이 골격근계에 처음으로 적용하였다고 한다. 의학에서 증식치료prolotherapy는 줄기세포액이 함유된 주사로 골격근계에 주입하거나 자극을 주어 염증이나 통증을 치료하는 방법이다. 이와 같이 운동에 의한 근육량의 증가나, 증식치료에 의한 근육 강화에는 위성세포가 중요한 역할을 한다.

근육은 나이가 들어 늙어 가면서 서서히 빠지기 시작한다. 인간이라면 누구나 겪어야 할 노년기의 생리 현상이다. 근섬유 수가 감소하고 수분 함량도 줄어든다. 정상적인 사람은 일생 근육의 약 반절 가까이 줄어든다. 노화에 따른 근육량의 감소는 근력의 감소로 이어지고 대신 지방이 채워진다. 근육량의 소실로 인해 최대 산소소모량이 감소하고 신진대사율도 떨어진다. 수축 작용을 하는 근섬유 수가 줄어들고 근섬유 단면적cross-sectional area의 감소로 이어진다. 특히 65세 이상부터는 'type II' 근섬유(속근)의 감소가 심해서 상대적으로 'type I' 근섬유(지근)가 많이 남는다. 어쩔 수 없는 노화 현상이다.

근육 감소는 건강 악화와 밀접한 관련이 있다. 근섬유 수가 감소하는 것이 위축atrophy이다. 만약 병적으로 감소한다면 죽음에도 이를 수 있다. 그렇지만 건강했던 사람도 나이가 들면 근육과 수분 함량이 줄어든다. 다만 피부는 결체조직으로 되어 있기 때문에 줄어들지 않고 남아있어 쭈글쭈글해진다. 피부의 주성분은 콜라겐collagen이다. 콜라겐은 불용성이며 불소화성 물질이다. 최근 동물에서 콜라겐을 추출하여 화장품의 원료로 이용하거나, 물고기 콜라겐 껍질을 분해하여 소화흡수가 잘되도록 펩타이드로 만든 후 기능식품으로 팔고 있다. 가축은 근육량이 줄어들기 전에 죽음을 맞이하지만, 사람은 죽을 때까지 건강 유지를 위해 줄어드는 근육량을 최대로 유지하도록 해야 한다. 운동이 최선의 방책이다.

피부 주름을 완화하는 보톡스 이야기를 해보자. 미용과 의학에서 이용되고 있는 보툴리눔 독소botulinum toxin는 클로스트리디움 보툴리눔이라는 식중독균이 생산하는 독소를 정제해서 만든다. 원래 독성이 강한 신경단백질이다. 드문 경우지만 클로스트리디움 보툴리눔 균이 통조림 식품에서 살아남아 비정상적으로 성장하게 되면 가스와 독소를 생산한다. 이 독소균에 오염된 통조림을 먹으면 H형 독소 때문에 치사율이 70% 이상이 된다. 신경마비를 일으키는 독소 A형 및 B형은 다양한 근육 관련 질병들의 치료에 이용되고 있다. 보톡스는 신경말단부에서 신경전달물질인 아세틸콜린acetylcholine의 분비를 억제하여 해당 근육이 잘 움직이지 못하게 하는 작용을 한다. 이러한 원리로 눈꺼풀 경련의 방지, 근육의 마비 등에 의학적으로 이용된다. 이는 근섬유의 수를 늘리거나 직경을 확대하는 원리가 아니다. 근육을 마비시켜 주름을 펴지게 하는 효과일 뿐이다. 그러므로 피부의 주름을 펴기 위한 보톡스의 시술은 생리적인 건강 증진 작용도 아니고, 회춘은 더욱 아니다. 몇 개월 지속되는 젊고 아름다운 외견을 위해 잠시 이용하고 있을 뿐이다.

일생 동안 근육은 성장과 발달, 그리고 성숙에 이어 감소하는 경향을 보이지만, 그 과정에서 끊임없이 새롭게 생성하고 소멸작용을 하고 있다. 지금 내 근육이 어제의 것과 똑같지 않듯이 내일 근육은 지금 이 근육이 아니다. 다시 말해 살아있는 동물의 근육은 일부 죽고 일부 다시 생성되는 반복 작용이 지속하여 일어나고 있다. 근육의 입체적 구조는 유지하고 있으나 미세하게 구성하고 있는 단백질들이 일부 없어지고 새로 생성되고 있다. 생체에서 단백질의 전환turnover이 일어나고 있다. 이를 근육의 리모델링remodeling이라고 부른다. 아파트의 리모델링처럼 재건축과는 개념이 완전히 다르다. 근육을 재건축한다면 이는 곧 죽음을 의미한다. 살아있는 우리의 근육 단백질은 부분적으로 끊임없이 리모델링을 하고 있을 뿐이다. 단백질의 합성과 분해가 진행되는 한 생명은 유지된다.

성인은 근육의 일정량을 유지하기 위해 근육 단백질의 합성과 분해로 균형을 이루지만, 노화가 되면 합성보다 분해가 많아진다. 이를 단백질 합성률, 또는 전환율의 감소 현상이라고 부른다. 성인의 단백질 전환이 30%인 데 비해 노인은 20% 이하가 된다. 근육의 손실이라는 것은 수축을 담당하는 근원섬유 단백질에서 아미노산 합성률의 저하 때문이다. 정상적인 생체에서는 단백질 분해로 생성된 산화 단백질이 제거되고 새로운 단백질이 생성된다. 그렇지만 노화에 의해서 산화 단백질이 제대로 제거되지 않고 리포퓨신lipofusin과 교차연결단백질crosslinked protein이 축적되게 되면 수축 작용을 하지 못해 기능성이 없는 단백질의 양이 늘어나면서 결국 근력이 감소하게 된다.

노화가 진행되면 필연적으로 내분비 환경도 변한다. 당뇨유발 인슐린 저항성이 증가되고 단백질 합성이 저해되어 근육이 감소된다. 성장호르몬이나 남성호르몬(테스토스테론)이 감소되고, 염증을 유발하는 사이토카인이 증가한다. 노년기의 근육 저하, 지방 증가와 관련이 있는 코티졸cortisol 호르몬도 증가한다. 노화에 따른 근육의 감소를 막을 순 없지만, 지연시킬 수는 있다. 운동하면 된다. 젊었을 때부터 근육량이 많으면 노화에 의해 일정 비율이 감소해도 절대량에서는 많다. 그러하니 젊었을 때부터 근육운동을 꾸준히 하면 좋다. 운동은 체지방 감소와 근력을 강화하고 근육량을 증가시킨다. 늙어서 운동을 시작해도 효과가 있다. 노인일지라도 운동을 시작하게 되면 근단백질의 분해율을 지연시키고 합성률을 증가시킨다. 운동할 때 적절한 양질의 단백질을 함께 섭취해야 한다는 것을 잊지 말자.

04 _ 근육량은 어떻게 증감하는가

사람이나 동물이 태어나 성장하면서 일정한 시기에 이르면 근육량이 최대가 되는 때가 있다. 근육량은 그 정점에서 최대로 머물다가 다시 서서히 빠지게 된다. 장년기까지 근육량의 변화는 서서히 일어나지만, 그 이후로 급격히 줄어든다. 대신 상대적으로 체지방이 늘어난다. 체 구성에서 체지방 비율을 보면 젊은이는 20%이지만 55세가 되면 30%, 75세에 35%까지 증가한다. 그래서 중년이나 장년기 사람들이 청소년 시절보다 몸매가 훨씬 넉넉하게 보인다.

사람과 달리 소는 늙을 때까지 키우지 않는다. 다량의 고기를 확보하기 위해서는 18~22개월만 기르면 충분하다. 축산업에서는 경제적인 효율성만을 고려하기 때문이다. 대부분의 나라에서는 이 기간까지만 소를 키워 도축한다. 그렇지만 우리나라처럼 고급 소고기를 추구하는 나라에서는 사육 기간을 27~30개월까지 연장하는 경우가 많다. 사육 기간이 연장될수록 살코기 증식보다는 고기 내부에 기름이 더 많이 끼게 된다. 기름이 적당히 있는 고기를 소비자들이 좋아하고, 그런 고기를 생산하는 것이 농부에게도 이익이 된다. 소고기 등심에 서릿발 같은 작은 지방이 골고루 퍼진 마블링 고기를 만들어야 한다.

가축에게는 고급육이 완성되면 생명체로서 끝이다. 그렇지만 인간은 다르다. 죽을 때까지 체지방이 가능한 한 적고 근육이 많아야 건강에 좋다. 불행하게도 나이가 장년기로 접어들면 콜라겐과 같은 피부의 결체 조직은 그대로이지만, 골격 근량과 함께 수분이 감소하기 시작한다. 청년에서 장년까지, 곧 25세에서 50세까지 약 10%의 근육이 서서히 빠지고, 50세 이후 80세에 이르면 원래 본인이 가지고 있던 근육량의 절반이 빠지게 된다.

인간의 근육량은 장년과 노년의 건강에 영향을 미치는 중요 인자이고, 가축의 근육량은 곧 육량이기 때문에 경제적으로 중요하다. 근육량이 증가하고 감소하는데 가장 영향을 미치는 요인은 이미 언급했다시피 나이이다. 연령에 따라 생체가 성장과 발달, 성숙과 노화의 사이클을 밟는다.

그 외에도 유전 요인, 영양 섭취 상태, 특히 단백질의 섭취량, 호르몬, 운동 등에 따라 달라진다.

생체에서 많은 부분이 유전되지만, 지나친 비만도 유전자에 의해 지배를 받는다. 인간의 근육에서 안키린Bankyrin-B라는 유전자가 변형되면 비만 세포로 하여금 보통 세포보다 빨리 포도당을 흡입하도록 한다. 연구 보고에 의하면 이는 쥐에게도 동일한 결과가 나타났으며, 이들 조직에서 지방의 비정상적인 축적으로 인해 염증이 유발되고 인슐린 반응이 교란되었다고 한다. 당뇨, 고혈압, 심장병이 증가할 수밖에 없다. 미국의 경우 안키린B 변이 유전자가 백인의 경우 1.3%, 아프리카계 미국인이 8.4%에 달하였다고 한다.

야생동물의 경우 살이 많이 찌고 적게 찐다는 것은 진화의 산물일 수도 있다. 하늘을 나는 새들을 보자. 그들은 너무 많이 먹으면 날지 못한다. 생리적으로 몸에 많은 에너지를 비축할 수 없는 유전적 특성으로 진화되어 왔기 때문이다. 비축된 에너지가 없으니 조금씩 자주 먹어야 생존이 가능하다. 철장 속의 새들에게 관리 미숙으로 먹이를 너무 많이 주거나 일정 기간 굶주리게 하면 다른 동물에 비해 빨리 죽음을 맞이한다. 모든 동물은 각자 환경에 맞게 적응해 왔다. 환경에 적응하지 못하면 살아남지 못한다.

가축에게는 비만이라고 부르지 않는다. 경제 동물이기 때문에 살코기가 많아야 인간에게 유리하다. 유럽에서 개최되는 축산박람회에 참가해 보면 근육이 울퉁불퉁하게 튀어나온 유난히 큰 소를 볼 수 있다. 축산업계에서는 이를 벨지움 블루Belgium blue라고 부른다. 이는 소의 마이오스테틴myostatin이라는 유전자가 돌연변이 되어 근육이 두 배로 커진 경우이다. 곧 근섬유 수가 두 배로 많아지고 직경도 커졌다. 상대적으로 붉은색 근섬유(type I)가 적고 하얀색 근섬유(type II) 비율이 높다. 기름이 적어 질감이 퍼석하지만, 스테이크용으로 그런대로 괜찮다. 양羊에게도 유전적인 요인으로 인해 엉덩이가 유별나게 비대한 종이 있다. 그리스어로 '훌륭한 엉덩이'라는 뜻의 칼리피지callipyge라는 유전자를 가진 양이다. DNA 대비 단백질의 비율이 높은 근육이면서 붉은색 근섬유(type I)보다 하얀색 근섬유(type II)가 비정상적으로 발달하였다. 가축에게 의도적으로 유전자를 이용하여 근육을 늘리고 있는 사례이다.

유전적인 것 외에 사료급여 시기, 영양 성분의 조성 및 섭취량도 근육 형성에 중요하다. 돼지를 어릴 때 영양을 결핍시켰다가 발육 후반기에 충분한 영양분을 공급하게 되면 성장률은 회복되지만, 살코기보다 지방이 많이 축적된다. 결국, 어른 돼지가 되었을 때 기름이 많은 품질이 낮은 고기로 전락한다. 보상성장compensatory growth이 이루어지기 때문이다. 가축에게는 영양 성분을 조절한 사양 프로그램에 의해 고기량을 늘리는 것이 중요하고, 사람에게는 건강 증진 목적으로 최적의 영양 보급과 운동이 중요하다.

사람이 살이 찐다거나 뚱뚱해졌다는 것은 근육이 늘어나기보다 지방이 축적되었다고 봐야 한다. 헬스로 근육을 키운 사람을 살쪘다고 말하지 않는다. 불편한 진실이지만 뚱뚱한 사람은 일반적으로 많이 먹는다. 자기에게 필요한 에너지보다 과한 에너지를 섭취하는 것이다. 그들의 식습관을 관찰해보면 삼시 세끼 식사가 불규칙적이다. 다이어트도 중도에 포기하거나 번번이 실패한다. 식사시간 외에도 간식을 자주 먹는다. 식사도 밥은 적게, 반찬을 많이 먹는다. 보통 사람보다 한 입에 들어가는 음식량이 많다. 음식을 씹는 횟수가 적고 빨리 삼킨다. 야식을 즐긴다. 스트레스가 쌓이면 먹는 것으로 해소할 때가 있다. 겉으로 적게 먹는 것

같게 보이지만, 실제로 많은 에너지를 섭취하는 경우가 다반사이다. 오히려 삼시 세끼 식사를 제시간에 천천히 오래 씹으면서 먹고, 간식이나 야식을 절제하면 다이어트에 성공할 것이다.

배고픔이 해소되고 포만감이 느껴질 때 음식을 그만 먹는 것이 정상이다. 먹고 싶은 욕망이 사라져야 한다. 그러나 사람을 포함하여 대부분 동물은 배가 불러도 더 먹고싶어 한다. 사람들이 식사 후 달콤한 후식의 유혹을 참지 못하는 이유가 무엇일까? 그것을 진화론적으로 설명하는 학자가 있다. 인류를 포함한 동물들이 지구에 출현한 후 장시간 동안 생존하며 적응하는 과정에서 먹이가 충분하지 않았다. 배가 고팠을 때가 많았고, 굶주림으로 죽는 이가 많았다. 그럼에도 살아남아야 했다. 먹이사슬의 최강자인 인류는 아주 훗날인 최근에 이르러서야 비로소 식품을 과학적으로 저장하는 기술을 개발했지만, 몸 안에는 배고픔에 대비한 지방 비축이라는 유전자가 여전히 작동하고 있다. 대부분의 동물들도 장기간 에너지를 자기 몸 안에 비축시키는 방법으로 적응했다. 굶주릴 기간을 대비해서 여유분까지 섭취하여 장내 지방을 에너지원으로 축적해 왔다. 이 본능의 유전자 때문에 식욕의 유혹을 참지 못하는 것이다.

후식은 서구인들의 식사문화이다. 디저트라는 서구의 후식 문화에는 찬사를 보내고 싶지 않다. 식품의 내용뿐 아니라 식사 형태도 한식이 건강에 더 좋은 음식이라고 확신한다. 한식은 양식에 비해 슬로우푸드가 많다. 그만큼 식사를 준비하는데 상대적으로 시간이 많이 소요된다. 원재료의 내용이 무엇인지 확인하는 것이다. 조리하는 과정에서 자연스럽게 가족의 건강을 고려하게 된다. 부엌에서 고생하여 만든 음식이니 가능한 한 가족과 함께 먹게 된다. 우리가 먹어왔던 일상의 평범한 식단에서 약간의 단백질 음식을 추가한다면 한식은 지상 최고의 건강식이 될 것이다.

가축에게 산업적으로 근육량을 늘리는 호르몬 요법이 있다. 동물에서 분비되는 성장호르몬은 근육량을 늘리고 체지방을 감소시킨다. 사람도 나이가 들어 근육이 빠지는 것은 성장호르몬(IGF-1)이나 테스토스토론testosterone의 감소와 밀접한 관련이 있다. 가축에게 인위적으로 지방량을 줄이면서 근육량을 늘리기 위해 소마토트로핀somatotropin 같은 호르몬을 투여하거나, 에피네프린epinephrine이나 노르에피네프린norepinephrine 같은 부신피질 호르몬을 투여하는 연구를 많이 하고 있다. 그러나 일부 국가의 축산업에서 활용된 적이 있지만, 호르몬을 투여한 고기가 인간에게 주는 건강 유해 가능성 때문에 우리나라를 포함한 대부분 국가에서는 법적으로 금지하고 있다. 성장호르몬과는 조금 성격이 다른 약물이지만, 운동선수들에게 약물투여 여부를 검사하는 도핑doping 검사가 있다. 경기에서 체력을 극도로 활성화하여 성적을 올릴 목적으로 흥분제나 근육 증강제 따위를 투여하는 행위를 검사하는 것이다. 모두 유사한 작용을 하는 약물투여 방식이다.

05 _ 운동과 근육량

운동이 근육의 발달과 밀접한 관계가 있다는 사실은 이미 잘 알려져 있다. 사람들은 건강을 위해 달리기와 같은 유산소 운동을 하거나 아령과 역기를 드는 근육 단련 운동을 한다. 지구력 운동endurance exercise과 저항성 운동hypertrophy training, resistance exercise을 적절하게 함께 해야 한다. 운동을 어떻게 하느냐에 따라 늘어나는 근육량도 다르고, 근섬유 형태별 발달도 다르다.

근육량muscle mass은 건강과 밀접한 관계가 있다. 근육량이 줄어들면 신체적 활동에 제약을 받아 움직이기 불편하고 다치기 쉽다. 신체를 지탱하고 유지하는 힘이 떨어지기 때문이다. 또한, 근육량이 적을수록 대사이상증후군이 잘 발생하고, 골다공증이나 당뇨병, 만성질환이 늘어난다. 또 수술 후 합병증 유발이 잦고 병원 재입원 반복 등으로 이어져 결국 조기에 사망하게 된다. 흔히들 노년에 풍채가 좋을수록, 곧 복부 지방이 아닌 몸 전체에 근육이 많을수록 장수한다고 한다. 우스갯소리 같지만, 근육이 너무 많아도 단점이 있다. 비정상적으로 근육량이 많다면 기성복이 잘 맞지 않아 맞춤복만 입어야 할 것이다. 또 많은 근육량을 유지하기 위해 보통 사람보다 음식을 더 먹어야 하기 때문에 불편하기도 하고, 그 비용도 더 많이 들어갈 것이다. 달리기나 점프를 하는 운동에서 유연성이 떨어질 수도 있다.

인간의 근육량은 체중의 40~50%를 차지하고 있다. 근육은 25~30세를 정점으로 서서히 줄어들기 시작한다. 주기적으로 운동을 하면 근육이 줄어드는 속도가 느려진다. 뼈를 둘러싸고 있는 골격근은 전체의 대사를 원활하게 하는 역할을 한다. 나이가 들어가는데 운동을 하지 않으면 근육의 합성보다 분해가 많이 일어나고, 근육 단백질이 에너지 대사에 활용되어 근감소가 빨라진다. 정상적인 사람의 근육량은 50세까지 약 10%밖에 줄지 않지만, 50세에서 80세까지는 40% 정도로 급격히 줄어들어 평생 총 50%의 근육이 빠진다.

학자들에 의하면 근육량은 인간의 수명(장수)과 밀접한 관계가 있다고 한다. 특수 상황 때문에 전혀 운동을 못 하는 사람에게 근육의 급감은 치명적이다. 오랫동안 병상에 누워 있거나 신체적 결함으로 활동하기 어려운 사람들은 단백질이 합성되는 것보다 분해가 많이 일어나기 때문에

00

근육이 더 빨리 줄어든다. 움직이기가 어렵다면 가능한 범위에서 벽을 밀거나 두 손을 서로 미는 저항성 운동을 해서 감소율을 늦추어야 한다. 매우 드물지만, 근육이 계속 줄어들어 죽음에 이르는 무서운 병도 있다. 노화에 따른 근육 감소를 완전히 막지는 못하지만, 정기적으로 골격근의 내구력과 지구력 운동을 하면 감소 속도를 지연시킬 수 있다.

성인의 근육에는 붉은색 근섬유(type I)와 하얀색 근섬유(type II)가 1대 1로 들어있다. 나이가 들거나 운동을 하게 되면 이들 근섬유의 조성이 변하게 된다. 경련이 빠른 'type II' 근육이 줄어들고 상대적으로 경련이 느린 'type I' 근육이 많이 남는다. 운동의 강도에 따라 붉은색과 하얀색 근섬유의 발달이 다르다. 붉은색 근섬유는 주위에 실핏줄이 많아 유산소 상태에서 대사가 활발하고 수축 활동이 지속적이다. 반면 하얀색 근섬유는 운동과 같은 자극에 반응이 순간적으로 일어나며 빠르게 힘을 발휘하지만 쉽게 피로해지는 특성이 있다. 또 순간적인 힘을 쓰는 운동과 지구력을 요하는 운동의 근육 발달 형태가 다르다. 마라톤 선수의 근육에는 붉은색 근섬유(type I)가 80% 분포되어 있지만, 반대로 높이뛰기와 같이 순간적인 힘을 요구하는 선수에게는 하얀색 근섬유(type II)가 80% 차지하고 있다.

짧은 시간에 강도 높은 근육 운동을 하면 근육량이 늘어나면서 'type II' 근육이 많아진다. 그러나 서서히 4~5년간 꾸준히 운동할 경우는 전체 근육량의 변화는 크지 않으나 'type I' 근육이 약 50% 증가하고 'type II' 근육은 줄어든다. 운동에 따른 근섬유의 형태 변화는 젊을수록 크다. 그래서 보통 건강을 위해 두 가지 형태의 근육이 모두 발달할 수 있도록 운동을 해야 한다. 지구력을 높일 필요가 있는 선수들은 강도를 조금 낮게 하면서 반복 횟수를 많이 할 필요가 있다. 바디빌더 선수는

'type II' 근육이 늘어나도록 강도를 세게 하면서 반복 간격을 짧게 하면 된다.

근육운동을 하여 근육량을 늘리는 것은 근육에 긴장과 손상, 스트레스를 주어 단백질의 합성이 분해보다 많이 일어나게 하는 것이다. 여기에 근육 성장인자m-TOR를 활성화하기 위한 루신leucine, 아르지닌arginine 같은 단백질(아미노산)의 섭취도 해야 한다. 근육운동을 하면 근섬유 비대와 위성세포의 활성이 일어난다. 강도 높은 운동을 하면 근육이 손상되어 통증을 느끼게 된다. 운동한 다음에 근육에서 일어나는 통증은 새로운 근육세포를 만들기 위한 청신호이다. 곧 근육 손상에 따른 염증 분자가 유리되고 면역세포가 위성세포를 활성화한다. 위성세포가 활성화되면 근육세포로 핵을 넣어주어 근원섬유를 성장시킨다. 짧은 간격으로 강도 높은 운동을 할수록 근육량은 많이 늘어난다. 운동하게 되면 인슐린 성장인자 Insulin growth factor-1, 테스토스테론이 증가하고 다른 성장호르몬을 자극한다. 따라서 단백질 합성을 증진하고 분해를 억제하여 근육의 성장을 유도한다. 단백질의 합성이 근육으로 이어지려면 운동 후 하루 이틀 휴식을 취해야만 대사 반응이 진행된다.

운동으로 근육세포의 단면적이 넓어지고 세포핵 개수도 늘어나지만, 운동을 중단하면 단면적이 줄어들어 근육량이 빠지게 된다. 흥미로운 것은 세포핵 수는 줄어들지 않고 그대로 유지된다. 따라서 젊었을 때 근육운동을 했던 사람이 중년에 중단한 후 노년에 운동을 다시 시작하였을 때 이미 늘어난 세포핵 수가 있기 때문에 근육이 더 잘 붙는다는 보고도 있다. 그래서 젊었을 때 '근육 테크'를 하라는 말도 있고, "젊었을 때 근섬유에 세포핵을 저축하라"라는 말이 생긴 것 같다.

헬스장에서는 근육량을 증가시키기 위해 특별한 프로그램들을 운영하고 있다. 프로그램의 내용을 확인하여 지구력과 저항성 운동을 적절하게 혼합해서 실행하면 좋다. 근육량을 증진할 목적이라면 팔 굽혀 펴기와 같은 체중 운동, 밴드를 이용한 저항운동, 덤벨과 같은 프리 웨이트 트레이닝, 고강도 인터벌 트레이닝, 필라테스pilates 등을 1주일에 2~3회 권장한다. 물론 여기에 노화에 따른 붉은색 근섬유(type I)의 감소를 막기 위해 조깅, 스포츠 댄싱과 같은 유산소 운동을 병행해야 한다.

동시에 균형 잡힌 영양분과 적절한 에너지를 섭취하도록 권장하고 있다. 특히 근육 강화를 위해 단백질 섭취가 중요하다. 근육 자체가 단백질이기 때문이다. 운동량에 따라 단백질의 요구량은 다르나 하루에 필요한 에너지의 10~35%만큼 충당해야 한다. 그러기 위해 단백질이 풍부한 소고기, 닭고기 가슴살, 계란, 콩류, 견과류를 많이 섭취해야 한다. 에너지원으로 탄수화물의 섭취도 필요하다. 일주일에 2~3회 고강도 트레이닝을 한다면 하루에 필요한 에너지 중에서 탄수화물을 적어도 50% 정도 섭취해야 한다. 물론 여기에 미네랄이나 비타민도 함께 섭취해야 한다. 당연히 가공식품보다 자연식품이 좋다.

06 _ 보상성장

산모의 적절한 영양분 섭취가 태아와 출생 후 아기의 건강에 중요한 영향을 준다는 사실은 이미 잘 알려져 있다. 산모의 영양 상태가 아기뿐 아니라 성인이 되어서까지 일생 영향을 미친다. 산모의 영양 결핍이 자식에게 나쁜 영향을 끼친 사례는 많다. 세계 2차대전 시절 영양이 결핍된 네덜란드 산모들의 예가 있다. 당시 나치는 네덜란드 서부에 식량과 연료배급을 통제하였다. 당시 네덜란드인들은 하루 1,800칼로리에서 800칼로리만으로 생존할 수밖에 없었다. 임신부들의 영양결핍은 더욱 문제였다. 이들이 출산한 자녀들이 성장했을 때 비만, 당뇨병, 심혈관질환, 조현병, 전염성 질환 노출률이 높았다고 학계에서 보고하고 있다.

'바커 가설'은 태아와 모체의 영양 관계를 이론적으로 증명했다. 태아 프로그래밍 이론을 제시했던 데이비드 바커David Baker는 20세기 초 두 차례의 세계 전쟁 당시 임신 중이었던 여성 1만 3천 명을 대상으로 다양한 방법의 추적 조사를 하여 이를 분석, 통계 처리하였다. 그 결과 "각종 질환의 원인이 모태에 있다"라는 가설을 내어놓았다. 이들 연구팀은 영국 웨일스의 가난한 지역에서 심장병 발생률이 가장 높았던 것에 주목했다. 당시는 비만과 운동 부족이 심장병의 중요한 원인이라고 믿었다. 하지만 바커 팀의 연구 보고에 의하면, 산모의 영양결핍이 출생 후 자녀의 심장병을 증가시킨다는 것이 결론이었다. 심장병의 원인을 산모의 영양 상태에서 찾아야 한다는 획기적인 주장이다.

바커 가설을 토대로 많은 후속 연구가 진행되었다. 연구팀은 영국의 빈민가에서 출생한 아이들의 몸무게가 정상치보다 적은 것에 주목했다. 출생 전후 영양 부족 때문이었고, 이들이 어른이 된 다음에 비만, 당뇨병, 인슐린 저항성 증대, 고혈압, 고지혈증, 관상동맥 심장질환 및 뇌졸중 등 각종 대사 증후군과 관련된 질병이 증가했음을 알아냈다. 영양결핍 아기가 살아가면서 고에너지 음식을 섭취하면 위험 요인이 더 커진다고 하였다. 저체중아로 태어나면 본능적으로 살기 위해 에너지 저장 효율이 높은 식품을 섭취하려는 욕구가 강해지게 마련이다. 정상인보다 과식하기 쉽고, 과잉 에너지가 체내에 들어왔지만, 절약형 신진대사가 일어나 비만으로 이어진다. 비만이란 체내에서 정상인보다 근육량은 줄어들고 지방 함량이 상대적으로 늘어나는 상태를 말한다. 근육의 감소가 건강에 악영향을 미치는 사실은 재론할 필요가 없다.

동물도 유사한 경향을 보인다. 사람은 출생 후 생로병사를 겪지만, 가축은 적절한 근육이 형성되면 도살된다는 점이 다르다. 가축도 임신 중 어미의 영양 상태가 새끼의 근육 성장과 생산성 효율에 영향을 미친다. 임신 중에 어미의 영양이 부족하면 새끼가 성축이 되었을 때 원하는 근육량보다는 지방 함량이 훨씬 많아진다. 따라서 고기로서의 가치가 떨어지고 소비자들도 외면하게 되어 궁극적으로 생산자나 유통업자, 소비자 모두 만족하지 못해 경제적인 손해를 입게 된다. 임신 중 영양소의 결핍으로 인해 세포 수가 적은 저체중의 새끼를 출산하기 때문에 보상성장이 이어진다.

보상성장이란 태아 시절의 영양 부족 상태에 따른 보상 개념으로, 자라면서 본능적으로 과식하게 되고 필요 이상의 에너지를 기름 형태로 체내에 축적하는 것이다. 때로는 원하는 기름기 있는 고기를 생산하기 위해 보상성장을 활용하기도 하지만, 대체로 기름이 복부에 축적되거나 한 곳에 뭉쳐있어 쓸모가 없다. 결국, 소고기에 원하는 근내지방은 쌓이지 않고, 건강에 유익한 불포화지방산도 감소하며 육질이 나빠진다. 그러므로 보상성장은 득보다 실이 많아 산업적으로 활용하고 있지 않다. 사람이나 가축이나 지향하는 목표와 의미는 다르지만, 임신 및 유아시기의 적절한 영양식 급여가 중요한 이유이다.

제2장

좋다 나쁘다, 고기 논쟁

01 _ 고기를 먹어야 하는 이유

잡식동물로서 인간이 먹는 고기는 예전부터 특별했다. 학자들 사이에서도 논쟁이 뜨겁고 분열적이다. 고기가 질병을 예방하고 건강한 신체를 유지하는 필수 영양식품이라고 하고(주선태, 2011, 2013), 반대로 각종 암, 심장병, 당뇨 질환과 관련이 있어 건강에 해롭다는 의견(Richi 등, 2015)이 맞서고 있다. 소비자 입장도 고기를 먹는 그룹과 채식주의자 그룹 간에 주장이 첨예하게 다르고, 여기에 종교적·문화적·지역적으로 생각이 다르다. 그러나 고기가 인류에게 제공하는 단일 식품으로서의 영양적 우수성에 대해 부인하는 학자는 없다.

고기가 건강에 부정적인 것은 현실적으로 고기를 많이 먹는 서구인 식단을 중심으로 얻어진 관찰 연구조사 때문이다. 서구인이 겪고 있는 만성질환의 발생 원인을 식사와 연계하여 역학적이고 관찰적인 연구를 하였다. 뿐만 아니라 최근에는 환경 문제도 함께 대두되어 부정적인 인식에 가세하였다. 따라서 다양한 매체를 통해 혼란스럽고 분열적인 고기에 대한 인식이 지구촌 구석까지 입에 오르내리고 있다. 고기를 먹어야 하는 이유와 먹지 말아야 하는 이유가 나름 있다.

호모 사피엔스로의 진화

호모 사피엔스 출현 이전에 선조 인류는 여러 포유류 중 하나였고, 우리의 조상은 모두 육식동물이었다. 포유류란 지구상의 신생대부터 번성했던, 어미가 제 젖으로 새끼를 먹여 기르는 동물이다. 진화를 통해 포유류가 초식동물과 육식동물로 분화되었다. 30만 년 전에 출현한 인류가 오늘날까지 살아오면서 농경 생활 이전까지 주식은 고기였다. 이동 생활을 통해 야생동물을 잡아먹으며 들판에서 나오는 열매, 씨앗, 풀을 함께 먹었다. 우리의 유전자 속에는 고기를 먹고 싶다는 욕망이 채워져 있으며, 이에 따라 고기를 소화할 수 있는 기관이 발달하였다. 사람과 같이 단독 위胃를 가진 동물들은 풀에 들어있는 섬유소를 분해하여 에너지로 활용할 수 없다. 풀에는 리그닌, 셀룰로즈, 헤미셀룰로즈와 같은 섬유질 성분이 있지만, 초식동물만이 이를 분해하여 영양분과 에너지원으로 활용할 수 있다.

포유동물의 조상이 모두 육식동물이었다고 주장하는 것은 초식동물마저 자기 몸속에 이러한 섬유질을 분해하는 효소가 없기 때문이다. 초식동물은 외부 미생물이 분비하는 셀룰레이스cellulase라는 효소의 도움을 받아 풀을 분해할 뿐이다. 인간은 몸 자체에 풀을 분해하는 효소가 당연히 없고, 초식동물처럼 외부 미생물의 도움을 받을 수도 없다. 풀에 함유된 일부 비타민이나 미네랄만을 이용할 수 있을 뿐이다. 그러나 소화가 안 되는 섬유질이 건강상 무의미한 것은 아니다. 섬유질은 장내에서 다른 음식과 혼합되면서 소화 흡수를 조절하고 배변 작용을 촉진하는 유익한 작용을 한다.

인체는 육류의 단백질과 지방을 분해할 수 있는 프로티에이스protease 나 라이페이스lipase와 같은 효소가 있다. 체질적으로 고기를 먹어서 소화시킬 수 있는 효소를 생성하도록 진화해 왔다. 진화 자체가 끝없이 환경에 적응해가는 변화 과정이다. 따라서 사람이 유전적으로 반드시 고기를 먹어야만 생존할 수 있다는 의미는 아니다. 고기 없이도 영양소가 포함된 다른 음식으로 대체하여 얼마든지 생존할 수 있고 적응할 수 있다. 다만 적응하는데 시간이 좀 걸리고 불편하다는 점이다. 인간은 점차 육식에서 잡식으로 식습관 패턴이 바뀌어 왔지만, 육식동물의 본능이 아직 강하게 남아있다.

고기는 다른 동물의 근육이다. 고기는 구성면에서 인간의 골격근과 같다. 고기가 우리의 근육을 발달시키고 유지 시키는 음식이라는 점에서 이상할 게 없다. 누가 뭐라 해도 고기는 단백질, 지방, 비타민, 미네랄, 생리활성물질이 함께 들어있어 농축된 영양가를 지닌 음식이다. 그리고 본능적으로 끌리는 맛이 있는 음식이다. 고기 대신 다른 식물성 식품으로 살아가려면 영양학적 지식을 기반으로 여러 종류의 식품을 골고루 의도적으로 섭취해야 같은 영양적 효과를 얻을 수 있다. 비효율적이고 불편하다.

단백질

고기가 영양 면에서 우수한 것은 근육을 합성하고 유지하는데 필요한 단백질로 구성되었다는 점을 우선으로 꼽는다. 젊은이든 노인이든 인간은 살아있는 한 건강한 대사 기능을 유지하는 데 근육이 필요하다. 노인들이 적절히 고기를 섭취한다면 노화로 인한 근력 저하와 근육 감소증으로 인한 사고를 줄일 수 있다고 한다. 예를 들어 1,822명의 노인을 대상으로 2~4년간 동물성 단백질의 섭취량과 골절사고와의 상관성을 분석한 코호트 연구결과에 따르면, 단백질을 많이 섭취할수록 사고율이 낮았다고 한다(Sandoval-Insausti 등, 2016). 물론 건강하고 육체적으로 활동적인 사람들도 육류 단백질을 섭취하면 신체 구성과 근력에 직접적인 영향을 미친다(Valenzuela 등, 2019).

곡류나 두류에도 단백질이 들어있는데, 왜 고기 단백질을 주장하는가? 고기를 포함한 동물성 단백질이 다른 식물성 단백질보다 품질이 우수하다는 것이다. 인체 생명 유지에 필요한 아미노산이 골고루 분포되어 있고, 식물성에 비해 인체에서 흡수율이 좋다. 식품에 함유된 20여 종의 아미노산 중에서 8종이 어른에게, 10종이 어린이에게 반드시 필요하다. 필수아미노산이란 체내에서 합성이 안 되고 반드시 외부 음식을 통해 얻어야만 하는 영양소이다. 식물성 식품에는 필수아미노산 한두 개가 결핍되어 있지만, 육류는 모두 충족되어 있다. 인간은 생존을 위해 반드시 100% 필수아미노산이 필요하다. 예를 들어 식단에서 하나의 필수아미노산이 결핍되면 다른 7종이 모두 충족되더라도 단백질 품질은 제로가 된다.

아미노산뿐 아니라 여기에서 유래한 대사산물이나 펩타이드는 인체에 중요한 생리활성물질로 작용한다. 고기에서 주로 얻어지는 카노신carnosine, 타우린taurine, 안세린anserine, 크레아틴creatine, 하이드록시프롤린hydroxyproline 등은 항산화나 항염작용을 하는 물질이다. 단백질의 품질은 필수아미노산의 조성으로 평가되지만, 아미노산의 생체 이용률 및 소화율도 결정적으로 중요하다. 아무리 좋은 단백질이라도 인체에서 소화되어 이용되어야만 한다. 섭취한 단백질이 체내에서 이용될 수 있는 전환율을 순단백질이용율NPU이라고 하는데, 동물성 식품이 약 0.75인 반면 식물성 식품은 0.5~0.6이다.

단백질의 소화 흡수는 조리 방법과 섭취량에 따라 달라진다. 생고기보다는 적당히 가열했을 때 소화흡수율이 증대하지만 지나치게 고온으로 가열하면 라이신과 같은 필수아미노산이 줄어들고 유해 물질이 생성되어 오히려 해롭다. 우리나라 성인 남자는 하루 대략 75g의 단백질이 필요하다. 삶은 소고기 100g에는 단백질이 27g 들어있는데 이는 하루 필요한 양의 36%를 차지한다. 단백질이 모자라거나 불균형이 되어도 문제지만, 다량 섭취하면 각종 염증과 독소가 유발될 수 있다. 단백질을 많이 섭취하더라도 식이섬유가 포함된 다양한 식단에서는 독성 아미노산 대사산물이 감소된다(Ward 등, 2016). 육류와 여러 식이섬유를 함께 먹는 지중해 식단에서는 독성 아미노산 대사산물이 감소하였다고 보고된바 있다(Meslier 등, 2020). 그래서 고기를 먹을 때 채소류를 함께 먹어야 한다.

비타민과 미네랄

고기에는 각종 비타민과 미네랄이 풍부히 들어있다. 싸이아민, 리보플래빈, 나이아신, 바이오틴, 비타민 B_6와 B_{12}, 판토텐산, 폴라신과 같은 비타민 B 복합체의 중요한 공급원이다. 간에는 비타민 A가 풍부하고 부위에 따라 상당량의 비타민 D, E, K가 함유되어 있다. 특히 고기는 식물에서 얻을 수 없는 비타민 B_{12}를 제공하는 유일한 식품이다. 비타민 B_{12}는 신경조직의 정상적인 기능과 적혈구 형성에 도움을 주는 필수 영양소이다. 그러므로 모든 동물성 제품을 배제한 식단을 따르는 사람들은 비타민 B_{12} 보충제를 섭취하는 것이 좋다.

고기에는 각종 미네랄도 풍부하다. 철, 구리, 아연, 망간, 셀레늄의 훌륭한 공급원이며, 특히 서구인들도 부족하기 쉬운 철분이나 노인들이 결핍되기 쉬운 아연이 풍부히 들어있다. 아연은 신체의 모든 조직에 존재하며 50개 효소의 구성성분으로 각종 생리적 기능을 담당하고 있다. 육류를 정상적으로 섭취하는 사람은 하루 필요한 아연의 1/3~1/2를 공급받지만, 동물성 식품이 배제된 식단에서는 적절한 양을 섭취하기 어렵다.

고기에 함유되어 있는 철분은 마이오글로빈에 단단히 붙어있는 헴철heme iron로 존재하고 있고, 일부 소량의 자유로운 철(非헴철)로도 존재한다. 소장에서 헴철은 약 23%가 흡수되고, 비헴철은 2~8% 정도 흡수된다. 이 정도의 흡수율도 농산물의 철분보다 훨씬 높다. 서구인의 식단에서 흡수된 철분은 일반적으로 10%로 추정한다. 고기로부터 철분의 약 15~35%가 흡수되지만, 식물성 식품에서는 1~10%만 흡수될 뿐이다. 일부 식물은 철분이 피테이트phytate와 단단히 결합하고 있어 흡수를 방해하기 때문이다. 고기 철분은 자체적으로 소화 흡수가 좋을 뿐 아니라 이눌린inulin을 첨가하거나 발효시키면 흡수가 촉진된다. 콩이나 곡류 식단에서 육류를 추가하면 흡수를 두 배로 증가시킬 수 있다. 따라서 소고기와 같은 붉은 색 고기는 훌륭한 철분의 공급원으로 평가된다(Czerwonka 등, 2017).

지방

고기에는 살코기에 지방이 함께 들어있다. 고기의 지방은 건강 측면에서 가장 논쟁이 심한 영양 성분이다. 서구인들은 심장병의 발병 원인이 기름이라고 생각했고, 고기 기름에는 포화지방산이 들어있기 때문에 건강에 나쁘다고 인식하였다. 일반적으로 소고기와 같은 붉은색 고기의 지방은 불포화지방산SFA 42%, 단일불포화지방산MUFA 54%, 고도불포화지방산PUFA 4% 전후로 구성되어 있다. 포화지방산이 약 40%로 불포화지방 60%보다 적기 때문에 엄밀히 말하면 불포화지방산이 더 많이 들어있다. 하지만 식물성 기름보다 상대적으로 포화지방산이 더 많이 들어있어 식단에서 포화지방의 주요 공급원으로 간주 되고 있다. 소비자에게 포화와 불포화지방산을 설명할 때 고기 지방을 포화지방으로 인식하지만 사실 상대적인 비율이다.

닭, 돼지와 같이 하나의 위장을 가진 동물보다 소나 양처럼 풀을 먹어 되새김하는 여러 반추위反芻胃를 가진 동물의 근육이 더 붉고, 기름에 포화지방산 함량이 상대적으로 높다. 반추위에서 미생물에 의한 작용으로 지방 분해의 수소화가 진행되어 사료 성분과 상관없이 포화지방산과 트랜스지방산을 더 많이 축적하게 된다. 그럼에도 육류의 지방을 다룰 때 종종 간과하는 사실은 반추동물에서 유래한 공액 리놀레산CLA, conjugated linoleic acid과 긴 사슬의 오메가3 지방산, 바센산vaccenic, 루멘산rumenic acids 이다. 이들은 반추위에서 생산 유래한 지방산이고, 일부는 건강에 유익하다고 알려져 있다(Vahmani 등, 2020).

영양과 건강 측면에서 고기 기름을 거론할 때 소비자는 물론이고 학자들 간에도 논쟁이 치열하다. 왜냐하면, 특정 음식을 섭취하는 것이 인체 건강에 유익한지 유해한지 직접 실험하기에는 거의 불가능하다. 쉽게 말해 사람을 실험동물처럼 가두어서 음식을 먹이며 조사할 수가 없기 때문이다. 그래서 이미 섭취 형태가 이루어진 집단을 선정하여 각종 변이요인을 보정하여 나타난 현상을 통계적으로 분석한다. 이것이 관찰연구이다. 관찰연구에 의하면 포화지방을 많이 섭취하면 심혈관 질환 및 당뇨병의 위험 증가와 연관이 있다는 보고가 많다.

그러나 이후 상세한 연구가 진행되면서 포화지방산은 건강에 좋고, 불포화지방산은 건강에 나쁘다는 단순 논리는 틀렸다고 결론짓고 있다. 보고에 의하면, 일반적으로 포화지방인 미리스트산과 팔미트산은 혈중콜레스테롤을 증가시키는 식이 요인으로 보인다. 그렇지만 스테아르산(C18)은 탄소끼리 이중결합이 하나 있는 단일 불포화 올레산(C18:1)으로 전환되기 때문에 포화지방산일지라도 건강에 해로운 지방산이 아니다. 올레산oleic acid은 우리나라와 같이 곡류를 많이 먹인 소고기에 다량 함유하고 있고, 올리브, 유채씨유, 홍아유와 같은 식물성 기름에 많이 들어있다.

올리브유를 많이 먹고 상대적으로 포화지방산을 적게 먹는 지중해 연안 사람들이 북유럽인들에 비해 심장병 발병률이 낮다는 사실은 이미 잘 알려져 있다. 올레산 자체의 효과인지, 아니면 포화지방산의 대체 효과인지 모르지만, 고기는 올레산이 다량 함유된 식품이다.

하지만 포화든 불포화든 총 지방을 많이 섭취하게 되면 혈류 질환에 해롭다고 한다. 평균 8.5% 지방을 함유한 살코기 180g을 먹는 식단에서 총 지방 섭취량을 줄이게 되면 혈중콜레스테롤 수치가 감소하는 것으로 나타났다(Watts 등, 1988).

여기서 짚고 넘어가고 싶은 것은 반추위 동물 조직에 함유된 트랜스지방산trans fatty acid이다. 단위 동물에는 거의 없는 트랜스지방산이 반추위에서 박테리아에 의해 수소화되어 형성된다. 반추동물의 트랜스지방산은 2.0~10.6%이고 돼지고기는 0.5% 미만이다(Pfalzgraf 등, 1994). 마가린에 함유된 지방산이 건강에 해롭다는 사실은 대개 잘 알고 있다. 식물성 기름이지만 오일에 수소를 첨가하여 만든 경화유 형태로써 최대 34.9%의 트랜스지방산이 들어있다. 실험적으로 트랜스지방산은 LDL과 HDL 콜레스테롤 생성에 모두 부정적인 영향을 끼치는 것으로 나타났으나, 인위적으로 제조한 것과 고기에 함유된 것의 차이는 명확하지 않다. 소는 풀을 먹어 녹색 식물에 함유된 오메가6 지방산을 CLA(공액 리놀레산)으로 전환하여 체 조직에 축적한다. CLA는 사람과 같은 단위 동물에서는 스스로 만들 수 없는 유익한 생리 활성 물질이다. 이같이 식품에서 건강에 유익하거나 유해한 성분이 혼재되어있는 것은 비단 소기름뿐만이 아니다.

고기에는 소량이지만 건강에 이로운 고도불포화지방산이 들어있다. 탄소수가 많고 이중결합이 4개 이상인 EPA나 DHA는 혈관 건강에 유익하다. 이들은 모두 오메가3 지방산이다. 고기보다 물고기에 훨씬 많이 들어있다. 예를 들어 에스키모인은 일생동안 각종 어류와 바다 동물의 기름을 먹는다. 살코기와 함께 먹기도 하지만 기름 덩어리만을 잘라 통째로 먹기도 한다. 평생 기름을 섭취해도 그들에겐 심장병, 고혈압과 같은 혈류 관련 질환이 없다. 채식주의자에게는 오메가 지방산이 절대 부족하다. 영양학자들은 채식주의자에게 에이코사펜타엔산EPA 및 도코사헥사엔산DHA과 같은 기름보충제를 권장하고 있다.

콜레스테롤도 고기 기름에 자주 오르내리는 주제이다. 음식에 따라 식이와 혈중콜레스테롤의 종류와 함량과의 관계에 대한 논쟁이 활발하다. 콜레스테롤은 인체 혈류의 지방 운반에 관여하는 지방 화합물이며 세포막 구조의 일부를 담당하는 영양소이다. 그러나 혈관에 너무 많이 쌓이면 피의 흐름을 방해하여 고혈압이나 심장병을 유발한다. 우리 몸에서 70%는 자체 합성으로 충당되고 나머지 30%만이 음식으로부터 유래되기 때문에 필수 영양소는 아니다. 서양 식단을 기준으로 볼 때 체내에 형성된 콜레스테롤의 약 1/3이 육류로부터 공급된다고 한다.

대부분 국가는 국민 건강을 위하여 지방 섭취량을 권장하고 있다. 총에너지 섭취량의 15~30%를 지방으로부터 공급받도록 제안하고 있다. 그 중 포화지방산SFA은 10%, 단일불포화지방산MUFA은 10~15%, 고도불포화지방산PUFA은 3% 이상 섭취하라고 한다. 1일 콜레스테롤을 약 300mg 섭취하라고 권장하고 있다. 참고로 고기 100g당 콜레스테롤은 70~

90mg 들어있으며, 계란 한 개에 187mg 들어있다. 닭고기와 같은 흰색 고기는 총지방함량, 포화지방산, 콜레스테롤이 적게 들어있고, 불포화지방산이 상대적으로 더 많이 들어있다.

소고기 기름이 인간 건강에 미치는 영향에 관한 연구는 학자마다 그 결과가 천차만별이다. 개별적 관찰연구를 바탕으로 이를 조합해서 전체적으로 통계분석을 한 메타분석에 의하면 중립적인 영향을 미치고 있다. 다시 말해 유익하거나 유해한 측면이 각각 있지만, 통계적으로 유의미한 차이를 제시하지 못 하고 있다.

서구인이 고기로부터 섭취하는 영양 성분 함량은 얼마큼 될까? 국가별, 고기 종류별 섭취량에 따라 다를 수 있다. 서구인의 하루 고기 섭취량은 약 200g 정도로 추정되고, 우리나라는 2018년에 1인당 연간 육류 소비량이 53.9kg으로 하루에 약 150g 미만으로 추정된다. 식이 및 신체 활동에 대한 덴마크 정부의 조사에 의하면 2001년에서 2013년간 덴마크인이 평균적으로 붉은색 고기(흰색 고기와 물고기 제외)로부터 단백질 27%, 지방 21%, 포화지방산 20%, 단일불포화지방산 26%, 비타민 A 40%, 싸이아민 33%, 리보플래빈 17%, 나이아신 27%, 비타민 B_6 21%, 비타민 B_{12} 35%, 인 15%, 철 20%, 아연 33%, 셀레늄 25 %를 충당한다고 하였다(Geiker 등, 2021). 붉은색 고기(대부분 소고기)로만 인간에게 필요한 영양분의 15~40%를 충당한다. 이와 같은 자료는 다른 서구 국가의 자료에서도 유사한 경향을 보였다(Devje, 2021). 어림잡아 하루 필요량의 1/3 이상을 충당하는 것이다.

고기는 육즙과 함께 맛과 향기를 발산하기 때문에 군침을 돌게 한다. 적당히 기름이 섞여 있으면 고소한 맛에다 단백질이 분해되어 농후한 맛을 낸다. 고기에는 조미료의 주성분인 천연 글루탐산이 들어있고, 핵산 물질

중에서 AMP, IMP, GMP도 다량 들어있다. 우마미umami 맛과 같이 감칠맛을 내는 천연 정미성분이 풍부하여 요리할 때 특별히 양념을 넣지 않아도 된다. 고기를 가열하면 저급분자량이 휘발되어 향기를 발산한다. 고기를 숙성시키면 부드러운 질감과 입안에 타액과 섞인 고기즙이 혀와 코를 즐겁게 한다. 아주 오래전부터 인간은 참을 수 없는 유혹의 맛에 사로잡혀 타자의 근육을 외면한 적이 없었다. 우리가 유전자의 지시에 따라 진화해 온 육식동물의 후예임을 부인할 수 없다.

02 _ 고기에 대한 비판적 인식

고기에 대한 부정적 인식은 크게 건강, 환경, 동물복지와 관련이 있다. 세계보건기구WHO 암연구센터IARC는 고기를 장기간 섭취하면 건강에 유해할 수 있다는 연구(Chan 등, 2011; Bouvard 등, 2015)를 바탕으로 2015년에 소, 돼지, 양, 염소 등 붉은색 고기와 육가공 제품이 각각 발암 가능성(probable, 그룹2A) 식품과 발암 추정(sufficient, 그룹1) 식품이라고 규정한 바 있다. 이는 주로 유럽에서 최근 질환에 노출된 집단과 노출되지 않은 집단을 분류해서 일정 기간 추적하여 특정 질병의 발생 여부를 관찰하는 코호트 연구Cohort Study의 결과에 따른 것이다.

관찰 조사된 개별 연구를 수집하고, 그 수집된 많은 연구 자료에 대하여 메타분석meta-analysis을 동원하여 결과를 도출하였다. 고기 섭취와 질병 유발 연관성은 다변수 분석에서 연령, 인종, 비만도, 병력, 흡연, 혈압, 지질, 신체 활동 및 다중 영양 매개변수와 같은 교란 요인confounding factors을 포함한 후에도 지속된다고 했다.

전통적으로 비프스테이크와 햄, 소시지, 베이컨을 즐겨 먹어왔던 서구인들은 큰 충격을 받았다. 서구인에게 고기와 가공제품은 우리나라의 김치와 같은 일상 음식이어서 날벼락 같은 소리였다. 하지만 연구진에 따르면, 질병을 일으킨다는 것이 아니라 통계적으로 연관성이 있다는 것을 의미하고, 총괄적인 결론이지 개별 연구에서 모두 연관성이 있다는 것은 아니라고 전제를 달았다. 그리고 계속 데이터를 업데이트하여 그 결과를 반영하여 조정할 수 있다는 단서도 달고 있다.

예를 들어 2007년에 붉은색 고기를 발암 추정sufficient으로 규정했다가 후속 연구결과에 의해 덜 해롭다고 판단되어 2018년에 발암 가능성probable으로 완화하였다. 연구진들은 관찰 연구대상이 아시아나 미국인이 아니라 유럽인으로 한정된 결과임을 밝히고 있다. 닭고기와 같은 흰색 고기는 연관성이 없고, 적용 대상에서 노인을 제외했다. 노인에게 충분한 단백질을 공급하는 것이 건강에 중요하기 때문에 이 연구결과에 따른 제한적 권장 사항을 70세 이상의 노인에게 적용해서는 안 된다고 하였다.

우리나라 사람은 서구인에 비교해 고기를 적게 먹고 있지만, 소비자 입장으로 보면 걱정이 되어 고기를 기피하는 사람이 늘어날 수가 있을 것이다. 실제로 일시적이었지만 고기 산업에서 매출 감소로 이어졌던 시기도 있었다. 연구에 따르면 관찰된 질병 유형의 몇 가지 작용기작에 대해서는 근거가 있어 보이지만, 대부분 과학적으로 명확하게 밝히지 못하고 있다. 확실한 것은 붉은 생고기보다 붉은색 고기로 만든 가공제품에서 연관성이 더 높다는 것이다. 따라서 소비자를 위한 권장량 기준을 더 강화해야 한다고 주장하고 있다(Richi 등, 2015).

산업계, 일부 학자, 각국 정부의 논박도 만만치 않았다. 고기 섭취와 건강 유해 가능성에 대해 학자마다 의견이 다양했다. 예를 들면 건강에 부정적으로 고기를 간주하는 학자와 직업군이 있고, 반대로 고기를 중요한 영양 식품으로 보는 학자와 산업체들이 있다. 동일 연구 주제를 정부, 공공기관, 의약계, 보건계, 식육 산업 단체 등에서 후원을 받아 학자들이 연구를 수행한 결과이다. 발표된 연구는 직접 실험한 결과가 아니고 대부분 관찰에 의한 역학 조사이다.

따라서 학회지에서 발표한 논문의 결과가 다르고, 때로는 상반된 것이 많다. 아마도 개별적으로 조사하여 자료를 수집한 후 통합 분석할 때 연구자의 주관적 의견의 반영 가능성, 논문을 선별할 때 요구되는 모든 조건을 충족하지 못하거나 검색에서 빠지는 경우, 선택된 논문에서 메타분석이 불가능한 경우 등이 많기 때문일 것이다. 어디까지나 연구자 간의 상반된 결과에 대한 논쟁일 뿐 소비자 입장은 다르다. 소비자는 안전한 식품을 넘어서 안심이 되는 그 이상의 식품을 원하고 있다. 연구결과에 따라 나타나는 소비자들의 반응은 민감하다. 그러므로 고기와 건강이라는 거대 담론을 짧은 지면으로 간단하게 설명하기는 쉽지 않다.

우리나라에서도 한국축산식품학회 주관으로 이근택 교수 등 여러 식육 학자들이 공동으로 참여하여 〈2016 식육가공품의 안전성 평가〉와 2017년에 〈적색육 위험성 분석 및 과학적 근거 발굴 연구〉라는 보고서를 제출하였다. 연구진들은 최신 학술 데이터와 체계적인 통계자료를 수집, 분석하여 WHO가 주장하는 질병 발생과의 상관관계를 점검했고, 소비자들에게 불필요한 오해를 종식 시키고 그 실상을 알기 쉽게 설명한 바 있다(이근택 등, 2016, 2017). 소비자에게 사실 그대로 이해시킬 수 있는 객관적이고 균형이 잡힌 정보 전달이 필요하다. 지금까지 학계에서 발표한 연구결과를 중심으로 고기 섭취에 따른 암, 심장병, 기타 질병 위험 가능성에 대해 알아보자.

고기와 암

우선 고기 섭취와 대장암 연관성에 대한 문제이다. 지금까지 발표된 관찰 및 실험 연구를 모아 검토한 분석을 보면 붉은 고기의 섭취가 DNA 손상을 유발할 수 있음을 시사하고 있다. 그러나 개별 연구를 종합적으로 검토하는데 결함이 있어 향후 높은 수준의 연구가 필요하다는 것이 일반적인 의견이다. 단순히 식단에서 특정 붉은색 고기라는 단일 변수만 작용하는 것이 아니기 때문이다. 2015년 WHO의 보고 이후 돼지고기는 발암성과 무관하지만, 코호트 연구의 데이터에 추가 분석이 필요하다는 새로운 연구논문이 발표되었다(Carr, 2015). 또한, 실제로 소비자는 식생활에서 특정 고기만 먹지 않고 다른 음식과 함께 먹는다. 여러 종류의 음식이나 성분을 먹게 되면 인체에서 상호작용하여 작용기작이 달라진다. 예를 들면 고기와 함께 과일, 채소, 통곡물을 적절하게 섭취하면 초기 유방암을 비롯하여 여러 질환을 예방할 수 있다는 연구보고도 있다.

학문적으로 고기가 건강에 해롭다는 이유 중 하나가 철분이다. 붉은색 고기는 마이오글로빈이나 헤모글로빈과 같은 붉은색소 단백질을 함유하고 있다. 대부분 색소에 단단히 붙어있는 헴철heme iron과 여기에서 분리된 일부 비헴철이 있다. 고기에 함유된 철분은 인체에서 영양적 순기능과 질병을 유발하는 역기능을 동시에 가지고 있다. 순기능은 이미 이 책의 다른 글에서 흡수력이 높은 영양 성분이라고 설명한 바 있다. 역기능은 근육의 노화를 촉진하여 대장암(결장암) 발병과 관련이 있다는 점이다.

헴철은 생고기를 오랫동안 저장하거나 가공하는 과정에서 유해산소의 작용을 도와 지방산화물 생성을 돕는다. 특히 고기를 높은 온도에 튀기게 되면 고열 중에 생성되는 잠재적인 유해 화합물과 함께 유해산소가 많이 발생한다. 그러므로 신선한 고기는 너무 고온에 가열 처리하지 않는 것이 좋다.

위험을 줄이는 방법으로 항산화성이 있는 식물성 음식을 권장한다. 실험 예로써 말린 적포도, 석류 추출물, 비타민 E를 고기와 함께 투여하면 쥐의 소변과 대변에서 독성 생성물이 감소했다고 한다. 이러한 항산화성 영양소를 설치류에게 투여하였을 때 암 전 단계의 결장 병변을 개선하는 등 여러 보고가 있다. 발암 연관성은 어디까지나 관찰연구이지 직접 인간을 대상으로 설계해 얻어낸 결론은 아니다. 따라서 관찰 후에도 확인하거나 거부하기 위한 개입 연구(중재 또는 조정연구, intervention study)를 계속해야 신뢰성이 높아진다.

신선육보다 가공육이 발암 가능성이 더 높다고 WHO는 발표하였다. 가공육이란 신선육을 저장하기 위해 물리 화학적으로 처리하고, 부패지연 첨가물을 넣기 때문이다. 인류는 5천 년 전부터 고기를 소금에 절였다. 정제되지 않은 자연산 소금에는 질산염이 불순물 형태로 존재하고 있고, 이 불순물이 고기에서 환원되어 아질산염 형태로 소금의 삼투압 작용과 함께 미생물 증식을 억제하는 역할을 해왔다. 또 고기를 저장하기 위해 연기를 쐬고 건조시켰다. 나무를 태울 때 발생하는 연기는 미생물을 억제하는 물질이 있어 고기의 독특한 향기와 함께 저장성을 증진시킨다. 인류는 이렇게 고기를 저장하면서 먹어왔고, 오늘날 산업적으로 생산하는 햄·소시지류도 동일한 원리로 생산하여 공급하고 있다.

우리나라에서도 한때 매스컴에서 보도되었던 '가공육이 건강에 해롭다'는 사실은 아질산염 때문이다. 질산염과 아질산염은 자연에 널리 분포되는 물질이지만, 오늘날에는 인위적으로 고기 가공에 첨가하는 성분이기도 하다. 아질산염이 분해하면 미량의 나이트로사민nitrosamine이라는 발암 물질로 전환된다. 이 물질은 나노 미리그램 수준의 극소량이다.

그러나 이것이 우리 몸에서 병을 일으키려면 가공제품에 함유된 양의 몇 천 또는 몇만 배가 필요하다. 다시 말해 생성된 화학 물질의 양이 너무 극소량이고, 또 인류가 유사 이래로 소금의 불순물을 함께 먹어왔기에 오늘날 모든 국가에서는 법적으로 제한된 양을 허용하고 있다.

그러나 아질산염이 모두 나쁜 물질인 것은 아니다. 아질산염이 분해하는 과정에 산화질소라는 화합물이 생성된다. 이 화합물은 혈압을 조절하고 심장 건강을 증진하는 데 도움이 되는 물질이다. 육가공 제품에 쓰이는 아질산염과 그것이 인간의 건강에 미치는 영향에 대해 앞으로 더 많은 연구가 필요하다.

고기 섭취와 발암 가능성에 대한 또 다른 이유로 조리 방법을 들 수 있다. 고기를 고온에서 장기간 조리하면 유해 물질이 생성된다. 고기를 뜨거운 온도에서 익히면 지방이 표면에 배어 나와 축적된다. 이 과정에서 다환방향족탄화수소PAH, polycyclic aromatic hydrocarbons라는 독성 화합물이 형성된다. PAH는 고기 가열 중에 나오는 극미량이지만 발암성 물질이기 때문에 건강에 해로울 수 있다. 가열할 때 연기를 줄이고 물방울을 신속하게 제거하면 PAH 형성을 최대로 줄일 수 있다. 유사한 화학 물질로 붉은색 고기를 고온에서 굽거나 장기간 튀기면 이환방향족아민HAA, heterocyclic aromatic amines이 생성된다. 실험 동물에게 HAA를 장기간 투여하였을 때 암과 관련이 있다고 보고되고 있다. 반면 흰색 고기는 붉은색과 달리 나타나지 않았다.

위와 같은 내용은 어디까지나 과학적으로 알려진 사실이다. 세계보건기구 산하 국제암연구소에서는 육류의 조리 방법이 암 위험에 영향을 미치는지를 확인할 증거가 충분하지 않다고 한다. 연구진들도 조심스럽게 가능성을 발표하고 있을 뿐 확실한 작용기작을 제시하지 못하고 있다. 관찰

연구에서 어려운 점은 고기 성분과 함께 다른 식이 요인과의 체내 상관성을 밝히거나, 대륙별 또는 국가별 식이 문화의 특성을 반영하여 상호 비교하는 기술적 판단이 쉽지 않다는 데 있다. 그래서 앞으로 과학적으로 진보된 바이오마커biomarker를 활용하면 결과를 도출하는데 방해요인을 어느 정도 줄일 수 있을 것으로 내다보고 있다(Geiker 등, 2021).

고기와 기타 질환

고기의 발암 관련설 외에 건강 문제로 오르내리는 화두가 심장병이다. 붉은색 고기 섭취가 심장병 유발과 관련이 있을 수 있다는 것이다. 연구자마다 결과가 들쭉날쭉하다. 여러 연구결과를 종합해 검토해보면 소기름과 같은 반추위 가축 기름을 섭취하면 심장병 위험에 연관성이 있다는 보고가 있지만, 대부분은 혈류 질환에는 중립적이라고 본다. 중립적이라는 것은 해가 되거나 이익이 되어 종합적으로 긍정이나 부정적인 영향을 미치지 않는 성격을 가지는 상태를 말한다. 쉽게 말해 별 연관성이 없다고 해석하면 적절할 것이다. 드물지만 유익한 영향을 미친다는 보고도 있다(Yang 등, 2015). 서구인들은 전에는 고기 섭취에 따른 심장병 유발에 관심이 많았지만, 오늘날에는 많이 줄어든 추세이다. 심장병 발병 요인이 너무나 복잡하고 다양하기 때문이다.

고기와 당뇨병 유발 관계에 대한 논문도 심심치 않게 발표되었다. 붉은색 고기 및 가공육이 제2 당뇨병과 관련이 있다는 것이다. 이것도 영양학 측면에서 설명하기는 간단하지 않고, 학자마다 반론이 만만치 않다. 당뇨병이 발병한 사람들에게는 식품 섭취뿐 아니라 유전적 또는 환경적 요인과 같은 다른 위험 요인에 노출되어 있다. 또한, 고기나 동물성 기름보다 정제된 탄수화물을 너무 많이 섭취하거나, 채소를 충분히 먹지 않거나 지속적인 과식 등의 습관도 한몫 했을 수 있다. 객관적으로 수치를 제시할 순 없지만, 서구에서 고기를 많이 먹는 사람은 빵, 아이스크림, 튀김류, 도넛 등 다른 고에너지 식품도 즐겨 먹는 경향이 있다고 한다. 고기를 섭취하는 사람이 오히려 당뇨 저항성을 줄인다는 반대 연구결과도 있다.

고기를 부정적으로 인식하는 연구에는, 붉은색 고기와 가공육을 먹는 그룹이 비만(체중 증가)과 관련이 있다는 설이다. 이러한 연구는 관찰에 의한 것이며, 음식 종류와 총섭취량이라는 더 큰 변수가 있기 때문에 개별적인 연구결과는 천차만별이다. 식이요법 외에도 유전, 수면의 질, 활동량과 같은 많은 요인이 체중에 영향을 미칠 수 있음은 자명하다. 비만율 연구에 따르면, 부(경제적 풍요), 칼로리 소비량, 도시화 수준 및 신체 활동 등 체중 증가에 기여 하는 요인이 매우 많다.

실제로 적당한 고기 섭취가 식욕감퇴(물리는 작용)로 이어져 비만 방지에 기여한다는 것이 학문적으로 설득력이 있다. 붉은색 고기는 체중 증가와 관련이 있고, 흰 고기는 그렇지 않다는 주장에 선뜻 동의하기는 어렵다. 일반적으로 닭고기를 찾는 소비자들은 건강에 관심이 높고 자기 절제나 관리가 잘될 가능성이 있다. 반면 이것저것 따지지 않고 고기를 많이 먹는 사람은 고기뿐 아니라 기름진 음식이나 탄수화물 음식을 탐하여 과식하는 사람들이 많을 수 있다.

결국, 무엇을 먹느냐도 중요하지만 어떻게 얼마큼 먹느냐가 더 중요하다. 식품도 중요하지만, 섭취 방법과 형태가 중요하다는 의미다. 오늘날 여러 업체가 전문가를 데려와 매스컴을 통해 소비자에게 식품이나 그 속에 함유된 유용성분을 홍보하고 있지만, 어떻게 얼마큼 먹어야 한다고 설명하는 데는 전문가조차 기피하는 경향이 있다. 식품이나 건강식품업계에서는 돈이 되는 곳에 후원할 수밖에 없고, 섭취량과 방법을 설명하면 시청자의 흥미가 반감되기 때문이다.

소비자들은 원시 인류가 자연에서 먹었던 음식에 대해 향수를 가지기도 한다. 그들이 먹었던 음식과 먹는 방법이 어쩌면 현대인의 건강을 지키는 최선일지 모른다. 그것은 영양학적으로 균형 잡힌 식단이 될 수 있다는 의미이기도 하다. 최근의 메타분석에 따르면, 구석기 시대의 식단이 체중 감량, 허리둘레 감소, 만성 질환 관리에 도움이 될 수 있다고 보고하고 있다. 구석기 음식이란 사냥에 의한 동물의 살코기와 여기에 조개, 생선, 들판에서 채집한 열매, 채소, 견과류 및 씨앗 등이다. 그 음식에는 오늘날과 같은 기름진 고기나 곡물과 가공식품이 없다. 그들은 식사하고 나머지 시간을 새로운 먹이를 찾아 끊임없이 돌아다니며 운동 아닌 운동을 해야만 했다. 이런 복합적인 요인이 사람의 건강을 지킨다. 식품과 식이 패턴, 기호도가 모든 사람을 건강하게 만드는 최선이 아니다. 건강에 영향을 끼치는 하나의 요인일 뿐이다.

고기와 환경 · 윤리 문제

고기를 먹지 말아야 한다고 주장하는 사람들은 당면한 지구 환경과 동물에 대한 윤리적 문제를 거론하고 있다. 가축을 사육하게 되면 호흡과 방귀, 분뇨를 통해 온실가스를 배출하게 되고, 삼림 벌채와 수질 오염, 나아가 물 부족 사태까지 이어진다고 주장한다. 실제로 동물 사료, 분뇨 및 트림을 통해 온실가스가 배출된다. 자료마다 다르지만, 가축은 기후 변화에 작용하는 온실가스 배출량의 약 15%를 차지한다고 한다. 또한, 공장식으로 가축을 대량 사육하면 삼림 벌채, 토양 침식, 담수 오염 및 대기 오염이 발생한다. 미국의 경우 소고기를 생산하는데 배출되는 온실가스량은 국가 배출량의 3.7%, 전 세계 배출량의 0.5% 미만을 차지한다. 농업 산업에서 전체의 10%를 배출하고 운송 산업이 29%가 차지한다고 한다(Devje, 2021).

채식주의를 주장하는 또 다른 이유의 하나는 동물윤리 문제이다. 사람이 같은 생명체인 척추 포유동물들을 너무 비윤리적으로 학대하면서 기른다는 주장이다. 가축 농장에서는 과밀하여 적절한 운동을 할 수 없거나 햇빛을 허용하지 않는 경우가 많다. 때로는 지나치게 항생제나 호르몬제를 투여하기도 한다. 우리나라를 비롯하여 선진국에서는 이러한 동물윤리와 환경 악화 문제를 법적으로 규제하고, 제도적으로 개선해 나가고 있다.

고기는 비교할 수 없이 영양 면에서 우수한 식품이지만, 부정적인 측면이 있는 것도 사실이다. 정부와 학계에서는 소비자의 불신을 초래할 수 있는 불확실한 요인을 끊임없이 조사하고 연구해서 밝히려고 노력해야 한다. 소비자는 정부에서 시행하는 여러 제도를 잘 활용하여 맛있고도 건강에 좋은 고기를 선택해야 한다. 소비자도 어느 정도 식품 영양에 대한 상식, 나아가 고기에 대한 과학적 지식을 습득하여 일상 식이 생활에 적용하면 건강한 식생활에 도움이 될 것이다. 인터넷에 떠도는 수많은 건강정보를 맹신하면 안 된다. 뉴스에서 자주 쓰는 "잘못된 서구식의 영향으로 … "라는 말을 제대로 이해했으면 좋겠다. 우리는 서구식 식단이 우리 전통식과 뭐가 다르며, '잘못된 서구식'이 구체적으로 무엇인지 알 필요가 있다.

간단하게 생각하자. 초등학교 시절에 배웠던 여러 가지 음식을 골고루 먹되, 과식하지 않고 적당하게 먹도록 하자. 우리 몸은 아무 음식이나 무한정 받아들이는 하수분河水盆이 아니다. 계영배戒盈杯처럼 탐식과 편식을 경계해야 건강한 식생활이 된다. 그것도 이해하기 힘든 사람에게는 한국의 중류층 전통 밥상에 약간의 육류나 동물성 단백질을 더 추가해 먹으면 좋다고 제안하고 싶다. 가능한 한 생산에서 유통을 거쳐 본인의 밥상까지 오르는 경로를 알 수 있는 음식을 먹자. 친환경적으로 생산된 신선한 음식을 먹자. 그래서 슈퍼마켓의 선반 위보다 냉장고에 진열된 식품에 관심을 가져보자. 생고기를 눈으로 보고 구성성분이나 외관에 더 관심을 가지자. 맛있으면서 너무 싼 고기 조리 음식이나 가공식품을 경계하자. 서구식이 한식보다 건강에 무조건 나쁘다는 논리가 아니다. 어느 식사 형태든지 음식의 종류, 조리 방법, 식사량, 식사 시간이나 횟수, 식사 습관, 정신 건강 상태 등이 건강에 영향을 미친다.

03 _ 무엇을 먹어야 할까?

보릿고개가 있었다. 보릿고개란 지난해 농사지은 곡식이 겨울 동안에 바닥나고 봄에 수확될 보리를 기다리는 춘궁기를 말한다. 때로는 초근목피로 연명할 정도로 절대 영양이 부족한 시기였다. 60년대 초중반 춘궁기에는 들에서 자라는 쑥을 캐어 미국에서 무상원조로 받은 옥수숫가루, 밀가루를 버무려 쪄서 먹거나 무와 고구마를 썰어 국을 끓여 먹었던 가정도 많았다. 쑥은 섬유질이 많아 변비를 유발하기 때문에 배변이 힘들었던 사람들이 많았다.

그렇다면 우리 국민이 먹거리에 대해 걱정하지 않아도 되는 시기는 언제부터였을까? 중고등학교 시절 선생님이 보리쌀을 넣은 밥, 곧 혼식검사를 받지 않아도 되는 시기, 밀주 단속이 없어지고 양조장에서 밀가루 대신 쌀 막걸리를 만들 수 있었던 시기는 언제부터였을까? 아마도 1970년대 말에서 1980년 초부터가 아닌가 싶다. 그 이후로 좋아하는 음식을 마음껏 먹을 수 있게 되었고, 배고픔의 한에서 벗어날 수 있었다. 그리고 바야흐로 너무 잘 먹어서 병이 걸리는 시대가 온 것이다.

먹는 행위는 인간 생존의 가장 필수 요건이지만, 음식이 충분하기 때문에 그 소중함을 잊기가 쉽다. 우리 주변에 있는 공기의 소중함을 잊고 살아가듯이. 아직도 우리나라의 식량 자급률은 30%밖에 안 된다. 나머지 70%는 어떤 형태로든 외국에서 수입해온다. 경제가 성장하여 원하는 식품을 얼마든지 사 먹을 수 있는 시대가 되었지만, 식량의 소중함을 잊어서는 안 된다. 국가 재난 상태에 대비하여 자급자족할 식량을 더 많이 확보할 수 있는 농업 생산 체계를 유지해야 한다.

우리가 매일 먹는 음식이 식습관에 따라 건강에 유익할 수도, 유해할 수도 있다. 체질, 유전, 운동, 스트레스, 흡연 등도 건강에 영향을 미치나, 그중에서 음식도 중요 영향 요인의 하나다. 그래서 예전부터 음식을 보약이라 했다. 그렇지만 약은 아니다. 건강에 밀접하게 영향을 미치기에 음식을 어떻게 먹느냐에 따라 우리 몸에 나타나는 반응이 다르다. 현대인은 건강과 관련하여 정보의 홍수 속에 살고 있다. 시청자들은 단편적 지식, 바람직하지 못한 일부 서구의 식습관, 특정 질병과 연계된 음식 효능, 대중에게 알려진 저명인사의 말에 따라 너무 예민하게 영향을 받고 있다.

어떤 음식이 건강에 좋고 어떤 음식이 건강에 나쁘고 … 등의 주장이 난무한다. 특정 식품에 쉽게 현혹되고, 쉽게 실망하는 경향이 있다. 도대체 어떤 음식을 먹어야 할지 모르는 혼란 속에 살고 있다고 봐도 과언이 아니다. 그래서 유익, 유해 식품이라는 흑백논리식으로 생각하는 이가 많다. 대단히 잘못된 생각이다.

생물계에서 먹이사슬의 최고 상층에 있는 인간은 윤리 도덕적으로 문제가 되지 않고 타인에게 피해를 주지 않는다면 먹을 수 있는 유기체를 모두 먹어도 된다. 잡식동물로서 절대적인 생존 경쟁의 우위에 있는 특권이기도 하다. 공상과학 소설처럼 알약 하나로 모든 식사를 해결하는 시대는 아직 아니다. 한 가지 식품만으로 살아갈 수가 없다. 우유나 계란, 고기가 그나마 단일식품으로서 영양조성이 완전에 가깝다. 우유는 송아지용 먹이이고, 계란은 그 자체가 병아리로 변하는 영양가 덩어리다.

보건복지부와 한국영양학회는 한국인의 영양소 섭취기준을 마련하면서 식품 구성 자전거Food Balance Wheels라는 그림으로 도식화했다. 자전거 바퀴에는 곡류를 매일 2~4회, 고기, 생선, 달걀, 콩류를 매일 3~4회, 나물, 생채, 쌈 등 채소류를 매끼 2가지 이상, 과일류를 매일 1~2개, 우유와 유제품류를 매일 1~2잔씩 먹도록 권장하는 그림이 그려져 있고, 앞에는 자전거를 타는 사람의 모습이 보인다. 다양한 식품을 매일 필요한 만큼 섭취하여 균형 잡힌 식사를 유지하고, 규칙적인 운동으로 건강을 지켜나갈 수 있다는 것을 표현하고 있다(보건복지부/한국영양학회, 2015).

건강에 유익한 것은 다양한 식품이지 몇 종류의 식품이 결코 아니다. 여기에 나이별 필요한 영양소 및 에너지 요구량이 맞아야 하고, 이것이 운동과 함께 조화를 이룰 때 비로소 건강한 식품이 된다. 식품이란 인간이 인간 외 다른 생명체를 죽여서 먹는 대상체이다. 대부분의 식품 자체가 유기체이기 때문에 생명이 끊어지면 변질되고 부패하여 자연으로 돌아간다. 이 변질을 막기 위해서 수확하여 저장하고 가공처리를 하며, 더 나아가 기호성 증진을 위해 조리하여 먹는다.

그럼 무엇을 먹을 것인가? 답은 간단하다. 가능한 한 자연 상태와 가까운 조건에서 수확되거나 도축된 것, 인위적으로 처리되지 않은 것, 거친 음식을 먹어야 한다. 고기를 많이 먹어라, 채소를 많이 먹어라, 또는 특정 음식을 피하고 다른 음식을 먹어라, 말하지 않는다. 교과서적으로 이야기 하면 보건복지부에서 권장하는 한국인 영양소 섭취기준에 부합되면 어느 음식이든 좋다. 수확 직후 신선한 상태가 좋으며, 장거리를 운송해 오랜 기간 저장 유통된 식품은 불리할 수 있다.

무엇을 먹을 것인가에 대한 대답은 의외로 간단하다. 먹을 수 있는 것은 모두 먹어도 된다. 특정 음식만 너무 고집하지 말았으면 좋겠다. 여러 음식에 탄수화물, 단백질, 지방, 비타민, 미네랄이 들어있다. 식품별로 건강에 영향을 주는 유익한 생리활성 물질이나 유해물질이 들어있을 수 있다. 그런 성분 함량에 너무 예민하지 말자. 약리작용이 높은 식품이 있다면 이미 약이 되었을 것이고, 건강 유해물질이 과량 들어있다면 식품에서 배제되었을 것이다. 동물성 식품에는 필수 아미노산이 포함된 단백질이 다량 들어있고, 곡류에는 탄수화물이 다량 들어있다. 식물성 식품에는 불포화지방산이, 동물성 식품에는 포화지방산이 상대적으로 많이 들어있다. 어류에는 필수 지방산과 건강에 유익한 오메가3 지방산이 많이 들어있다. 친환경 가축에서 얻은 고기에는 건강에 이로운 영양성분이 들어있다. 이 정도는 식품 상식에 해당하니, 소비자 각자가 그 상식을 근거로 다양한 음식들을 선택해 먹으면 된다.

예를 들어보자. 계란은 노른자 속에 콜레스테롤이 187mg 정도 들어있지만, 고농축 영양분이 많이 들어있는 식품이다. 지난 반세기 동안 계란 콜레스테롤에 관해 영양학적으로 유해 여부 논쟁이 계속되었는데도 불구하고 나는 30년 이상 매일 계란 1~2개를 먹고 있다. 농장에서 정기적으로 배달되기 때문에 의무적으로 먹을 수밖에 없는 식품이 되었다. 콜레스테롤에 관한 논쟁은 워낙 복잡한 주제여서 자세히 설명할 순 없지만,

단순 논리로 무조건 건강에 해로운 물질이라고 생각하면 안 된다. 계란 노른자는 콜레스테롤이 들어있지만, 혈관을 깨끗하게 하는 인지질이나 노화를 억제하는 유용성분이 많이 들어있다. 계란을 하루 한두 개 먹으면 영양 면에서 유익할 뿐, 혈장 콜레스테롤 함량이나 고혈압과 상관이 없다는 사실이 오랜 임상 연구를 통해 알려졌다. 다만 좋은 음식이라도 과하면 안 된다.

음식을 얼마만큼 어떻게 먹어야 하는지는 지속적인 학습을 통해서 스스로 알아야 한다. 물론 정부나 공공 전문기관에서 가이드 라인을 제시해주고 있다. 소비자들은 식품 지식을 갖춘 현명한 시민의식이 필요하다. 매체 선전 제품 중에 어떤 음식이 과장된 광고이며, 어느 식품이 실용적으로 유익한지 가릴 수 있어야 한다. 모든 음식 중에서 자기 입에 들어올 때까지 생산, 수확, 유통, 가공, 조리과정에 참여하거나 알 수 있는 음식이면 금상첨화이다. 친환경 자연 농법에 의한 음식이면서 슬로우푸드면 더 좋다. 현실적으로 이런 음식을 섭취하기는 힘들기 때문에 보건복지부에서 허용하는 음식이면 무엇이든지 가리지 말고 먹자.

04 _ 얼마만큼 먹어야 할까?

오늘날 식생활 수준이 높아지면서 특별한 음식과 영양제를 통해 건강을 챙기려는 사람들이 부쩍 늘었다. 영양학에서 식품별로 영양 함량을 제시하고 있고, 성별과 나이에 따라 필요한 영양소 섭취를 권장하고 있지만, 실생활에서 소비자들이 어떤 종류의 음식을 어느 정도 먹는 것이 건강에 유익한지 잘 모른다. 이 세상에 인간이 먹을 수 있는 음식이 너무나 다양하기에 그 질문 자체가 우문일지 모른다. 정답이 어디에도 명확하게 나와 있지 않고, 구체적으로 제시하는 전문가도 없어 보인다.

예외적으로 당뇨병 환자식과 같이 특별한 환자를 대상으로 식단을 짜서 제공하는 사례는 있지만, 이것은 어디까지나 병원식이나 특수식일 뿐이다. 식품에는 5대 영양소와 물 및 섬유소가 있다. 부족해도 안 되고 넘쳐도 안 된다. 살기 위해 영양제만으로 식품을 대신할 수 없다. 반드시 식품을 통해 영양분을 섭취하고 포만감이 충족되어야 한다. 그런데 완벽한 영양성분을 지닌 단일식품은 지구상에 없다. 여러 음식을 함께 먹어야 상호 보완 작용을 해서 필요한 영양분을 골고루 충족할 수 있다.

인간과 달리 철장 안에 갇힌 실험동물이나 가축은 완벽한 영양분 섭취가 가능하다. 사람들의 의도대로 영양분을 공급할 수 있기 때문이다. 가축에게 맛과 향기, 질감 등 사료의 기호성을 고려할 필요 없이 적정 수준의 영양분이 함유된 먹이를 공급하면 그만이다. 인간은 실험동물이나 가축이 아니다. 우리는 각자 취향이 다르지만, 맛있는 음식을 찾게 되고 영양과 건강에 유익한 음식을 먹고싶어 한다. 음식이란 맛이 있지만, 건강엔 별로일 수 있고, 반대로 건강에 좋다고는 하지만 맛이 나쁠 수 있다. 가끔 지인들이 맛 좋고 싼 음식이 있다고 말할 때가 있다. 나는 그런 음식은 적어도 고기 식품에는 없다고 대답한다. 있다면 맛은 있되 건강 면에서 불리하다고 농담 반 진담 반으로 대답하곤 한다. 맛있으면서 값이 싼 음식이 있다면 오히려 비정상적이다. 조금 억지이지만 현실적으로 타당한 면이 많다.

사람은 본능적으로 맛있는 음식을 찾게 된다. 때로는 각자 그날 기분에 따라 먹고 싶은 음식이 있고, 당기지 않은 음식이 있다. 배가 고파 식사를 하지만, 다른 사람과 어울리는 매체수단으로 식사를 하는 사례도 있다. 인간은 각자 다른 환경에서 다른 목적으로 음식을 먹으니 영양 면에서 균형식이 더욱 어렵다. 많은 사람이 '음식과 건강'이라는 관계에 대해 많은 정보를 알고 있는 것처럼 보이나 실상은 그렇지 못하다.

균형식을 위한 선별 의지는 홀로 배를 운전해가는 항해사의 마음과 같다, 항해할 방향과 속도를 정해서 가야만 목적지까지 안전 운항을 할 수가 있다. 건강도 목표를 향해 적정한 음식을 선택해서 자기 몸에 필요한 적량을 섭취해야 한다. 아무도 대신 먹어주지 못한다. 이 거룩한 선택이 하루 이틀이 아니라 평생 이어진다. 잘 선택한 자와 평생 잘못 선택한 자의 건강 상태를 비교하면 결과가 훤히 보일 것이다.

식생활과 건강에 대해 잘 아는 것 같은 사람의 습관을 자세히 들여다보면 문제가 많음을 종종 발견하곤 한다. 누구나 건강에 관심을 가지지만 구체적으로 무엇을 얼마만큼 어떻게 먹어야 할지 모르기 때문에 자연스럽게 인터넷에 떠도는 정보와 TV의 건강 프로그램을 맹신하기 쉽다. 식품은 특정한 병을 치료하는 약의 개념이 아니라 장기간 섭취하면 노화를 촉진하거나 예방하는 데 영향을 미치는 것이 음식이다. 그렇기에 편식을 하면 독이 될 수 있고, 적정 영양소를 함유한 음식을 먹으면 보약이 된다. 인체 반응과 적응성이 매우 느리지만 죽을 때까지 몸에 음식을 투여해야 하므로 장기 축적에 따른 신체의 긍정적 또는 부정적 영향을 끼치는 것이 약과 다른 점이다.

건강한 식생활을 위해 쉴 사이 없이 많은 정보가 쏟아져 나오고 있다. 건강에 좋은 음식을 모두 합치면 이 세상 모든 식품에 해당하고, 그 속에 함유된 유용성분이 모두 해당된다. 소비자들이 건강을 위해 현실적으로 먹을 수 있는 음식은 한정되어 있다. 매스컴이 특정 질환이나 건강에 유익한 식품과 유용성분을 소개하여 시청률을 높이려는 것은 당연하다.

아쉬운 점은 대부분 식품만을 대상으로 하고 있다는 점이다. 식품 외 건강에 중요한 다른 부분은 소홀히 한다.

건강을 위한 식품의 세 가지 축이 있다면 영양가, 섭취량 및 섭취 방법이다. 매체도 시청자에게 적정량을 섭취하라고 설명하여 이해시키기가 어렵다. 오히려 시청자들이 흥미 있게 생각하지 않는 영역이다. 이것이 전문가와 매체들이 부딪치는 딜레마일 것이다. 매체는 시청자가 다른 채널로 돌기기 쉬운 그러한 화두, 곧 적정량을 섭취하는 방법을 강조하는 프로그램을 만들지 않을 것이다. 간혹 간식을 어떻게 먹어야 하나, 또는 야식은 건강에 해롭다는 주제로 방송하는 것을 시청한 적이 있다. 그러나 전문가 자신도 적정 영양가가 포함된 음식을 얼마만큼 먹어야 하는지 알고 실천하기는 쉽지 않다. 그렇지만 기본적인 식품 상식을 바탕으로 섭취량과 열량을 맞추도록 노력하는 것이 비전문가와 다른 점일 것이다.

보건복지부와 한국영양학회는 하루에 무엇을 어느 정도 먹어야 한다고 식품군별로 정해놓은 권장량이 있다. 크게 고기, 생선, 우유, 계란과 같은 동물성 식품류, 곡류, 채소류, 과일류로 분류하고, 하루에 1~4회 정도 섭취하라고 권장하고 있다. 또한, 영양성분으로서 남녀 성인에 따라 하루에 필요한 에너지, 단백질, 지방, 비타민, 미네랄 섭취의 권장량이 있다. 이와 같은 수준과 범위에서 국가가 국민에게 최선을 다해 서비스하고 있다. 사람에 따라 음식의 종류와 조리방법 및 먹는 양이 각기 다르기에 개인이 섭취하는 식사 형태별 권장량을 제시하는 것은 사실상 불가능하다. 영양소 섭취기준과 섭취량, 칼로리 요구량과 식품별 칼로리를 섭취하는 음식마다 적용하는 것은 어렵고, 영양 기준을 근거로 각자 알아서 먹는 양을 조절할 수밖에 없다.

식품 상식이 있으면 그렇게 어렵지 않다. 예를 들어 성인 1인이 하루 필요한 단백질 함량은 60~70g이다. 삶은 고기 100g 속에 단백질이 20~25g 들어있다. 하루 고기만 먹는다면 300g 이상 먹어야 필요한 단백질이 충족된다. 다른 식품으로부터 단백질을 섭취한다면 하루 고기는 1일 필요 단백질의 1/3인 수준인 100g 정도 먹으면 될 것이다.

단백질뿐인가? 지방, 비타민, 미네랄 등 다른 영양성분도 섭취해야 한다. 이런 것들을 알고 충족될 수 있는 양만큼 음식을 먹어야 한다. 참으로 복잡한 일이지만 대략적인 개념을 알아야 한다. 음식 종류와 그 속에 함유된 영양분과의 관계를 알고 식품 상식에 맞춰 음식을 먹게 된다면 건강한 식탁이 될 수 있다.

그러나 이쯤 되면 혼란스러울 것이다. 간단하게 말해 식품은 약이 아니다. 식품은 적당하게 골고루 먹으면 모두 보약이 된다. 특정 질병을 예방하거나 치료하는 것은 음식이 아니다. 인간의 건강한 삶을 유지하는데 필요한 음식으로 생각하자. 먹는 소재에 너무 민감하거나 둔감할 필요가 없다. 단일식품, 특정 건강 유용성분이 사람들의 건강을 지켜주지 않는다. 매스컴이 광풍처럼 영향을 끼치지만, 이내 시들고 만다.

비타민 C에 대한 찬사가 전국을 휩쓸었던 적이 있다. 비타민 C의 효능은 영양학에서 이미 밝혀진 바 있다. 건강 측면에서 유익한 작용을 하지만 그 이상도 이하도 아니다. 만병통치약이 아니다. 아미노산, 지방산, 양질의 전분, 기타 미량성분 모두가 우리의 건강을 지켜주는 고마운 영양소이다. 우리가 먹는 식품은 영양 조성이 모두 다르기 때문에 잡식동물의 기질을 발휘하여 골고루 다양하게 먹어야 한다.

영양가가 많고 건강에 좋다는 음식도 인체가 받아들이는 적정량이 있다. 몸에는 필요한 요구량이 정해져 있어 부족하거나 과해도 해롭다. 오늘날 절대 빈곤에서 벗어난 대부분 국가에서는 영양소의 불균형한 섭취와 과잉 섭취가 문제가 되고 있다. 과잉 섭취하면 독소가 생성되고 에너지원이 몸속에 기름으로 축적된다. 비만이 건강에 해롭다는 것은 이미 잘 알려졌다. 많은 음식이 몸에 들어가면 영양소로 분해되어 수십 수백 단계의 대사과정을 거쳐 피가 되고 살이 된다. 평생 과식을 하는 사람은 적당량을 먹는 사람에 비해 몸에서 영양소가 전달되도록 돕는 인자들이 더 가혹한 일을 해야 한다. 너무 무리한 일을 하면 일찍 지쳐버리고 기능이 상실된다. 그 결과가 질병으로, 노화로 나타난다.

건강 증진을 위해 식품을 섭취하는데 있어 노화 전문 학자가 말하는 공통점이 있다. 가능한 한 적게 먹어라, 소식하되 여러 종류의 식품을 골고루 먹어라, 천천히 오랫동안 씹으며 즐겁게 먹어라, 음식을 통해 부족한 영양소를 보충하기 위해 비타민, 미네랄, 항산화제가 함유된 종합 영양제를 복용하라고 권유한다. 당연히 특정 음식이나 건강 기능성 식품을 추천하지 않는다.

하루에 먹는 간격은 학자마다 다르지만, 다양한 음식을 먹되 그 양과 먹는 방법이 중요하다. 결국, 초등학생 때 배웠던 학습 내용으로 되돌아간다. 즐겁고 감사한 마음으로 음식을 가리지 말고 골고루 천천히 씹어 먹어야 한다. 여기에 지혜와 자기 절제가 필요하다. 그러나 건강을 유지하는 방법 중에 식품을 통한 균형식은 여러 요인 중의 하나에 불과하다는 사실을 명심하자.

05 _ 식량의 품종 감소가 주는 경고

바야흐로 많은 사람이 지구 방방곡곡을 왕래하는 시대가 되었다. 예전에는 먹기 힘든 음식도 세계 어느 곳에서나 즐길 수 있다. 중동에서도, 아프리카 대륙에서도 햄버거와 피자를 먹을 수 있게 되었다. 자유롭게 글로벌 음식을 즐길 수 있는 현대인은 식사 패턴에 있어서 두 가지 특징을 보인다. 첫째, 다양한 향토 음식은 줄어들고 간편한 음식이 보편화하고 있다. 대부분 고지방에 정제된 당류 음식이 많다. 설탕이 함유된 정제된 곡분에 기름에 튀긴 음식과 가공식품이나 드링크를 많이 섭취하고 있다. 둘째, 현대인이 먹는 음식의 원재료 수가 급격히 줄어들고 있다. 예전에는 곡류, 두류, 채소류 등 여러 종류의 식량 자원을 섭취하였지만, 오늘날 식탁에 오르는 음식을 보면 한정된 품종에서 얻은 식량만 먹는 추세로 변하고 있다. 국제연합 식량농업기구FAO의 한 관계자도 경고했다시피 오늘날 음식의 다양성이 점점 줄어들고 소수의 원재료로 만든 식품만이 남아있다.

식량 자급자족의 시대에서 효율성과 경제성을 중시하는 식품 산업시대로 전환되었다. 저마다 국제 경쟁력이 있는 작물을 생산하다 보니 채산성이 떨어지는 작물은 자연스럽게 도태되는 것이다. 국제 곡물 생산국을 보면 미국, 유럽연합, 캐나다, 브라질, 아르헨티나, 호주 등 소수 국가에 집중되어 있다. 생산량과 가격에서 유리하다 보니 다수의 수입국 입장으로 보면 자체 생산하는 것보다 수입하는 것이 유리하다. 그러다 보니 세계의 식탁에는 대량생산하는 수출국의 재배 작물인 밀, 옥수수, 콩, 우유, 고기와 그의 가공식품 정도만 남았고, 반면 지금까지 지구촌의 중요 식량 자원이었던 고구마, 감자, 당근, 연근, 수수, 기장, 조의 생산과 소비는 계속 줄어들고 있다.

젊은이를 중심으로 식품 소비 패턴도 변하고 있다. 예를 들어 햄버거 패티나 음료수와 같은 패스트 푸드 소비가 세계 여러 나라에서 급증하고 있다. 이는 정제된 당과 기름을 과하게 섭취하고 섬유소를 적게 먹는다는 의미이다. 이런저런 이유로 중국, 일본, 우리나라에서 주곡인 쌀의 소비가 계속 줄어들고 있다. 여러 미래학자가 경고했다시피 소품종 작물을 대량 생산하면 건강 문제와 식량의 글로벌 위기에 직면할 수 있다.

첫째로, 현대인의 음식이 예전의 인류가 먹던 자연식에 비해 비만, 심장병, 동맥경화 등 각종 질병을 야기하는 성분이 많이 들어있다. 쌀이나 밀가루와 같은 곡류 식품은 유인원 시대에 비교하여 다량의 당과 소량의 섬유소가 함유되도록 정제되어 있다. 고기도 야생동물의 고기보다 지방을 4~5배 많이 함유하고 있고, 포화지방산도 더 많이 들어있다. 예전과 같은 종류와 동량의 먹거리를 섭취한다고 해도 현대인이 먹는 식사 내용물을 분석해 볼 때 성인병 유발 가능성이 훨씬 높다는 것은 자명하다.

둘째로, 식량 자원의 수가 줄어든다는 것은 궁극적으로 식량 유전자원이 줄어든다는 의미가 된다. 경쟁력이 있는 특정 식량 자원만 집중적으로 개량해서 생산하다가 만약 예기치 못한 원인에 의해 흉작이 되면 생산량이 전멸할 수 있다. 올인 올아웃의 위험성이다. 그다음의 단계는 인류의 생존 문제와 직결된다.

아일랜드의 감자 흉작의 예를 보자. 아일랜드는 산림이 10% 미만으로 유럽 평균 33%보다 적고 국토 대부분이 초원으로 덮여 있는 나라다. 그들의 주요 식량 자원은 목축과 감자였다. 그런데 1847년에서 1852년간 연속적으로 감자 마름병이 발생하였다. 당시 감자에만 전적으로 의지하여 살았던 아일랜드인은 감자 흉작으로 100여만 명이 굶어 죽었고, 100여만 명이 살아남기 위해 미국으로 이민을 떠나야만 했다. 더 근본적인 이유로 식민지 시대의 식량 침탈 때문이라는 주장도 있다.

미국을 여행하다 보면 아일랜드계 촌락을 심심치 않게 보게 된다. 그들은 대부분이 감자 흉작으로 인해 이민 온 사람들의 후예들이다. 우리에게 아일랜드의 감자 파동은 한 품종의 식량 자원에 의지하다 흉작이 되면 모두 전멸할 수밖에 없다는 교훈을 주는 사건이다. 반면 감자의 원산지인 페루 지역에서는 원주민들이 전통적으로 다양한 품종을 분산시켜 경작하였다. 여기서는 특정 감자 품종에 질병이 발생하여도 다른 품종은 살아남기 때문에 전멸하지 않는다. 생존을 위한 식량 생산의 중요성을 일깨워주고 있다.

세계는 선택과 집중, 산업화에 의한 위험한 식량 자원의 생산 방식과 건강에 해로운 식품 소비 패턴으로 흘러가고 있다. 이러한 음식을 평생 먹게 되면 서서히 우리의 건강을 해칠 수 있고, 아일랜드처럼 갑자기 큰 재앙이 닥칠 수 있다. 다양한 곡류를 신선하면서 덜 가공된 형태로 소비해야 한다. 가축도 소, 돼지, 닭을 위주로 하는 축산 산업에서 탈피해 전통적으로 가축화했던 여러 동물을 함께 길러야 한다. 식량 생산을 위한 품종은 인류가 영원히 먹고살아야 할 생명의 원천이다. 신이 지구상에 허용한 식량 자원을 잘 보존하면서 생산 관리해야 할 의무가 있다.

예기치 못한 식량 중추 라인이 무너지면 연관된 시스템이 함께 무너지는 것은 물론이거니와 인류 생존 자체가 어려워질 수가 있다. 늦기 전에 잘못된 생산 방식과 소비 패턴을 바꾸도록 각국이 머리를 맞대고 노력해야 한다. 지구 온난화 방지를 위한 탄소 감축처럼 식량 생산 강국끼리 합의가 필요하다.

06 _ 고기 식용에 대한 변론

어느 날 딸로부터 전화가 왔다. 어느 모임에 갔더니 채식의 장점, 곧 고기를 먹지 말아야 한다는 내용의 동영상을 보여주더란다. 아빠가 고기 전문가이니 비디오를 참고했으면 좋겠다며 1시간 분량의 파일을 보내주었다. 동영상이 시작되기 전 내용이 과학적으로 증빙된 것이 아니라는 전제조건의 자막이 있었지만, 채식의 장점을 설명하면서 고기를 먹으면 운동선수는 힘이 덜 생겨 오히려 불리하고, 일반인도 건강에 나쁘다는 취지로 이야기를 전개해 나갔다.

나는 직업상 채식주의자가 주장하는 내용이 무엇인지 오랜 경험을 통해 잘 알고 있다. 연구 발표된 논문을 통해 채식인의 심리 행동, 성격, 혈관질환, 영양섭취, 몸무게, 식습관, 육식전환, 도덕적 모호성 등을 알고 있다. 동영상 내용의 일부는 긍정적인 면도 있었지만, 동의할 수 없는 부분이 많이 있었다. 동영상을 제작하거나 여기에 등장하는 사람들이 특정 종교 단체와 관련이 있는지도 모른다는 생각도 들었다. 비디오에 출연한 사람은 캐나다와 미국 사람이었다. 그들은 동물성 식품을 많이 먹는 사회에 살고 있으며, 다른 식품도 풍족하게 먹는 사람들이다. 그런 전제를 두고 동영상을 보았다.

고기 – 논쟁의 출발점

당연한 이야기이지만, 모든 생물은 살기 위해 먹잇감이 필요하다. 인간도 식품을 통하여 성장 발달하고 일생동안 생명을 유지하며, 늙어서 나머지 삶을 지탱한다. 어떤 음식을 먹는 것이 바람직한가? 참으로 어려운 질문이다. 우린 완벽하진 못해도 건강한 식생활을 위해 노력해야 한다. 첫 번째 노력은 영양을 균형있게 질과 양을 조절하면서 음식을 먹는 것이다. 또 가능하면 맛있는 음식을 먹어야 한다. 여기에 그 지역의 식품 문화를 고려해야 하고, 때로는 종교적인 지침도 따라야 한다.

인간에게 필요한 영양소는 단백질, 지방, 탄수화물, 비타민, 미네랄, 물이다. 반드시 이 영양소들이 우리 몸에 들어와야 살 수 있다. 생명 유지와 건강 증진을 위해 아무 음식이나 무절제하게 먹어서는 안 된다. 초등학교 때 이미 배웠지만, 다양한 음식을 골고루 먹어야 한다. 영양분이 너무 과하거나 모자라게 않고 균형을 이루도록 섭취해야 한다. 균형식을 위해 사람마다 영양에 관한 지식이 있어야 하고, 적당량 먹으려는 실천의 의지가 있어야 한다. 또 음식을 먹기 위해 식품을 구입하고, 조리하는 시간이 소요되고, 여기에 따르는 돈도 필요하다. 건강하게, 즐겁게 음식을 직접 만들어 먹을 수 있다면 더욱 바람직하다.

식품이란 인간이 인간 외의 다른 생명체를 죽이거나, 부수적으로 약탈한 산물로 정의할 수 있다. 신은 지구상에 생명체를 주면서 먹고 살아야 할 양식까지는 주지 않았다. 생명체끼리 서로 약육강식해서 해결하라는 의미이다. 채식주의자의 주장을 들어보면, 소의 목에 칼을 대어 죽여 그 육신을 먹는 것이 잔인하기에 먹어서는 안 된다고 한다. 동물도 사람과 같이 희로애락과 영혼을 지닌 생명체라는 인식이 깊이 깔려있다. 그러면서 고기가 지니는 건강 저해 요인과 가축의 생산 과정에서 생기는 지구 환경 오염 등 부정적인 측면을 나열하고, 의사와 같은 전문가를 동원, 연구 데이터를 제시하면서 시청자에게 신뢰감을 주려고 노력한다. 식육 동물에 대한 갈등을 우리와 같은 이성과 감정을 지닌 생명체라는 선상에서 바라보기 때문이다. 과학과 합리적인 사고를 바탕으로 고기의 가치를 바라보자.

농축된 영양 덩어리 – 고기

음식으로서 고기의 강점은 맛이 좋고 농축된 영양 덩어리라는 점이다. 고기는 사람과 비슷한 다른 동물의 근육이다. 미세 구조나 기능, 화학적 구성성분도 인간과 거의 같다. 근육의 주성분이 바로 인간에게 절대적으로 필요한 단백질이다. 고기는 식물성 식품과 비교할 수 없는 질적·양적으로 훌륭한 단백질 보고이다. 단백질은 여러 아미노산으로 구성된다. 인간의 체내에서 합성되지 않고 반드시 외부 식품으로부터 섭취해야 생존할 수 있는 아미노산을 필수 아미노산이라고 한다. 인간에게 필수 아미노산이 8~10 종류가 필요하다. 고기에는 필수 아미노산이 모두 골고루 들어있다. 그렇지만 식물성 식품은 어느 식품이나 막론하고 두세 개의 필수 아미노산이 부족하다. 따라서 고기 하나로 필요한 단백질을 충족할 수 있지만, 식물성 단백질 식품만 섭취한다면 여러 종류의 음식을 혼합해서 먹어야 동일 효과를 보게 된다.

예를 들어 고기 대신 각종 콩류, 호두, 아몬드, 잣 등 여러 견과류를 섞어 먹어야 한다는 뜻이다. 채식하다가 육식으로 전향한 미국인은 현재 채식 인구보다 3배가 더 많다고 한다. 채식인이 다시 고기를 먹는 흔한 이유로 쇠약해진 건강을 꼽았다. 가장 압축적인 답변으로 "빈혈만 없앨 수 있다면 죽은 소의 고기라도 먹겠다"라고 하였다. 두 번째 중요한 이유로 고기를 포기하는 대가로 쏟아 붓는 시간과 열정이었다. 채식 생활을 위해 쏟아부어야 하는 노력에 지쳐버렸다고 했다(할 헤르조그, 313쪽).

식물성 단백질은 동물성 식품에 비교해 생물가가 낮다. 동일 양을 먹어도 궁극적으로 체내에 이용되는 질소 성분이 적어 영양효율이 낮다는 의미이다. 결국, 고기 단백질을 먹어야 되나, 아니면 곡류 단백질을 먹어야 되나는 체내 이용 효율성과 시간 및 비용 문제이다. 고기 한 덩어리로 영양분을 섭취할 수 있는 것을 고기 대신 해결하려면 여러 종류의 식품을 구입, 혼합해서 먹어야 동등한 효력이 생긴다. 더욱 중요한 점은 입안에서 침과 섞이는 향긋한 육즙과 부드러운 질감 및 코와 혀에서 느끼는 풍미를 포기해야 한다는 점이다. 고기에는 단백질 외에도 식물성 식품에는 결핍된 비타민 B 그룹, 철분, 아연을 비롯한 각종 미네랄이 많이 들어있다. 특히 비타민 B_{12}는 인간에게 절대 필요한 영양소이지만 식물성 식품에는 들어있지 않고 고기에만 들어있는 영양소이다.

식물성 식품은 곡류와 채소류로 크게 구분할 수 있다. 곡류는 탄수화물이 주성분으로, 생체에서 주로 에너지 자원으로 이용된다. 채소는 섬유소와 각종 비타민이나 미네랄 공급원이다. 소나 양 같은 초식동물들은 섬유소를 소화하여 에너지로 활용할 수 있지만, 인간은 이를 분해할 수 없는 생리구조를 지녔다. 그렇다고 절대 무용지물은 아니다. 그 속에 함유된 각종 미네랄, 비타민 C, 항산화 물질 등을 얻을 수 있고, 장을 튼튼하게 한다. 고기에는 섬유질이 들어있지 않다. 그러므로 고기를 먹는 사람은 채소류를 함께 먹고 추가로 탄수화물로 보충하면 된다. 이같이 잡식동물인 인간에게 고기, 곡류, 채소, 과일은 모두 소중한 식품이다. 특정 먹거리가 좋고 나쁘다는 논리에 동의할 수 없다.

고기와 식물성 식품의 약점

영양적 우수성에도 불구하고 고기에는 포화지방산이 다량 함유된 기름이 들어있다. 야생동물이나 친환경에서 기른 가축보다 농장에서 기른 가축에 기름이 더 많다. 과량의 기름을 섭취하면 심혈관 질환을 유발한다. 또한, 붉은색 고기에 철이 있어 유익한 점도 있지만, 장기간 적정량 이상 섭취하면 노화가 촉진된다. 고기를 적절하게 조리하지 못하거나 보존하지 못했을 때 독소 물질이 발생한다. 고기를 잘못 발효하거나 가공하였을 때 유해물질이 잔존한다.

가축을 자연 친화적 환경이 아닌 집중사육으로 생산하면 고기에 각종 호르몬, 항생제, 오염물질이 축적될 가능성이 있다. 그리고 가축을 기르는 과정에서 부수적으로 생산되는 탄소가스, 분뇨 배출 등으로 환경오염과 지구 온난화 문제가 유발될 수 있다. 이는 채식주의자나 동물애호가들이 주장하는 내용이고, 사실도 그렇다. 그래서 고기를 말도 많고 탈도 많은 식품이라고 한다. 그럼에도 몇 십 만, 몇 백 만 년 전부터 지금까지 유전적으로 적응된 근원적 욕망의 음식은 고기이다.

식물성 식품의 가장 큰 약점은 영양소가 부족하고 불균형하다는 점이다. 부족한 영양분을 보충하기 위해 다양한 음식을 섞어 먹어야 고기 섭취와 동일한 효과가 나니, 비용이 많이 들고 효율은 낮다. 그리고 고기와 마찬가지로 단시간 다량 생산하기 위해 농약이나 각종 화학적 오염물질이 혼입될 가능성이 있다. 오늘날 우리가 먹는 곡류는 정제된 당이 높고, 콘시럽과 같이 아예 정제시킨 식품을 먹는 시대에 살고 있다. 단맛은 절제할 수 없는 욕망을 자극해 과식과 비만을 유도한다. 이런 소비자의 본능적 약점을 이용하여 일부 식품회사나 디저트 식품에서 고농도 당을 넣어 소비를 자극하는 상술을 쓰고 있다. 비만과 당뇨 문제의 주범으로 탄수화물의 과잉 섭취가 지목되고 있는 이유이기도 하다.

고기 섭취와 건강 관련 연관성

고기 섭취가 근육의 성장 발달과 건강에 미치는 연구 사례는 많다. 근육을 늘리는 헬스 푸드라고 해서 주로 닭 가슴살이나 우유 같은 동물성 단백질을 권장하고 있다. 중단거리 운동선수들에게는 경기 전에 영양소 조절이 필요하다. 운동 직전에는 당 섭취가 에너지로의 전환이 빠르기 때문에 고기보다 유리하다. 고기는 운동선수에게 에너지를 충당하는 식품이 아니다. 운동의 종류나 시기에 따라 고기와 당을 적절하게 섭취하라고 조언한다. 운동하는 사람에게 획일적으로 특정 음식을 먹거나 먹지 말아야 한다는 것은 이론적으로 맞지 않다.

고기를 먹으면 뚱뚱해진다고 믿는 이가 있다. 참으로 잘못된 믿음이다. 물론 고기에 붙어있는 기름을 많이 먹으면 에너지가 높아 비만이 될 수 있다. 그렇지만 살코기는 에너지가 낮고 어느 정도 먹으면 물리는 현상이 있어 그 이상 먹히지 않는 식품이다. 비만의 원인은 대부분 탄수화물(곡류, 당)을 많이 섭취하기 때문이다. 달콤한 디저트가 비만을 부추기는 원인 중 하나이다.

고기 속에 함유된 포화지방산은 건강에 나쁘고, 식물성기름의 불포화지방산은 좋다고 말하는 이가 많다. 어느 정도는 사실이면서 모두는 사실이 아니다. 어떤 종류의 지방이든 많이 먹으면 과잉 에너지가 몸에 축적된다. 섭취량이 중요하다. 그리고 최근 연구에 따르면, 식물성기름이라고 건강에 유익한 것이 아니라 지방산의 구성 비율이 중요하다고 한다. 지방산의 화학 구조에서 말단 메틸기로부터 3번째 탄소 원자에 이중결합이 있으면 오메가3 지방산이고, 6번째에 있으면 오메가6 지방산이다.

현대인은 인류 선조보다 훨씬 6 지방산을 많이 먹고, 3 지방산을 적게 먹기 때문에 각종 질병 위험에 노출되어 있다. 이것을 오메가 6대 3 비율(n6/n3)로 나타내어 건강 지표로 사용하고 있다. 건강 증진을 위해 이 비율을 낮추어야 한다. 이 비율이 높은 식물성기름은 불포화지방산이 다량 들어있어도 건강에 좋은 것이 아니다. 동물성 기름도 이 비율이 높고 낮은 것이 있다.

고기와 암 유발 가능성에 관해 많은 연구가 진행되어왔다. 연구 범위와 연구량이 워낙 넓고 많아서 결과도 다양하여 자세하게 모두 설명할 수 없으나, 대부분 연구결과를 보면 고기와 직접 연관된 질병 유발은 극히 적고, 설령 있다고 해도 실험설계에 따라 천차만별이다. 발암과 관련된 실험결과는 대부분 실험동물을 대상으로 통제된 환경에서 실행하였다.

지금까지 결론을 보면 유럽인들이 계속 붉은색 고기를 많이 섭취하게 되면 대장암과 같은 일부 질환이 발생할 가능성이 있다고 제기된 바 있다. 특히 염지와 훈연 처리한 고기 가공제품을 섭취하면 그 위험성이 높다고 보고하고 있다. 일반 소비자들은 전문가가 이야기하는 사실에 민감하기 때문에 조심스럽다. 이것은 물론 다른 식품도 마찬가지이다. 우리가 매일 먹는 음식에는 수없이 많은 발암 물질과 항암 물질이 들어있다.

유럽인들은 우리가 김치를 먹듯이 고기와 육가공 제품을 먹고 지금껏 살아왔고 살고 있다.

노인에게 고기 섭취는 건강을 위해 중요하다. 고기 섭취가 노화를 지연시키고 활력이 넘치도록 영양소를 공급하기 때문이다. 일본의 연구에 따르면, 고기를 좋아하는 노인 그룹이 채식을 좋아하는 그룹보다 더 오래 살았다는 보고가 있다. 노인일수록 농축된 영양소를 필요로 하고 건강한 생활 습관과 건전한 환경이 필요하다. 물론, 여기에 타고난 장수 유전자도 필요할 것이다.

어떤 고기를 어떻게 얼마만큼 먹을 것인가?

건강을 위해 어떤 음식을 먹느냐가 중요하지만, 얼마만큼 어떤 방법으로 조리해서 먹느냐도 중요하다. 결론적으로 말하면 어떤 음식이든 적당량을 먹어야 한다. 보건복지부에서 권장하는 나이와 성별에 따라 필요한 영양분을 섭취해야 한다. 노인이 실천하기에 쉽지 않지만, 본인의 노력과 전문가의 도움을 받으면 가능하다. 일반인의 경우 하루 익힌 살코기를 기준으로 100g 정도가 적당하다. 그러면 성인이 필요한 단백질량의 약 1/3이 충당될 것이다.

고기를 섭취할 때 기름이나 당도가 높은 음식을 함께 하지 마라. 살코기 위주의 조리 식품을 추천하고 싶다. 여러 종류의 생고기와 조리 및 가공 형태의 고기가 있지만, 신선한 것일수록 좋다. 저장된 고기를 피할 수 있으면 피하라. 조리하여 먹을 만큼 구입하자. 남는 것을 냉동실에 넣어 나중에 먹는 것은 권하고 싶지 않다. 특히 익힌 고기를 냉동실에 넣는 것은 바람직하지 않다. 쉽지 않지만 가능한 한 친환경, 자연적으로 사육한 가축에서 얻은 고기를 권한다. 햄, 소시지와 같은 가공식품은 일상적으로 먹기보다 가끔 먹는 것이 좋다. 명심해야 할 것은 섬유소, 항산화제, 각종 건강 물질이 함유된 채소류를 함께 먹어야 한다는 사실이다.

'육식 욕구'의 유전인자

인간도 지구상에 존재하는 생명체의 하나로 먹이사슬의 틀 안에서 생존해 왔다. 인간이 생물계를 정복할 수 있었던 것은 몸집이 크고 싸움을 잘해서가 아니라 두뇌가 발달하였기 때문이다. 자명한 이야기이지만 두뇌 발달은 동물성 식품 섭취가 없으면 불가능하다. 초기 인류(유인원)는 생존을 위해 고기를 주식으로 먹을 수밖에 없었다. 당시는 이동하면서 다른 동물을 잡아먹지 않으면 잡혀서 먹히는 삶이었다. 인류학자의 연구에 의하면 초기 인류는 오늘날 인류보다 10배 정도 많은 고기를 섭취하였다고 한다. 당시는 쌀, 옥수수, 감자 등 곡류가 지구상에 분포되지 않았다. 이동하면서 들풀이나 한정된 야생 열매를 추가로 먹었을 뿐이다. 그렇게 초기 인류는 육식 위주로 하는 잡식동물이었다.

인류가 언제부터 고기를 먹기 시작했는지 모르지만, 1천 200만 년 전의 소·돼지 같은 포유동물이 6백만 년 전의 침팬지로 진화되었고, 이후 영장류가 분리되어 진화했다. 포유류는 초식과 육식동물로 나누지만, 침팬지는 육식과 잡식을 하는 동물이다. 침팬지에서 갈라져 진화해오다가 20만~30만 년 전 출현한 호모 사피엔스가 고기를 먹었다는 흔적이 세계 곳곳에 암각화로 남아있다. 다른 동물과 싸워 그 육신을 먹지 않는 삶을 살았더라면 현생 인류는 수많은 종처럼 지구상에 왔다가 멸종되었을 것이다. 또 고기를 먹지 않고 야수에게 쫓겨 다니며 풀과 열매만 먹었다면 적자생존에 끼어들지 못하고 약육강식의 패자로 남았을 것이다.

오늘날 인류가 존재하는 것은 고기라는 식품과 고기에 들어있는 영양분으로 발달한 두뇌 덕분이다. 그래서 지구상에 힘이 쎄고 덩치가 큰 동물들이 많았는데도 불구하고 인류는 승자가 되었다.

짧게는 몇백만, 길게는 몇천만 년 전부터 고기에 대한 인류의 갈망이 진화로 이어져 오늘에 이르렀다. 언제부터인가 우리 몸에는 고기를 요구하는 유전인자가 있어 대를 이어오고 있다. 학술적으로 특정한 유전자 명을 말하는 것이 아니라 먹고 싶은 욕망 근원의 유전자이다. 1만 년 전에 야생동물을 가축화하고 사회를 형성하면서 고기를 먹는 양도 줄어들었다. 문명사회에서는 살육에 대한 죄의식도 있었고, 특정 지역이나 종교에서 특정한 고기를 먹지 못하게도 하였지만, 지구촌 어느 곳에서나 인류는 고기를 먹어왔다. 고기가 부족했던 아즈텍 문명에서는 인육을 먹었다. 억제할 수 없는 본능과 욕망의 유전자가 작동한 사례다.

채식주의자

현대 사회로 오면서 채식주의자가 등장하고 채식협회도 설립되었다. 채식협회는 150여 년 전 미국에서 탄생하였다. 세계적인 환경운동가 제인 구달도 『희망의 밥상』이라는 책에서 채식주의자가 되자고 주장했다. 가축의 대량 사육이 환경에 미치는 부정적인 영향을 거론하면서 인간의 장은 초식동물처럼 길기 때문에 육식을 하게 되면 고기 찌꺼기가 너무 오래 머무르게 되어 건강에 해롭다고 하였다(제인 구달, 2006, 225쪽). 그녀는 환경론적 생태계와 결부시켜 잘못된 과학적 사실을 주장하고 있다. 인간의 장은 초식동물과 육식동물의 중간 정도의 길이를 가지고 있고, 영양소를 소화 흡수하는 생리적인 과정을 보면 육식동물에 가깝다.

채식을 주장하는 다른 이유는 가축 사육으로 인해 발생하는 환경오염 문제이다. 환경 보호 측면에는 그녀의 주장에 동의하지만, 그것 때문에 채식주의자가 되어야 한다는 것에는 동의하지 않는다.

내가 접해본 채식을 주장하는 사람들은 한결같이 공통적인 모습을 보였다. 채식의 강점과 육식의 약점에 대한 자기주장이 유별나게 강하고, 그 신념으로 타인을 설득시키려고 한다는 점이다. 종교적 신념과 비슷한 인상을 받곤 했다. 그들은 개인적으로 활동하는 것이 아니라 단체를 만들어 결속된 힘을 발휘하고 있다. 반면 고기를 먹자고 주장하는 그룹은 없다. 개고기를 먹는 사람은 있지만, 개고기를 먹자고 주장하는 그룹은 없다.

나는 직업상 이들 단체와 몇 번 대화나 논쟁을 할 기회가 있었다. 그들은 이미 확고한 결론을 가지고 시작하기 때문에 유연성이 약하고 토의 자체가 어려웠다. 그렇지만 해외 자료에 의하면 채식주의자 중에서 질병 유발에 의한 회복 목적으로, 또는 중년 이후에 허약해지기 쉬운 체질을 강화하기 위해 채식을 포기하는 층이 늘어나고 있다. 언제나 인간 사회에는 정과 반이 있다.

지구라는 한정된 공간에서 인구가 늘어나고, 또 전반적으로 경제 수준이 높아지면서 고기 수요는 당분간 증가할 전망이다. 이대로 가면 환경 문제가 대두되어 하나밖에 없는 지구는 몸살을 앓게 된다. 이제 지구의 환경오염에 영향을 끼치는 가축을 더 이상 늘리지 말고, 환경을 지키면서 기를 수 있는 가축을 선택해야 한다. 그리고 환경 유해 요인을 지속적으로 감소시켜야 한다. 고기를 대신할 수 있는 새로운 동물성 단백질도 찾아야 한다. 식용 벌레의 사육과 실험실에서 생산할 수 있는 배양육으로 단백질의 일부분을 대체하는 연구가 한창 진행 중이다.

지금까지 고기 때문에 혜택을 보았거나 해악을 끼친 것은 어디까지나

선진국 사람들이다. 예를 들어 미국인은 지구의 평균인에 비해 3배, 우리나라 사람에 비해 2배 이상의 고기를 먹는다. 그만큼 가축 사육에 필요한 에너지를 많이 투입하였다는 의미이다. 환경 보존의 노력과 함께 고기를 너무 과하게 먹지 말자. 아직도 지구상에는 영양이 결핍된 인구가 많다. 선진국은 고기 소비를 억제하고 빈민국에게는 고기 공급을 늘려야 한다.

제3장

억울하다, 고기 기름

01 _ 친환경 가축사육과 동물복지

고기를 얻기 위해서는 가축을 잘 키워야 한다. 농부는 질 좋고 육량이 풍부한 가축을 키우려고 애쓰지만, 실질적으로 경제적 이익을 극대화하는 것이 그들의 목표이다. 가축은 주인이 제공하는 환경에서 먹이를 먹고 자라 결국 인간을 위한 제물이 된다. 사람 같으면 살아있는 동안 자기가 먹는 음식을 조절하거나 환경을 개선할 수 있지만, 가축에게는 자신의 삶을 위한 자유가 주어지지 않고 이성적 판단도 없다. 그저 주어진 틀에서 주인이 주는 먹이를 본능적으로 먹을 뿐이다. 그래서 농장에서 사육되는 가축은 고농축 영양분을 섭취하여 단시간에 성장한다. 축산 산업 측면에서 볼 때 생산성의 극대화, 효율적인 경영을 중요시하다 보니 동물에 대한 윤리나 생명의 존중 개념이 끼어들 틈이 없다. 심하게 말하면 기계의 부속품으로써 조립하여 완성되는 자동차 라인의 공산품 같기도 하다.

고대 그리스 시대부터 오늘날까지도 논쟁이 끊이지 않는 것은 동물도 인간처럼 이성과 감성이 있는 존재냐 여부이다. 최근에 도입된 친환경 동물복지라는 개념은 가축도 존엄한 생명체로 인정받아야 한다는 것에 무게를 싣고 있다. 동물들도 고통과 안락함을 느끼는 감성을 가지고 있으며, 그들이 살아있는 동안 고통을 최소화하여 신체적으로나 정신적으로 행복할 권리가 있다고 보는 관점이다. 본능과 본성에 맞춰 자연스럽게 키우자는 취지이다. 친환경 상태로 가축을 키우지 않으면 현대의 선진화된 대량 생산 시스템으로 인해 환경오염, 기후 변화, 전염병 유발 등 각종 부차적인 문제도 야기될 수 있다. 인간의 무한한 욕심 때문에 가축에게도 고통을 줄 뿐 아니라 자연환경과 인류의 건강에도 위협을 준다는 경고 메시지이다. 이런 상황을 방지하기 위하여 동물복지animal welfare라는 개념이 부상한 것이다.

지금까지 축산업에서 생산의 효율성을 위해 풀을 먹여야 할 소에게 곡류나 고기 부산물을 주어 과잉으로 살을 찌운다든지, 돼지를 철망에 가두어 움직일 수 없을 정도로 열악하게 키운다든지, 케이지에서 닭의 움직임을 제한시켜 달걀을 낳게 한다든지, 너무 많은 가축을 밀집 사양시킨다든지, 병아리 부리를 자르거나 송아지의 귀에 표시를 위해 구멍을 뚫는 행위를 하는 등 자연스럽지 못한 취급으로 인해 가축에게 고통을 주고 있다. 동물복지란 구체적으로 무엇이며 어떻게 취급해야 하는가? 그것은 동물이 상해나 질병, 갈증, 굶주림 등에 시달리지 않고 사육되어 도축할 때까지 청결하고 안락하게 살 권리를 주자는 것이다. 동물에게도 5대 자유가 있어 그렇게 취급해야 한다.

1. 배고픔과 갈증, 영양불량으로부터의 자유.
2. 불안과 스트레스로부터의 자유.
3. 정상적 행동을 표현할 자유.
4. 통증, 상해, 질병으로부터의 자유.
5. 불편함으로부터의 자유.

축산업에서의 동물복지는 곧 식용으로 사육되는 소나 돼지, 닭 등이 열악한 환경에서 자라지 않고 청결한 곳에서 적절한 보호를 받으며 행복하게 살 권리이다. 그래서 우리나라에서도 2012년부터 사육단계에서 동물복지 축산농장 인증제를 도입하고 사육과 동물 운송 및 도축을 적용토록 법제화하였다. 이 제도가 도입되어 닭고기와 알 생산용 닭 산업에서 그나마 인증 축산물이 조금 활성화되기 시작하였으나, 그 물량이 아직 적고 다른 축산물들은 더욱 미미한 실정이다. 동물복지에 앞서가는 유럽도 다른 가축들은 부진하고, 산란계만 95%가 기존 케이지에서 탈피하여 복지적으로 사육되고 있을 뿐이다.

전반적으로 선진국조차 모든 동물에게 산업적으로 적용하기에는 아직 이른 감이 있다. 그러나 꼭 국가의 인증제도가 아니더라도 가축과 인간에게 해를 끼칠 수 있는 항생제 남용을 제한한다든지, 환경 문제에 관심을 두는 등 농가들의 인식은 많이 개선되고 있다.

돼지나 닭은 단위單胃동물이기에 곡류를 먹어야 하고, 소와 양은 반추反芻동물이기 때문에 풀을 먹어야 친환경 사육이다. 그러나 오늘날 한우의 경우 축사畜舍에 가두어 운동을 거의 못하고 집중적으로 짧은 시간에 키워야 하므로 풀 이외에 곡류나 육분, 어분이 들어있는 사료를 먹이고 있다. 농민들은 빠른 기간에 품질 좋은 소를 키워 이익을 극대화하기 위해 노력하고 있다. 그렇다면 경제 개념에서 불리한 친환경 소고기를 생산한다면 인간들에게 어떤 보상이 있는가? 단지 동물들의 안위를 위해 인간이 배려하는 차원인가? 아니면 그 이상의 이익이 있느냐에 관한 논점이다.

연구 결과에 의하면 친환경으로 사육된 고기는 기존 방식의 고기보다 육질과 영양 면에서 크게 다르다. 친환경으로 소를 사육하려면 우선 자유롭게 운동을 시키면서 농후 사료의 급여를 최소화하고 풀만 먹여야 한다. 이 같은 환경에서 자란 소고기의 특징을 보면 근육에 기름이 적고 전체적으로 살집이 적다. 기존 사육 방식보다 출하할 때까지 사육 기간이 더 많이 소요되어 생산 원가가 높아진다. 곡류 위주의 고에너지 비육으로

마블링marbling을 잘 조성시킨 고급육과는 사뭇 다르다.

호주나 아르헨티나에서 풀을 먹고 자란 수입고기를 먹어보면 육질이 퍽퍽하며 농후한 맛이 없다. 소비자들은 소고기에서 풀 냄새나 피 냄새가 난다고 한다. 소가 풀을 뜯기 위해 운동을 하였기 때문에 근육이 발달하여 고기가 질기다. 질긴 고기를 좋아하는 사람이 어디 있겠나? 운동을 많이 한 근육에는 산화적 대사가 왕성하여 색소가 많아지고 색깔이 어둡다. 풀 성분의 영향으로 지방색이 노란 경우가 많다. 그러나 고기의 유통과정에서 육색이 천천히 변하고, 지방 산화가 늦어지는 장점이 있다. 전반적으로 농후 사료를 급여하는 기존 방식의 소고기보다 친환경 소고기를 소비자들이 싫어한다. 맛이 없다는 것이다. 소비자의 기호는 곧 돈이요, 농가의 경제적 이윤과 직결되는 요인이다.

고기의 맛이 좋아지려면 살코기에 기름이 많이 퍼져있어야 한다. 곡류를 먹인 비육우는 고기에 지방 함량도 넉넉히 들어있고 포화지방산인 스테아르산(C18:0), 올레산(C18:1)이 다량 들어있다. 오메가6 지방산이 많고 오메가3 지방산이 적어 건강에는 불리하지만 맛에는 유리하다. 그래서 맛에서는 한우고기가 당연히 파이팅이다. 반면 친환경으로 사육된 소는 경제성과 육질 측면에서 불리하다.

영양분과 관련된 건강 측면에서는 어떤가? 친환경 사육이 살아있는 동안 소의 건강에 좋은 것은 말할 나위가 없고, 도축되어 고기로 전환되었을 때 인간의 건강에도 긍정적인 영향을 끼친다. 건강에 관련하여 현대인들이 가장 관심 있는 것이 지방이다. 친환경 소고기는 농후 사료를 급여한 고기에 비해 지방량이 적고 살코기가 많다. 그래도 살코기에는 지방이 3~4% 존재한다. 고기에 아주 미세하게 퍼져있어 눈으로 확인이 어렵지만, 지방 성분이 대부분 인지질이고 불포화지방산이다.

풀 급여육이 건강에 유익하다는 의미는 고도불포화지방산이 많기 때문이다. 고기에서 고도불포화지방산이라고 하면 탄소와 탄소를 연결하는 이중결합이 2개 이상 되면서 탄소의 수가 18 이상 24개까지 긴 사슬을 가진 지방산이다. 고도불포화지방산은 생존에 꼭 필요한 필수지방산과 건강에 유익한 오메가3 지방산이 대부분이다. 풀을 먹인 소고기는 농후 사료를 먹인 소고기보다 리놀렌산(C18:3, n3) 함량이 많다. 여기서 C18이라 함은 지방산의 탄소수가 18개이고, C18:3에서 3은 탄소와 탄소를 연결하는 이중결합 형태가 3개이며, n3은 오메가3 지방산이라는 의미이다. 전체적으로 풀 급여 소고기는 곡류로 비육한 고기보다 EPA(eicosapentaenoic acid, 20:5, n3)와 같이 탄소수가 18 이상의 오메가3 지방산을 많이 함유하고 있다. 오메가6이 적고 오메가3이 많은 기름, 곧 오메가6/3 지방산의 비율이 낮은 기름이 들어있기 때문에 건강에 유익하다.

소에게 친환경 방식으로 풀을 급여하면 콜레스테롤 함량에도 긍정적으로 영향을 미친다. 6개 기관의 연구진들이 각각 독립적으로 연구한 콜레스테롤의 함량을 보면 풀을 급여한 소고기는 100그람 당 평균 53.8 mg, 농후 사료를 급여한 소고기에서 평균 55.9mg이었다(Van Elswyk 등, 2014). 적어도 풀을 급여하면 콜레스테롤이 곡류를 급여한 경우보다는 낮거나 큰 차이가 없었다.

소나 양에게 풀을 급여하여 생산한 고기의 공액 리놀렌산CLA, conjugated linoleic acid 함량에 주목할 필요가 있다. 리놀렌산(C18-2, n6)의 이성체화 지방산을 보통 CLA라고 부른다. 필수지방산인 리놀렌산의 분자식과 같지만, 구성 원자단이나 구조가 다르다. 상대적인 배열도 달라서 독특한 기름의 성질을 갖는다. CLA는 풀을 먹는 반추동물의 고기나 우유에 들어

있는 건강에 유익한 지방산이다. 풀을 급여하게 되면 CLA 함량이 2배로 증가한다. 다이어트용으로 판매되는 CLA 건강식품과 다르게 순수 고기에 존재하는 천연 CLA이다.

CLA는 우리나라 식품의약품안전처에 기능성 식품으로 등재되어 있는데, 주요 효과는 과체중인 성인의 체지방 감소에 도움을 줄 수 있다는 것이다. 실제 동물 실험에서 CLA를 급여하면 축적된 지방이 감소하여 전체적으로 체중이 줄어들지만, 상대적으로 근육량은 늘어났다고 보고하고 있다. 이것은 지방 축적에 관여하는 효소인 리포단백리페이스lipoprotein lipase의 활성을 차단하여 혈중 중성지방이 지방세포에 축적되는 것을 억제하고 체지방으로부터 에너지 생성을 촉진함으로써 축적된 지방을 분해하는 역할을 한다. CLA는 체지방 감소 외에도 체내 면역반응을 조절하고, 항암 및 항산화 작용, 동맥경화증이나 당뇨병 등을 예방하는 중요한 효능을 가지고 있다.

마지막으로 친환경 소고기에는 인체에 유익한 토코페롤과 베타카로틴 함량도 높다. 이는 풀에 함유된 성분이 근육으로 유입된 것으로, 곡류로 비육한 고기에 비해 토코페롤은 3배, 베타카로틴은 1.5배 많다. 토코페롤이나 베타카로틴은 모두 항산화 작용을 하는 영양소이다. 근육에 이들 물질이 많으면 오랫동안 선명한 육색이 변하지 않아 상품성이 오래간다.

한마디로 친환경 사육은 경제적으로 불리하고 고기 맛이 조금 떨어지지만, 건강에 유익한 방법이다. 그래서 지금 이 순간에도 과학자들은 맛이 좋으면서 건강에 유익한 고기를 만들려고 노력하고 있다. 지금 단계에서 친환경 고기는 설비투자비와 사육비가 많이 들어 비싼 가격에 팔릴 수밖에 없다. 친환경 고기가 성공하려면 소비자의 선택 여부가 열쇠라 할 수 있다. 소비자에게는 건강에는 좋으나 맛이 상대적으로 덜하고 비싼 고기를 선택할 것이냐, 아니면 상대적으로 저렴한 맛있는 기존의 고기를 선택할 것이냐의 문제이다. 속도는 느릴지라도 친환경 고기의 소비가 늘어날 전망이다. 동물복지나 친환경 사육은 결국 지구촌 호모 사피엔스의 생존 전략에 속한다고 할 수 있다.

02 _ 고기 기름

현대인은 음식에 포함된 기름에 민감하다. 기름을 먹으면 다이어트에 방해가 되고 건강에 나쁠 것으로 막연한 걱정을 하면서도 고소한 맛을 즐긴다. 빵 향기가 그윽한 도넛을 입안에 넣으면서 달콤하면서 고소한 맛에 취하고, 크루아상에 들어있는 버터 향기 때문에 기분이 좋아진다. 진화생물학적으로 보면 단 음식과 기름진 음식을 섭취하여 충분한 열량을 확보한 종족이 건강하게 살았으며 튼튼한 자손도 많이 남겼다. 우리는 수천 세대를 거쳐 입맛을 유전적으로 이어받아 왔다(앨런 S. 밀러, 2008, 30쪽). 달고 기름진 음식을 좋아하는 현대인은 전혀 비정상이 아니다. 친구들과 감자튀김과 후라이드 치킨의 고소한 맛을 즐기거나 금요일 퇴근 후 직장 동료들과 함께 삼겹살집에 가서 여유를 즐길 수도 있다. 지방이 서리처럼 퍼져있는 등심 소고기를 불판에 구우면서 나는 그윽한 향기와 맛에 취하면 참으로 행복하다. 일상의 식생활에서 기쁨을 가져다주는 기름의 매력이다.

반면 기름이라 하면 뚱보를 생각하기도 한다. 풍족한 시대를 사는 현대인은 먹고 싶은 욕망과 비만 스트레스 사이에서 방황하고 있다고 해도 과언이 아니다. 그들은 기름을 복부 지방의 주범으로 생각한다. 식품에서 에너지원으로만 따진다면 사실 그렇다. 1g당 탄수화물과 단백질의 에너지 함량은 각각 4kcal이지만 지방은 9kcal이기 때문에 두 배 이상 높다. 그래서 고기를 구울 때 살코기 옆에 붙어있는 지방조각을 제거하기도 한다.

가공식품의 경우 칼로리와 지방 함량이 포장지에 적혀 있지만, 대부분의 소비자는 맛이 있다면 성분에 상관하지 않는다. 식당에서 조리한 음식은 기름에 관한 어떠한 정보도 알 길이 없다. 생고기에서는 기름이 보이지만, 조리 식품이나 가공식품은 기름이 얼마나 들어있는지 알 수가 없다. 그러니 고소한 맛이 뇌에 압도되어 다이어트를 해야 한다는 의지보다 즐기는 유혹에 빠지기 쉽다. 칼로리가 높은 음식임을 잠시 잊어버리면서 말이다.

우리나라 사람들은 돼지기름을 좋아한다. 좋아하다 못해 열광하는 편이다. 세계 최대 삼겹살 소비국이다. 국산 삼겹살이 모자라 벨기에, 덴마크, 브라질, 미국 등 여러 나라에서 해마다 다량 수입하고 있다. 기름이 많아 서양인이 꺼리는 삼겹살이 대한민국에서는 전국 음식점에서 날마다 귀한 대접을 받고 있다. 그야말로 대중 음식이 되었다. 국제학술대회에서 만난 서양학자들은 사석에서 한국 사람들의 돼지기름(삼겹살) 열광의 이유를 모르겠다고 말한다. 그들이 삼겹살에 소주 한잔 곁들여 지인과 담소하는 회식 문화를 알 리가 없다. 타지에 사는 내 아들과 딸들이 가끔 집에 와 삼겹살 파티를 하자고 제안하는 것을 보면서, 삼겹살이 나이와 상관없이 '국민 음식'이 되었음을 알 수 있다.

고기가 그렇듯이 고기 기름도 소비자로부터 다양한 반응을 보인다. 싫어하거나 좋아하는 층이 있고, 싫어한다고 하면서도 실제 식습관을 보면 고소한 맛을 좋아하는 사람도 많다. 학교에서 고기 기름을 진짜 좋아하는지 싫어하는지 학생들을 상대로 실험을 한 적이 있었다. 1차 실험에서는 대낮에 지방 부착상태를 보면서 구운 고기를 먹는 검사였다. 대다수 학생이 지방이 많은 고기가 맛이 없다며 낮은 점수를 주었고, 상대적으로 지방이 적은 것이 더 맛있다고 응답하였다. 2차 실험에서는 장소를 옮겨 붉은색 특수 조명이 설치된 방에서 지방을 눈으로 구분할 수 없는 상태로 실시하였다. 결과는 반대로 나왔다. 고기 기름에 대한 학생들의 모순된 반응이었다. 본능적인 식감과 이성적인 의지가 충돌한 결과이다. 고소해서 맛있지만, 기름을 먹는 것이 부담되는가 보다. 역시 고기와 고기 기름은 즐기고 싶은 유혹과 동시에 이를 거부할 수밖에 없는 음식이기도 하다.

우리나라 중년 직장인이 저녁에 회식을 많이 할수록 복부 지방이 늘고 성인병도 증가한다고 매스컴이 종종 보도한다. 방송에 나오는 회식은 십중팔구 음식집에서 고기를 구우며 소주를 마시는 장면이다. 복부 지방이 느는 것은 지방섭취 때문만이 아니라 지방을 포함해 이것저것 여러 음식을 많이 섭취하기 때문이다. 복부 지방은 인류가 오랜 기간 생존해오면서 먹이가 부족할 때를 대비해 남는 에너지를 저장해두는 진화의 형태라고 할 수 있다. 술도 에너지원이요, 각종 나물 무침과 국, 밥, 안주도 에너지원이다. 많이 먹으면 그만큼 에너지가 축적된다. 에너지는 영양성분의 총량 개념이다. 만약 지방을 빼고 단백질과 탄수화물만 먹으면 살이 안 찌는가? 아니다. 탄수화물이든 단백질이든 인체의 생리 대사과정에서 이용되고 남으면 지방으로 축적된다. 가장 먼저 복부에 기름이 저장되고, 다음에 피하지방과 마지막 근육 속에 지방이 깊숙이 퍼진다.

고기 기름을 좋아한다고 해서 몸에서 무한정 받아들이지는 않는다. 식품별로 포만감satiety 현상이 있다. 어느 음식을 일정량 섭취하면 어느 시점에서 물리는 현상이다. 고기와 고기 지방은 물림지수가 큰 음식이다.

쉽게 말해서 고기를 어느 정도 먹으면 더 이상 먹고 싶지 않아 젓가락을 내려놓게 된다. 반대로 물림지수가 가장 낮은 식품은 어떤 것인가? 탄수화물 식품이다. 배가 불러도 계속해서 입맛이 당겨 먹게 된다. 당도가 강할수록 더 당긴다. 그래서 배가 불러도 달콤한 빵이나 청량 음료수를 계속 먹고 싶게 한다. 예를 들어 후식으로 달콤한 아이스크림을 먹게 되면 배가 부르다는 사실을 잊어버리고 그 유혹에 굴복하여 끝없이 즐거움을 찾는다. 필요한 에너지보다 더 많이 섭취하는데도 그 제어능력이 상실된다는 의미이다.

미국에서 패스트푸드를 정크 푸드라고 하는 이유는 에너지가 높으면서 영양이 편중된 포만감이 낮은 음식이기 때문이다. 햄버거 안에 지방이 50% 정도 들어있는 패티가 있고, 감자튀김에는 탄수화물과 기름이 조합되었으며, 각종 음료수에는 옥수수 시럽과 같은 고에너지 당이 다량 함유되어있다. 사회경제적 지위와 비만 사이에는 밀접한 연관성이 있다고 한다. 선진국에서는 사회경제적 지위가 높은 여성일수록 날씬하고, 개발도상국에서는 사회경제적 지위가 높을수록 남성, 여성 및 어린이 모두 비만하다고 한다(Soba 등, 1989). 선진국에서도 사회경제적 지위가 낮은 하류 계층이 패스트푸드 섭취로 인해 더 뚱뚱하다고 알려져 있다. 그러나 정찬으로 먹는 고기는 많이 먹고 싶어도 일정량을 먹으면 몸에서 거부하는 고마운 식품이다.

기름에 대한 또 다른 소비자의 부정적인 생각은 건강 문제이다. 고기 기름을 많이 먹으면 혈관 내부에 찌꺼기가 쌓여 동맥경화나 심장병, 고혈압에 걸리기 쉽다고 생각한다. 더 나아가 고기를 섭취하면 당뇨병, 암 등 각종 성인병을 유발한다고 믿는 소비자들도 있다. 그러나 기름 섭취와 건강 관계를 이야기하려면 설명이 길어질 수밖에 없다. 동물의 몸에 있는 지방은 체온을 조절하고 충격을 방지하며, 항체 형성이나 각종 호르몬 생성에 관여한다. 우리의 시력을 유지하고, 지용성 비타민 용매 역할과 흡수를 도와주며, 비타민 D 전환을 도와주는 유익한 작용을 한다. 결론적으로 생존에 긴요한 필수 영양성분이다. 지방은 지방산으로 구성되어 있는데 대부분이 다른 지방산에서 전환되거나 합성될 수 있지만, 리놀레산linoleic acid, 리놀렌산linoleinic acid, 아라키돈산arachidonic acid은 음식으로부터 직접 섭취해야 하므로 필수지방산이라고 부른다. 생존에 필요한 영양성분이기 때문에 적당량을 반드시 섭취해야 한다.

하루에 필요한 에너지 중에서 지방으로부터의 에너지 섭취는 유아(1~2세) 15~35%, 유아(3~5세) 15~30%, 성인남녀 15~30%를 권장하고 있다. 성인은 하루에 포화지방산 10% 미만, 트랜스지방산 1% 미만, 콜레스테롤 300mg 미만을 섭취하라고 권장하고 있다(보건복지부, 2020). 젊었을 때는 기름을 더 먹어야 하고, 늙으면 기름을 덜 먹는 대신 단백질이 함유된 살코기를 더 먹으면 된다. 고기에 들어있는 지방 함량은 일반 정육에 10%, 살코기에 2~5% 들어있으나, 조리하면 가열로 인해 일부가 소멸되므로 더 적게 섭취하게 된다. 어떤 상태로 얼마만큼 지방을 먹어야 건강할 것인가? 포화 대 불포화지방산 비율, 오메가6 대 오메가3 지방산 비율, 적절한 CLA와 콜레스테롤 섭취, 트랜스 지방산의 섭취금지 등은 건강과 밀접한 관련이 있다.

그동안 학계에서는 지방 성분이 인체에 미치는 생리학적 기능에 대해 꾸준히 연구해 왔다. 일반적인 가설을 증명하기도 하고, 그룹끼리 역학 조사로 입증하기도 했다. 지금까지 믿어왔던 사실이 확실치 않다는 결론도 있다. 원론적으로는 같지만, 각론에 들어가면 많은 논쟁이 진행되고 있고 불확실한 면이 많다. 지금까지의 학설과 대치되는 결론도 있다. 이에 소비자는 혼란스럽다. 소비자들은 건강에 좋고 나쁘다는 양극의 논리에 너무 익숙해졌기 때문이다. 그 양극의 논리는 특히 기름에서는 새로운 과학적 사실이 밝혀짐에 따라 많이 무너지고 있다. 무엇보다 소비자들은 식품에 함유된 성분을 과잉으로 해석해서 건강에 나쁘거나 좋다는 시각으로 봐서는 안 된다.

기름 성분 중에서 오메가3 지방산과 CLA 지방산은 많을수록 건강에 유익하다. 가축을 사육하는 방법과 고기 종류에 따라 건강에 영향을 미치는 기름 조성이 달라진다. 오메가6 지방산을 적게 먹고, 상대적으로 3 지방산을 많이 먹어야 건강에 유익한데, 대부분의 현대인은 그 반대로 기름을 먹고 있다. 면역력 증대와 항암효과가 있는 CLA(conjugated linoleic acid, 공액 리놀레산) 지방도 고기에 따라 함량이 다르다. 흥미로운 것은 CLA는 지방 성분이지만 섭취하면 지방축적량을 오히려 감소시켜 다이어트 효과가 있다.

질병을 유발하거나 건강을 증진하는 것은 식품에 들어있는 특정 성분 때문만은 아니다. 식품 성분이 체내에 들어가더라도 약과 달리 반응이 서서히 나타난다. 기름의 섭취도 마찬가지이다. 음식 종류뿐 아니라 섭취량과 방법, 습관이 중요함을 백번 강조해도 지나치지 않다.

03_ 오메가 지방산

서구 사회는 동양보다 심장병과 같은 혈류 관련 질병에 사회적 관심이 높았고, 이에 대처하는 소비자의 반응도 민감하였다. 그 원인을 동물성 식품의 섭취 때문이라고 생각해왔다. 그들은 동양에 비해 좋은 자연환경에서 많은 가축을 길러 고기, 우유, 달걀을 풍부하게 먹을 수 있었다. 18세기 말에 산업혁명이 일어나면서 농민들이 대거 도시로 몰려들어 새로운 형태의 생활을 시작하였다. 동시에 과학이 발달하면서 축산 기술에 힘입어 한정된 땅에서 더 많은 고기를 생산하게 되었다. 노동자의 생활 수준이 높아지면서 본능적으로 동물성 기름의 맛에 젖어 들었다.

서구에서 각종 질환의 원인이 동물성 식품 때문이라고 생각하기 시작했던 시기는 대략 1950년대부터라고 한다. 그들은 포화지방산과 콜레스테롤에 주목하였다. 지난 70년 동안 이와 같은 원인을 뒷받침해주는 학설과 믿음으로 동물성 기름을 멀리하고, 대신 식물성 기름을 선택하려고 노력해왔다. 그러나 수십 년간 식생활의 변화를 시도했음에도 불구하고 불행하게도 심장병 발생은 줄어들지 않았고, 오히려 우울증, 비만과 당뇨병 II형 환자가 계속해서 증가하였다. 왜 그런 결과가 나왔을까?

기름은 포화지방산과 불포화지방산으로 구성되어 있다. 포화지방산은 동물성 기름에, 불포화지방산은 식물성 기름에 상대적으로 많이 들어있다. 무작정 불포화지방산을 먹으면 건강에 좋다는 말은 이제 옛이야기이다. 어느 형태의 지방산으로 먹는지에 따라 건강에 영향을 끼친다. 불포화지방산은 이중결합의 위치에 따라 오메가3와 오메가6 지방산으로 분류된다(논문에서는 간략하게 n3와 n6 지방산으로 표기한다).

그동안 서구인들은 동물성 기름 대신 식물성 기름을 더 많이 먹으려고 노력했지만, 그들이 걱정하는 질환은 줄어들지 않았다. 주된 원인 중 하나가 n6을 너무 많이 먹고 n3을 너무 적게 먹었기 때문이다. n6/n3 비율이 맞지 않은 것이다. 대부분의 식물유나 농장에 가두어 기르는 가축에서 얻는 기름은 이 비율이 높다. 반면 우리가 눈여겨볼 필요가 있는 것이

어유나 친환경 축산에서 얻는 고기 기름이다. 이는 n6/n3 비율이 낮다. 곧 오메가6 지방산이 적고 오메가3 지방산이 많다.

오메가6 지방산과 오메가3 지방산 비율

수렵 시대 인류는 현대인보다 고기를 10배 이상 먹었지만, 그들이 현대인처럼 어떠한 심장병의 발생 증거도 찾지 못했다고 과학자들은 보고하고 있다. 인류 선조들이 심장병이 없는 원인의 하나는 오메가6/오메가3 비율이 낮은 고기를 먹었기 때문이다. 당시 고기 기름의 n6/n3 지방산 비율은 1대 1이었다. 그들은 야생에서 사냥으로 얻은 고기를 먹었다. 현대인은 15~30대 1 비율로 다량의 n6와 소량의 n3 지방산을 먹고 있다. 균형이 맞지 않는 기름을 하루 이틀이 아니라 일생 먹고 있는 것이다. 이것이 문제다. 선조처럼 1대 1로 섭취하면 바람직하겠지만, 대부분의 국가 보건당국은 4대 1까지 낮추도록 목표를 세우고 노력하고 있다.

기름의 오메가 종류에 따라 건강에 미치는 영향에 관해 수많은 논문이 쏟아지고 있다. 미국인의 경우 대두유나 옥수수유를 많이 먹기 때문에 혈액에 n6 지방산 함량이 높다는 보고가 있다. 통제된 집단에서는 문제가 더 심각할 수 있다. 주어진 음식을 먹을 수밖에 없는 미군들의 혈액에는 n3 지방산이 정상인의 25% 수준밖에 안 된다고 한다. 과량의 n6 지방산을 섭취하면 뇌 건강에 부정적인 영향을 끼친다. 스트레스가 쌓이면 n6 지방산이 염증 유발 전구물질이어서 불안감이 가중되고 자살률을 높인다. 자살한 미군의 95%가 혈액에서 n3 지방산인 DHA가 너무 부족할 정도로 극히 소량만 검출되었다고 보고하고 있다. 2014년 미국 식품영양학회의 루이스Lewis 박사는 뇌 건강을 위해 n3 지방산을 많이 먹어야 한다고 주장하였다. n3 지방산이 각종 염증뿐 아니라 암 발생 자체를 억제한다고 미국 일리노이 대학교에서 논문을 발표한 바 있다(IFT, 2019).

결론적으로 식물성이든 동물성이든 n6 지방산을 많이 먹고 n3 지방산을 적게 먹게 되면 관절염을 비롯하여 각종 염증 유발, 조울증, 암, 심혈관질환, 천식 등의 질병 발생 가능성을 높인다. 건강과 관련하여 각각의 n3나 n6의 섭취 함량도 중요하지만, n6/n3 비율이 더 중요하다. 당연히 이 비율이 낮은 기름을 먹어야 건강하고 높으면 문제가 생긴다.

n6/n3 지방산의 비율을 2~3대 1로 섭취하면 류머티스 관절염 환자의 염증을 줄이는 데 도움이 되고, 직장암 환자의 경우 4대 1에서 2.5대 1로 비율이 감소하면 세포의 이상 증식이 감소하는 효과를 보인다고 한다. 또한, 비율이 낮으면 폐경 전 여성의 유방암이 감소한다(Zheng 등, 2013). 천식 환자에게도 n6/n3 비율이 5대 1에서는 완화되고 10대 1에서는 악화한다고 한다. 우울증 임상시험에서도 n6/n3 비율이 높으면 우울증이 심해지고, n3 지방산을 보충 투여하면 긍정적인 효과를 나타낸다(Husted 등, 2016).

n3 지방산은 건강에 유익한 것으로 널리 알려져 왔다. 인체에서 죽상동맥경화증 등 심혈관질환을 감소시킨다. 염증, 심장 흥분성, 트리글리세리드 혈중농도, 혈압 및 혈관의 플라크 방지에 대해서도 효과가 좋다(Torrejon 등, 2007). 어유에 다량 함유한 EPA, DHA 같은 n3 지방산을 하루에 1g 정도 섭취하면 심혈관 보호에 좋고, 하루 3g 복용하면 혈장 트리아실글리세롤 감소, 혈압, 혈소판 응집 및 염증을 포함한 심혈관질환 위험 요소를 개선한다(Breslow, 2006). 또한, 근육의 정상적인 발달, 최적의 건강성 유지, 만성 질환을 예방한다.

그렇다고 n6 지방산이 건강에 나쁜 기름이라고 할 수는 없다. 리놀레산(18:2, n6), 감마리놀렌산(18:3, n6), 아라키돈산(20:4, n6)이 대표적인

n6 지방산으로 대부분 식물성 기름에 들어있다. 리놀레산은 인체 내에서 합성되지 않기 때문에 필수지방산으로 분류된다. n6 지방산도 신체에 중요한 기능을 담당하는 영양소이다. 염증 전단계pro-inflammatory 또는 항염증 효과를 가질 수 있다. 중요한 사실은 n6와 n3 기름의 조성비와 섭취량이다. 기름을 너무 많이 섭취하거나 n6/n3 비율이 높거나 산패된 것을 섭취하였을 때는 문제가 된다.

건강에 유익하고 맛있는 고기

현대인이 n6/n3 비율이 높은 기름을 먹게 된 원인은 어디에 있는가? 인위적으로 대량 경작하거나 사육한 가축에서 얻은 기름을 먹기 때문이다. 현대 과학의 부작용이라고 할 수 있다. 고대인은 자유롭게 이동하면서 야생동물이나 들판의 식물로부터 기름을 먹을 수 있었지만, 현대인은 가축에서 얻는 기름과 경작한 식물유에서 얻는다. 우리가 먹는 대부분의 식물성 기름에 불포화지방산이 많이 들어있으나 n3보다 n6 지방산이 다량 들어있다. 예를 들어 해바라기유, 면실유, 땅콩기름, 포도씨유는 n6 기름으로 n3가 소량 들어있다. 옥수수와 포도씨 기름에는 n6/n3 비율이 각각 46대 1, 7대 1로 n6가 많이 함유되어 있다. 이에 비해 아마유 1대 3, 카놀라유 2대 1, 대마유 2~3대 1, 올리브유 3~13대 1로 비교적 n3가 많이 함유되어 있다.

아마인유flaxseed oil나 들기름은 대표적으로 n3 지방산 함량이 높은 기름이다. 아마인유는 냄새와 맛이 좋지 않아 식용유로 쓰지 않고 있지만, 들기름은 우리에게 친숙하다. 다음으로 n3 지방산이 비교적 많이 함유된 카놀라유canola oil도 품종교배 기법을 통해 쓴맛을 내는 글루코시놀레이트 함량을 낮추고, 에루크산 함량이 적은 기름이다. 우리 실험실에서도 이슬람에서 온 박사 과정 대학원생이 닭고기 가슴살에 카놀라유와 들기름을 조합한 소시지를 만들어 논문을 발표하고 특허도 출원한 바 있다. 건강에 유익한 닭고기 소시지가 우리나라뿐 아니라 무슬림 사회에서도 상용되는 육제품이 되었으면 한다.

오메가 지방산에 대하여 조금 더 살펴보자. 소는 초식동물로 넓은 목장에서 한가히 풀을 뜯고 있어야 정상이다. 불행하게도 오늘날 소는 대부분이 그렇지 못한 환경에서 단기간에 집중적으로 키워 출하된다. 육우의 경우 출생 18개월 이후부터 도축된다. 등심에 지방이 많이 낀 고급 소고기를 생산하기 위해 한우는 27~30개월까지 연장해서 키운다. 성장 촉진을 위해 곡류와 동물 부산물까지 첨가하여 먹이고 있다. 그뿐만 아니라 목장이 아닌 협소한 축사에 가두어져 충분한 운동을 못 한다. 이렇게 생산한 고기는 야생동물이나 동물복지 상태로 키운 고기보다 지방 함량이 많고, 지방산 조성에서 n3 지방산이 적고 n6 지방산이 많아진다.

반면 넓은 풀밭에서 자연 상태로 운동하면서 키우면 반대로 n6/n3 비율이 낮아진다. 우리나라에서 1970년대 말부터 호주산을 필두로 외국산 소고기를 수입하기 시작하였다. 가격이 저렴하였으나 당시 소비자의 반응은 냉담하였다. 질기고 맛이 없다는 것이 주요 이유였다. 한우에 비교해 지방 함량도 적고 n6/n3 비율이 낮았기 때문이다. n6/n3 비율이 낮을수록 건강에는 유익하나 맛이 없는 게 특징이다. 맛과 건강에 각각 반대로 영향을 미치니 흥미롭다.

유럽을 중심으로 고기에서 n6/n3 비율을 낮추려는 노력을 많이 하고 있다. 나는 전에 벨기에의 겐트대학교에 체류하면서 오메가3 고기에 관한 대형 연구 과제에 참여한 적이 있었다. 당시 유럽에서는 건강에 좋고 맛도 좋은 고기를 만드는 것이 중요 연구 관심사였다. 한국은 n3 함량이 높은 고기를 생산하기에 환경적인 어려움이 크지만, 나도 대관령 삼양목장에서 운동을 시키면서 사료를 달리 급여해 키운 소고기를 실험한 적이 있다. 모두 다 자유롭게 풀밭을 돌아다니며 사육되었기에 기존 소고기에 비해 n6/n3 비율이 낮은 편이었다. 그중 곡류와 풀 혼합 사료를 먹인 그룹은 8.6대 1이었으나 자연 상태에서 풀만 먹이거나 아마씨 오일로 보충한 사료를 먹인 그룹은 각각 2.4대 1과 4.9대 1이었다(Utama, D.T. 등, 2018). 이와 같이 친환경 사육과 함께 사료 성분을 조절해서 소에게 급여하면 오메가 비율을 확실하게 조절할 수가 있다.

앞으로 소고기 소비 형태가 어떻게 변할 것인가? 소비자들은 지방이 풍부한 맛 위주의 고기를 선택할 것인가, 아니면 살코기 위주의 건강에 유익한 고기를 선택할 것인가? 정부에서도 마블링이 높은 소고기를 고급 등급으로 정했지만, 그럴수록 오메가3 지방산 함량 면에서 불리하고 에너지의 투입으로 자원이 낭비된다. 최근에는 지방 분포를 세밀하게 분류하여 상대적으로 총 지방함량을 줄이는 방향으로 등급 기준을 바꾸었다. 소비자에게는 맛도 건강도 중요하다. 향후 어떤 방향으로 제도가 변할지 궁금하다. 아직 우리나라에서는 소고기의 경우 정부나 소비자들이 모두 오메가3 지방산이 많이 들어있는 건강한 고기보다 맛이 있고 가격 측면에서 유리한 고기에 관심이 더 많은 것 같다.

04_ 기름과 탄수화물

동물성 지방(기름)이 정말 건강에 나쁘고 다이어트에 도움이 안 되는 음식인가? 소비자들에게는 대부분 부정적인 인식이 강한 것 같다. 미국의 슈퍼마켓에 가보면 진열된 동물성 식품 중에서 포장지에 '저지방' 또는 '무지방'이라고 쓴 글씨를 쉽게 볼 수 있다. 그만큼 그들은 지방 알레르기에 걸린 사람처럼 보인다. 동물성 기름이 건강을 해치는 주범으로 생각하는 느낌이다. 오랫동안 기름을 적게 먹으려고 노력해왔던 것이 사회적 분위기였다. 그렇지만 최근 들어 그렇지 않다는 목소리가 학자들로부터 나오기 시작했다. 미국에서 변화하고 있는 지방 인식과 정보에 관하여 소개하고자 한다.

우선 건강과 관련하여 지방을 이해하려면 상식 수준의 지식이 필요하다. 간단하게 설명하면 지방은 지방산으로 구성된다. 지방산은 탄소와 탄소가 체인으로 연결되어 있다. 모두 단단히 결합해서 연결되어 있으면 포화지방산이고, 탄소와 탄소 사이에 허술하게 이중결합이 한 개 이상 있으면 불포화지방산이다. 불포화지방산이 많으면 상온에서 액상 기름이 되고, 포화지방산이 많으면 고체 형태의 기름 덩어리가 된다.

포화 대 불포화지방산의 구성 비율을 보면 양고기는 44대 56, 소고기는 41대 59, 돼지고기는 37대 64로 되어 있다. 양고기, 소고기, 돼지고기 순으로 포화지방산이 많이 들어있으나 총량 비율에서 볼 때 포화지방산보다 불포화지방산이 더 많이 들어있다. 다만 식물성 기름이나 어유에 비하여 상대적으로 포화지방산 비율이 높을 뿐이다.

고기에 들어있는 불포화지방산 중에서 올레산처럼 이중결합이 하나인 것을 단일불포화지방산이라고 하는데, 전체 불포화지방산 중 이 단일불포화지방산의 함유 비율이 소고기는 46%, 양고기와 돼지고기가 41%로 가장 높은 것이 특징이다(Enser 등, 1996). 이 정도의 상식을 바탕으로 논란이 많은 고기 기름과 건강 관련 이야기를 엘리슨 오브리의 글을 중심으로 이해하여 보자(Allison Aubrey, 2014).

지금까지의 연구 결과를 보면 포화지방산이 건강에 나쁘다는 것이 일반적인 결론이었다. 포화지방산이나 콜레스테롤이 심장병을 일으킨다는 것이 핵심 요지였다. 그래서 미국의 경우 1990년대부터 무지방, 저지방 가공식품과 식이법이 대륙을 휩쓸었다. 저지방 쿠키, 푸딩, 치즈가 유행처럼 번졌다. 그렇지만, 지방을 적게 먹게 되면 생존에 필요한 에너지를 따로 더 섭취해야 했다. 기본 에너지를 대체할 방안으로 자연스럽게 당(탄수화물)을 더 먹을 수밖에 없다. 당은 곡류 식품에 들어있는데, 문제는 섬유질이 많은 곡분 대신 콘 시럽이나 설탕을 주로 먹었다는 것이다. 정제된 당류라 당도가 높고 열량이 많다. 식품업계는 값이 저렴한 콘 시럽을 수백 종류의 가공식품에 첨가하여 소비자의 입맛을 유혹했다. 슈퍼마켓에서 무심코 집어 든 식품 중에 상당수가 정제된 당이 포함되어 있다는 사실을 소비자들은 모른다. 주지할 만한 사실은 그동안 미국인이 기름 섭취를 줄이려고 무척이나 노력해왔는데 결론은 전혀 아니었다. 심장병 발병률을 낮추지 못했다.

과학자들은 저 지방식에 따라 고 탄수화물을 먹을 수밖에 없었던 식생활과 심장병 발생 추이의 연관성을 연구하기 시작하였다. 탄수화물과 지방 두 영양성분 중에서 어느 성분이 심장병에 더 영향을 끼치는지가 관심사였다. 견과류나 올리브 기름처럼 식물성 기름이 심장병 위험을 줄이는데 확실히 도움이 된다는 사실에는 누구나 이의가 없다. 그런데 탄수화물이 문제다. 하버드대 의대 모짜화리언 박사에 의하면 미국인들은 정제된 당이 너무 많이 함유된 빵, 스낵, 파스타를 먹고 있다. 정제당을 많이 섭취할수록 혈당이 오르고 인슐린 분비에 부담을 주며 혈액 콜레스테롤을 증가시킨다고 연구 결과가 나왔다. 매우 충격적인 내용이었다. 그렇다고 하루 섭취해야 할 에너지원으로 정제된 탄수화물 대신 모두 포화지방산으로 대체하라고 할 단계는 아니라고 했다(Allison Aubrey, 2014).

흥미롭게도 탄수화물과 비교했을 때 포화지방산의 섭취가 좋은 콜레스테롤HDL Cholesterol을 높이고 혈당 지질triglyceride 함량을 낮춘다고 하였다. 오히려 심장병 예방이 도움이 된다는 것이다. 미국인이 믿었던 신념이 무너질 만큼 충격적인 발표였다. 여러 결과를 종합해 볼 때 포화지방산이 인체에 이로운 것은 아니지만 해로운 것도 아니라고 모짜화리언 교수는 주장했다. 포화지방산은 인체에 중립적이지만 탄수화물은 중립적이 아니라는 것이다. 다시 말해 탄수화물을 많이 먹을수록 포화지방산에 비교해 심장병 발병 가능성이 높았다고 한다.

따라서 그는 조심스럽게 포화지방산을 제한하기 위해서 탄수화물을 더 많이 먹어야 한다고 권장할만한 증거가 부족하다고 메타meta 분석에 의거 결론을 내렸다. 따라서 미국에서 국민 건강을 위해 포화지방산을 얼마만큼 섭취해야 할지 한계량을 정하기가 어렵다고 하였다.

터프츠Tufts대학의 엘리스 리첸스타인Alice Lichenstein은 영양학 및 정책 조사관인데, 그가 지적하기를 탄수화물 대신 포화지방산으로 식단을 대체하였을 때 심장병에 유익하다는 어떠한 증거도 없었다고 단언하였다. 그렇지만 포화지방산 대신 견과류, 씨앗, 물고기에 들어있는 불포화지방산으로 대체하면 심장병에 유익하다는 증거는 있다고 하였다. 지중해 연안 국가의 사람들이 미국인보다 심장병 발생률이 낮은 것은 견과류, 올리브유, 물고기, 과일, 채소류, 두류를 많이 먹고 여기에 치즈나 육류도 함께해 총 에너지 중에서 40~45%를 지방으로 채운 결과이다. 그는 에너지를 충족시키기 위해 기름을 섭취해야 하고, 채식주의자의 비판이 있겠지만 정제된 곡물보다 육류가 괜찮다고 제안하였다.

학자마다 실험 형태나 역학 조사를 하는데 변이요인이 많아 결과가 일률

적이지는 않다. 그래서 지방에 관한 논쟁이 계속되고 있는 것이다. 이들이 연구한 것을 다각적으로 조합해 통계적으로 분석하는 메타 분석법을 주로 사용한다. 이로써 결과의 신뢰성이 한층 높아졌다. 최근의 연구 결과에 의하면, 비만을 해결하기 위해 저지방 음식에 매달릴 필요가 없다는 것이다. 전문가들은 초 저지방 다이어트를 요구하는 시대는 지났다고 단언한다.

저지방으로 인해 에너지가 부족하면 우리 몸은 빨리 허기를 느낀다. 허기를 채우기 위해 본능적으로 지방 대신 탄수화물로 에너지를 채우려고 한다. 중요한 사실은 탄수화물 섭취는 지방섭취보다 더 많은 에너지가 들어오도록 유혹한다. 그래서 배가 불러도 입에서 계속 당기게 된다. 결론적으로 비만을 해결하기 위한 저지방, 고탄수화물의 섭취는 결코 효과가 없으며, 혈액 콜레스테롤을 증가시켜 심장병에도 좋지 않다(Allison Aubrey, 2014).

반면에 포화지방산은 그렇게 유익하거나 유해하지 않는 영양소라고 한다. 적어도 지금까지 미국인이 생각했던 것보다 과학적으로나 역학 조사 결과로 보아도 심장병을 일으키는 주범이 아니라는 것이다. 이런 결과는 지금까지 서구인이 믿어왔던 절대 신념을 무너트리는 혁명적인 내용이고 용기 있는 목소리였다. 그들의 말 한마디가 의학, 약학, 식품, 유통 분야 산업의 이권과 밀접하게 연관되어 있을 수 있기 때문이다. 식육학을 전공했던 나로서는 지방과 탄수화물의 관계에 대해 우리가 오해하는 부분이 무엇이고, 어떠한 결과를 초래하는지 잘 알고 있었다. 다만 소비자까지 인식시키는데 시간이 걸릴 뿐이다.

동물성 기름이나 포화지방과 관련된, 건강에 관한 수많은 논문이 지금도 쏟아지고 있다. 최근 경향을 보면 포화지방산이나 고기 기름이라고 건강에 모두, 또 지금까지 인지된 것만큼 나쁘지는 않다는 것이다. 예를 들면 소고기의 포화지방산에서 스테아르산은 팔미트산보다 나쁜 콜레스테롤의 생성을 늦춘다는 보고가 있다. 소고기를 포함해서 고기에 풍부하게 들어있는 올레산oleic acid은 LDL콜레스테롤을 낮추고 HDL콜레스테롤을 증가시킨다고 한다(Kris-Etherton 등, 1999). 한우가 수입육보다 올레산이 많아서 유익할 수도 있다. 그러나 축사에 가두어 비육 말기에 곡류도 함께 먹이는 한국 소는 풀밭에서 자란 소보다 오메가3 지방산 함량이 낮다. 그래서 올레산 함량은 여러 건강 요인 중의 하나이기 때문에 나는 단정적으로 이야기하지 않는다.

고기가 인체 건강에 미치는 긍정적이거나 부정적인 많은 정보가 있다. 일부 단체들은 그들에게 유리한 정보만 골라 과학적 자료라고 제시하면서 자기들의 주장을 관철하려고 한다. 일반 소비자들은 혼란스러울 뿐이다. 나는 고기에서 어느 특정 성분이 좋다거나 나쁘다는 것을 강조하려고 하지 않는다. 고기에 대한 부정적인 생각이 있다면 공정한 정보를 전달해 주고 싶을 뿐이다. 지방과 탄수화물에 대한 잘못된 인식을 바로잡기 위한 것이다. 다양한 음식을 골고루 먹되 적당하게 먹자. 상식적이지만 가장 정확한 결론이다.

05_ 고기의 산화

노화이론 중에 '산화기 이론'이 있다. 체내에서 음식을 통해 에너지를 만드는데 100%의 산소 대사가 이루어지지 못하고 일부 남게 된다. 이 불완전한 활성산소가 다른 분자와 결합하여 세포를 공격해서 노화를 촉진한다. 이 공격자가 자유라디칼이다. 세포 내에서 짝을 못 찾은

전자들이 미토콘드리아의 DNA를 침범하여 망가뜨린다. 자유라디칼이 DNA를 돌연변이 시켜 제대로 작동을 못하게 한다. 지속적인 공격으로 우리 몸이 늙어가도록 만든다. 노화란 DNA 손상으로 생기는 유전적 불안전성, 미토콘드리아의 기능 이상 등이 포함된다(데이비드 등, 2020). 그래서 산화 반응에 의하여 DNA가 손상되고 미토콘드리아의 기능에 이상이 발생하여 질병이 야기된다. 이러한 비정상적인 유해 작용이 음식을 통해 평생 우리 몸에서 일어난다면 결코 바람직하지 못하다.

우리의 몸처럼 고기에서도 자유라디칼에 의해 지방이 산화된다. 지방산이 자유라디칼에 의해 파괴되어 저급 분자량으로 변하면서 산화가 시작된다. 이것을 고기의 산화라고 하고, 산화되어 변질된 현상을 산패라고 한다. 특히 가열한 고기를 저장하게 되면 심한 가열이취Warmed Over Flavor가 발생한다. 지질 산화는 거대분자가 잘라져 작은 분자로 변하는 것을 말하는데 미생물에 의해 분해되는 경우가 있고, 미생물과 상관없이 금속, 온도의 도움으로 산소에 의해 자동으로 분해가 일어나기도 한다. 현실적으로 소비자에게 문제가 되는 것은 자동산화이다. 고기가 산화되면 악취, 변색, 풍미 상실, 영양가와 소화율 감소, 가공 제품을 만들기 위한 가공적성 저하, 보수력과 수율 감소가 일어난다. 소비자 입장에서는 신선한 고기에 비해 맛과 냄새, 색깔이 이상하기 때문에 거부감이 생기고, 산업체 입장에서는 경제적인 손실이 따른다.

소비자는 산패가 안 된 고기를 섭취하는 것이 당연히 좋다. 고기 생산과 유통업자들은 산패가 되지 않도록 신선한 고기를 팔아야 한다. 생육을 오랫동안 보관하거나, 적절치 못한 조리 방법으로 처리하게 되면 산화가 일어난다. 생육을 사다가 직접 조리해 먹으면 문제가 없다. 가정이든 식당이든 고기를 장시간 방치했을 때 산화가 증가한다. 고기가 산화되었다고 폐기 처분하는 경우는 극히 드물다. 소비자는 이를 알게 모르게 먹어왔다.

지질 산화는 근육에서도 일어나지만, 살아있는 근육에는 각종 항산화 효소가 있어서 어느 정도 방지되고 억제된다. 근육에서 고기로 전환되면 산화가 더 활발하게 일어나기 시작한다. 특히 고기를 고온에서 가열하거나 소금에 절이게 되면 산화가 촉진된다. 고기를 조리 가공한다는 것은 생고기 상태를 물리 화학적으로 변형시키는 과정이다. 여기에 산소, 빛, 금속이 더해지면 훨씬 빨리 산화가 진행된다. 자유라디칼의 생성에 의해 고기에 과산화지질이 쌓이고, 말론알데하이드나 콜레스테롤 산화물이 함께 생성된다. 모두 다 건강을 위협하는 나쁜 물질이다.

산화된 고기를 먹으면 건강에 위협을 받는다. 극소량이어서 즉각적으로 반응이 나타나지 않을 수 있지만, 이로 인해 각종 질환이 야기될 수 있다. 자동 산화된 고기를 섭취하였다고 해서 당장 식중독과 같은 이상 증후가 나타나는 것은 아니다. 어쩌다 산화된 음식을 먹었다면 별 문제가 되지 않을 수도 있다. 그러나 장기적으로 산화된 고기를 먹는다면 분명 다른 이야기이다. 섭취 직후 증상이 없기 때문에 소비자가 방심하기 쉽고 정부의 법적 규제도 느슨한 편이다. 이런 고기를 먹을 것인지 먹지 말 것인지는 오직 소비자의 판단과 선택에 달려 있다.

현명한 소비자들은 산화된 고기보다 신선한 고기를 택할 것이다. 그러나 대부분의 소비자들은 고기의 위생과 건강 측면에는 관심이 많으나 산화와 관련된 건강성에는 무지한 편이다. 전에 시판되는 육류에 대해 지방 산패 정도를 조사한 적이 있었다. 대부분 식품은 문제가 안 되었으나 일부 육류에서 산화가 많이 진행된 것이 있었다. 이 내용이 KBS 방송의 9시 뉴스에 보도되었다. 식육을 연구하는 사람들에게는 별 뉴스거리가 아니다. 일상의 학문적 관심사일 뿐이다. 그러나 지인들에게는 생소한 정보였다. 그들은 고기의 부패, 항생제, 중금속, 첨가제 측면에는 관심이 많지만, 고기의 지방 산화에 관해서는 잘 알지 못했다.

인체 실험을 할 수는 없지만 동물 실험은 가능하다. 당시 우리 연구팀은 산패된 사료를 먹인 돼지의 성장 특성과 고기의 육질을 연구한 바 있다. 산패된 쌀겨를 먹은 돼지가 성장이 더디고 고기에서 지질 산화가 더 많이 진행되었다는 결과를 얻었다. 돼지에게 산화된 사료를 먹인 결과 근육에 산화물질인 말론알데하이드가 많이 축적된다는 사실을 확인한 사례이다(Chae 등, 2002).

소비자들은 산화가 많이 진행된 찌든 고기를 싫어한다. 이상한 냄새도 나고 맛이 없기 때문이다. 업자들은 산화를 방지하기 위해 생고기를 장기간 보관할 때 진공 포장하여 냉암소에 둔다. 실제로 시판되는 생고기 중 산화된 고기는 거의 없다. 오랫동안 저장한 고기가 문제다. 그래서 기름기 많으면서 장기 저장한 살라미나 육포와 같은 육가공품에서는 염지제나 산화방지제를 첨가하여 산패를 막는다. 육가공에 이용되는 각종 양념류에는 페놀 화합물phenolic compound, 플라보노이드flavonoid 같은 천연 산화 방지 물질이 함께 들어있어 이중적인 방지 효과가 있기에 소비자들은 크게 걱정할 필요가 없다.

산패된 음식을 먹으면 우리 몸도 빨리 산화될 것이다. 육류의 지방 산화가 인체에서 노화와 질병을 야기할 수 있다는 사실이 동물 실험이나 여러 가지 간접적인 방법을 통해 연구되었다. 산화로 인해 생성된 1, 2차 대사산물들은 잠재적인 발암물질로 알려지고 있다. 생성된 과산화수소는 DNA를 손상시키고 그 부산물도 발암물질이 많다. 자유라디칼과 같이 미토콘드리아의 산화적 대사과정에서 생기는 활성산소는 산화스트레스를 증가시킨다. 장기간 과량의 활성산소에 노출되면 질병을 유발한다. 여러 학자가 과량의 활성산소는 암, 당뇨, 염증 유발, 동맥경화증이나 심부전, 비만, 우울증, 자폐증, 알츠하이머, 만성피로증후군, 파킨슨병에 직간접적으로 간여한다고 보고한 바 있다(Huang 등, 2019).

인간을 대상으로 하는 인체 실험은 불가능하다. 장시간 역학 조사를 하는 연구도 영향 인자가 너무 많아 쉽지 않다. 그러나 에스키모인이 심장병, 고혈압 환자는 적으나 조기암 발생률이 높다는 사실을 보면 시사하는 바가 크다. 그들은 늘 고도의 불포화지방산이 듬뿍 들어있는 생선류를 먹었기 때문에 혈류 관련 질환은 낮았다. 그렇지만 산화되기 쉬운 생선 고기를 자연환경에 노출하면서 오랫동안 먹었다. 산패된 기름 식품의 장기 섭취에 따른 발암 가능성을 강력하게 시사하는 사례다. 이같이 생물계에서 과량의 활성산소가 건강에 유해하다는 것은 명확하다.

산패된 고기는 팔지도 말고 먹지도 말아야 한다. 육류 판매점에서의 생고기나 산업체에서 생산하는 가공 제품은 문제가 되지 않는다. 가정과 식당에서 고기를 조리해 입안에 들어올 때까지의 과정에서 간혹 문제가 생길 수 있다. 산패된 생고기는 색깔이 다르고 약간 찌든 냄새가 난다. 가열하면 냄새가 훨씬 심해진다. 산패가 안 된 고기를 먹으려면, 고기를 구입하여 본인이 직접 조리해서 즉시 먹는 것이 좋다. 현실적으로 어렵지만 슬로우푸드는 안전하다. 그렇지 못한 사람들은 어떻게 해야 하나? 생고기를 구입했다면 조리해서 남기지 말고 먹도록 하자.

지방 산화를 방지하려면 너무 오랫동안 고기를 상온에 노출하지 말아야 한다. 특히 삶아 놓은 고기나 소금에 절인 고기는 빨리 섭취하는 것이 좋다. 고기와 천연 항산화 물질이 많은 채소나 허브를 함께 먹자. 식당에서 고기를 미리 삶아 놓고 여기에 추가로 양념을 하여 파는 음식이 있다.

삶거나 가열한 고기는 지방 산화가 빠르다. 1차 가열된 상태에서 다시 조리해 먹는 개고기의 경우 삶은 후 5시간에 1.4배, 24시간에 2.6배 산화가 증가한다(이성기 등, 1998). 아침에 고기를 삶는다면 그 날 모두 소진되어야 한다.

최근에는 "오늘 만든 족발이 다 떨어져 그만 판다"는 음식점이 눈에 종종 띈다. 바람직한 영업 방식이다. 그러나 "삶아 놓은 고기가 남아서 버리고 내일 장사할 때 새로 삶아 판다"는 업소는 없다. 현명한 소비자는 손님이 북적대는 식당을 찾을 수밖에 없다.

먹기 전에 색깔을 보고 냄새가 나는지 살펴보자. 더 많은 관심을 가지면 양념 고기일지라도 산패취를 맡을 수 있는 경지에 오를 수 있다. 소비자들이 가장 신경 써야 할 것은 가공 제품보다 일반 고기와 이를 이용해 조리된 고기다. 관심을 가지면 어느 정도는 피할 수 있다. 그러나 비정상적인 색깔, 냄새, 맛의 원인이 모두 산패 때문만은 아니다. 미생물에 의한 부패가 훨씬 강하다. 색깔과 냄새도 다르다. 산패된 고기는 먹을 수도 있지만, 부패한 고기는 먹어서는 안 된다.

제4장

뜨는 고기, 지는 고기

01 _ 미국인의 닭고기 사랑

서양인들은 붉은색 고기를 전통적으로 먹어왔다. 그러므로 그들이 통상적으로 인지하는 실제 고기란 적육赤肉이다. 유럽과 주변 지역은 아주 오래전부터 소, 말, 양, 염소, 돼지, 낙타, 개, 기린, 코끼리 등의 동물들이 있었다. 이들을 잡아서 구워 먹고 튀겨 먹고 소금에 절여 햄, 소시지, 베이컨을 만들어 먹어왔다. 이에 비해 닭고기를 본격적으로 먹었던 역사는 짧고, 원산지도 유럽 인근 지역이 아니다. 전통적 관습 때문일까? 유럽인들에게 닭고기는 진정한 고기라는 개념에서 한 발짝 떨어져 있다고 생각하는 것 같다. 닭은 덩치가 작아서 먹어 볼 살코기가 많지 않다. 식육 자원이 풍부한 사회에서는 당연히 육량이 많은 대형 동물을 선호했으리라. 큰 동물의 고기를 이웃과 나누어 먹고 남는 것을 저장하였을 것이다.

오늘날 고기학회집 중에서 세계 최고의 권위를 자랑하는 식육과학회지인 〈Meat Science〉에서도 닭고기에 관한 논문은 찾아보기 어렵다. 물론

학회의 투고 방침에 따라 결정되지만, 닭고기에 관한 논문은 이 식육과학회지에 끼워주지 않고 있다. 아직도 그들의 생각으로는 붉은색 고기가 진짜 고기이다. 우리나라는 축산식품이나 축산 관련 연구지에 닭고기 논문을 실을 수 있으나, 닭과 닭고기만을 취급하는 가금학회지가 독자적으로 발행되고 있다. 일반인이 보기에는 모두 고기이지만, 전문 집단에서 세부적으로 들여다보면 닭은 식육이라는 전통적인 개념에서 조금 벗어나 있는 것이 현실이다.

연구비나 연구실적도 마찬가지이다. 소고기나 돼지고기에 비교해 연구비가 적은 편이고, 따라서 연구를 적게 하니 연구실적도 적고, 이에 따라 발표되는 논문 수도 적을 수밖에 없다. 이것은 식육이라는 거대 범주 안에서 닭고기가 가지는 역사성, 사육과 고기의 특성, 산업과 경제성, 소비자의 인식과 국가의 중요성 등 여러 요인이 작용한 결과일 것이다. 하지만 근래에 들어 이러한 경향이 변하고 있다. 서구인을 중심으로 붉은색 고기 대신 하얀색 닭고기를 차츰 찾기 시작한 것이다. 소비자는 당연히 왕이다. 우리나라에서도 닭고기 제품을 애호하는 젊은 층이 많이 늘었다. 육류 소비 패턴이 변하고 있다.

가장 먼저 변화가 감지된 곳은 고기가 부족한 나라가 아니라 동물성 식품을 너무 많이 먹어왔던 미국이다. 이러한 변화는 여러 요인이 있지만, 닭고기가 붉은색 고기보다 건강에 유익하다는 그들의 믿음 때문이다. 미국뿐 아니라 이러한 소비 경향은 세계적으로 퍼지고 있다. 소비자의 구매욕구 증대 외에도 지구 환경을 고려하면 당연히 닭고기가 유리하다고 전문가들은 말한다. 그만큼 닭고기는 경제적이면서 건강에 유리하다. 미래학자들도 인류가 앞으로 붉은색 고기보다 닭고기를 많이 먹어야 한다고 가세하고 있다. 닭고기가 뜨고 있는 것이다.

닭처럼 가축화한 조류를 가금家禽이라고 한다. 말할 것도 없이 세계인이 가장 많이 먹는 가금은 닭이다. 그 외 중국에서 많이 먹는 오리, 미국의 추수감사절에서 먹는 칠면조도 있다. 이외 꿩, 거위, 메추리, 자고새, 뜸부기 등이 있다. 닭은 1억 5천만 년 전에 파충류에서 시작되어 진화를 거쳐 오늘에 이르렀다. 적색야계가 가축화된 연대는 약 7천년 전으로 알려졌다(그레이엄 로턴, 2017).

오늘날 닭의 원종은 인도의 동북부, 미얀마, 태국 부근의 야생 닭으로, 이들은 사람에 의해 순화되어 세계로 퍼져나갔다. 우리나라의 경우는 중국을 통해 기원전 1400년경부터 들어왔다고 한다. 가축화된 닭이 유럽 지역에 정확히 언제 유입되었는지는 알 수 없으나, 그리스 시대에 알을 식탁에 올린 기록이 있고, 다른 문헌에 의하면 로마에 3세기경에 유입되었다는 기록이 있다(이희훈, 2010). 아메리카 대륙에는 칠면조밖에 없었기 때문에 유럽인들이 들어간 16세기 이후에나 닭이 사육되었을 것으로 추정한다.

고기 없이는 하루도 못살 것 같은 미국인들이 근래에 다른 고기보다 닭고기를 많이 선택하고 있다. 놀라운 변화다. 소비자들은 소고기를 구입하는데 주저하고, 대신 닭고기를 집어 들어 장바구니에 넣기 시작하였다. 마침내 1990년대 말부터 닭고기 소비량이 소고기나 돼지고기 소비량을 앞질렀다. 이 같은 구매 현상은 서구인에게는 소비의 혁명적인 변화가 아닐 수 없다. 예전 미국 어느 슈퍼마켓 정육점에서 만난 현지 구매자에게 소고기 대신 닭고기를 사는 이유가 뭐냐고 물어본 기억이 있다. 그녀는 주저 없이 건강에 좋기 때문이라고 대답했다. 당시 미국인이 동양인들보다 심장병 발병률이 높았고 이에 대한 위기의식도 높았던 시절이었다.

심장병, 동맥경화, 뇌졸중은 모두 혈류 관련 질병인데, 그들은 적육에 함유된 기름 때문이라고 생각하고 있다. 더구나 매스컴도 한몫 들어 적색육이 가지는 건강 유해 요인들에 관해 집중적으로 보도되던 시절이었다. 대다수 시민들은 매스컴에 의한 정보에 민감할 수밖에 없었으므로, 시장은 예민하게 반응했다. 또한, 시대적으로 바쁜 현대인과 혼족들이 늘어나 가정 요리보다 사전에 조리된 가정식 대체식품HMR과 같은 편이식품으로 해결하려는 경향이 있어 닭고기 소비를 더욱 촉진하는 요인이 되었다. 여기에 닭고기는 상대적으로 저렴하고, 영양도 풍부하며 부위별 특성이 있는 장점까지 있다. 육식 소비 패턴의 대변혁이 시작된 것이다.

이런저런 이유로 미국인들은 소고기의 차선책으로 닭고기를 택한 것 같다. 닭고기는 육색소가 적게 들어있어 색깔이 하얗고 깨끗하기 때문에 소비자에게 좋은 이미지를 주기에 충분했다. 또 지방도 매우 소량 들어있어 눈으로 보기에는 전무할 정도로 순수한 살코기로 구성되어 있다. 그들은 너깃nugget처럼 스테이크 형태로 먹거나 패티용 또는 튀김용으로 조리하여 먹는다. 산업체에서도 발 빠르게 조리 가공하여 현대 미국인들의 식생활 패턴을 만족시켰다.

미국인들은 닭고기를 이용한 국물 문화가 발달해 있지 않고, 우리처럼 쫄깃한 다리육을 좋아하지 않는다. 오히려 우리가 싫어하는 퍽퍽한 가슴살을 좋아한다. 가슴살에 소금과 인산염을 넣고 밀가루 반죽으로 피복시키면 생고기의 퍽퍽함을 많이 완화시킨 너깃이 된다. 무엇보다도 순 살코기를 먹는다는 기대감이 그들을 안도시킨다. 확실히 닭고기의 가슴살은 지방이 극히 적게 들어있다. 이 기름마저도 붉은색 고기 기름에 비교해 불포화지방산이 더 많이 들어있다. 콜레스테롤도 적색육보다 적게 함유되어 있다. 누구에게나 건강에 유익하다는 믿음을 가지게 하는 고기이다.

실제 적색육과 비교하여 건강에 유익한지 아닌지는 논쟁의 여지가 있지만, 소비자는 믿음에 따라 닭고기를 선택하는 것이다.

미국인의 기호성 때문에 인기 없는 닭다리는 남아돈다. 반면 미국인이 싫어하는 닭다리 고기를 우린 좋아한다. 마치 우리나라 사람들이 삼겹살을 좋아해서 공급이 부족하고, 앞다리나 엉덩이 고기가 남아 처치 곤란한 지경과 비슷한 현상이다. 우리나라와 미국의 소비행태가 다르기 때문에 상호 취향에 따른 수요공급의 균형을 맞출 수가 있다. 그래서 미국산 얼린 닭다리가 우리나라로 수입되고 있다. 우리는 수입된 냉동 닭다리를 녹여서 뼈를 발라내고 나머지 살코기를 가공용, 양념 닭고기, 춘천 닭갈비 원료로 활용하고 있다. 수입 닭의 품질이 나쁘고 국내산 닭의 품질이 높다는 의미는 아니지만, 일단 고기를 얼리면 품질이 떨어지는 것이 사실이다.

그러나 춘천 닭갈비에서 국내산 생닭과 수입 닭을 구별하기는 전문가도 쉽지 않다. 닭갈비에는 조각낸 고기에 채소류와 함께 많은 양념이 섞여 있기 때문이다. 양념 맛이 너무 강해서 고기의 품질을 인지하기가 어렵다는 이야기이다. 소비자가 쉽게 판단할 수 있는 방법의 하나는 춘천 닭갈비에서 닭다리 살만 있다면 수입닭일 가능성이 높고, 가슴육이 함께 보이면 국내산 닭일 가능성이 있다. 드물지만 뼈가 포함된 춘천 닭갈비가 있다면 100% 국내산 닭고기를 사용했다고 보면 된다.

2020년에 닭고기를 포함한 미국인의 1인당 연간 육류 소비량은 약 124kg였다. 그들은 우리나라 1인 소비량 56kg보다 두 배 이상 많이 먹는다. 닭고기가 차지하는 비율이 그들의 총 소비량의 약 1/2로 우리나라 사람들의 총 소비량의 1/4보다 많다. 실질적으로 총 닭고기를 먹는 양으로 보면 우리나라 사람보다 3배 이상 된다. 1970년대 이후의 통계에 의하면 미국에서 소고기 소비는 줄어들고 상대적으로 닭고기 소비가 꾸준히 늘어나고 있다. 2000년대 이후로 미국인의 1인당 연간 닭고기 소비량이 줄곧 세계인의 평균 소비량보다 약 25kg 이상 더 많다. 이쯤 되면 좋아한다기보다 열광한다는 표현이 적절할 것 같다.

이유야 어떻든 다른 육류보다 닭고기를 먹는 것은 바람직하다. 인류가 지구라는 한정적인 장소에서 에너지를 투입하여 고기를 생산해야만 하는데, 닭고기는 투입되는 에너지 대비 생산효율이 높기 때문이다. 그만큼 자원을 절약할 수 있고 환경오염을 줄일 수 있다. 닭은 아파트식으로 기를 수가 있어 생산성을 높일 수 있다. 더군다나 닭고기는 소, 돼지와 같이 종교적으로 영향을 받거나 금기 식품이 아니다. 어느 국가의 사람들이나 제약 없이 먹을 수 있는 식품이다. 무엇보다도 영양가가 풍부하면서도 가격이 상대적으로 저렴한 장점까지 가지고 있다.

02 _ 삼계탕

우리나라는 고기를 즐겨 먹지 않았던, 정확하게 말하면 즐겨 먹을 만큼 풍부하지 못한 나라였다. 4계절에 맞추어 농사를 지어야 하였기에 고기보다 상대적으로 곡류 식품이 발달하였다. 왕족이나 양반들이 먹어왔던 각종 육포나 소고기 찜, 애저탕 등이 기록에 남아 전해오고 있지만, 민초들을 위한 대중적인 음식은 아니었다.

조선 시대 문헌에 가장 많이 기록된 고기는 개고기였다. 개고기는 서민과 귀족, 왕족까지 먹었던 '국민의 고기'였다. 그러나 시대를 막론하고 어느 종류의 고기든 절대 부족하였다. 일반 서민들이 실생활에서 구워 먹고 볶아 먹고 삶아 먹을 만한 여유 있는 고기는 없었다는 의미이다. 서민이 먹을 수 있는 고기는 물을 넣어 끓인 탕국이거나 소량의 고기에 여러 채소를 넣어 만든 요리밖에 없었다. 우리나라에서 전해 내려오는 고기 관련 대중 음식으로 설렁탕, 곰탕, 백숙, 삼계탕, 보신탕, 육개장, 안동찜닭, 닭볶음탕, 춘천 닭갈비 등을 들 수 있는바, 고기나 뼈, 내장, 부산물을 물에 넣고 장기간 삶고 고아서 먹었다

탕은 오늘날 조상에게 드리는 제사상에도 반드시 올라가는 음식이다. 때로는 소량의 고기에 근채류를 듬뿍 넣어 양을 늘리는 방식으로 조리 제품을 발전시켰다. 농경문화에서 동물성 단백질은 대중의 음식이 되기 힘들었다. 먹거리가 삶의 식습관 방식에 영향을 주고 생존 그 자체에도 영향을 미쳤다. 수요보다 공급이 절대 부족한 육류 자원으로 함께 나누기 위한 최선의 선택이었을 것이다.

삼계탕도 예외는 아니다. 언제부터 삼계탕을 만들어 먹었는지 모르지만, 조상들은 닭에 마늘을 넣어 푹 삶아서 먹었다. 손쉽게 요리했던 백숙白熟은 아마도 삼계탕 이전 오래전부터 먹어왔을 것이다. 우리의 인삼이 건강에 좋은 것으로 알려지면서 일부 부유층부터 닭에 인삼을 넣기 시작하였다. 기록에 의하면, 일제 식민지 시대에 인삼 가루를 통닭에 넣고 삶았다고 하는 것이 시초이다. 해방 후 여름철 더위를 이기기 위해 보양식으로 닭에 인삼을 넣고 삶아 먹기 시작하였다고 한다. 건강에 좋다는 인삼을 단백질이 풍부한 통닭에 넣어 삶은 식품이 삼계탕이 되었다. 동시에 전통적인 보양식이었던 개장국은 국제화 시대 서구 문화의 영향을 받아 수그러지기 시작하였다. 대신할 수 있는 보양식이 삼계탕이었다.

우리나라에 전해오는 전통적인 보양식 개장국은 개고기에 장醬을 풀어 가열해서 요리된다. 개고기 대신 소고기를 넣어 개장국 형태로 조리한 것이 육개장이다. 육계장이 아니다. 개고기 대신 닭고기를 넣은 것을 닭개장

이라고 부른다. 따라서 삼계탕과 닭개장은 완전히 다른 음식이다. 농촌진흥청의 기록에 의하면 복날 보양식 개념으로 삼계탕을 만들어 먹은 시기가 1960년대부터라고 한다. 그러니 푸드 칼럼니스트에게는 삼계탕이 크게 매력이 있는 식품이 아니다. 스토리텔링할 소재가 별로 없으니 말이다.

그럼에도 불구하고 한국의 전통 식품인 삼계탕을 소개하는 데는 특별한 이유가 있다. 오늘날의 삼계탕이 우리나라에서 유일하게 전 세계로 수출되고 있는 육류 식품이기 때문이다. 수출하기 위해서는 위생적으로 안전하고 품질이 좋아야 한다. 종래의 가정식 가공 방식을 탈피하여 현대적인 설비와 장비를 갖춰 체계적으로 대량생산하는 시스템을 갖추기 시작하였다. 바야흐로 한국에서만 소비되던 삼계탕이 세계 도처로 나가고 있는 것이다.

삼계탕을 제조하기 위해서는 영계(크기가 작은 닭) 한 마리에 인삼, 찹쌀, 마늘, 대추 등을 넣고 한두 시간 이상 끓여야 한다. 슬로우푸드라서 바쁜 현대인이 가정에서 조리하여 먹기에는 거의 불가능할 정도다. 삼계탕을 먹고 싶으면 식당에 가서 20분만 기다리면 된다. 짧은 시간에 간단하게 먹기 편리한 식품으로 변모시킨 지 오래되었다. 현대식 공장에서 1차로 가공된 반완성 제품을 음식점에 보급하는 것이다. 음식점은 고압 가열 솥에서 단시간에 익히기만 하면 된다.

양념 맛이 강하지 않아 외국인들도 삼계탕을 좋아한다. 또한, 고려 인삼의 효능이 아주 옛날부터 서양에 알려져서 건강 증진 효과까지 있다는 이미지도 배어있다. 6년근이 사포닌saponin 함량이 많지만, 4년근도 큰 차이가 없다고 한다. 인삼을 일반 식품이 아니라 약용 식물이라고 트집을 잡아 수입을 막아보려는 나라도 있지만, 대부분 나라에서는 긍정적이다. 무엇보다 닭고기의 큰 장점은 소나 돼지고기와 달리 식용하는데 제한이 없다. 국가나 종교와 관계없이 세계인이 누구나 먹을 수 있는 보편성을 지녔다. 초기에는 외국에 거주하는 교민이 먹기 시작하였지만, 요즈음에는 현지인도 선호하는 음식으로 정착하였다.

삼계탕이 수출까지 확대될 수 있었던 또 다른 이유는 가공 방법과 저장 기술의 혁신 때문이다. 공장에서 현대적인 가열과 포장 방법으로 생산하여 오랫동안 신선하게 저장할 수 있게 되었다. 삼계닭을 레토르트 파우치Retort pouch라는 포장에 육수와 함께 넣고 밀봉하여 가열하면 수개월에서 1년까지 보존할 수가 있다. 그래서 정부는 적극적인 수출 장려 정책을 펴고 있다. 그 일환으로 농식품수출연구사업단을 결성하여 수출이 가능한 농산물, 곧 배, 버섯, 키위, 포도, 화훼류, 과채류 등의 항목을 지정하여 적극 지원하고 있다.

그중 삼계탕 연구사업단도 정부와 학계, 연구소, 업계의 맴버로 구성되어 머리를 맞대며 노력하고 있다. 삼계탕 연구사업단은 국내외 시장, 기술, 수출 동향 및 위생 · 검역 시스템을 분석하여 국가별 마케팅 방안을 도출하고 있다. 또 다양한 수출용 삼계탕 제품 개발을 위한 육수 및 육질을 개선하며 포장재 및 디자인을 개선하려고 노력하고 있다. 생산부터 유통 · 가공, 수출까지 전 과정에 걸쳐 현장의 애로를 발굴하여 R&D로 해결하고, 연구개발 결과가 실질적인 수출까지 직접 연계될 수 있는 모델을 구축하고 있다.

고기를 오랫동안 연구하였던 나도 닭고기와 삼계탕 수출연구사업단에 참여하여 10년 넘게 연구를 하고 있다. 원료 닭의 품종별로 제조한 삼계탕의 품질 구명, 육수의 개발, 레토르트의 고압가열 조건 설정, 삼계탕의 영양성이나 건강 성분 구명, 동충하초나 흑마늘, 옻액 첨가에 의한 삼계탕의 생리 기능성 효과 등을 연구하고 업체에 기술자문도 하고 있다. 직접적인 수출 홍보는 못 하지만, 연구 결과를 국내는 물론 세계학회에 발표하여 학문적인 결과뿐 아니라 삼계탕이라는 한국 음식을 알리는 데 일조하고 있다.

수출의 제일 조건은 상대국이 원하는 위생과 검역 시스템을 구비하는 것이다. 닭의 도계공정부터 최종 원료육까지 지켜야 할 위생 조건과 절차가 까다롭다. 상대국과 접촉할 무역 창구가 복잡하고 국가 간 협정을 타결하는 과정에 따르는 행정업무도 쉽지 않다. 작은 회사가 삼계탕을 생산할 수 있는 기술이 있음에도 불구하고 실제 수출하려고 하면 장애 여건이 많다. 그래서 닭고기 생산을 주도하는 하림이나 마니커와 같은 규모가 큰 회사가 유리하다. 우리 사업단에서는 선봉식품과 도야지 식품, 교동식품과 같이 규모가 작은 회사와 손잡고 함께 협력해 왔다.

2019년과 2020년에 삼계탕을 수출한 나라는 미국, 일본, 대만, 캐나다, 홍콩, 러시아, 호주, 중국 등 무려 39개국에 이른다. 2020년 12월 기준(조회코드 222015601)으로 연간 3,500여 톤에 167억 불어치를 수출했다. 다른 공산품과 비교하면 거래액이나 가격 면에서 큰 수출 규모는 아니다. 하지만 한국전쟁 이후 선진국으로부터의 식량 원조에 의지했던 나라가 반격에 나섰다는 데에 의미가 있다.

그동안 축산 분야는 어려움이 많았다. 겨우 먹고살만한 시기에 이르자 1990년대에서 2000년대를 지나며 세계 농산물시장의 개방화 압력에 직면했다. 가장 피해를 많이 볼 수밖에 없었던 것이 축산물이었다. 수입 방어책에만 골몰하며 농민들과 관련 업체들은 생존하기 위해 급급해야만 했던 시절이었다. 다른 농산물과 마찬가지로 한우의 우수성을 내세워 고기 분야에서 성공적으로 입지를 굳혔다. 여기서 한발 더 나아가 농식품부에서 반격을 시도하기 시작했다. 수출할 수 있는 품목을 발굴해보자는 정책이다. 국제 경쟁력이 있는 여러 농식품을 찾아 경쟁력을 키워보고 수출도 하자는 취지였다. 축산에서는 삼계탕이 선정되었다. 불가능한 것처럼 보인 축산물에도 수출길이 열렸다. 산·학·관 협력의 결과이다.

한마디로 대박이었다. 아직도 수출을 위해 노력하는 단계이지만, 업자들은 적극적으로 해외 바이어와 만나고 정부에서는 상대국과 협상하고 있다. 수출연구단에서는 여러 각도로 업체들을 지원하고 있다. 수출량이 꾸준히 늘어나는 것을 보아 앞으로의 전망도 긍정적이다. 우리나라 농업사에 좋은 성공 사례로 기록될 것으로 확신한다. 개인적으로도 산업체와 유기적 관계를 맺을 수 있었고, 석박사 학생을 배출하면서 좋은 논문을 세계학회에 발표할 수 있어 보람도 있었다.

03 _ 춘천 닭갈비

북한강변을 따라 상류로 이어지는 경춘선과 경춘가도가 있다. 서울 사람들이 즐겨 찾는 춘천 가는 길이다. 봄철 강가에 개나리와 진달래가 만발할 때면 마음을 설레게 하고, 우수수 떨어지는 낙엽은 가을의 낭만을 만끽하게 한다. 대학생들이 MT로, 연인들이 데이트로, 가족들이 나들이로 대성리, 청평, 남이섬, 강촌, 춘천까지 당일에 다녀올 수 있는 길이다.

종착지인 춘천은 박사마을인 서면을 바라보면서 의암호수를 안고 있다. 근처의 춘천댐, 소양강댐, 화천댐이 있어 호반의 도시라고 한다. 춘천으로 가는 사람들이 즐거운 이유는 대부분 나들이 목적으로 오는 경우가 많기 때문일 것이다. 춘천은 강원도의 도청 소재지이지만 인구가 30여 만으로 서울의 일개 동보다 적은 사람들이 모여 사는 곳이다. 더군다나 서울의 상수도원 지역이어서 공해를 배출하는 공장이 없다. 청정지역이다. 동쪽으로 태백산맥과 마주치며 금강산과 설악산으로 갈 수 있는 길목이다.

춘천에 오게 되면 초입에서 공지천과 합류하는 의암호를 만나게 된다. 잘 조성된 산책로와 자전거길이 있고, 휴식할 수 있는 공원이 있어 넉넉하다. 춘천에 처음 오는 사람일지라도 무엇을 먹을 것인지 고민할 필요가 없다. 망설임 없이 여기가 닭갈비와 막국수의 고장이기 때문이다. 최근 교통과 정보의 발달로 향토 음식으로 지정된 두 음식을 사람들이 접할 기회가 더 많아진 것 같다.

우리나라의 향토 음식 대부분이 그렇듯이 닭갈비도 가난한 시절의 서민 음식에서 출발하였다. 막국수는 식량이 부족한 시절에 거칠게 빻은 메밀로 국수를 뽑아서 삶아 먹었던 전통 음식이지만, 닭갈비는 역사가 그렇게 오래된 음식이 아니다. 내가 대학생 시절인 1970년대 중후반에 춘천 시내 중심가에 닭갈비 음식점이 여러 곳 모여 있었다. 중심가에는 상업 시설이 발달하여 밤거리가 밝았기에 이 지역을 명동이라고 부른다. 당시 춘천 명동의 닭갈비 골목에 젊은이들이 북적거렸던 것으로 보아 그 이전부터 닭갈비가 인기 음식이었을 것으로 추측된다.

오늘날에는 닭갈비 음식점이 아파트 주위, 역전이나 시외버스 정거장 부근 등 춘천 시내에 약 350곳에서 영업을 하고 있다. 특히 관광객들이 몰리는 샘밭이라고 불리는 소양강댐 아랫동네에 닭갈비 음식점이 많다. 의암호수를 가로질러 삼악산까지 오르는 케이블카의 개통과 중도 레고랜드 놀이터가 완성되면서 주변에 더 많은 닭갈비촌이 형성될 것이다. ITX 열차와 전철이 개통되면서 누구나 쉽게 춘천을 방문할 수 있다. 하루 유입되는 외지 방문객이 늘어나면서 더 많은 손님이 닭갈비

춘천 닭갈비의 원료 (이성기, 2016)

닭고기	가열방식	양념		채소류
		기본양념	기타 양념	
육계 가슴살과 다리살 뼈 유무 냉장육과 냉동육 수입산과 국산닭 내장(창자)	철판구이 숯불구이	고추장, 간장 설탕 (백설탕,흑설탕) 미림(맛술, 청주) 고춧가루, 소금 물엿, 다진 마늘	흑후추 가루 MSG, 카레 양파즙,배즙 사과즙, 콜라 다진 생강, 꿀 복합조미료(다시다) 올리고당, 들깨가루 매실액, 참기름 식용유, 깨소금 닭고기맛 분말	고구마 감자 양배추 깻잎 당근 떡볶이 떡 풋고추 붉은 고추 대파, 양파

음식점을 찾을 것이다.

춘천에서 닭갈비를 누가 최초로 만들었는지, 그 원조를 찾기 위해 춘천시에서 2004년 4월에 공식적으로 한 달간 공고를 내고 유래를 조사한 바 있다. 조사결과에 의하면 현재 춘천시의 중심가 명동 중앙로에서 시작되었다고 한다. 그 주인공이 1959년 중앙로 2가 18번지에서 영업을 시작했던 김영석씨다. 그는 판자로 지은 조그만 장소에서 돼지 양념구이 장사를 하였다. 그런데 1960년 4월 어느 날 돼지고기를 구하기 어려워지자 대신 닭 2마리를 사가지고 와 돼지갈비처럼 만들기 시작하였다. 토막 낸 닭고기에 양념장을 버무려 12시간 정도 재운 다음 불판에 구워 팔기 시작한 것이 오늘날의 닭갈비의 시초였다고 한다(춘천시 농업기술센터. 2004). 불과 60년 전의 일이다.

초기에는 육용계 대신 알 생산용 늙은 닭을 사용하였다. 산란용 닭은 가격이 싼 장점은 있지만, 질기고 맛이 없으며 먹어볼 만한 고기가 붙어

있지 않다. 그런데 왜 닭갈비라고 명명했을까? 갈비는 한자어로 계륵鷄肋이다. 한자성어로 계륵이란 무엇을 취해 봐야 이렇다 할 이익은 없어도 버리기는 아깝다는 것을 비유하는 데 쓰인다. 중국 『후한서』에 조조의 계륵 이야기가 전해진다.

삼국시대로 접어들기 1년 전 유비와 조조는 각자 세력을 확장하기 위해 서로 대치하고 있었다. 유비가 익주益州를 점령하고 조조와 한중漢中지역에서 쟁탈전을 벌이고 있었다. 여러 달 동안의 싸움에서 유비는 용의주도한 제갈량의 지략으로 우위에 서 있었으나, 조조 측은 군 내부의 기강이 문란하고 탈영병도 많아 어려운 상황이었다. 막료 한 사람이 현황을 보고하고 철수 여부를 묻자 닭고기를 뜯고 있던 조조는 닭갈비鷄肋를 들었다 놓았다만 했다. 부하들은 조조가 뜯고 있는 닭갈비의 의미가 먹을 것이 없고 내버려 두기에도 아까운 것이지만, 버리는 것으로 그 의미를 받아들였다. 결국, 부하 양수의 예상대로 조조는 그 이튿날 철수 명령을 내렸다. 그래서 닭갈비[鷄肋]라는 의미는 그다지 쓸모가 있는 것은 아니지만, 버리기에는 아까운 것이라는 비유로 사용되고 있다.

가난한 시절이었기 때문에 고기는 참으로 귀한 음식이었고, 먹고 싶어도 마음대로 먹을 수 없는 음식이었다. 그중 소나 돼지갈비는 우리나라 사람들이 가장 맛있어하는 음식이다. 갈비를 뜯는다는 것은 호사스러운 잔치에서나 경험할 수 있는 일이다. 산란 노계육에서 육계로 대체되었지만, 소나 돼지의 갈비에 대한 갈망을 버릴 수 없었다. 돼지갈비 양념구이에서 유래된 닭갈비는 갈비를 뜯고 싶은 풍요와 행복을 바라는 서민들의 희망이 함께 서려 있는 양념육임에 틀림없다.

닭갈비는 적은 돈으로 든든하게 배를 채울 수 있는 닭고기 요리이다. 고기와 채소류를 먹고 난 다음에 마지막으로 면이나 밥에 기름을 추가로 넣어 볶으면 모두들 만족할 만큼 한 끼 식사가 되었다. 가족 단위로 고기도 먹으면서 식사를 함께 해결할 수 있었고, 때로는 친구들과 소주도 함께 할 수 있는 안주였다. 푸짐하고 저렴한 덕분에 대학생들에게 최고의 인기 음식이 되었다.

오늘날 닭갈비는 뼈가 없는 살코기만으로 조리되고 있다. 원래 양념 숯불구이 형태였으나 오늘날에는 대부분 고기, 양념, 채소, 식용유를 넣고 가열하는 철판식 요리이다. 적당한 크기로 토막 낸 닭고기에 양념장을 잘 버무려 잰 후 어슷하게 썬 양배추와 고구마, 대파, 깻잎 등 각종 채소와 떡볶이를 함께 철판 위에 넣어 가열하여 조리한다. 처음에 센 불에서 볶다가 고기와 채소가 익을 즈음 불을 줄인다. 업소마다 다소 차이가 있지만, 닭갈비의 맛을 결정하는 양념장엔 다진 마늘과 생강, 양파, 고춧가루, 설탕, 간장, 맛술 등 20여 가지가 들어간다. 조사한 바에 의하면 음식점에 따라 맛의 차이는 있다. 대학생과 젊은이들이 모이는 곳은 단맛이 강하고, 외지인이 모이는 역전이나 버스 터미널 주위는 양념 맛이 강한 편이며, 손님 취향에 맞추어 매운맛이나 카레 맛을 내는 업소도 있다(이성기 등, 2010). 매운맛은 중독성이 있어 한번 매운맛에 혀를 두르고 간 손님도 얼마 후 다시 찾는다고 한다.

이렇듯 닭갈비는 고기가 주요리라기보다 채소와 곡류가 들어간 혼합음식이라고 할 수 있다. 따라서 업소들은 닭갈비 맛을 내기 위해 양념 개발에 신경을 써 왔다. 그렇지만 양념을 많이 쓰면 고기 본래의 맛이 가려진다. 서구인들은 스테이크나 소시지, 햄에 양념을 많이 넣지 않는다. 서구인의 육가공 제품 맛을 보면 처음에 약간 짭짤하고 담백하며 이어서 육향이 풍긴다. 닭갈비에서도 고기 자체의 맛을 더 살리는 방향으로 양념을 약하게 하였으면 하는 것이 개인적인 바램이다.

여기서 지적하고 싶은 것은 춘천 닭갈비가 강원한우나 횡성한우처럼 사육과 생산, 가공, 유통, 소비가 한 사이클로 이뤄지지 못하고 있다는 점이다. 전주비빔밥처럼 지리적 표시제와 같은 독점적 권리도 획득하지 못하고 있다는 것도 문제다. 현재 업자들에 따라 닭갈비의 원료육은 지역산, 외지산, 수입산을 쓰고 있다. 업자에 따라 사용하는 양념과 채소류도 다르다. 물론 다양한 맛을 내지만, 제품의 균일화나 제조 방법의 체계화가 되어 있지 않다. 원료 공급의 불안정으로 계육의 생산 → 가공 → 소비까지 이어지는 유통 구조가 취약하다 보니 총체적인 산업으로 성장하지 못하고, 최종 소비처인 음식점만 난무하고 있다.

또 조류 인플루엔자의 발생, 계육 품질과 위생 상태, 서비스 불만족 등 외부 충격에 쉽사리 흔들려서 명성에 위협받고 있는 것도 사실이다(강원일보, 2014). 따라서 춘천 닭갈비는 고기 요리치고는 품격이 낮은 요리로 간주되기 쉽다. 고기 요리를 먹는다는 의미는 약하고 단지 춘천의 별미 요리로 맛을 즐겨 본다는 의미만을 지닐 수 있다(황익주, 1994). 이같이 춘천 닭갈비는 이제 향토 음식으로 정착되는 과정이라고 할 수 있다. 앞으로 가야 할 길은 멀지만 희망적이다.

고기를 평생 전공했고, 닭갈비도 연구한 적이 있는 나는 닭갈비가 향토 음식에만 머무르지 않고 세계적인 식품으로 나아가길 원한다. 외국의 도시를 거닐 때 탄두리 치킨Tandoori Chicken이라고 쓰인 음식점을 몇 번 본 적이 있었다. 탄두리 치킨은 양념한 인도식 닭고기 구이다. 닭고기를 각종 향신료와 카레, 그리고 요구르트에 버무려 숙성시킨 뒤 탄두르라는 수직형 화덕(또는 가스 그릴)에서 구워낸 요리이다. 나를 더욱 놀라게 한 것은 서울의 모 뷔페식당에 탄두르 닭고기가 있었다. 이보다 훨씬 한국적인 맛을 내는 춘천 닭갈비는 어디에 있는가? 아쉬움이 많다. 우리 닭갈비도 최근에 해외로 진출하고 있다. 1999년 이후 일본의 오사카, 나고야, 교토 등 여러 곳에 닭갈비 식당이 생겼다고 한다. 최근 인도네시아 자카르타에도 닭갈비 식당이 개점했다는 반가운 소식이 들려오고 있다.

나는 춘천 닭갈비Cuncheon Dakgalbi의 가공 방법, 포장 및 저장성 증진에 관한 연구 결과를 국제학회에서 여러 차례 발표한 바 있다. 궁금해하는 외국인에게 닭갈비가 인도의 탄두르 치킨과 같이 한국의 양념 닭요리라고 설명하곤 했다. 춘천 닭갈비도 외국의 낯선 거리의 음식점에서 우연히 접할 수 있는 닭 요리였으면 좋겠다.

춘천시와 닭갈비 협회에서도 나름대로 홍보를 하고 닭갈비 축제를 개최하고 있다. 제1회 닭갈비 축제 때 조직위원장도 해보았고, 그 이후에 평범한 시민으로서 축제에 참석해 보았지만 항상 아쉬움이 남는다. 대부분 닭갈비 협회 사람들이 춘천시에서 후원을 받아 진행한다. 축제를 통한 단기적인 이익 추구보다는 몇백 년 전통을 자랑하는 유럽의 향토 음식 축제처럼 장기적인 안목에서 오랫동안 많은 관광객과 시민들이 자발적으로 참여하고 즐기는 행사가 되었으면 좋겠다.

춘천 닭갈비가 향토 식품이자 세계로 뻗어가는 대표적 한국의 식품으로 발전하길 염원해 본다. 성숙한 시민과 관광객들이 춘천의 명품 닭갈비를 즐기게 되면 춘천의 고유 식품문화로 발달하고 정착될 것이다.

04 _ 뜨거운 감자, 개고기

식육학을 전공하는 나에게 곤혹스러운 영역이 있다면 개고기이다. 우리 사회에서도 공론화하기를 꺼리는 것이 개고기의 식용에 관한 것이다. 서구를 중심으로 개는 반려동물, 애완동물로 인식되어 고기를 섭취하지 않는 것은 물론이고 섭취하는 사람을 야만족이라고 생각한다. 세계 여러 나라도 정책적으로 개고기 식용을 금지하는 방향으로 흘러가고 있다. 우리나라에서는 개고기 식용금지에 관한 법은 없으나 동물복지 차원에서 개를 학대하거나 괴롭히게 되면 처벌을 강화하는 방향으로 추진하고 있다.

우리나라는 세계 여러 나라와 다르게 개 식용에 관한 오랜 전통이 있다. 개고기는 『동의보감』 등 고전 문헌과 구전을 통해 건강에 유익한 보신용 고기라고 전해지며, 그 믿음이 강해서 오늘날까지 일부 사람들이 애호하고 있는 진행형 식품이다. 식용 찬반논의에 앞서 인류의 개고기 식용에 관한 역사와 우리 조상들의 개고기 식용에 관한 기록 및 영양 가치에 대해 알아보도록 보자.

개의 학명은 Canis famillaris로 식육목 개과에 속한다. 개는 약 50만 년 전에 이리나 늑대로부터 분리되어 진화되어왔다. 인간이 약 1만 5천 년부터 가축화한 최초의 동물이다. 다른 어느 동물보다 가축으로 길들이는데 쉬웠다는 의미다. 늑대의 가축화는 고기로 활용하는 것이 가장 큰 목적이었다. 생존을 위해 고기가 필요할 때 사람을 잘 따르는 충성스러운 개를 잡아 고기로 전환하기가 쉬웠기 때문이다. 개를 길들이면 언제라도 고기를 얻을 수 있고, 지속적인 단백질 부족 현상을 막을 수 있었다. 그 외에도 인간의 보조자로서 사냥, 운송, 경비로 활용할 수 있었다. 개의 임신 기간은 58~68일, 수명 10~13년, 일일 수면은 12~14시간이다. 다른 가축보다 친화력이 있고 주인에게 충성심이 강한 것이 특징이다.

오늘날 일부 개가 애완용으로 사랑을 받는 동물이 되었지만, 구석기 시대에 그려진 동굴 벽화를 보면 들소, 코뿔소, 순록, 말, 매머드, 사자, 사슴, 고래, 어류 등은 있으나 개를 닮은 생물은 없었다. 이는 개가 사람에게 큰 관심의 대상이 아니었고, 사람과 우호적인 관계로 운명을 같이하는 존재가 아니었음을 추측하게 한다. 인간이 개고기를 오랫동안 먹어왔다는 증거는 많다. 구석기 초기부터 현생 인류가 가축화된 개를 고기로 먹었다는 사실이 세계 도처에서 밝혀졌다.

덴마크 해안의 조개무지에서 1만 년 전의 개 뼈가 발견되었고, 이라크에서 기원전 1만 2천 년에, 미국 아이다호에서 기원전 1만 1천 년 경에 가축화된 개의 절단된 뼈가 대량 발견되었다. 중국의 북경원인 유적에서도 개 뼈가 발견되었다. 우리나라에서는 함북지역, 평양, 김해의 조개무지 등에서 신석기 시대 유골과 함께 개 뼈가 많이 나왔다. 절단된 개 뼈가 무더기로 발견된 것은 식용 후 남은 뼈를 버렸다는 증거이다. 이와 같이 선사시대부터 개고기는 인류와 함께한 먹거리였다. 고대에서 중세, 근대로 이어지면서 유럽 지역에서는 개고기 식용이 줄거나 사라졌지만, 아시아, 아프리카, 멕시코 같은 지역에서는 오늘날까지 일부 사람들이 개고기를 먹고 있다.

서양에서는 개고기를 오늘날에는 먹지 않는다. 최근까지 스위스 일부 산악지대 원주민이 개고기를 먹었다는 뉴스가 보도되었지만, 현재는 아니다. 로마제국의 경우 가정의 수호신에게 개를 제물로 바친 후 개고기를 식용하였다. 유럽에서는 중근대 시대 기근이나 전쟁 같은 열악한 환경에서만 개고기를 먹었다고 한다. 프랑스의 경우 비교적 근래에 개 뼈 무덤이 발견된 곳이 있었고, 1870년대에 생또노래 가에서 개고기 시장이 열려 kg당 2프랑 50센트에 거래되었다는 기록이 있다. 이외에도 벨기에, 스웨덴, 독일에도 개 식용기록이 남아있다. 모두 오늘날 개고기 식용을 가장 혐오하는 나라들이다.

서구인들의 개에 대한 인식은 사람과 같이 정신적으로 의인화된 친근한 동물이다. 서구인에게 개고기를 먹는다는 것은 굶어 죽기 직전의 극한 상황에서나 가능한 일이라 여긴다. 그들은 개고기가 맛있다거나 영양식이라는 생각 자체를 하지 않는다. 한국에서 여름철 더위를 이기고 영양을 보충하기 위해 보신탕을 먹는다는 것을 이해할 리가 없다. 그렇지만 지구촌 다른 지역에서 보면 이런 생각은 편견일 뿐이다.

아시아에서는 중국을 거쳐 한국과 만주, 동시베리아에 이르는 지역, 베트남을 비롯하여 인도차이나 반도, 인도를 포함한 남아시아 지역, 태평양과 하와이 제도까지, 아즈텍 문명이 있었던 신대륙과 아프리카 전역에서 개고기를 먹었다. 지구촌 모든 곳에서 개고기를 식용한 것이다. 근대에 이르러 서구인의 식민지 동화정책과 불교, 힌두교, 이슬람의 종교적 영향 아래에서도 서민들의 개고기 식용은 멈추지 않았다(프레데릭 J. 시문스, 2004, 290쪽). 한마디로 말해 지구촌에서 개는 반려동물이 아니고 가축이었다.

고대 이후로 개는 인간과 가까이 있는 동물로 인식하였지만, 항상 양면성이 있었다. 개는 존중받기도 하고 경멸당하기도 했으며, 사랑받기도 하고 혐오의 대상이기도 했고, 애무도 받았지만 발길질도 당했다(프레데릭 J. 시문스, 2004, 350쪽). 서구 사회에서 개고기가 식용으로 자리를 잡지 못한 이유는 친근감 때문이다. 하지만 그것보다 중요한 이유가 있다면 개고기 말고 대중들이 먹을 수 있는 다른 고기가 풍족했기 때문일 것이다. 유럽 지역에서는 소, 돼지, 양, 염소 등 육용 가축이 다수 있었고, 이들의 먹이인 비옥한 땅에 풀과 사료가 충분히 있었기 때문에 구태여 개고기까지 먹을 필요가 없었다.

그래서 문화인류학자들은 친근감만으로 개고기를 거부하는 이유를 설명하기 어렵다고 한다. 지구촌에는 친근감이 있어도 개고기를 먹는 집단이 있기 때문이다. 인간과 정신적 유대관계가 있는 자기의 개를 잡아먹거나 파는 것에 죄책감이 들지만, 다른 장소에서 보신탕을 먹으면 그 죄책감이 잊히거나 완화되는 경우가 많다.

서구인들이 개고기를 혐오하는 또 다른 이유는 개도 돼지처럼 불결한 찌꺼기를 먹거나 상한 먹거리까지 가리지 않고 먹어치운다고 생각하기 때문이다. 불결한 먹이 습성을 지닌 개로부터 촌충, 선모충과 같은 해로운 기생충에, 또는 특정 질병에 노출된다고 믿었다.

고기는 동서양을 막론하고 인간의 생존에 가장 귀한 식품이었고, 권력관계가 형성되면서 고기를 취급하는 것이 권력과 위상을 의미하기도 했다.

중국의 『후한서』 '동이전東夷傳'의 기록에 의하면 부여의 관직 중 구가狗加라는 개고기를 취급하는 장관급 관리가 있었다고 한다. 이는 관가의 먹거리를 맡은 고위직으로 가축의 도살, 조리, 제사를 기획하는 업무를 관장하는 왕 다음으로 높은 벼슬이었다. 고기가 귀중했기 때문에 제정일치 사회에서 고위직이 담당했나 보다.

한자에도 개를 식용하였음을 추론할 수 있는 글자가 다수 있다. 갱헌羹獻이라고 하여 개가 살찌면 잡아서 국을 끓여 진헌하는 것이라 했다. 헌獻이라는 글자에는 犬(개 견) 자가 들어있는데, 개를 제물로 삼음으로써 공경과 정성을 보였다고 한다. 그리고 제사를 지낼 때 축문에 "음식을 바치니 흠향歆饗하시라"에서 饗은 鄕 아래에 食을 붙인 글자로 되어있는데, 실제로는 식食이 아니라 견犬이었다고 전해지고 있다. 그릇을 나타내는 기器자는 개를 삶아 얹어놓은 다리 넷 달린 그릇, 곧 그릇이란 개고기를 담는 기구라는 의미라 한다. 이와 같이 중국에서 개고기는 아주 옛날부터 먹어왔던 소중한 식품으로, 권력의 상층부에서 취급되었다는 사실도 알 수 있다.

중국의 은대 갑골문자에서 최초로 개가 등장한다. 춘추시대 진秦나라에서 무더위를 이겨내기 위해 삼복에 개고기를 식용하였다는 기록이 있다. 개고기를 무더운 복날 먹는 전통이 이미 오래전부터 있었다는 증거이다. 『사기』에, 진나라 덕공德公 2년 초복에 개를 잡아 4대문에 걸어서 재앙을 쫓았다고 하였다. 『주례周禮』와 『예기禮記』에도 식용 6축(말, 소, 양, 닭, 돼지, 개)으로 개를 명시하고 있다. 중국에서는 시대별로 개의 식용 상황이 달랐다. 진나라와 한나라 초까지는 개의 기록이 많았지만, 그 후 줄어드는 경향을 보였다. 북송시대에 와서는 개고기가 주요 육류 자원이었다고 한다.

『삼국지』에서 유비를 만나기 전에 장비도 개백정이었다. 장비가 개고기를 우물에 넣어 두어, 냉장고 대용으로 이용하였다는 기록이 전해지는 것으로 보아, 개고기를 좋아했던 것 같다. 원나라의 몽골족 황제인 쿠빌라이 칸은 개를 신성하게 여겨 그 고기를 먹지 않았다. 여진족은 개를 자기들의 시조라 여겼고, 청나라에 이어 오늘날 몽골도 그 영향으로 개고기를 먹지 않는다.

16~18세기까지 중국 남부(광동성, 홍콩, 해남도)는 개고기를 널리 먹었지만, 서구문화의 도입과정에서 개고기의 식용을 금지했다. 제2차 세계대전 당시 중국에서 있었던 개고기에 대한 어처구니없는 일화가 전해지고 있다. 영국인이 중국의 어느 식당에 개를 데리고 갔다고 한다. 중국말을 할 줄 모르는 영국인이 손짓 발짓으로 데리고 간 개에게도 먹이를 주라고 하자 주인이 잘못 알아듣고 그 개를 도축하여 음식으로 식탁에 올렸다고 한다.

시대에 따라 상황이 달랐지만, 중국은 현재 세계 최대 개고기 소비국이다. 조선족이 많이 사는 연변 시내에도 대형 개장국 음식점이 성업을 이루고 있다. 오늘날 만주 지역과 서부의 장족, 묘족, 요족도 개고기를 먹는다. 중국 북쪽 내몽골 자치구의 따워얼족도 개고기를 좋아하고, 대만도 일부 사람들이 개고기 먹는다고 한다. 우리 조상들은 개고기를 견육犬肉, 구육狗肉이라고 하였고, 북한에서는 단고기라고 한다. 신석기나 청동기 시대에 개 뼈가 많이 출토된 것은 잘 알려진 사실이다.

4세기의 안악安岳 고구려 벽화에도 곳간에 도살된 개가 걸려 있는 그림이 그려져 있다. 신라 시대는 불교가 지배했던 사회였지만, 매월 특정 날짜와 번식기에만 살생이 금지되었고 그 외 기간에는 고기를 섭취하였다. 신라 관직 이름에 양전羊典, 육전肉典이 있었고, 백제에는 마부馬部가 있었던 것으로 보아 고기를 취급하는 부서가 고위직임에 틀림없다. 고기 자체가 중요한 식량 자원이었고, 권력을 가진 자만이 고기를 취급할 수 있었다. 신라에서 일본과 당나라에 개를 수출하였다고 『삼국사기』와 『일본서기』에

전하고 있어 당시 개고기 식용이 일반화되었음을 알 수 있다.

고려 시대는 불교가 성행하여 상대적으로 육식을 멀리했다. 또한 개를 신성시하여 먹지 않았던 몽골인의 침입에 영향을 받은 사회였다. 그렇지만 고려열전에 개 굽는 이야기가 있는 것을 보면 일반 백성들은 먹었던 것으로 보인다. 조선 시대에 들어와서는 양반, 서민 누구나 개를 먹었고, 특히 복날 보양식으로 널리 먹었다. 푸줏간에서 개고기를 판매하였고, 1770년에 충남 서천군 판교면의 백중장에서 개장국을 최초로 판매하였다는 기록도 있다. 개고기를 천한 신분만 먹었다는 기록이 있으나 사실 왕가와 선비도 먹었다. 궁중 수라상에도 구증狗蒸(개찜)이라는 식단이 있었고, 사도세자 부인인 혜경궁 홍씨의 회갑 잔칫상에도 누렁이 개찜이 올랐다는 기록이 있다.

일제 강점기에 들어와 먼저 서구문화를 받아들인 일본인들이 개고기를 먹지 않았기 때문에 개고기 요리서가 사라졌다. 그렇지만 서민들에게는 여전히 귀중한 음식이었고, 특이하게도 외국 선교사와 가톨릭 사제들이 즐겨 먹었던 음식이었다. 보신탕이라는 이름은 1940년대부터 몸을 보호하고 정력을 증강한다는 의미로 불려지기 시작하였다. 오늘날에는 영양탕, 사철탕, 보양탕으로 불리기도 한다.

조선 시대 중반기에 들어와 개고기에 관한 이야기가 많이 씌어졌다. 개를 잡는 방법, 개고기 조리법, 약리효능, 기타 문화적 인식에 관한 기록들이다. 『동의보감』(1613), 『오주연문장전산고』(1850 경), 『산림경제』(1715), 『규합총서』(1815), 『향약집성방』(1433), 『활인심방』(1400년대 초) 등에 수록되어 있다. 현대 식육학 측면에서 볼 때 과학적인 내용도 있고, 황당무계한 부분도 있다. 그러나 개고기의 약리적 효능에 대해 과학적으로 밝혀지지 않은 것이 많고, 근거 없는 수준의 것도 있다. 그중에서 몇 구절을 소개하면 다음과 같다.

허준이 쓴 『동의보감』에 의하면, 개고기는 혈맥을 조절하고 장과 위를 튼튼하게 할 뿐 아니라 오장을 편하게 하고 골수를 충족시켜 허리와 무릎을 따뜻하게 하여 양도陽道(발기력)를 일으켜서 기력을 증진시킨다고 하였다. 『본초강목本草綱目』(1578)에도, 개고기는 오로칠상五勞七傷 등 몸이 다 망가졌을 때 몸을 보호하며 음경을 일어서게 하고 기력을 돕는다고 했다. 또한 누렁개(수캐)가 좋고 검은 개, 하얀 개 순인데, 누렁개는 여자에게 좋고 검은 개는 남자에게 좋다고 했다. 개고기는 짜고 신맛이 있는 음식으로 비장을 따뜻하게 하여 기를 북돋아 준다고 했다. 흥미로운 것은 개고기를 먹을 때 피를 없애면 효과가 없다고 기술되어 있다. 여러 고문헌이 말하는 개고기에 대한 공통점은 몸을 보하는 음식이라는 점이다. 그래서 보신탕이란 이름이 어울리는 것이다.

세인들이 개고기를 정력에 좋다고 이야기하는 것은 한의서의 기록 외에도 실제로 개가 교미할 때 다른 가축과 달리 한번 시작하면 반나절 이상 암수가 떨어지지 않고 붙어있기 때문이다. 개는 음경을 삽입하면 서너 시간 이상 유지한다. 그래서 수컷의 물건이 정력이 세다고 생각하나 보다. 보신탕집에서 특별 손님이 아니면 그 물건을 구경조차 하기 힘들다. 전문가들에 의하면 일단 교미가 되면 쉽게 빠지지 못하는 이유는 암컷이 수컷의 물건을 잡고 있기 때문이라고 한다. 예전부터 우리 조상들은 삼복에 개의 음경을 불에 말려서 신장을 보하는 약재로 활용하였다. 『본초강목』은 개고기가 신장腎臟을 보한다고 하였다. 신腎이 음경이라는 뜻도 있어 정력에 좋다는 속설과 관련이 있는 것 같다.

학문적으로 규명되진 않았지만, 흥미를 끄는 내용 중에는 개고기를 마늘과 함께 먹지 말라, 개고기에 살구씨가 해독작용이 있다, 구워 먹으면 소갈증(당뇨병)에 걸린다, 일본에서는 메밀과 함께 먹으면 병이 난다 등이 있다. 중국 교포들은 개고기가 중풍 환자나 고혈압 환자에게 좋다는 인식을 갖고 있다. 또한, 아이에게는 부정 탄다고 개고기를 먹이지 않았고, 제사상에는 개고기를 올리지 않았다. 일부 내용은 과학적으로 눈여겨볼 대목도 있지만, 근거가 불확실하여 일부는 미신에 가깝다.

05 _ 개고기의 효능과 조리법

식육과학적인 측면에서 개고기를 연구하고, 민족 전통 식품으로 보존하려고 애쓴 학자는 안용근 교수였다. 개고기를 주제로 연구하기에는 사회적 분위기가 허용되지 않았고, 무엇보다 연구용역을 수주하기가 불가능하고, 그 결과를 국내외 학회지에 게재하기도 어렵다. 1980년까지는 몇몇 논문이 발표되었으나, 그 후로는 전무에 가깝다. 내가 알고 있는 한 한국축산식품학회 학자들이 개고기를 연구하여 논문을 발표한 적은 없다. 이와 같은 어려운 여건 속에서 안용근 교수는 독야청청 개고기에 관한 논문을 다수 발표하였으며, 『한국인과 개고기』(2000)라는 책을 저술하였다. 여기에 기술된 내용은 안 교수의 글을 많이 참조하였다.

개고기는 영양가가 많고 소화가 잘된다고 한다. 그러나 안 교수의 연구 결과에 의하면, 다른 육류에 비해 개고기의 차이점을 확인하지는 못했다(안용근, 1999). 국가연구기관인 농촌진흥청 국립농업과학원에서 발행한 국가표준식품성분표를 보면 개고기 생것에 대한 기본 영양 조성이 나와 있다. 어느 부위인지 몰라도 단백질이 19%로 한우 등심의 15.6%보다 높으나 돼지 등심 24%, 닭고기 가슴살 23%보다 낮았다(농촌진흥청, 2016). 단백질

함량이 낮으면 상대적으로 기름이나 수분 함량이 높다는 것을 의미한다.

사실 고기에서 영양성분이란 품종 외에도 부위, 사육방법, 도축 나이에 따라 다르고, 함량을 백분율이라는 상대적 비율로 표시하기 때문에 절대치가 아니다. 개고기에서 단백질이 적고 지방이 많다는 것은 기름이 많은 배 부위이거나, 아니면 단시간 고에너지 사료로 사육시킨 고기일 것이다. 개고기 기름이 상온에서 잘 굳지 않는다고 하는데 아쉽게도 지방산 조성에 관한 연구 결과는 찾지 못했다. 국가표준식품성분표(2016)에는 개고기에 대한 데이터가 빠져 있다. 다른 육류지방에 비해 불포화지방산이 상대적으로 많이 함유될 가능성은 있다. 안용근(1999)의 논문에 의하면 개고기 콜레스테롤은 44.4 mg으로 소고기 등심 64.2 mg, 돼지고기 등심 65.2 mg, 닭고기 72.6 mg보다 낮다고 한다. 건강의 측면에서 아미노산 조성, 생물가, 지방산 조성, 콜레스테롤 함량, 불포화도 여부와 오메가6/3 비율 등이 중요한데, 자료가 절대 부족한 실정이다.

가축을 잡는 것을 도축屠畜이라 하고, 개를 잡는 것을 도견屠犬이라고 한다. 전통적인 도견 방법은 일반 도축 방법과 다르다. 조상들이 실행해 왔고, 고서에 전하는 도견 방법과 조리법은 다음과 같다. 우선 개를 때려서 잡는다. 우리 속담에 '복날 개 패듯이'라는 말이 있듯이 살아있는 개를 패서 죽이는지, 아니면 목매달아 죽인 후 패는지는 모른다. 중국에서 영향을 받았다는 설이 있지만 확인되지 않았다.

아무튼 근육을 두들기면 근섬유가 분리되고 일부 상처가 나서 그 사이로 물이 흡수된다. 이런 고기를 불에 굽게 되면 근육 내 수분까지 빠져 버리기 때문에 질기고 맛이 없게 된다. 그래서 우리 조상들은 개고기를 구워 먹지 않고 물에 삶아서 조리하였다. 오늘날은 도견장에서 전기로 기절시키거나 충격 방법으로 죽인다. 그래서 '복날 개 패듯이'라는 속담은 더 통용되지 않는다. 문제는 이것을 위생적으로 취급하는 체계적인 축산물위생관리법이 없다는 사실이다.

결론적으로 말하면, 부드러운 고기를 먹기 위해서 근육을 두들긴 것이다. 불편한 진실이다. 그리고 도견 후 털을 제거하기 위해 불로 그을리는 것이 독특하다. 그을려 제거하기 때문에 연기 냄새가 나고, 방혈 작업을 하지 않기 때문에 고기에 피가 남아 있어 검은 색깔을 띠고 특이한 냄새가 난다. 마니아들은 그 냄새를 좋아하지만, 전통적인 요리서에 의하면 노린내를 없애기 위해 차조기를 첨가하게 되어 있다.

개고기의 조리방법은 열탕에서 2~3시간 동안 푹 가열한다. 그러면 껍질이 젤라틴으로 변해 조직이 쫄깃하면서 탄성이 좋아진다. 삶은 고기를 칼로 썰지 않고 결대로 손으로 찢어 소분한다. 양념을 적게 넣는 것도 특징이다.

우리 조상들이 먹은 개고기 음식은 다양했다. 1500~1800년대에 쓰인 기록에 의하면, 개고기무침, 개고기다짐, 개고기두루치기, 개구이, 개고기수육, 개고기전골, 개고기편육, 개곰, 개소주, 개순대, 개장, 개장고지 느르미, 개장국 느르미, 개장찜, 개중탕, 개찜(『규합총서』는 蒸狗法, 조선시대 궁중요리는 狗蒸, 『음식디미방』은 개장찜), 갱헌羹獻, 견포, 누른개삶기, 무슬당, 무술주, 무술환, 백숙, 연봉찜, 옻보신탕, 황개백숙, 육개장 등이 있다.

개고기 요리 중에서 가장 일반적인 것은 개장이다. 개탕, 구장狗醬, 개장국, 구장갱狗醬羹, 견육갱犬肉羹 지양탕地羊湯으로도 불렀다. 쉽게 말해 개고기를 삶아서 탕으로 먹는 음식이다. 오늘날 음식점에서 파는 육개장도 개장狗醬에서 유래한 음식이다. 복날 개장을 못 먹는 사람을 위하여 소고기로 끓인 장국으로 대체한 것이다. 개고기를 삶아 양념장을 쳐서 먹거나 끓여서 먹는 요리가 개장고지 느름이와 개장국 느름이다. 개고기를 삶아 즙액을 졸여 엿으로 만든 무술당戊戌餹, 술로 만든 무술주, 환으로 만든 무술환도 있어 흥미롭다. 영남지역에서는 개 내장만 양념하여 쪄서 먹는 연봉찜이 있다.

오늘날에는 개고기 요리가 몇 종류만 남아있다. 가장 일반화된 요리가 보신탕(개장국)과 전골이다. 그리고 삶은 수육이나 두루치(무침)가 있다. 건강 보신용으로 개고기와 약재를 넣고 고온고압에 쪄서 육즙을 내는 개소주가 있다. 개고기를 구워 먹어서는 안 된다는 기록(『본초강목』) 때문인지 몰라도 구이가 없는 것을 보면 흥미롭다.

개고기를 기록한 문헌들이 대부분 윤리와 명분을 강조하는 유교 문화가 번성했던 조선 시대에 나왔고, 그 내용을 보면 다양한 조리법과 효능을 전하고 있다. 그것은 과학적 타당성을 떠나 역사와 문화의 기반 위에 전수되어 내려왔다. 우리나라에서 다른 육류에 관한 기록은 얼마 되지 않고, 그나마도 양반집 주부가 쓴 조리방법뿐이다. 이러한 측면에서 개고기는 민족 음식이라 해도 과언이 아니다. 그 고기가 오늘날 서구문화의 영향을 받아 반려동물이라는 가치와 대치하고 있다. 개고기 소비량은 애호가의 감소와 다른 육류에 밀려 계속 줄어드는 추세이다.

우리나라에는 개고기 관련 풍습, 관용어, 속담 등 문화가 많이 전해지고 있다. 조상들은 개고기를 복날, 회갑, 생일잔치 때 즐겨 먹었다. 복날의 복伏자는 개가 낯선 사람을 보고 달려들기 위해 엎드려 있는 형상이다. 중국이나 한국에서 복날은 개와 밀접한 관련이 있다. 더위에 지친 몸을 보하기 위해 먹은 개고기는 양반들의 음식이기보다 백성의 음식이었다. 된장을 풀어 주로 탕으로 먹었다. 여름철이라도 뜨거운 상태로 먹었다. 1980년대에 경기도 안양천 옆에 대형 보신탕집이 있어 넓은 식당에서 많은 사람이 북적거리며 먹었는데, 상의를 훌렁 벗고 땀을 뻘뻘 흘려가며 탕을 먹는 손님들도 더러 있었다. 세월이 흐르고 에어컨이 가동되면서 이런 모습은 사라졌다.

한국과 중국에서 개의 이미지는 대체로 부정적이었다. 그렇기 때문에 서양과 달리 쉽게 죽일 수 있었고, 식용이 가능했던 것이 아닌가 생각이 든다. 한자에서 견犬은 주로 큰 개, 구狗는 작은 개를 뜻하는데, 모두 다 하찮은 것을 비유하였으며, 시시하거나 쓸모없는 존재로 쓰였다. 예를 들어 개죽음, 개두릅, 개살구, 개복숭아, 개판, 개다리(주구), 개잡듯, 개떡, 개망신, 개꿈, 개만도 못한 놈, 개뿔, 개새끼, 개소리, 개잡놈, 개차반 등이다.

우리말에 개 눈에는 똥만 보인다, 개다리 상주다, 개다리 참봉의 행차이다, 개팔자가 상팔자다, 복날 개패듯 때리다, 살아있는 개새끼가 죽은 정승보다 낫다 등이 있는데, 모두 비하하거나 부정적인 의미이다. 『본초강목』에서는 개라는 동물이 구차하므로 구狗라고 했다고 한다. 중국의 사자성어에 승영구구蠅營狗苟라는 말이 있다. 원래 의미는 파리가 분주히 날아다니며 구하고, 개가 구차하게 구한다는 뜻으로 작은 이익에 악착스럽게 덤비는 기회주의자를 비유하는 말이다. 또 양두구육羊頭狗肉이라는 말도 있다. 양 머리를 밖에 걸어놓고 안에서는 개고기를 판다는 것인데, 겉으로 훌륭한 듯 내세우지만 속은 보잘것없음을 이르는 말이다. 당시 중국에서 개고기 식용을 금지하였지만, 몰래 먹는 사람이 많다는 것을 부각시키는 의미이기도 하다.

연변 조선족 사회에서 출간된 항일역사책을 보면 주구走狗(개다리)라는 말이 자주 나온다. 원래 의미는 사냥할 때 앞세우는 개이지만, 반역자나 앞잡이라는 의미로 쓰였다. 지금도 조선족들은 일제 강점기에 일본 경찰에 붙어 독립군 토벌을 도왔던 조선인 배신자를 개다리 자식 또는 주구라고 부르고 있다(연변조선족사집필소조 편, 2011). 이와 같이 우리 조상들은 개고기를 먹었지만, 개라는 상징은 다분히 부정적이었다. 인간과 정서적으로 친밀한 교류의 공감대가 이루어지기보다 단지 식용의 대상으로만 바라보았기 때문이다. 서양인과 동물애호가들이 바라보는 개에 대한 인식과는 큰 차이가 있다.

초기 인류는 생존을 위해 개고기를 우선적으로 이용하였다. 식량 자원이 절대 부족한 원시사회에서 벗어나 가축화가 정착된 그다음 단계에서 개에 대한 인식이 달라지기 시작했다. 다른 동물보다 주인을 따르고 충성하며 친화적인 행동을 보였기 때문이다. 서구인들은 그리스 시대부터 개뿐 아니라 모든 동물의 영적 존재와 의미에 대해 논쟁하였다. 특히 개는 다른 가축과 달리 인간의 감성을 자극하는 친밀한 동물이다. 그들을 죽여 육신을 먹는 대상이 아니라 친구나 가족이라는, 곧 인간화하는 대상으로 변하기 시작하였다. 이와 달리 동양에서는 개가 애완용이나 동반자라는 개념이 없었다. 집을 지켜주다가 필요시 잡아먹는 대상이었을 뿐이다.

고고학으로나 문화인류학으로 살펴봐도 지구상 어디에서나 인간과 동물의 밀접한 유대관계는 없었다. 특히 아프리카에서는 친밀한 관계를 찾아볼 수 없다. 동물과 인간의 관계는 서구 사회에서 밀접하다. 인간의 두 가지 본성, 곧 동물의 살점을 먹으려는 욕망과 그들에게 공감하려는 마음이 혼재하여왔다. 고기를 많이 먹고 즐기는 서구문화에서 개는 애완용으로 인식되고 있다. 금기에는 인간이 학대하는 동물을 먹지 않지만, 반대로 애지중지하는 동물도 먹지 않는다. 우리가 동물의 살점을 많이 소비할수록, 식용 동물을 대할 때 느끼는 죄책감, 혐오감도 커진다. 달리 말해 우리는 동물을 '그들'에서 '우리'로 끌어안으면서 생긴 도덕적 비용을 부담하고 있다고 봐야 한다(할 헤르조그, 2011, 95쪽).

동물 삶의 고유한 가치를 알게 되면, 그들을 반려동물로 부르든 애완동물로 부르든 우리의 즐거움을 위해 동물을 기르는 자체가 비윤리적이다. 개인의 즐거움을 위해 동물을 기르거나 가두는 것은 비도덕적이며, 그 인간과 애완동물의 관계는 친구보다는 노예 관계와 같다(할 헤르조그, 2011, 122쪽). 참으로 불편한 진실이다.

학자마다 인간과 동물의 관계에 대하여 다양한 의견을 내놓고 있다. 리처드 도킨스가 말하는 밈meme의 문화정보 시각으로 보면 애완동물 사육은 모방으로 확산되는 정신적 바이러스이다. 이는 사회, 문화, 종교의 영향을 받아 확대하는 추세에 있다. 밈이란 기억과 모방의 m과 유전자gene에서 따온 ene의 합성어이다. 문화와 관련한 대물림이 가능하고 복제될 수 있는 기본 단위이다(장대익, 2008, 195쪽). 사회문화적 이유이든 종교적 이유이든 부모 형제, 친척, 동료 등이 개고기를 불결한 음식이라고 먹지 않는 사회현상을 밈으로 설명하기도 한다. 후대는 물론이고 더 많은 사람에게 개고기를 먹지 않는 문화를 전파시키고 있다. 우리나라도 예외가 아니어서 애완견을 기르는 인구가 증가하고, 생명체로서 개를 사랑하는 사람들의 여론이 강화되고 있다. 말도 많고 탈도 많은 고기를 넘어 두 눈에 불을 켜고 목에 힘줄이 솟을 만큼 예민한 논쟁의 대상이 되었다.

개의 식용은 종교도 한몫했다. 유럽과 아랍 사람들은 기독교와 이슬람교를 축으로 식문화를 형성하여왔다. 개를 신성시하거나, 또는 잡아서 제물로 바치는 경우도 있었다. 성경에서는 개가 신도들의 안내자인 사제를 상징하기도 하지만, 구약에서는 대체로 미련한 것, 혐오스러운 것, 썩은 고기를 먹거나 죽은 사람의 피를 핥는 동물 등 부정적인 이미지로 묘사하였다. 이슬람에서도 개는 돼지와 고양이 고기와 함께 먹을 수 없는 하람haram에 속한다. 두 종교에서 개를 고기로 식용하는 것은 대체로 부정적이다.

06 _ 개고기 식용의 불편한 진실

인류의 목축 환경은 육식 문화에도 영향을 끼쳤다. 목축 환경이란 가축들을 기를 수 있는 제반 조건을 말한다. 지중해를 중심으로 유럽 지역은 목축하기에 풍부한 물과 풀이 있었다. 더욱 중요한 사실은 소, 돼지, 양, 염소, 낙타, 말 등 덩치 큰 동물들, 다시 말해 육량이 많은 동물이 이미 야생상태에서 있었고, 그들을 가축화하는데 성공하였다. 곧, 육량이 많은 고기들이 풍부하였기 때문에 구태여 개고기까지 먹을 필요가 없었던 것이다. 나이프와 포크로 상징되는 그들의 식문화에서 알 수 있듯이 삼시 세끼 고기를 찌르고 자르고 쑤시는 삶을 살아왔다. 그 대상은 개고기가 아니어도 충분했다.

중동지역은 사막이 많아 풀이 부족하여 양과 염소와 같이 작은 동물을 주로 길렀다. 삼림을 황폐화시키고, 분뇨를 골짜기에 유입시켜 질병을 유발하는 돼지를 기르지 않았다. 개는 덩치가 작고 근육량도 적은 동물이다. 더욱이 풀을 먹는 동물이 아니라 인간들이 먹는 곡류를 같이 먹는 동물이다. 돼지는 인간과 먹거리를 놓고 경쟁 관계에 있는 동물이기에 사육하지도 먹지도 않았다.

중국이나 한국은 농경문화가 발달한 지역이다. 농사를 짓기 위하여는 많은 노동력이 필요했고, 가축은 농사일을 돕는 사역의 도구로 활용되었다. 그러므로 농경문화에서는 절대적으로 고기가 부족할 수밖에 없었다. 이러한 환경이 개를 기르는데 유리한 조건을 제공하였다. 소위 똥개라고 부르는 누렁이, 검둥이, 잡종개는 인분까지 먹을 정도로 잡식성이 강하다. 그래서 농가에서는 집 주위를 자유롭게 돌아다닐 수 있도록 길렀다. 잡종

개들은 성질이 온순하여 사람을 잘 따랐다. 사람이 먹고 남은 찌꺼기를 먹었지만, 언제나 개까지 먹일 양식이 넉넉하지는 못했다. 개들은 주릴 때는 들판에 나가 개구리, 뱀, 메뚜기를 잡아먹으며 허기를 채우고 부족한 단백질도 보충하였다. 이같이 동양에서 개는 단위 동물이지만 인간과 먹이사슬에서 경쟁 관계가 아니었다. 『본초강목』에서도 식견食犬으로 기술했다시피 개는 친구가 아닌 식용의 대상이었다.

중남미 원주민(아즈텍 문화)도 개고기를 먹었다. 기록에 의하면, 고기 섭취량 중에서 개고기가 10%를 차지하고 나머지는 인육이나 기타 동물성 단백질을 먹었다고 한다. 그 지역은 북미의 버펄로, 잉카의 라마와 같은 대형 동물이나 초식 동물이 애초부터 없었다. 아즈텍인들은 동물성 단백질이 절대 부족한 환경에서 대신 먹어야 할 고기를 찾지 않으면 안 되었다. 그것이 개고기와 인육이었다. 중국에도 한때 일부 지역에서 있었다는 식인 문화는 굶주림 때문이었다고 한다.

아즈텍 사회에 개 이외에 다른 동물이 많았다면 그들이 개고기를 먹었을까, 먹지 않았을까? 답은 자명하다. 인간이라는 생명체는 생존을 위해 본능적으로 동물성 단백질이 필요하다. 생리적으로 우린 초식 동물이 아니다. 풀만 먹어도 생존할 수 있는 소나 염소와 다르다. 고기를 먹어야만 하는 육식동물에 가깝다. 초기 인류 시절에 가장 쉽게 얻을 수 있는 가축은 매머드, 호랑이, 사자가 아니라 개였다. 개는 사람을 잘 따르는, 위험성이 없는 아주 가까이 있는 동물이기 때문이다.

인간과 가깝고 친숙한 동물이기 때문에 먹을 수 있다거나 없다는 주장은 혈통학·유전학적으로 보면 근원적으로 모순에 빠지게 된다. 사람과 개, 소, 돼지 모두 척추가 있고 젖을 먹이는 포유동물에 속한다. 척추 포유동물은 공동의 조상에서 진화되어 갈라져 나왔다. 과학적 사실이다. 유전학적·

혈통학적 측면에서 보면, 공동의 조상을 가진 이웃사촌(현실적으로 먼 이웃이지만)의 육신을 먹는 것이다. 그것이 고기이다. 이러한 사실은 채식주의자나 동물애호가가 아니더라도 일반인들도 믿고 싶어 하지 않는다. 현실과 너무나 떨어져 있어 공상적인 이야기로 치부하고 만다.

그러나 개를 포함한 식용가축의 유전자는 인간의 유전자와 가깝다. 인간의 유전자는 침팬지 98%, 고양이 90%, 쥐 85%, 일반 가축 80%, 닭 61%와 동일하다. 공통의 조상이라는 의미는 혈통학적으로 소, 돼지, 개가 인간과 혈연관계라는 의미이다. 친척 중에서 어떤 동물은 죽여 고기로 먹고, 어떤 동물은 죽이지 않고 친구로 남아야 할지 그 기준을 정하기가 모호하다.

개는 사람에게 친화력이 있고 충성심이 가장 강하다고 반론할 수 있다. 그렇지만 고양이뿐 아니라 소, 돼지도 정도의 차이는 있지만 개와 비슷한 감성을 지니고 있다. 친화력이나 유전자의 근접성을 고려해도 살육의 대상과 친구를 분리하는 것은 쉽지 않다. 동물애호가들은 이런 과학적 사실을 모른다. 단지 지금 인간이 느끼는 친숙한 감정 그 기준만으로 개고기를 먹어서는 안 된다고 주장할 수도 있다. 여기에도 반론이 있다. 우리 조상들은 개를 가축으로 보았고, 현대인 중에도 개를 싫어하는 사람이 많다.

뜨거운 감자가 되겠지만, 개고기 식용에 대한 찬반논쟁, 유통에 관한 것은 현실적인 문제이다(한민정, 2018: 박종구, 2017: 이규태, 2001). 1988년 서울 올림픽 개최 시기에 우리나라의 개고기 식용에 제동을 건 것은 서구인이었다. 개고기를 먹는 한국인을 혐오하며 올림픽 경기에 불참하겠다고 으름장을 놓았다. 당시 개고기는 인류 생존에 해가 되는 먹거리가 아니므로 다른 나라에서 참견할게 아니라는 것이 통념이었다. 대부분 개고기를 먹고 안 먹는 것은 한국의 식문화이기 때문에 어쩔 수 없지만, 개를 잡아 음식이 되는 과정은 위생적이면 좋겠다는 견해가 있었다. 개고기 식용 여부는 당해 지역의 역사와 문화와 연계된 식습관이다. 자기 나라의 식문화를 다른 나라가 압력을 가하려 하면 안 된다. 인류 보편적 가치에서 벗어나지 않는다면 자기 나라의 전통적인 식문화는 존중받아야 한다(안용근, 2003).

그렇더라도 서구인들이 지적하는 우리나라 개고기의 위생 문제는 새겨들어야 할 충고이다. 우리나라 축산법에서 개고기는 가축으로 되어있고, 고기로 먹을 수 있다는 식육食肉목으로 되어있다. 그러나 정작 정부가 위생적으로 관리하여 국민의 건강과 안전을 지키는 축산물위생관리법에는 적용받지 못하고 있다. 법 조항에 개고기가 빠져있기 때문이다. 88올림픽 이후 개의 사육과 도축, 유통과 조리 등에 관한 위생 기준을 만들자고 국회 차원에서 시도된 적은 있지만, 가축으로 인정할 수 없다는 동물보호단체의 강력한 반대로 아직 표류하고 있다. 그러니 비위생적인 생산과정이 있다고 해도 정부가 관리 감독할 수가 없고, 사육, 도축, 수입물량, 소비량 등의 생산 소비 체계에서 손을 놓고 있는 실정이다.

뿐만아니라 전통 의학서에 기술되어 있는 개고기의 효능에 대한 과학적 검증은 물론이고, 고기로서의 체계적인 연구도 못 하고 있다. 보신탕집에서 판매하는 가열된 개고기의 화학적 변질 요인 중에서 지방산화물인 말론디알데하이드가 비교적 높았다는 제한적인 연구결과만 있다(이성기 등, 1998). 오늘날 도견장과 보신탕집이 일반 음식점과 같이 분류되어 식품위생법에 의한 허가 및 위생 점검을 받고 있을 따름이다. 예를 들어 도견장에 위생적으로 문제가 있었지만, 적용할 법이 없기 때문에 건축 관련법 위반 등으로 판결한 사례가 있다.

법이 없으니 통계도 없다. 어느 정도 길러 도축되는지, 수입물량이 얼마인지 알 수가 없다. 안용근 교수의 논문에 의하면 2001년 식용 개가 약

140만 마리라고 하였다. 개고기 소비에 대한 공식적인 통계는 1998년 식약청 국감 자료에 있다. 이 통계는 당시 개고기 소비량을, 8,428톤이 보신탕으로, 93,600톤이 개소주로 총 10만여 톤이 연간 소비되는 것으로 추산하고 있다. 세계의 개고기 소비량을 추정하기는 더욱 어렵다. 다른 자료에 의하면 2007년 세계에서 5천만 마리, 아시아에서 3천만 마리, 한국에서 300만 마리가 도견되었는데, 중국, 베트남, 한국 순으로 소비량이 많다고 한다. 우리나라는 중국으로부터 개고기를 수입한다고 알려져 있으나 무역 통계에는 그 기록이 없다.

우리나라도 국민소득 3만 불 이상의 선진국이 되었다. 원하는 고기를 마음대로 먹을 수 있는 세상이 된 것이다. 90년대 이후 애완견 문화가 크게 확산하고 있다. 서구인의 비난 때문이 아니더라도 동물복지에 관심을 가지는 시대가 되었다. 보신탕을 그리워하거나 배고팠던 기성세대는 줄어들고 신세대가 늘어나고 있다. 향후 개고기 소비는 지속적으로 감소하리라 예상된다.

다른 고기도 많은데 개고기를 전통 식품이라고 권장할 필요는 없다. 개고기 문화가 자연스럽게 사라지거나, 아니면 변화하게 놔두자는 것이 내 의견이다. 다만 현재 도견장이 존재하고, 사람들이 보신탕을 먹고 있는 한 사육과 도축, 유통과 가공에 대한 위생 관리가 이루어져야 한다. 당연히 축산물위생관리법에 의해 관리 감독을 받아야 하고, 수입할 때 정식 육류자원으로 검역시스템이 작동되어야 한다. 또 학자들도 전통 의학서에서 밝힌 개고기의 효능, 약리작용을 과학적으로 탐구, 입증해야 한다.

지금까지 개고기의 역사, 문화, 현황에 관해 기술해 보았다. 그러나 무엇인가 논쟁의 불만 지펴놓고 넘어가는 것이 아닌가 하는 생각이 든다. 개고기에 관해서라면 아직도 여운이 남아있다. 개고기에 대한 '사실'과 나의 입장을 아래와 같이 문답식으로 정리해 보았다.

◆ **인류는 애초부터 개고기를 먹지 않았다?** 아니다. 먹었다. 세계 곳곳의 선사시대 유적에서 개뼈 무덤이 발견된 것으로 보아 개고기는 인류의 주요 식량 자원이었다. 그 후 다른 고기가 풍부해져서 상대적으로 적게 먹었지만, 식량이 궁핍한 환경에서는 개고기를 먹었다.

◆ **서구인들은 동양인이나 아메리카 원주민보다 개고기 식용을 왜 일찍부터 하지 않았을까?** 고기로 얻을 수 있는 다른 동물이 많았기 때문이다. 유럽은 일찍이 소, 돼지, 염소, 양, 말과 같은 초식용 동물들이 존재하였다. 또한, 이들 가축을 기를 수 있는 사료와 풀도 풍부하였다. 그러므로 양적으로 보잘것없는 개고기를 먹는 것이 우선순위에서 밀릴 수밖에 없었다. 대신 개를 사냥용, 경비용, 역용, 애완용 등 다른 용도로 이용하였다. 종교적 금기도 한몫했다.

◆ **개고기가 동양의 고서古書에서 언급한 내용만큼 몸을 보하는 음식인가?** 과학적인 증빙 자료는 거의 없다. 근거도 약하다. 농경문화이기 때문에 육류자원이 부족한 상황에서는 개고기 자체가 귀한 육류 식품이었다. 개고기만이 가지는 고유한 성질이기보다는 고기가 가지는 일반적인 영양 특성이라고 생각한다. 고기는 초근목피와는 비교할 수 없을 만큼 영양이 풍부하다.

◆ **개고기는 다른 고기에 비해 영양가가 풍부한가?** 과학적인 증빙 자료는 매우 한정적이어서 정확하게 밝혀지지 않았다. 일반적으로 고기의 품종별 영양적 차이는 크지 않다. 다만 개고기는 여러 가지 정황을 종합해 보면 소화율과 지방의 특성이 다른 고기에 비해 조금 다른 것처럼 보인다.

향후 규명해야 할 연구 과제이다.

◆ **개고기의 육질이 다른 고기와 차이가 있는가?** 조직, 향기, 맛에서 다른 고기와 차이가 있다고 본다.

◆ **개는 사람과 친숙한 동물인가?** 그렇다. 그러나 주인에게는 충성하는 동물이지만, 타인이나 다른 동물에게는 자기 생존 본능에 의한 경계성이나 공격 살해성이 있다.

◆ **친밀도에서 다른 애완용 동물과 차별되는 개의 객관적인 특성이 있는가?** 없다. 인간과의 친밀도를 정하는 객관적인 기준, 또는 생물학적·유전학적 특이성은 없다. 다른 포유동물과 유전적으로도 큰 차이가 없다.

◆ **인간과 교류하는 애완용 동물은 상호 행복한 관계인가?** 애완용 동물을 기르는 것이 개인에게 즐거움을 줄 수 있지만, 주인에게 종속되어 가두어지거나 행동에 제약을 받는 것은 비도덕적이다. 인간과 애완동물의 관계는, 개 입장으로 보면 친구보다는 노예 관계에 가깝다.

◆ **인간에게 특정 동물의 고기는 먹어도 되고, 다른 특정 동물은 먹어도 안 된다는 기준이 있는가?** 없다. 인류는 동물성 단백질이 부족할 때 개고기는 물론이고 인육까지도 먹었다. 우리가 먹는 식용 동물은 유전적으로 인류와 80~95% 같고, 동일 조상에서 진화되어 내려왔기 때문에 혈연적 관계이다. 근본적으로 고기를 먹는 것 자체가 생존 본능이자 욕망 충족이며, 동시에 죄의식을 갖는 혼란이며 모순이다.

◆ **인간의 폭력과 비인간적 행위로부터 개가 보호를 받아야 하나?** 그렇다. 개를 포함하여 모든 가축은 가능한 한 하나의 독립된 생명체로 취급하여 키울 필요가 있다. 특히 애완용 동물들의 잔혹한 학대 행위는 법으로 근절해야 한다. 그러나 소, 돼지, 닭 같은 다른 경제 동물은 전문가 집단의 의견을 고려하여 신중하게 법을 제정해야 한다.

◆ **개고기의 식용 여부는 향후 어떤 방향으로 유도해야 하나?** 인위적으로 유도할 필요가 없다고 생각한다. 소비자의 취향에 따라 흘러가면 된다.

◆ **개고기를 민족 전통 식품으로 장려할 필요가 있는가?** 필요가 없다. 오늘날 서구인을 비롯한 많은 사람이 싫어하는 고기인데 굳이 장려할 필요는 없다.

◆ **우리나라에서는 어떤 사람들이 개고기 문화를 수용하는가?** 동물보다 사람이 우선이라고 생각하는 사람, 종교가 없는 집단, 남성, 학력으로 고졸 이하, 서구의 논리에 반대하는 그룹이 개고기 식용문화 찬성비율이 높았다(박종구, 2017).

◆ **개고기를 혐오하는 집단은?** 동물보호단체, 채식주의자, 애완견을 사랑하는 단체, 일부 종교인 등이다.

◆ **개고기를 혐오하는 이유는?** 사람과 가까운 친구 같아서, 사육과정이나 도견 과정에서 비위생적이거나 비인간적이어서, 서양 사람들이 싫어하는 이유 등이다.

◆ **우리나라에서 유통되는 개고기의 법적 문제점은?** 현실적으로 식용에 법적 제재가 없는 상태에서 개의 도축과 유통 부분이 축산물위생관리법에서 빠져있기 때문에 위생 문제가 대두된다. 법을 빨리 개정하여 사육, 수출입, 도살과 위생이 법 테두리 안에서 관리되어야 한다.

◆ **도견장이나 보신탕 음식점은 정부의 법망에서 완전히 빠진 사각지대인가?** 아니다. 개는 축산법에 식용 동물인 가축으로 분류되어 있지만, 도견장과 음식점을 관리하는 축산물위생관리법에는 빠져있다. 현재 일반 식품위생법이나 동물보호법에 적용받고 있다. 그래서 법이 추구하는 목표가 다르기 때문에 허술하게 관리되고 있는 것이 문제이다.

◆ **앞으로 개고기 소비의 전망은?** 차츰 줄어들 것이다. 개가 반려동물

이라는 인식이 확대될 것이고, 새로운 세대들은 다양한 육류를 소비할 것이기 때문에 서구가 주도하는 글로벌 식문화의 흐름에 지속적으로 영향을 받을 것이다.

◆ **개고기 식용논쟁을 공론화해야 할 필요가 있는가?** 공개 논쟁을 통해 사회적 합의를 끌어낼 가능성은 거의 불가능하다고 생각한다. 주장만 있을뿐 결론이나 합의 가능성은 없을 것이다. 오히려 혼란만 가중될 것이다. 더구나 일부 계층에게는 생계와 관련된 문제이다.

PART 2

세계의 유명 육가공품들

제5장_ 덩어리 고기로는 생햄

제6장_ 세절한 고기로는 소시지

제7장_ 프랑스, 이탈리아, 독일, 영국, 터키의 고기식품

제8장_ 미국, 아르헨티나, 중국, 몽골의 고기식품

제5장

덩어리 고기로는 생햄

고기 식품의 꽃이라 하면 장인의 얼이 들어간 육가공품이라고 할 수 있다. 인류가 사냥해서 고기를 먹기 시작한 이래 햄과 소시지를 만든 것은 문명사회로 진입한 이후이다. 그렇지만 육가공 제품이란 오늘날처럼 멋지고 맛있는 식품을 만들기 위한 것이 아니었다. 고기는 쉽게 상하기 때문에 저장하면서 오랫동안 두고두고 먹을 방법을 강구하다 보니 햄과 소시지가 만들어진 것이다. 농경사회 초기에는 인구가 늘어나면서 가축화한 동물로부터 고기 가공 제품을 만들기는커녕 생고기를 얻을 수 있는 양이 턱없이 부족하였다. 귀하고 귀한 음식이었기 때문이다. 저장할 것도 없이 생고기 자체도 대중들이 맛보기에는 특별한 날이 아니면 어려웠다.

세월이 흘러 절제와 속박을 강요받았던, 정확하게 말하면 속박을 강요할 수밖에 없었던 고기섭취가 서서히 해방되기 시작했다. 어두운 신의 세계에서 인본주의 사회로 전환되었기 때문이다. 14~16세기의 르네상스 시대가 시작되면서 인간은 자유롭게 먹고 마시며 행동할 수 있었다. 동시에 축산업의 발달과 함께 구대륙에서 유사 이래 접해보지 못했던 새로운 세상을 만나게 되었다. 콜럼버스의 신대륙 '발견'을 계기로 서구인들은 새로운 황금 옥토에 놀라워했다. 그곳 광활한 들판에는 가축들이 마음껏 먹을 수 있는 풀이 가득했다. 이같이 아메리카 신대륙은 구대륙에 없는 새로운 식량 자원 식물과 향신료도 가득했다.

이후 유럽에서는 18세기 말에 산업혁명이 일어나면서 축산업의 발달도 가속화되었다. 노동자들이 도시로 대거 몰려들면서 생활 수준도 함께 향상되었다. 가축의 대량생산과 신대륙에서 보내온 고기가 유럽대륙에 넘쳐나고 새로운 향신료가 도입되었다. 경제적 수준이 향상될수록 자연스럽게 대중은 배부르게 잘 먹게 된다. 대표적으로 잘 먹게 되는 귀한 식품이 고기이고 식육 가공품이었다.

고기가 부족하면 가공 제품을 만들 수 없다. 먹고 남은 것을 저장한 것이 가공품이기 때문이다. 그렇다고 그냥 만들어서 나중에 먹는 단순 저장식품이 아니다. 고기를 생산하는 데는 가축과 그들이 먹어야 할 풀과 사료가 있어야 한다. 귀한 고기 식품을 만들고 먹는 데는 사회적·종교적·지역적 문화기반이 따른다. 단지 생존을 위해, 허기를 달래기 위해 햄과 소시지를 먹지 않았다는 의미다.

생고기를 생산하고 적합한 지역에서 염장하고 건조하며 발효를 시켰다. 여기에는 오랜 도제들의 경험과 가공기술이 필요했다. 장인의 얼과 혼신이 축적되어 있다. 단순한 먹거리를 넘어 누적된 기술이 쌓여 이루어낸 걸작품으로 예술의 경지까지 오르게 되었다. 고기 가공품의 소비 형태는 서민과 귀족, 국가행사, 축제에 따라 달랐지만, 인간의 생활 속에 깊숙이 함께하여 하나의 문화 형태로 발전하였다. 그래서 명품 가공품이 식육 문화의 꽃이라고 말하는 것이다.

이러한 자연환경에 맞추어 고기를 생산하고 가공을 주도한 곳은 유럽이었다. 기독교가 중심축이었던 서구사회를 중심으로 식육 가공이 본격적으로 발전하였고, 훗날 이에 따르는 기술과 과학이 뒷받침하게 되었다. 유럽은 여러 가지 여건에서 고기자원을 생산하고 활용하는데 유리한 입장이었다. 아시아나 아프리카 지역은 농작물 생산에 전념할 수밖에 없는 지리적·환경적 여건을 가진 곳이다.

유럽은 농작물이 이미 풍부하였기 때문에 덤으로 고기에 눈을 돌렸는지 모른다. 통상적으로 이 지역을 서구라 하고, 서양인들이 주로 먹는 음식물로 짠 식단을 서구식 식단이라고 부른다. 서구식 식단은 건강에 나쁜 의미로 사용되기도 하지만, 전통적인 서구식 정식과 현대의 패스트푸드와는 분명 구별되어야 한다.

오늘날 지구촌은 고기를 생산하지 못해도 수출입을 통해 얼마든지 고기를 먹고 가공할 수 있다. 경제가 발전할수록 생산 환경을 뛰어넘어 누구나 고기를 향유할 수 있게 되었다. 서구사회에 뿌리를 둔 식육 문화와 가공기술이 지구촌으로 퍼지고 있다. 식육 문화가 발달한 지역을 보면 다음과 같은 공통점을 발견할 수 있다.

역사가 있고 문명이 발달한 곳에서 식육 문화가 발달하였다. 주위 환경을 보면 기후가 온화하거나 아열대 또는 사계절이 있는 곳이다. 인구밀도 대비 풀이 잘 자라는 넓은 땅이 있다. 물과 사계절의 적기를 맞춰야 하는 벼농사보다 밀과 감자를 심는 밭농사와 목축업이 발달한 곳이다. 그래서 고기가 서민들의 식탁에 오를 정도로 풍족하다. 잘 살아야 고기를 많이 먹을 수 있고, 나라도 마찬가지이다. 때로는 지역에 따라 종교적 제약이 있었지만, 공통으로 고기를 먹어왔던 오랜 문화를 지닌 나라들이다. 남북아메리카 대륙과 같이 유럽인들이 이민 가서 세운 나라들도 고기를 많이 먹는 편이다. 예외적으로 전쟁을 수행하기 위해, 생존을 위해 특수 상황에서 발달한 육가공 제품도 있다.

로마가 하루아침에 이루어지지 않은 것처럼 고기 가공제품도 그렇다. 여기에는 역사 속에 동고동락하면서 함께한 식이 문화가 있었다. 다른 식품보다 왜 하필 고기냐고 질문한다면 이미 앞에서 충분히 설명했다. 타자의 육신인 소중한 고기는 인간을 위한 신의 식품이기 때문이다. 욕망이라는 이름의 고기가 풍족해지면서 햄, 소시지, 베이컨으로 꽃을 피운 것이다.

세계 곳곳에 유명하다는 육가공품들이 있다. 최근 우리나라 사람들이 해외여행을 하면서 현지의 식품문화를 접하고 친숙해진 육가공품도 많아졌다. 이들을 중심으로 선별하여 가공 제품을 소개하고자 한다. 그리고 육가공품 자체로는 반열에 오를 수 없지만, 이야깃거리가 있는 육가공품에 대해서도 추가로 소개해 보았다.

01 _ 스페인의 하몬 jamón

하몬은 스페인을 대표하는 전통 생햄으로 우리나라 사람들에게 잘 알려진 육가공품이다. 스페인 여행을 해본 사람이라면 누구나 한 번쯤 먹어본 경험이 있으리라 생각된다. 스페인은 유럽 남서쪽 이베리아 반도의 84%를 차지하고 있다. 남으로 아프리카 대륙과 불과 14km 떨어진 지브롤터 해협을 사이로 마주 보고, 서쪽으로 포르투갈, 북쪽으로 대서양, 동쪽으로 피레네산맥 넘어 프랑스와 접해 있다. 유럽의 지정학적·역사적으로 보아도 일찍부터 다양한 문화가 싹틀 수밖에 없는 곳이다. 그들의 삶에 주요한 부분인 음식문화는 주변 국가의 환경과 식습관이 어울려 발달해왔다. 하몬은 이러한 환경에서 탄생했다.

생햄raw ham은 우리가 쉽게 접하는 가열상태의 햄이 아니라, 말 그대로 생것으로 먹는 햄을 말한다. 잘 숙성된 생돼지 고기를 얇게 썰어 입안에 넣으면 독특한 향기와 함께 혀에서 느껴지는 짭짤한 맛 때문에 여행자에게 이국적인 분위기에 젖게 하는 음식이다. 바야흐로 국제화 시대가 되어 한국의 큰 슈퍼마켓에서도 수입 하몬을 쉽게 발견할 수 있다. 이제 우리에게도 낯설지 않은 햄으로 인식되고 있는 듯하다.

하몬은 돼지 뒷다리를 소금에 절여 창고에 장기간 걸어 두어 숙성시켜서 생것으로 먹는다. 그래서 영어권에서는 생햄 또는 비가열햄uncooked ham이라고 부르기도 한다. 생햄의 맛에 익숙하지 않은 사람은 처음 먹었을 때 짜다는 느낌을 받는다. 된장이나 간장도 처음 먹어본 외국인은 분명 짠맛밖에 없다고 할 것이다. 잘 익은 하몬을 음미하다 보면 짠맛을 넘어 예술의 경지에 이르는 맛이라고 격찬할 날이 올 것이다.

여느 발효식품보다 하몬은 제품의 품질에 따라 맛이 다양하고, 가격도 같은 무게라도 차이를 보인다. 하몬을 일부 사람들은 하몽, 자몽이라고 부르는데, 현지인의 발음을 자세히 들어보면 하몬에 더 가깝다. 하몬이 다른 육가공품과 달리 왜 스페인의 자존심이자 긍지의 전통식품이 되었는지 살펴보자.

하몬은 언제 어디서 생산되기 시작했나

지중해 연안 지역에서 돼지 뒷다리를 소금에 절여 헛간에 걸어두고 먹어왔던 역사는 오래되었다. 고기를 썩히지 않고 먹을 수 있는 방법이기 때문이다. 하몬은 스페인에서 기원전 210년부터 먹어왔다고 하며, 최초 기록은 로마제국 시대부터였다고 전해지고 있다. 이탈리아의 프로슈토나 포르투갈의 푸레존투와 같은 유사 제품이 있기 때문에 유럽에서 유일한 생햄은 아니지만, 하몬이 유명해진 것은 야생에서 도토리를 먹인 이베리코 흑돼지를 원료육으로 사용한다는 점이다.

이 흑돼지는 신석기부터 이베리아반도에 서식했던 토종돼지인데, B.C 1000년 경에 페니키아Phoenicia인들이 중동에서 야생 멧돼지를 교배해 사육하던 돼지를 도입했다는 설도 있다. 아무튼 이베리코 흑돼지는 우리나라 토종돼지처럼 야생성과 적응성이 강하고 육질이 단단한 검은색 돼지이다. 긴 머리와 코, 길고 좁은 귀, 날씬하면서 긴 다리를 가지고 있고 털이 빳빳하고 발이 까맣게 생겼다. 산악지대에 방목하므로 근육이 발달하였고, 적절한 마블링이 있다. 오랫동안 이 돼지들을 스페인의 남서부와 포르투갈의 남동부 산간지역에서 사육하였다.

유럽 여러 나라와 마찬가지로 스페인에서 돼지고기는 시골 농부들에게 중요한 식량 자원이었다. 집집마다 돼지를 잡으면 1년 이상 두고두고 먹기 위해 적절한 저장방법을 강구하지 않으면 안 되었다. 도축한 돼지는 이내 상하기 때문에 남은 고기의 처리문제가 냉장시설이 없었던 당시 사람들에겐 큰 숙제였다. 그들은 경험으로 고기에 소금을 뿌려 절이면서 건조와 숙성을 시키는 방법을 알아냈다. 이것이 하몬을 제조하는 핵심적인 기술이 되었다.

스페인에서 하몬을 포함하여 돼지고기의 소비가 급증한 것은 15세기 무렵부터였다. 스페인은 8세기부터 500여 년간 지배했던 이슬람 세력이 물러가고 가톨릭 국가로 통합되었다. 대부분 종교는 고기에 대한 절제를 강요하였지만, 가톨릭은 육식에 대해 비교적 관용을 베푼 종교였다. 이슬람 세력인 무어Moor족이 물러가고 이사벨 1세 여왕은 그라나다의 알람브라 궁전을 차지하면서 동시에 두 눈을 미지의 넓은 세계로 돌렸다.

같은 해에 이사벨 여왕의 후원 아래 콜럼버스가 산타마리아호를 타고 우엘바를 떠났다. 물론 이 배에도 이베리코 돼지를 함께 싣고 갔다고 전해진다. 당시 이베리아반도는 서고트 왕국이 망한 후 아프리카에서 온 무어인에게 장악되어 이슬람의 영향권이 된 지 약 7세기 만에 레콘키스타 Reconquista(국권회복운동)가 완수되었다. 이것은 돼지고기가 다량 소비될 수밖에 없는 사회적 대변환이었다. 돼지고기를 금기하는 이슬람 세력이 없어지는 것만 의미하는 것이 아니라, 역시 돼지고기를 먹지 않는 유대인에게도 추방 아니면 개종해서 돼지고기를 먹어야 할 상황이 된 것이다. 따라서 스페인이 가톨릭 국가로 통합되면서 돼지고기의 소비가 급증하였으며, 생햄이 오랫동안 두고 먹을 수 있는 영양식으로써 오늘날까지 영향을 미치게 되었다.

하몬은 토종 이베리코 돼지고기로 만든다. 그러나 오늘날 먹는 대부분의 하몬은 개량종 돼지고기로 만들어지고 있다. 개량종이 기르기 쉽고 가격이 저렴하기 때문이다. 그렇지만 고급 하몬은 전통방식대로 이베리코 돼지를 고집하고 있다. 최고급 하몬은 전체의 4% 미만으로 정부의 보호와 관리를 받으면서 등급이 매겨져 차별화되고 있다. 이베리코 돼지를 가을에 산과 들판에 방목시켜 도토리와 각종 허브, 풀과 열매를 먹여 키운다. 고유한 혈통과 함께 그 먹이 때문에 독특한 육질을 만든다는 것이 정설이다. 이 원료육으로 만든 이베리코 하몬을 24~36개월간 숙성시키는데, 이는 다른 하몬보다 2배 이상의 제조 기간이 길어 맛있고 더 비싼 제품이 된다.

전통적으로 하몬이 제조되는 지역은 와인으로도 유명하다. 스페인은 나라가 크고 기후도 다양하지만, 이 지역은 전형적인 지중해성 기후를 보인다. 스페인 남부지역을 자동차로 여행하면 포도밭, 올리브 나무나 귤나무가 끝없이 펼쳐진 모습을 볼 수 있다. 푸른 나무들이 일정 간격을 두고 단단하게 서 있지만, 나무와 나무 사이에 잡풀이 없다는 점이 특이하다. 제초작업을 잘한 결과이기도 하겠지만, 아마도 잡초가 자랄 수 있는 물이 부족하기 때문이 아닐까 생각된다. 이곳의 연간 강수량은 대부분 300~700mm로 적기 때문이다.

차 창가에서 바라보는 맑은 하늘에 조그만 뭉게구름과 따끈한 햇살이 강렬하게 비추는 초록색 들판이 여행자의 가슴을 들뜨게 한다. 이와 같이 태양의 해변(코스타델솔)이 있는 남부지역과 바람이 잘 통하는 서부 산악지대는 하몬 만들기에 적합한 환경이 되었다. 남부의 낮 온도는 24~27℃이고 밤은 7~10℃이다. 여름에는 해가 쨍쨍하여 따갑고, 겨울에는 선선하고 비가 어느 정도 내리는 날씨다. 안달루시아의 그라나다도 1년 평균 강수량이 353mm밖에 안 된다니 산에서 끌어들인 알람브라 궁전의 물소리가 어찌 아름답지 않으랴! 이사벨 1세 여왕도 붉은 궁전 점령 후에 너무나 아름다워 파괴해 버리지 말고 보존하라고 했다.

이에 비해 스페인의 북쪽 지역은 습도가 높아 하몬을 건조 시키기에 적당하지 않다. 그래서 카스띠야 이 레옹Castilla y León, 카스띠야Castilla, 라 만차Castilla la Mancha, 안달루시아 같은 중서부와 남부에서 주로 생산한다. 특히 살라만카Salamanca, 우엘바Huelva, 까떼르Caceres, 꼬르도바Cordoba, 바다꼬Badajoz 지역에서 생산되는 하몬이 인정받고 있다.

개량종 돼지로 하몬을 생산하는 지역은 떼루웰Teruel과 트레벨레스Trevélez, 세론Seron이다. 떼루웰은 스페인 동남부에 위치하며, 렌드레이스와 듀록의 교잡종인 떼루웰 돼지를 기르는 곳이다. 해발 800m 고지에서 전통방식으로 자연환경에 맞추어 하몬을 제조하고 있다. 트레벨레스는 그라나다 남쪽 해안가 근처 해발 1200~1800m 고지에 있다. 렌드레이스와

라지화이트와 듀럭저지의 교잡종인 트레벨레스 돼지 뒷다리로 14~20개월간 염장하여 만든다. 고도가 높은 산악지대여서 전통적인 방법으로 하몬을 만들기에 최적의 땅이다. 겨울에는 눈이 많이 오고 여름에는 시원한 곳이다.

우리나라에서 스페인 전통 방법으로 하몬을 만들기는 불가능하다. 내가 한국식품연구원에 근무할 때 농가형 생햄 제조를 시도해봤는데 성공하지 못했다. 우리나라는 기후와 자연환경이 맞지 않기 때문에 스페인처럼 농가에서 만들기가 불가능하고, 인위적인 환경에서만 가능하다는 것을 알았다. 오늘날에는 현대식 설비를 갖춰 온도와 습도, 공기의 흐름을 조절하는 방(항온항습실)에서 생햄을 생산한다. 우리나라의 순창고추장, 안동소주처럼 하몬도 전통적 생산지에 대한 소비자들의 인지도를 돕는 브랜드로 활용되고 있지만, 실제 어떤 혈통의 돼지를 어떻게 길러서 도축한 다음 얼마 동안 숙성시켰느냐의 기술이 더 중요할 것이다.

하몬의 종류

하몬은 크게 하몬 세라노jamón serrano와 하몬 이베리코jamón ibérico로 분류된다. 그외 하몬은 아니지만, 앞다리로 만든 하몬이라고 할 수 있는 팔레타paleta도 있다. 하몬 세라노와 하몬 이베리코 사이에 다른 점이 있다면 원료육과 제조 기간의 차이이다. 하몬 이베리코 중에서도 돼지품종의 종류나 순종 여부, 곡류나 도토리를 먹이는지 여부, 가을에 방목시켜 자유롭게 운동시키는지 여부, 햄의 건조와 숙성기간이 짧거나 긴 것 등에 따라 등급이 분류되고 명칭도 다르다. 우리에게는 하몬 이베리코가 많이 알려졌지만, 이것은 대중적인 제품이 아니다.

하몬 세라노는 스페인 시장에서 90% 이상을 점유하는 대중적인 생햄이다. 하몬 세라노는 산山, sierra에서 유래된 이름으로 전통적으로 높고 서늘한 산악지대에 만들어왔다. 하몬 세라노의 특징은 이베리코 돼지고기로 만들지 않고 유럽형 개량 흰 돼지로 만든다는 점이다. 개량종 뒷다리를 바다 소금을 묻혀 창고에 매달아 6~18개월간 숙성, 건조하여 완성한다. 그리고 생산하는 지역도 한정적이지 않아 어디에서나 만들 수 있다. 세라노에 이용되는 원료육 돼지 품종은 듀록Duroc, 피트레인Pietrain, 랜드레이스Landrace 등 개량종이다. 이들에게 곡물을 먹여 기른 후 현대식 생산시설에서 전통적 방법으로 만든다. 하몬 세라노는 염장 기간에 따라 3개 등급으로 분류된다.

① 은Plata, silver : 8~11개월 염장한 하몬 세라노
② 금Oro, gold : 11~14개월 염장한 하몬 세라노
③ 명품 세라노Gran serrano : 14개월 이상 염장한 하몬 세라노

시판용 하몬 세라노는 생산지역, 브랜드, 건조 숙성방법에 따라 품질과 가격이 다양하다. 시판하는 햄에 세라노 보데가serrano bodega, 세라노 레세르바serrano reserva, 세라노 그랑 레세르바serrano gran reserva 3종이 있고, 하몬 세라노 제품에 하몬 레세르바jamón reserve, 하몬 쿠라도jamón curado, 하몬 엑스트라jamón extra 등의 이름을 붙여 팔기도 한다. 기술적 차이보다는 지역과 보존가공법의 차이에 의해 분류하여 품명을 달고 있는데, 품질과는 무관하다.

하몬 이베리코는 무엇보다 원료 고기가 다르다. 다리 발굽이 까만 이베리코 순종돼지cerdo Ibérico를 사용하거나 적어도 50% 이상의 혈통을 가진 돼지고기만 사용한다. 최종제품에 검은색 발굽을 제거하지 않고 남아

있어 이베리코 돼지로 만든 것임을 증명하고 있다. 이를 스페인어로 '검은 발'이라는 뜻의 빠따 네그라pata negra라고 한다. 하몬 이베리코는 스페인에서 생산되는 하몬의 10% 미만을 차지할 만큼 생산량이 적은 고급 제품이다.

이베리코 하몬은 스페인 정부에서 지정한 남서부 지역에서만 생산해야 하며, 농수산부에서 4가지 색깔로 등급을 두어 소비자들이 쉽게 구분할 수 있도록 하였다. 대형 마트나 정육점에서 판매하는 하몬 뒷다리나 소분할 포장육에도 4가지 색깔로 표시하고 있다. 낮은 등급부터 세보, 세보 데 깜뽀, 베요타, 베요따 100%로 표시된다. 제조 기간은 24개월 전후로 세라노보다 긴 기간 동안 제조되며, 최상품인 이베리코 데 베요타 100%는 최소한 36개월(24~48개월)이 소요된다.

① 하얀색은 하몬 이베리코 데 세보Jamón ibérico de cebo이다. 이베리코 중에서 가장 낮은 등급이다. 이베리코 돼지 혈통이 50% 이상이며, 사육장granja에서 사료cebo를 먹인 돼지로 만든 생햄이다.

② 녹색은 하몬 이베리코 세보 데 깜뽀Jamón ibérico cebo de campo이다. 원료육의 혈통이 50% 이상이다. 곡물과 고급사료를 먹으며 목초지campo에서 운동하면서 키운 돼지로 만든 생햄이다.

③ 빨간색은 하몬 이베리코 데 베요따Jamón ibérico de bellota이다. 원료육의 혈통이 50% 이상이다. 방목지dehesa에서 운동하면서 도토리bellota를 먹고 자란 돼지로 만든 생햄이다.

④ 검은색은 하몬 이베리코 데 베요따 100%Jamón ibérico de bellota 100%이다. 이베리코 100% 순종으로 방목지에서 운동하면서 도토리를 먹고 자란 돼지로 만든 가장 높은 등급의 생햄이다. 푸로puro라는 마크를 붙이

기도 한다. 검은색 라벨을 따기 위해선 100% 이베리코 품종의 돼지에게 도축 전 최소 60일 이상 도토리를 먹여야 한다고 규정하고 있다. 전체 하몬의 4% 미만이다.

어떤 돼지가 이베리코 순종이며 잡종인지 분류하는 기준은 다음과 같다. 암수가 모두 순종이면 새끼는 당연히 100% 이베리코 순종이다. 암컷 이베리코 순종(100%)에 이베리코 혼혈 수컷(50%)과 교배하여 낳은 새끼는 이베리코 혈통 75%가 된다. 암컷 순종(100%)에 수컷 개량종(0%)을 교배하면 새끼는 50% 혈통이 된다. 암컷 50% 혈통과 개량종(0%) 수컷으로 교배하면 새끼는 25% 혈통이 된다. 적어도 이베리코 50% 이상 교배종에서 순종 100%까지만 하몬 이베리코의 원료육으로 사용할 수 있도록 규정되어있다. 이베리코 혈통이 25% 들어간 교잡종 돼지는 하몬 이베리코라는 라벨을 사용할 수 없다.

이베리코 돼지를 기르는 방법도 독특하다. 도축 전 일정 기간 야생에서 운동시키면서 도토리를 먹여 키운다. 일부 포르투갈을 포함한 스페인 중부와 남부에 걸쳐 200만 헥타르 넘게 펼쳐진 방목지dehesa가 있다. 데에사는 관목이 무성한 초원지대로 코르크나무와 참나무, 야생풀이 자라는 곳이다. 매년 10월에서 이듬해 3월까지 몬따네라montanera 시기에 최소 60~70일 이상 참나무 숲을 돌아다니면서 떨어진 도토리를 먹으며 성장한다. 하루에 8~9kg의 도토리를 먹고 1일 1kg의 몸무게가 늘어나, 이 기간에 체중의 60% 정도가 형성된다.

데에사 1헥타르에는 참나무 25~30그루가 있는데, 여기에서 평균 1.25마리의 돼지를 기를 수 있다. 그러므로 일정한 면적에 한정된 돼지만을 기를 수가 있다. 돼지들은 먹이를 찾아 들판과 계곡을 하루 14km 정도

돌아다니며 운동하게 된다. 돼지는 잡식성이기 때문에 도토리뿐만 아니라 풀, 열매, 허브 등도 함께 먹는다. 이렇게 형성된 근육은 단단하고, 지방이 근육에 세밀하게 퍼져있다. 최고급 원료로 만든 하몬은 색깔이 붉고 진하며 육질이 쫀득하면서 은은한 도토리 향기가 난다. 숙성기간 동안 지방이 서서히 녹아내리고 건조하여 무게가 절반으로 줄어든다. 또한, 충분한 숙성을 위해 일반 하몬보다 2배 이상의 기간(24~48개월)이 소요되기 때문에 생산 단가가 비싸다.

스페인 농가에선 최고의 하몬 품질을 위해 돼지들의 코에 쇠붙이를 장착시켜 돼지가 땅에 떨어진 도토리를 잘 파먹을 수 있게 할 수 있도록 하고 있다고 한다. 때로는 양도 함께 키워 숲의 잡풀을 먹게 하고, 그 배설물을 참나무의 비료로 활용한다고 한다.

하몬은 어떻게 만드나

과거 농가에서 수제로 만들었던 하몬을 이제는 공장에서 위생적으로 균일하게 생산하고 있다. 모든 생햄을 제조하는 기존 원리는 비슷하다. 돼지 뒷다리에 소금을 절여 내부까지 침투하여 일단 썩지 않도록 한다. 이것을 염지 또는 염장 작업이라고 한다. 그런 다음 적당한 온도와 습도, 통기가 가능한 곳에 10~36개월 걸어둔다. 이 동안에 수분이 일부 증발하여 숙성이 진행된다. 숙성 동안에 효모와 곰팡이가 햄의 표면에서 자란다. 물론 인체에 유해한 미생물이면 안 된다. 내부에도 향기를 생산하는 유익한 젖산균이 자라도록 유도한다. 이것이 예전부터 내려오는 전통적인 제조방법이다.

지중해 기후는 햄에서 유익한 미생물이 자라도록 자연환경과 조건이 잘 갖추어져 있다. 적절한 수분과 염이 있는 환경에서 유익한 박테리아,

효모, 곰팡이가 자연 선택되어 자라게 된다. 숙성이 진행되는 동안 단백질, 지방 등 큰 분자유기체들이 효소에 의해 잘리고 육 조직이 소편화된다. 본래 고기가 가지고 있는 효소enzyme와 미생물이 번식하여 분비하는 효소가 함께 고기에서 작용한다. 분해된 저급 분자들이 염장 성분과 어울려 독특한 향기와 맛을 낸다. 이들 미생물이 작용하여 잘 익게 되면 짭조름한 맛과 견과류와 같은 숙성된 향기가 생성된다.

우선 뼈가 포함된 신선한 돼지 뒷다리를 고른다. 뒷다리 표면에 붙어있는 지나친 지방이나 불필요한 껍데기를 제거한다. 그런 후 깨끗한 바닥에 1cm 이상의 두께로 소금을 깔고 그 위에 뒷다리를 올려놓고 소금을 뿌리고 손으로 문지른 후 다시 소금을 덮는다. 보통 뒷다리 무게가 7~8kg 되므로 kg당 하루를 잡아 7~8일간 염장한다. 고기 내부까지 소금이 침투할 수 있도록 무거운 물건을 올려놓는다. 염장 동안 고기 표면에 과도한 염분이 침투할 수 있어 물로 단시간에 씻는다. 젖은 표면을 건조한 후 1~5℃, 습도 80~90%에서 3달간 걸어둔다. 온습도가 높으면 염 침투는 잘되나 유해 미생물들이 자랄 수 있고, 습도가 너무 낮으면 과잉 건조된다. 온습도를 잘 조절하여 염이 균일하게 침투할 수 있도록 한다.

다음 단계로 잘 익을 때까지 걸어둔다. 본격적으로 숙성과 건조가 동시에 진행된다. 숙성을 시키면서 자연스럽게 건조도 함께 진행된다고 봐야 할 것이다. 숙성 조건은 온도, 습도, 통풍이다. 가장 단기간에 제조하는 생햄은 숙성에 6~9개월 걸리며, 온도는 조금 높은 15~25℃를 유지한다.

하몬은 등급에 따라 제조 기간이 다르다. 15~20℃, 습도 60~80%에서 숙성시키는데 고급 하몬일수록 더 오래(12~36개월) 동안 숙성한다. 숙성기간 동안 근육 사이사이에 소금이 골고루 퍼지며 맛과 향이 형성된다. 서늘한 곳에서 2차 숙성을 시키며 칼라calar라는 도구로 하몬을 깊숙이 찔러 냄새를 맡아 제품의 숙성 상태와 완성 시기를 결정한다. 칼라는 미세구멍이 많이 나 있는 말뼈이다. 찌른 자국으로 공기가 들어갈 수 있어 그 흔적을 다시 지방으로 막아준다. 건조, 숙성하면서 처음 무게의 30~40%가 감소한다. 기간이 길수록 숙성이 잘 되지만, 그만큼 무게도 줄고 제조 경비가 많이 들어 비쌀 수밖에 없다.

숙성이 잘된 하몬은 분해된 지방층이 녹아 밖으로 노출되기도 한다. 스페인 현지에서 레스토랑과 함께 운영하는 하몬 가게에 가보면 하몬 덩어리 끝에 작은 종이컵이 매달려 있는 것을 볼 수 있다. 작은 모자라는 뜻의 이 초레라chorrera는 숙성된 햄에서 녹아떨어지는 기름을 모으는 컵이다. 스페인의 유명 브랜드 하몬 제품으로는 찐코요타스Cinco jotas, 몬떼내바도Montenevado 등이 있다.

하몬의 맛 차이

처음 하몬을 맛본 사람은 짜다고 느껴질 것이다. 염장한 고기이기 때문이다. 모든 발효식품의 참맛을 알려면 그 음식문화에 빠져봐야 한다. 한두 번 먹어보고 맛을 평가하기가 어렵다는 말이다. 일반적으로 구분하는 방법은 숙성기간이 짧을수록 짠맛이 강하고, 숙성기간이 긴 것은 감칠맛이 입안에 맴돈다. 잘 익은 하몬은 게장이나 조갯국에서 풍기는 맛과 같은 우마미uamami 맛이 난다. 때로는 도토리를 먹였기 때문에 견과류 향이 나거나 더 고소한 맛이 나기도 한다. 고급 하몬일수록 입안에 남는 향기의 여운이 강하고, 저급 하몬일수록 염취가 오랫동안 남는다. 이 맛들은 고급분자량의 단백질, 지방이 분해되어 향과 맛을 강하게 띠는 저급 분자로 변했기 때문이다.

현지인 고수들은 하몬의 부위에 따라 맛이 다르다고 말한다. 뒷다리에서 발굽을 기준으로 반대편 엉덩이 하단부를 뿐다Punta, 앞부분을 바빌라Babilla, 뒷부분을 마싸Maza라고 한다. 뿐다가 지방이 많고 다른 부위는 살코기가 많아서 질감이 다르다. 부위별 맛의 차이를 감지할 정도가 되려면 이들의 식문화 중심까지 깊숙이 빠져들어야 할 것이다.

초보자도 쉽게 알 수 있는 고급 하몬의 특징은 진한 육색이다. 하몬 베요타의 원료육은 도토리 먹으며 돌아다닌 돼지의 고기다. 육색은 품종에 의해서도 영향을 받지만, 일반적으로 돼지 나이가 들수록, 그리고 운동을 많이 할수록 진해진다. 운동을 많이 하면 근육 내 호기적 대사가 활발하여 미세혈관과 미세지방층이 발달하고 육색소인 마이오글로빈 함량이 증가한다. 운동으로 'type I' 근섬유(적색근)가 상대적으로 많아져 색깔이 붉어진다. 색깔이 붉은 것 자체가 품질이 좋다는 의미가 아니라, 도토리를 먹여 운동시킨 하몬 베요타가 우리에서 사료만 먹은 돼지에 비해 육색이 진하다는 것이다.

고급 하몬의 또 다른 특징은 제조 기간이 길어 충분히 숙성을 시킨다는 점이다. 숙성이 잘 된 고급 하몬을 잘라보면 하얀 크리스탈이 박혀있다. 기름 덩어리나 소금이 아니다. 이것은 고기에서 생성되는 유리 아미노산tyrosine crystal의 일종으로 숙성이 잘 되었다는 증거이기도 하다. 하몬은 상온에서 제조하고 상온에서 유통하는 것이 원칙이다. 그러나 얇게 세절하여 재포장해서 팔거나, 가정에서 먹고 남은 것은 냉장고에 보관하기도 한다. 제대로 된 하몬은 실온상태에서 세절한 조각을 입에 넣었을 때 혓바닥에서 지방이 부드럽게 녹으면서 향기가 발산된다. 당연한 이야기이지만, 하몬에 포함된 지방을 함께 먹어야 한다. 기름이 싫다고 제거해버리면 현지인들은 이상한 눈으로 본다.

고급 하몬이 영양가가 더 풍부하고 건강에 유익한가

매스컴에서는 하몬은 영양가가 풍부하다고 소개한다. 어떤 고기가 다른 고기와 비교하여 영양가가 많다 적다고 단정하기는 쉽지 않다. 하몬이 특별히 영양성분이 많이 들어있다고 말하기도 어렵다. 숙성과 발효에 의해 분해된 고기 성분이 늘어나는 것은 사실이다. 이 분해 산물은 새로운 영양성분이라기보다는 향기와 맛에 영향을 미치는 저급분자물이다. 수분을 제외한 하몬의 일반 영양성분 함량은 생고기에 비교해 더 높다. 그것은 영양가를 백분율(%)로 환산하는 함정 때문이다. 생고기에 비교해 건조로 수분이 줄어 상대적으로 고형성분인 단백질, 지방, 미네랄, 비타민 함량이 늘어난다. 생고기에는 1% 미만의 당이 있는데 하몬에는 미생물들이 이를 소진시키기 때문에 없다.

자료를 보면 건강과 관련한 하몬의 지방산 조성이 눈에 띈다. 100% 자연 방목으로 도토리를 먹은 돼지고기로 만든 하몬, 자연 방목과 사료급여를 반반 혼합시켜 키운 돼지고기로 만든 하몬, 그리고 100% 농후사료로만 키워 만든 하몬의 지방산 조성을 분석한 결과를 보면 총 포화지방산이 각각 31.9%, 33.5%, 35.6%였고, 단일불포화지방산은 58.8%, 57.3%, 55.1%였다(González-Domínguez 등, 2020). 자연 방목만으로 키워 만든 햄은 포화지방산이 낮았고, 단일불포화지방산은 높았다. 이중 결합이 1개인 단일불포화지방산은 대부분 올레산이다. 자연 방목으로 운동을 하면서 도토리를 먹고 큰 돼지 하몬일수록 올레산이 높았다.

고기는 올레산이 높을수록 건강에 유익하고 풍미가 좋아진다는 연구 보고가 있다. 올레산은 심혈관 질환에 좋은 지방산으로 알려져 있다. 특히 올리브오일에 올레산이 다량 들어있어 지중해 지역 사람들은 심장질환 환자가 적다고 한다. 이베리코 돼지가 들판을 돌아다니면서 도토리와 여러 허브를 먹은 결과가 아닌가 추론해본다. 스페인 사람들은 보통 레스베라트롤resveratrol이 다량 들어있는 적포도주에 올레산이 다량 들어있는 올리브기름과 하몬을 함께 먹으니, 건강에 1석2조일 것이다.

건강과 관련하여 꼭 짚고 넘어갈 것이 있다면 오메가3 지방산(n3)이다. 이베리코 돼지를 활발히 이동하게 하면서 야생 도토리와 각종 허브를 먹이면 근육 속에 오메가3 지방산 함량이 증가한다. 다시 말해 n6/n3 불포화지방산의 비율이 낮아지기 때문에 이 근육으로 하몬을 만들면 건강 측면에서 좋은 식품이 된다. 하몬 이베리코에 오메가3 지방산이 많은 것은 돼지의 품종이나 장기 숙성에 따른 결과이기보다는 동물복지 하에서 돼지를 길렀기 때문이다. 그밖에 하몬에는 생고기에 들어있는 비타민 B류가 다량 들어있고, 인, 아연, 칼슘, 철분, 마그네슘 등의 무기질도 포함되어 있다. 모두 건조에 의해 성분이 더 농축되어 있다.

스페인 현지에서도 하몬의 종류에 따라 가격 차이가 크게 난다. 어느 유튜브에 의하면, 슈퍼마켓에서 판매하는 최상품인 하몬 이베리코 데 베요타 100%가 50g당 9.3유로, 하몬 세라뇨는 100g당 2.8유로로 판매되고 있다고 한다. 무게당 가격을 비교해보면 무려 7배 차이가 난다. 그만큼 하몬의 품질 차이는 가격 차이로 이어진다.

하몬 먹는 방법

하몬은 두껍게 썰면 질기고 짜다. 그래서 얇게 썰어 조각을 내어 먹는다. 하몬 덩어리를 틀 위에 올려놓고 고정한 다음 포를 뜨듯이 칼로 썰어낸다. 육 조각이 투명하게 보일 정도로 얇게 써는 것이 숙련된 기술자의 역할이다. 소비자들은 슈퍼마켓에서 썰어 포장된 제품을 사거나, 정육점이나 하몬 전문 샵에서 손님의 요구에 따라 즉석에서 얇게 썰어주는 것을 사면 된다. 내가 객원교수로 유럽에 머물면서 단골로 다녔던 벨기에 겐트Ghent시의 생햄 가게는 직접 썰어서 판매하였다. 그러나 당시 하몬을 자주 먹을 수 있는 여건이 못 되어 내가 주로 구입한 것은 하몬이 아니라 벨기에산 생햄인 아르덴 햄Ardennes ham이었다. 조각으로 파는 생햄을 안주로, 또는 빵에 넣어 먹었는데 객지에서의 외로움과 함께 감미로운 맛이 아스라이 기억에 남아있다.

하몬은 스페인 음식문화에서 절대 빠질 수 없다. 스페인 사람들은 치즈, 토마토, 올리브오일이나 올리브 절임, 빵이나 비스켓 등과 함께 하몬을 먹는다. 특히 스페인의 전채요리는 하몬이 함께 한다. 고급 하몬일 경우 얇게 썰어 접시에 따로 놓고 양유로 만든 치즈Queso manchego와 함께 적포도주를 마시면서 안주 삼아 먹는다. 한 접시가 약 50g 정도 된다. 레스토랑에서는 얇게 썬 한 접시의 하몬과 올리브오일을 듬뿍 뿌린 샐러드에 포도주가 제공되는 것이 일반적이다. 스페인 사람들은 샌드위치, 구운빵(또스따나), 비스킷(삐꼬)에 하몬을 곁들어 먹거나, 토마토나 올리브와 함께 샐러드에 넣어 먹는다. 완두콩과 하몬을 섞어 올리브 기름에 볶아 먹는 것을 TV에서 본 적도 있다.

하몬에 멜론 조각을 올려놓고 둘둘 말아 먹기도 한다. 짠맛과 멜론의 단맛이 입안에서 조화를 이루기 때문이다. 유럽국가 중에서 쌀의 소비가 많은 나라가 스페인이기 때문에 그들의 전통요리인 파에야를 만드는데 하얀 양송이, 토마토, 파프리카와 함께 하몬을 넣기도 한다. 스페인과 페루에서도 여러 차례 파에야paella를 먹어봤지만, 모두 새우나 홍합이 들어간 해물 위주였던 것으로 기억한다. 파에야는 우리의 볶음밥과 비슷하게 여러 재료가 들어가기 때문에 특별히 눈여겨보지 않았다. 아마도 해물과 같이, 또는 하몬 조각을 넣어 만드는 모양이다.

이러한 육제품들은 우리나라 대도시에서도 어렵지 않게 찾아 볼 수 있다. 서울에서 스페인 음식점이 눈에 띄어 들어가 본 적이 있었다. 출입구에 뒷다리 살코기 부분이 천으로 덮여 다리 끝과 발굽만 보이는 하몬이 있었다. 다분히 손님들에게 보이기 위한 전시용 같았다. 메뉴에 하몬이 들어있는 전채요리를 주문하였는데, 하몬은 없고 대신 초리소만 있다며 양해를 구하였다. 꿩 대신 닭인가 생각했지만, 초리소의 특이한 맛이 살아 있었다.

하몬은 스페인이 자랑하는 전통식품이자 민족 식품이다. 하몬에 대해 그들은 우리의 김치 이상으로 강하고 무한한 애정을 갖고 있다. 그래서 좋은 의미의 감탄사로도 쓴다. 곧 "당신은 나의 하몬입니다!"처럼 사랑의 메시지로도 쓰인다. 멋있는 남자에게 "하몬 같다"라든지, 멋있는 여자에게도 하몬을 비유하기도 한다.

또한, 하몬을 섹스와 관련시키기도 한다. 1994년 우리나라에 소개된 영화 〈하몽하몽〉은 욕정에 눈이 먼 네 남녀의 애정행각을 주제로 한 막장 드라마 같은 에로영화이다. 발가벗은 돼지 뒷다리가 주렁주렁 걸려있는 화면은 성性을 연상시킨다. 영화는 하몬 숙성실에서 판매 일을 하는 라올의 성적 이미지를 강하게 부각하고 있다. 그가 여자의 엉덩이를 때리면서 "넌 하몬이야!"라고 말하는 장면이 나온다. 하몬의 풍부한 향기와 입에 짝 달라붙는 부드러운 질감을 연상하여, 아름답고 매력 있는 여성을 비유 묘사하고 있는 것이다.

02 _ 이탈리아의 프로슈토Prosciutto

프로슈토는 이탈리아에서 생산되는 전통 생햄이다. 스페인의 하몬과 쌍벽을 이룰 정도로 많은 사람에게 알려진, 세계적으로 명성이 높은 육제품이다. 그렇지만 우리나라에서는 80년대 초까지 프로슈토라는 이름은커녕 생햄이라는 단어조차 생소했었다. 당시는 해외여행도 가기 쉽지 않았고, 식량 자체가 자급자족이 안 되는 상황이었으니 육가공식품이란 사치였다. 그저 입에 풀칠하기 바빴던 시절에서 막 벗어나 급격히 경제가 성장하기 시작한 때였다.

내가 프로슈토라는 햄을 실물로 본 것은 1983년이었다. 한국식품연구원(당시 농어촌개발공사 식품연구소)의 신입연구원으로 입사하여 주어진 첫 업무가 상온에서 오랫동안 먹을 수 있는 생햄을 만드는 일이었다. 나중에 알고 보니 당시 농림부 장관이 이탈리아를 방문하여 그곳 농가에서 만든 생햄(프로슈토) 견본을 가지고 와 우리나라 농가에도 적용이 가능한지 연구소에 의뢰한 것이다. 말이 의뢰이지 정부 산하 연구소 입장에서는 명령으로 받아들이는 분위기였다.

1980년 1인당 고기소비량은 연 11.3kg이었고, GNP가 2천 달러가 될까 말까 한 시절이었다. 1960~70년대는 허리를 졸라매고 열심히 일해 중소 소비재공업에서 중화학 공업으로 전환하려고 애쓰던 시절이었다. 절대적 식량부족에서 겨우 벗어나려 할 즈음, 이상하게 생긴 돼지 뒷다리는 우리가 먹어야 할 음식과는 전혀 상관이 없는 개체로 보였다. 꿈같은 육제품이었다. 연구소에는 경력이 많은 선임 연구원도 몇 명 있었는데도 신입 연구원에게 그야말로 신선한 연구주제를 맡긴 것이다. 이렇게 해서 프로슈토라는 이탈리안 생햄과 씨름하기 시작했다.

4년 동안 연구하면서 발생했던 해프닝이나 실패담은 이루 말할 수가 없다. 우여곡절 끝에 연구를 마무리하니 보람도 있었고 아쉬움도 많았다. 보람이라면 한국에 전무한 발효육 연구를 수행하여 그 성과로 논문도 내고 국내외 특허를 획득하였다는 점이다. 김치를 고기에 응용하여 만든 김치 발효 소시지 제조방법을 독일과 영국에 특허를 출원하여 등록을 마쳤다. 유럽 학자들이 김치가 뭐냐, 김치에 있는 젖산균이 고기에서 잘 자라느냐, 위생적으로 문제가 없느냐, 맛은 어떻냐 등 여러 질문을 하고 관심을 보이기도 했다.

프로슈토 생산지의 자연환경과 역사

육류식품 측면에서 보면 이탈리아의 프로슈토가 유명하지만, 우리에게 잘 알려진 피자나 파스타라는 다른 음식도 있다. 이탈리아는 워낙 세계문화유산의 보고이기 때문인지 관광객들이 음식까지 신경을 쓸 여지가 없어 보인다. 여기에서 생산되는 햄과 소시지는 오래된 전통과 독특한 맛을 가진 또 다른 문화유산임에도 불구하고 상대적으로 눈에 덜 띄는 것이 아닌가 생각한다. 그렇지만 이탈리아의 육류가게에는 우리나라에서 볼 수 없는 육가공 제품이 가득 전시되어있어 놀라게 된다. 로마가 하루아침에 이루어지지 않았듯이, 이들이 다양한 육가공 제품을 먹어 온 것은 이탈리아반도가 갖는 자연조건과 그들의 오래된 음식문화가 있었기 때문이다.

이탈리아는 장화 모양의 반도로 삼면이 바다와 접해있다. 사계절이 뚜렷하여 옛날부터 농업이 발달하였다. 여름은 덥고 건조하며, 겨울에는 비가 많이 내리지만 온화한 편이다. 남부지역에는 해산물, 포도주, 가지,

토마토, 올리브 등이 풍족하고 피자와 파스타가 유명하다. 북부지역으로 갈수록 알프스산맥 가까이 가면서 목초지가 많다. 북부지역은 다른 나라와 국경을 마주하고 있어 일반 산업도 발달하였고, 축산업도 융성하여 우유와 고기 제품이 많이 생산된다. 따라서 오래전부터 중북부 지역은 프로슈토를 비롯하여 다양한 육가공 제품을 만들어 왔던 곳이다.

이탈리아의 고기의 역사는 오래되었다. 문헌에 의하면 기원전부터 돼지를 길렀고, 그 고기를 저장하였다고 한다. B.C 5세기경 북부지역에 켈트족이 정착하여 돼지고기를 염장鹽藏했다고 전해지고 있고, 그 이전 B.C 8세기경부터 중부지역에서 에트루리아인이 돼지를 길렀다고 한다. 로마의 장군이자 역사가였던 카토Marcus Porcius Cato(B.C 234~149)가 지은 『농업론』은 오늘날의 방식과 비슷하게 돼지고기를 소금에 절이는 법을 소개하였다. 2세기경 로마 공화정 말에 살았던 베로네Marco Terenzio Varrone도 『농업론』에서 이 지역의 주민들이 대규모로 돼지를 기르고, 그 고기를 소금에 절여 먹었다고 기록한 바 있다.

B.C 3세기 무렵부터 로마가 반도 전체를 지배하면서 언어를 라틴어로 통일하였지만, 서로마 제국이 멸망한 후로는 독립적이고 체계적인 하나의 나라로 유지되지 못했다. 명목상 신성로마제국이었으나 실제 독립된 도시국가 형태로 흩어져 유지하였다.

15~16세기에는 스페인과 오스트리아의 분할지배를 받았고, 이후 프랑스 속령이 되기도 하였다. 따라서 중세에는 독립된 도시국가들이 상호 연계하면서 산업을 발전시켜 나간 것으로 보인다. 당시 돼지고기를 소금에 절이는 상인들의 길드guild인 '아르테 데일 라르다롤리Arte deil Lardaroli'가 조직되어 본격적으로 프로슈토의 상업적 생산이 이루어졌고 한다. 18세기 파르마 공국의 수상이었던 구글리엘모 두 틸롯Guglielmo du Tillot은 프로

슈토를 비롯한 식육 산업의 발전을 위해 파르마 지역에 돼지 도살장을 두 곳 건설할 계획을 세우기도 했다는 기록이 전해진다.

19세기 말에 이르러 비로소 이탈리아는 하나의 왕국으로 반도 전체를 통일할 수 있었다. 그래서 고기 가공제품들이 이탈리아 중북부 지역에서 두루 제조되었고, 도시별로 독특한 제조법과, 이에 따른 다양한 맛을 만들어 냈다. 이 제품들이 오늘날까지 향토성을 유지하며 생산되고 있어 EU로부터 원산지보호인증을 받고 있다.

이와 같이 프로슈토만 보더라도 2천 년의 역사를 갖고 있다. EU로부터 받은 원산지보호인증제품이 일곱 곳이 있는데, 그중 프로슈토 파르마 prosciutto di Parma와 프로슈토 산 다니엘prosciutto di San Daniele이 전통이 있으면서 품질이 우수한 것으로 알려져 있다.

프로슈토는 '바싹 건조된'이라는 뜻을 가진 라틴어 '페렉스숙툼 perexsuctum'과 이탈리아어로 '건조 시킨, 건조하게 둔'이라는 뜻의 프로슈가토prosciugato라는 말에서 유래하였다고 한다. 곧 프로슈토는 뼈가 포함된 돼지 뒷다리를 소금에 절여 건조, 숙성시키는 과정을 나타내는 말이다.

프로슈토는 스팀 오븐에서 저온으로 가열해 먹는 프로슈토 고또prosciutto còtto와 생것을 먹는 프로슈토 끄루도prosciutto crudo로 구분된다. 프로슈토 고또는 밝은 분홍색을 띤다. 천천히 가열하였기 때문에 조직이 부드럽고 촉촉하다. 때로는 맛을 더하기 위해 허브나 향신료로 양념하거나 소금으로 간을 한다. 주로 샌드위치에 끼워 치즈, 백포도주와 함께 먹는다. 프로슈토 끄루도는 생햄이다. 생햄은 오랫동안 잘 숙성시켜 완성된 맛을 내기 때문에 가열하지 않고 먹는다. 생햄은 진한 붉은색을 띠며, 대리석처럼 하얀 지방이 함께 들어있어 풍미를 더욱 증진 시킨다. 얇게 썰어 입에 넣으면 지방이 혀에 녹아 사라지고 남은 질감의 육은 달콤하면서도 짠맛을 낸다. 영미에서는 프로슈토를 제조하거나 조리할 때 생것, 가열한 것을 구별하지 않는다고 한다. 보통 전통 프로슈토라 하면 가열하지 않은 생햄을 말하며, 이것을 더 고급으로 여긴다.

세계인들에게는 파르마 지역에서 생산되는 프로슈토가 잘 알려진 것 같다. 이는 파르마 햄parma ham이라고도 부른다. 파르마 지역은 비아 에밀리아Via Emillia로부터 남쪽 5km 근방, 동으로는 엔자Enza 강, 서로 스티로네Stirone 강에 닿으며, 그 사이에 넓은 평야가 있고 주변이 구릉이다. 주로 이 구릉에서 햄을 제조하는데 약 900m까지 고도가 제한된다. 여름은 맑고 화창하며, 겨울은 춥고 눈이 오는 대륙성 기후다. 최고기온은 17.6℃, 최저기온은 9℃, 강수량은 777mm로 기온이 서늘한 편이어서 프로슈토를 생산하기에 적합하다.

파르마의 자연환경도 프로슈토 생산에 영향을 끼쳤다고 한다. 전통적으로 프로슈토는 창문을 열어놓고 바람이 잘 통하는 곳에 걸어두면서 건조 시켰다. 베르실리아Versilia로부터 불어오는 바닷바람은 아페니노Apennine 산맥을 넘거나 마그라 계곡Val di Magra의 울창한 수풀을 거치며 소금기가 적당히 빠지게 되는데, 이 바닷바람이 프로슈토에 닿으며 단맛과 향을 더하는 작용을 한다. 이것이 그 어느 지역보다 고품질의 프로슈토를 생산할 수 있는 여건이 되었다.

고급 햄을 만들기 위해 좋은 고기를 사용하는 것은 당연하다. 파르마 햄은 중세시대부터 토종 흑돼지의 뒷다리를 사용하였다. 그러나 200여 년 전에 영국으로부터 라지 화이트Large White, 랜드레이스Landrance, 듀럭Duroc breeds 등 개량종 돼지를 도입하여 대체하였다. 개량종은 잘 자라고 육질이 우수하면서도 생산단가가 저렴하기 때문이었다. 보통 9개월 정도의 생체중 140kg 이상 된 돼지를 택한다. 중북부의 지정된 10여 곳에서 인증을 받은 지역산 돼지만 택한다. 그러나 예전의 토종 흑돼지를 다시 사용하려고 하는 농가도 있다고 한다.

파르마 햄용 돼지는 일정 기간 농장을 자유롭게 돌아다니게 하여 스트레스가 없이 길러야 한다. 돼지가 스트레스를 받으면, 도축하였을 때 고기에 진물이 흐르고 육즙과 영양소가 빠지게 되며 변색한다. 스트레스를 받지 않은 건강한 돼지고기가 우수한 원료육이다. 두 번째로, 파르마 햄용 돼지는 파미지아노 레지아노 치즈Parmigiano Reggiano를 생산하고 남은 천연 부산물과 유청을 먹여 키운다. 파르마 지역은 낙농업이 발달하여 치즈를 많이 만들기 때문에 자연스럽게 치즈 부산물이 많이 생긴다. 유청을 먹인 돼지로 프로슈토를 만들면 다른 햄과 구별되는 견과류 향이 난다. 일반 생햄은 소금만으로 염장하지만, 파르마 햄은 소금에 후추와 지역산 허브, 마늘 등을 섞어 염지한다. 반드시 바다 소금을 사용해야 하며. 지역에 따라 허브나 양념이 약간씩 달라 전체적으로 향기와 맛이 차별화된다.

파르마 햄은 최소 1년 숙성시켜야 하지만, 고급 제품은 2년 또는 3년까지 숙성한다. 완성된 햄을 진공 포장하면 1년 동안 보관이 가능한데, 개봉하면 40일 이내에 먹는 것이 좋다. 파르마 햄 중에서도 스페셜Prosciutto di Parma special이라 불리는 고급 햄이 있다. 고기뿐 아니라 들어가는 모든 원료가 100% 자연산이다. 당연히 인공 첨가제, 보존제, 호르몬, 질산염이나 아질산염을 사용하지 않는다. 파르마 햄은 최소 일반 프로슈토보다 2배 정도 길게 숙성시켜 깊은 풍미가 나도록 한다. 그러나 섬세하고 달콤한 맛과 부드러운 질감을 똑같이 가진 프로슈토는 없다고 한다. 맛과 풍미가 제품마다 조금씩 다르다는 의미다.

발효육에 관한 어느 책의 머리말에 "고기 발효는 과학이 아니라 예술이다"라는 구절이 생각난다. 고기 발효학이란 기술적으로 미생물을 투입하고 발효를 조절하는 측면에서 학문이 맞지만, 완성되는 제품의 특성은 일관되지 못하다고 뜻이다. 이 구절은 발효를 조절하는 과학적 노력에도 불구하고 최종 육제품에 미치는 영향요인은 다양하다는 의미이다. 그래서 교과서적으로 공식화된 방식보다 장인의 오랜 경험이 더 중요하다는 것을 의미한다고 할 수 있겠다.

이탈리아의 중북부 지역에서 염장, 숙성시킨 생햄을 프로슈토 또는 파르마 햄이라고 부르지만, 유사한 명칭의 육제품들이 더 있다. 연기를 쐬고 특정 양념을 첨가하여 강한 맛을 내는 스팩speck도 있고, 뼈를 제거하고 살코기 부위를 싸매어 만든 쿨라텔로라는 제품도 있다.

어떻게 만들고 조리하나

파르마 햄을 만드는 기본 공정은 다음과 같다. 원료육 선택 → 염지(소금을 바름) → 염장(소금이 육내 침투하는 공정) → 세척(과도한 염분 제거) → 1차 숙성 건조 → 기름 페이스트sugna 칠(표면 과건조 방지) → 2차 숙성 건조 → 완성 → 세분할 및 포장.

우선 인증된 농가에서 사육한 흰색돼지 뒷다리를 택한다. 유청을 먹인 9개월 이상, 140kg 이상의 돼지이다. 살라토레salatore라 불리는 장인이 돼지 뒷다리에 소금을 뿌리고 비빈 다음 냉장상태에서 약 1주일간 보관하고, 이후 다시 소금을 뿌리고 비벼서 약 3주일 정도까지 둔다. 5℃ 이하, 75%의 습도에서 약 70일간 두어 염분이 고기 내부로 스며들도록 한다. 미지근한 물로 뒷다리를 씻고 솔을 이용해 남아있는 소금과 불순물을 제거한다. 표면의 과잉 염분을 없애기 위해 1~2시간 물에 침지하고, 이후 마를 때까지 걸어둔다.

세척한 뒷다리를 창문이 있는 트인 공간이면서도 그늘진 창고 선반scalere (스칼레레)에 약 3개월간 걸어둔다. 이때 풍미가 형성되면서 건조된다. 표면의 과잉건조를 막기 위해 돼지비계, 소금, 쌀 전분을 혼합한 페이스트를 바르고, 다시 서늘하고 공기가 통하는 저장고cella로 옮겨 걸어 놓는다. 이렇게 염장을 2~3개월 하고 1년에서 3년간 건조 겸 숙성시킨다. 숙성이 끝난 햄은 출하하기 전 피불라fibula라고 부르는 말의 뼈로 만든 바늘을 지방과 살코기 경계에 살짝 찔러 넣어 향을 확인한다. 뼈바늘은 향을 잘 흡수하고 빨리 사라져 연속적으로 사용할 수 있고, 고기 조직에 손상을 주지 않는다.

파르마 햄의 모든 생산 과정은 파르마의 프로슈토 협회에 의해 엄격히 관리 및 통제되고 있다. 원산지, 제조방법, 품질을 인정하고 보호하는 공식기관으로, 모든 사항을 준수하면 왕관 모양의 인증마크를 제품 표면에 새긴다. 이탈리아에는 파르마 햄을 제조하는 곳이 160개 있고, 쿨라텔로를 제조하는 곳은 수십 군데가 있다고 한다.

프로슈토는 짭조름하고 달콤한 향과 부드러운 식감이 있어 전채요리, 샐러드, 파스타, 피자, 메인 요리에까지 다양하게 쓰인다. 숙성이 잘 된 프로슈토는 얇게 썰어 생것으로 먹는다. 더 맛있게 먹으려면 냉장고에서 꺼내 실온에 내놓아야 한다. 그래야 기름이 입안에 녹아내리고 맛과 향기가 살아난다. 당연한 이야기이지만, 외부 층에 있는 지방은 프로슈토의 맛과 향, 그리고 질감에 균형을 부여하므로 함께 먹어야 한다. 슬라이스한 파르마 햄을 간단하게 치즈와 빵에 곁들여 먹을 수도 있고, 무화과나 멜론 등 과일과 함께 먹어도 좋다. 과일의 단맛이 프로슈토의 짭조름한 맛과 궁합이 잘 맞아 조화를 이룬다.

또한, 그리시니grissini(스틱으로 된 빵)나 아스파라거스에 돌돌 감아 백포도주와 함께 전채요리로 먹어도 좋다. 샐러드나 피자, 파스타, 리소토에 토핑으로 올리거나 파니니의 속재료로 쓰기도 한다. 생선이나 육류 등 메인요리에 곁들여 나오기도 하는데, 특히 로사 디 파르마rosa di Parma(프로슈토, 치즈, 세이지 등으로 속을 채운 소고기 안심 요리)와 토르텔리니tortellini(속을 채워 만드는 파스타로 프로슈토가 종종 속으로 사용됨)는 프로슈토를 이용하는 클래식한 요리의 하나이다. 익혀 먹는 고또는 숙성기간은 짧고 짠맛이 더 강한 편인데, 피자, 파스타 등의 요리에 이용된다.

매년 파르마 지역에서는 프로슈토 축제Festival del Prosciutto가 열려 그들의 전통 육가공 제품을 홍보하고 즐긴다. 이 기간 프로슈토 공장들은 생산 현장을 공개, 제조 과정을 직접 볼 수 있고 무료 시식도 할 수 있다.

하몬과 프로슈토

사람들은 스페인의 하몬과 이탈리아의 프로슈토를 비교하길 좋아한다. 세계적 명성을 가진 두 고급 햄의 공통점이 무엇이고, 어느 것이 더 맛있는지, 제조방법의 차이나 가격을 물어보는 이도 있다. 둘 다 건염한 생햄이므로 제조 원리는 동일하고, 오래 숙성시킬수록 풍부한 향이 생성되어 고급 햄이 된다. 모두 고도가 다소 높아 서늘하고 바람이 잘 통하는 지역에서 탄생했다. 이탈리아에서는 파르마와 산 다니엘 등 북부 에밀리아로마냐 지역에서 최고 품질의 제품이 생산되고, 하몬은 스페인에서 고도가 높은 트레벨레스 지역이 최적의 조건이다.

그러나 돼지의 품종이나 원산지, 사육방법, 원료육의 부위, 염지 방법, 그리고 햄의 관리규정은 조금 다르다. 하몬은 돼지 뒷다리의 허벅지부터 발목까지 모두 사용하지만, 프로슈토는 허벅지 부분만 쓴다. 하몬 이베리코는 품종과 사육방법에 따라 등급과 관리규정을 세분화한다. 그리고 최상품 이베리코 100%는 전체 물량의 3~4%밖에 안 되어서 프로슈토와 비교하여 우열을 가리기에는 형평성이 떨어진다. 스페인의 대중적인 하몬은 세라노serrano이다.

파르마 햄은 하몬 이베리코와 다르게 세분화하거나 내부등급을 매기지 않고 전체를 통틀어 관리규정을 정하고 있다. 하몬 이베리코는 돼지가 많이 움직이기 때문에 색깔도 붉고 진하다. 파르마 햄은 돼지에게 유청을 먹이기 때문에 독특한 견과류 향이 난다. 미묘한 맛 차이를 설명하기는 대단히 어렵지만, 확실한 것은 숙성을 오래 할수록 깊은 맛을 낸다. 유럽인들에 의하면, 파르마 햄은 세라노보다 더 달고 촉촉함을 느낀다고 한다.

벨기에의 겐트대학에 있을 때 각국의 건염 생햄을 놓고 블라인드 테스트 검사 요원으로 참여한 적이 있었다. 당시 내가 가장 맛이 있다고 판정한 햄은 스페인이나 이탈리아 햄이 아니라 벨기에산 간다 햄Ganda ham이었다. 외국인이 선택한 가장 맛있는 햄이 자기 나라의 햄이라고 하니 꽤 좋아했다. 이같이 염장 숙성시킨 생햄은 사람마다 취향이 다를 수 있다. 어쩌면 내가 참된 숙성 맛을 제대로 감별하지 못했는지 모른다. 우리나라에서 외국인이 김치맛, 된장과 고추장 맛을 제대로 평가하지 못할 수 있는 것처럼 말이다. 그래도 프로슈토가 세계적 명품 육가공품임에 이의를 다는 사람은 없다.

03 _ 이탈리아의 쿨라텔로와 카포콜로

이탈리아는 나라 전체가 역사문화의 보고이지만, 고기 문화에 관심을 두고 여행하면 그 즐거움이 배가될 수 있다. 시내 곳곳의 육류판매점에는 각종 가공된 덩어리 고기가 주렁주렁 걸려있고, 유리 냉장고에도 전시하고 있다. 슈퍼마켓의 진열대도 소포장된 많은 육제품이 손님을 기다리고 있다. 우리에겐 참으로 이채로운 풍경이다. 맛을 보려고 해도 워낙 종류가 많아 정보가 충분치 않으면 어떤 것을 고를지 망설여진다.

우리와는 달리 그들은 진열된 냉장고에서 가공제품 덩어리를 꺼내 조금씩 잘라 팔고 있다. 소비자들이 내부 모양이나 색깔을 눈으로 확인하고 원하는 것을 선택할 수 있다. 앞으로 우리도 햄과 소시지를 잘라서 파는 시대가 오리라 생각되지만, 아무튼 제품의 종류나 판매방식이 생소하다. 벽에 걸린 하얀 육제품 중에서 그물망으로 싸여있거나 노끈으로 묶여있는 동그랗게 생긴 고기의 덩어리가 유난히 눈에 띈다. 이탈리아의 전통 육가공품인 쿨라텔로이다.

쿨라텔로culatello

쿨라텔로는 염장하여 자연발효와 숙성을 거쳐 생으로 먹는 육가공 제품이다. 표면 부위에 그물망 형태의 주름이 있는 둥근 모습이 이탈리아인들은 배pear(과일)같다고 생각했나 보다. 지중해 지역에서 생산되는 배인지 모르지만, 우리가 보기에는 배라는 느낌이 들지 않는다. 겉에는 검고 어두운 바탕색 위에 하얀 곰팡이가 퍼져있다. 칼로 잘라 내부를 보면 붉은색 살코기와 하얀 지방이 선명하게 대조를 이루고 있다.

쿨라텔로 생산지역이나 역사, 만드는 방법 등은 프로슈토와 비슷하다. 제품의 기원이라 할까, 최초의 제조는 프로슈토에서 시작되었다. 프로슈토를 만들기 위해 돼지 뒷다리를 소금에 절이는 작업을 하던 중세의 어느 노르치노norcino(도축가공업자)가 깜박 다른 생각을 하다가 뼈를 발라버렸다. 뼈가 제거되었어도 프로슈토를 만들 수밖에 없어 같은 방법으로 염장하여 건조 숙성시킨 것이 쿨라텔로이다.

뼈를 발라내는 과정에서 고기 덩어리는 여러 조각으로 잘릴 수밖에 없어 하나의 형태로 유지하려면 단단히 묶을 필요가 있었다. 그래서 소나 돼지의 방광에 조각난 고기의 덩어리를 넣고, 그것을 실로 단단히 묶어 가능한 한 공기가 들어가지 않도록 했다. 오늘날에는 방광 대신 성분이 유사한 콜라겐으로 감싸 단단히 묶어 만든다.

뼈가 없는 것 외에 쿨라텔로가 프로슈토와 다른 점은 무엇인가? 한마디로 더 고급 제품이다. 자연발효와 숙성을 유도하는 점은 같으나, 인위적으로 소금이나 허브를 넣을 수 있다. 프로슈토는 바닷소금으로 표면을 염지하지만, 쿨라텔로는 바닷소금에 마늘, 적포도주, 각종 허브를 내부에 직접 넣을 수 있다. 그리고 육량이 적기 때문에 동일 기간일지라도 염지와 숙성이 잘되는 특징이 있다. 프로슈토는 돼지 뒷다리 모두를 사용하기 때문에 뼈뿐 아니라 껍질, 지방이 많이 들어있지만, 쿨라텔로는 뒷다리 윗부분의 살코기만 도려 쓴다.

생산지는 모두 이탈리아 중북부 지역이다. 전통적으로 쿨라텔로 제조 지역은 안개가 많이 끼는 서늘하고 습한 곳이다. 여기에서 방광 표면에 인체에 해가 되지 않는 곰팡이가 끼고, 이들이 만드는 단백질 분해효소의 작용으로 고기의 거대 단백질 분자가 맛과 향을 내는 저급 분자로 변한다. 단백분해효소에 의해 숙성이 잘 이루어지면 짭조름하면서도 잘 익은 단맛, 우마미umami맛, 오랫동안 여운이 남는 섬세한 맛을 내기 때문에 프로슈토보다 가격이 더 비싸다.

유럽에서 명성이 높은 전통 육가공품은 기후와 지형, 돼지를 키우는 조건, 장인들의 기술, 그 지역의 식문화 특성이 함께 어우러진 결과물이라고 보면 된다. 파르마 지역에서 생산되는 프로슈토가 최고이듯이, 지벨로 지역에서 생산하는 쿨라텔로 디 지벨로Culatello di Zibello가 최고의 명성을 자랑한다. 지벨로는 이탈리아의 에밀리아로마냐Emilia-Romagna 주에 속하며, 파르마와 가까운 곳이다. 포강Po river에서 불어오는 안개 바람과 함께 연중 습도가 높은 지역이라 전통적으로 그 근처에서 쿨라텔로를 제조하여 왔다.

주변은 비옥하여 숲이 많고 곡류를 많이 생산한다. 검은색, 적색 반점이 있는 돼지에게 옥수수를 먹이거나, 들판에 방사하여 도토리, 떡갈나무, 너도밤나무 열매를 먹이며 2년간 키운다. 인근에는 우유 산업도 발달하여 치즈를 만들고 남은 유청이나 부산물을 돼지에게 먹인다. 이렇게 키운 돼지의 뒷다리가 14~15kg에 이르면 원료육으로 도축한다. 그들은 서늘하고 고습한 기후가 쿨라텔로의 품질에 절대적으로 영향을 미치므로 이 지역이 최적의 장소라고 주장한다. EU로부터 DOP(원산지명칭보호)를 인정받은 쿨라텔로는 그들에게 대단한 자긍심을 심어준다.

옛날부터 유럽의 농가에서는 '1년 양식'이라는 개념으로 가을과 겨울에 돼지를 잡아 소금에 절이는 작업을 하였다. 이탈리아는 성 안드레(11월 30일) 날과 성 안토니오(1월 17일) 날에 돼지를 잡았다고 한다. 그러하니 11월에서 이듬해 2월까지가 도축의 계절이다. 냉장고가 없던 시절 겨울은 고기를 가공하는데 유리했다. 염장하기에도 기온이 적당히 낮아 초기에 미생물에 의해 발생할 수 있는 부패를 줄일 수 있다.

쿨라텔로를 제조하기 위해서는 먼저 도축한 뒷다리 부위를 택해 엉덩이 윗부분을 잘라낸다. 양념과 허브를 혼합한 소금으로 절여 놔둔 고기를 방광 속에 넣어 실로 묶어준다. 일정 기간 적당한 온도와 습도, 공기의 흐름이 있는 장소에 걸어둠으로써 발효, 숙성, 건조가 이루어진다. 일반 제품은 8개월, 고급 제품은 염장 후 14개월 동안 숙성시키면 무게가 3~5kg

정도로 줄어든다. 장인들의 오랜 숙련 작업으로 방광 표면에 흰곰팡이가 피면 정상적으로 발효가 진행된 것이다. 곰팡이 자체가 몸에 해롭지는 않지만 이를 먹지는 않는다. 검은색이나 청색 곰팡이가 피면 발효와 숙성이 잘못된 것으로, 건강에 해로운 독성물질이기에 폐기 처분해야 한다.

쿨라텔로를 먹는 방법은 프로슈토와 비슷하다. 표면 곰팡이를 솔로 털어버리고 먹거나, 때로는 맥주로 깨끗이 씻고 포도주에 2~3일간 담근 후에 먹기도 한다. 표면에 과도한 지방이 있다면 제거한 다음 얇게 슬라이스 한다. 쿨라텔로 고유의 맛과 향을 즐기기 위해 다른 부재료와 섞지 않고 따로 먹기도 하지만, 주로 전채요리에 포함하여 먹는 것이 일반적이다. 파르마에서 생산되는 신선한 버터, 헤이즐럿hazelnuts, 트뤼플truffles과 함께 하거나 고급 현지 흰 빵과 함께 먹으면 좋다. 파르미지아노 레지아노 치즈와 함께 샌드위치에 넣어 먹어도 일품이란다.

이같이 쿨라텔로는 중세의 한 도축가공업자의 실수가 만든, 이탈리아를 대표할 만큼 명성이 높은 고급 육제품이다. 육가공 기술자들에게는 고기를 다룰 때 실패를 두려워하지 말라는 말이 있다. 시행착오를 거쳐야만 그것이 쌓여 진정한 기술이 된다는 의미다. 쿨라텔로가 탄생한 것도 도제 정신이 함께 녹아있었던 결과일 것이다.

카포콜로capocollo

카포콜로는 돼지 목살로 만든 발효 생햄으로, 프로슈토와 비슷한 방법으로 제조된다. 짧게 코파coppa라고도 부른다. 론자lonza, 론지노lonzino라고도 하고, 지역에 따라 가바골gabagoul, 카피콜로capicollo 등으로도 불리지만, 공식 명칭은 카포콜로이다. 이탈리아어로 capo는 돼지의 머리이고, collo는 돼지의 목이기에 두 단어가 합쳐 카포콜로가 된 것이다.

그러므로 프로슈토와 쿨라텔로는 돼지 뒷다리를 원료육으로 사용하나, 카포콜로는 정확히 목 부위 고기와 4번째 또는 5번째 갈비까지 연결된 어깨살을 원료육으로 이용한다. 우리나라에서도 목과 어깨 부위의 근육을 항정살이라고 부르는데, 카포콜로 제조용 고기와 같은 부위인지는 확실치 않다. 제조방법은 모두 비슷하나 프로슈토보다 염지, 건조하는 기간이 짧은 편이다.

이탈리아 육제품별 차이점을 이 정도까지 구체적으로 알 필요가 없다고 생각할 수도 있겠지만, 이탈리아에서 다양한 고기 가공식품을 먹고 싶고 그 맛에 흥미를 느꼈다면 최소한의 기본적인 차이점을 알아두면 즐거움이 배가된다. 판체타나 관찰레가 베이컨류라면, 프로슈토와 쿨라텔로는 뼈가 있고 없는 차이일 뿐 뒷다리로 만든 햄류이다. 그리고 카포콜로는 목살과 일부 어깨살로 만든 햄이다.

카포콜로는 오래전부터 돼지를 많이 길러왔던 중북부 에밀리아로마냐주의 피아첸차Piacentza 지역에서 생산된 것이 가장 유명하다. 이 지역에서 생산되는 것을 코파 피아첸티나coppa piacentina라고 한다. 이 지역은 가장 추운 1월 평균온도가 약 2℃이고 가장 더운 7~8월은 평균 23℃이며, 연중 습도는 73~89%이다. 농가에서 가을에 만들면 겨울에 얼지 않고, 여름에도 숙성하기에 무리가 없다. 물론 오늘날에는 온도와 습도, 공기 흐름이 조절되는 저온 숙성실에서 대량 생산되고 있다.

유럽에서 육가공 산업이 발전되기 시작한 것은 15세기 전후부터이다. 이 시기는 신神의 세계에서 인간을 위주로 살고자 했던 르네상스 시대로의 전환기였다. 전까지 금욕의 상징이었던 고기는 기독교 문화에서 이제 누구나 자유롭게 먹고 즐길 수 있는 식품이 되었다. 오랫동안 고기를 금기시했던 수도원이나 성당도 음으로 양으로 고기를 먹어왔다. 중세시대

피아첸차의 산 사비노 성당과 보비오의 산 콜롬바노 성당 바닥 모자이크에서는 12월에 돼지의 도축, 가공 및 거래가 일반화되었음을 확인할 수 있다.

카포콜로의 기본적인 제조법은 프로슈토와 마찬가지로 소금에 절여 건조와 숙성을 시킨다. 도축 후 일부 남아있는 피를 뺀 약 2.5kg의 목살과 어깨살에 소금, 마늘, 포도주, 후추, 정향, 육두구, 계피, 베이리프 등으로 문질러 주면서 냉장상태에서 소금과 향이 배도록 1주일 이상 정치시킨다. 자연산 케이싱에 충진하거나 정제한 돼지 비계막hard skin으로 고기를 싸고 줄로 단단히 묶은 다음 10~15일간 건조실에 보관한다. 때로는 본격적으로 건조하기 전에 케이싱 표면에 매운 파프리카를 문질러 주기도 한다. 마지막으로 10~20℃와 상대습도 70~90%에서 6개월에서 1년까지 걸어두어 완성한다.

코파 피아첸티나의 외관은 원통 모양으로 끝부분이 약간 얇다. 무게는 1.5kg 정도로 작은 편이다. 절단하여 내부를 보면 지방층이 균일하게 분포하며, 살코기의 붉은색과 지방의 흰색이 대조를 이루어 선명하게 보인다. 단맛이 강한 편이고 은은한 향이 난다. 오래 숙성하면 맛이 더 강해진다. 이탈리아 현지에서는 튀긴 과자에 절인 채소와 함께 먹거나 레드 와인의 안주로 먹기도 한다. 다른 고기와 치즈, 그리고 멜론을 끼워서 먹거나 애피타이저로 즐길 수도 있다고 한다.

제6장

세절한 고기로는 소시지

01 _ 소시지sausage

소시지를 모르는 사람은 없을 것이다. 우리나라에서도 어린 아이부터 노인까지 대중에게 잘 알려진 대표적인 육가공 제품이라 할 수 있다. 그만큼 대중성이 있다는 것은 특수한 음식이 아니라는 의미일 게다. 한때는 일본식 발음으로 '소세지'라고 불렀지만, 국어사전에는 '소시지'가 표준 외래어이다. 아주 오래전부터 오늘날까지 동서양을 막론하고 소시지는 고기 가공품 중에 서민들이 많이 먹어왔던 대중 식품이다.

물론 우리는 전통적으로 음식문화가 따로 있고, 서구에서 도입된 육가공의 역사도 짧아 유럽의 식생활과 비교할 수는 없지만, 소시지 자체는 귀한 음식이었다. 우리나라에서는 일제 강점기에 처음으로 소시지를 생산하기 시작하였고, 한국전쟁 이후 미군을 통해 소시지 제품이 대중에게 소개되었다. 1980~90년대에 경제발전에 따라 생산과 소비가 급격히 늘어나기 시작하였다.

소시지는 고기에 소금과 양념을 넣고 함께 갈아서 섞은 다음 케이싱에 넣어 만든 육제품이다. 전통적으로 내용물을 창자에 넣어 만들었지만, 오늘날에는 대부분 인조 케이싱에 넣어 만든다. 우리나라는 전통적으로 농가에서 만들지 않았고, 개인이 만들어 판매하는 것도 허용하지 않았다. 지금까지 공장에서 대량 만들어 소비자에게 판매해 왔기 때문에 단순한 몇 종류의 제품만 생산할 수 있었다. 최근에는 법이 개정되어 유럽처럼 정육점에서 개인이 만들어 팔 수 있도록 제도가 마련되었다. 수제 소시지로써 그만큼 여러 종류의 제품을 만들 수 있는 법이 확보된 셈이다.

소시지는 고기를 갈아서 원하는 형태로 만들 수 있는 제품이기 때문에 햄보다는 제조방법과 형태가 다양하다. 소시지라는 단어는 15세기 영국에서 'sawsyge'로 최초 표기되었다고 한다. 이 단어는 옛날 북부 프랑스어인 'saussiche'(현대 불어로 saucisse)에서 유래되었고, 'saussiche'는 라틴어로 소금이라는 살시카salsica 또는 소금에 절인다는 살시커스salsicus에서 유래되었다.

오늘날 소시지를 국가별로 다르게 부르지만, '소시지sausage'라는 단어는 영어다. 우리나라는 소시지로 부르지만, 불어로 saucissa, 이탈리아어로 salsicca, 스페인어로 salchicha라고 한다. 이 모두 라틴어 salsica, salsicus에서 유래되었으므로, 소금에 절이는 염지鹽漬와 관련이 있는 어원이다. 동유럽 슬라브 국가들에서는 폴란드어로 킬바사, 체코어로 klobasa, 크로아티아어로는 kobasica로 쓴다. 북한은 러시아어 콜바스의 영향을 받아 칼파스라고 부른다. '칼파스'는 히브리어로 '모든 식육'을 뜻하는 'kol-basar'로부터 유래된 것으로 추정된다. 독일어로는 소시지를 부어스트wurst라고 하는데, 이는 게르만어인 wert나 versuert, 또는 라틴어인 vertere에서 유래된 것으로 추정된다.

종교개혁의 도화선이 된 소시지 사건

소시지는 인류가 먹어왔던 가장 오래된 육가공품의 하나이다. 언제부터 먹었는지 정확히 알 수 없으나 기원전 몇천 년 전부터 시작되었을 것이다. 이집트 유적에 소시지를 그린 벽화가 있다. 고대 메소포타미아의 셈족 언어인 아카드 설형문자Akkadian cuneiform의 서판에는 일종의 고기로 채워진 내장에 관한 기록이 있다. 기원전 5천 년 경에 수메르인이 소시지를 처음 만들어 먹었다는 기록도 있다. 기원전 5세기 키프로스 섬의 살라미스에서 소시지를 제조해 먹은 이야기가 전해지고 있고, 중국 남북조(B.C 589~420) 시대에 양과 염소고기에 소금과 양파, 장, 생강, 고추를 섞어 라창lup cheong이라는 식품을 만들었다는 기록도 있다. 아주 옛날부터 인류가 도축하고 남아도는 고기를 소금과 함께 동물의 장기에 넣어 먹었다는 증거들이다.

소시지에 관한 가장 정확하면서도 오래된 기술은 기원전 8세기 그리스의 유랑시인 호모(B.C 750~?)의 시 〈오디세이아Odyssey〉에 등장한다. 이타카 왕 오디세우스의 10년 여행에 대한 시 〈오디세이아〉에는 "여기 숯불 위에 고기와 피로 채워진 염소 위胃가 오늘 저녁 만찬을 위해 구워지고 있다. 용맹하게 싸워서 적을 물리치고 돌아온 용사들만이 오늘 만찬에서 가장 잘 구워진 소시지를 선택할 수 있을 것이다"라고 나와 있다. 당시도 피 소시지를 포함하여 여러 종류의 소시지가 있었음을 말해주는 기록이다.

로마 시대 귀족들이 즐겼던 만찬은 풍족하면서도 사치가 심했다. 그리스의 음주 파티 심포지엄처럼 로마에는 만찬회 콘비비움convivium이 있었다. 귀족들은 비스듬히 누워 둥근 식탁 위의 음식을 집어 먹거나, 하인이 가져다주는 술과 음료수를 장시간 먹으며 대화를 나눈다. 배가 부르면 속을 비우기 위해 토해내고 다시 먹곤 하였다. 기원 1세기 페트로니우스Gaius Petronius(?~66)가 쓴 일종의 풍자 소설 〈사티리콘Satyricon〉에는 귀족들이 저마다 네모난 테이블 옆에 놓인 경사진 침대(3인용 트리클리니움)에 누워서 벌이는 파티 장면과 진기한 요리를 묘사하고 있다. 여기의 주요 음식이 고기와 술(포도주)이었다. 오늘날 이탈리아인들의 점심이 긴 것도 바로 이러한 전통 때문이라고 하는 사람도 있다.

로마 시대는 귀족뿐 아니라 서민들도 소시지를 많이 먹었다. 이들은 건강과 다산을 위해 매년 2월 15일 루퍼칼리아Lupercalia라는 목가적 축제를 열었다. 축제 기간에는 염소나 개를 잡아 희생제를 치르고, 그 고기를 시민들과 나누거나 염장하여 먹곤 하였다. 네로황제의 통치 기간에 먹었던 소시지는 루퍼칼리아 축제와 관련이 있다고 전해진다. 한편 소시지를 먹지 못하게 한 시절도 있었다. 4세기경 콘스탄티누스 대제는 일반 서민이 이렇게 맛있는 것을 먹는 것은 사치이므로 소시지를 금지하는 명령을 내리기도 했다.

기독교에서 소시지를 불경한 식품으로 간주하기도 했다. 소시지가 남성의 성기를 연상시킨다는 이유 때문이었다. 그럼에도 소시지는 육가공품 중 가장 먼저 만들어졌고, 산업적으로 제조하여 상품화되었다. 소시지는 그리스·로마 시대를 거쳐 중세 이후 유럽 남부 전역에서 차츰 유럽 전역으로 퍼져 나갔다.

로마 시대 가장 유명했던 소시지는 오늘날 바실리카의 루카니아Lucania 지역에서 생산되는 루카니카 소시지lucanica sausage였다. 이탈리아 남부 바실리카 지역에서는 돼지를 많이 길렀기 때문에 자연스럽게 소금에 절이는 기술도 발달하게 되었다. 루카니카 소시지는 돼지고기로 만든 향토 소시지로, 지중해 연안 지역에서 오늘날까지 다양하게 제조되고 있다.

로마 시대 이후 유럽에서 소시지는 식생활의 중심에 있었던 음식이므로 관련 일화나 역사적 사건도 많다. 중세에 고기나 소시지는 누구나 좋아하는 식품이었지만 수도사에게는 절제와 금기의 음식이었다. 중세 때 스위스에서 엄격히 금식해야 하는 사순절 시기에 수도사들이 로마 가톨릭의 교회법에 항의하여 일부러 소시지를 먹는 일이 벌어졌다. 이것이 1522년 취리히에서 발생한 '소시지 사건'이다. 루터는 면죄부에 대한 반대에서 종교개혁 운동을 시작하였지만, 수도사들은 '소시지 먹기'로 구체제에 저항하였다. 소시지가 수도사마저 절제를 거부하는 욕망 충족의 식품이었음을 시사하는 사건이었다.

소시지의 종류

소비자로서는 여러 종류의 소시지 중에서 대충 선택해 맛있게 먹으면 그만이라고 생각할 수 있다. 그러나 세계화된 세상에서 자기가 먹고 있는 소시지가 어느 나라의 육제품이고, 그것이 어떻게 만들어져 식단에 올라왔는지를 알게 되면 더 행복해질 것이다. 큰 틀에서 보면 소시지는, 발효와 건조를 시켜 날것 상태로 먹는 것과 그렇지 않은 것, 제조공정에서 가열한 것과 가열하지 않은 것, 연기를 쐬는 것과 쐬지 않은 것, 내용물에 육 덩어리와 기름이 보이는 것과 미세하게 갈아 보이지 않는 것 등으로 분류할 수 있고, 이 외에도 간이나 피로 만든 특수한 것 등으로 분류할 수 있다. 자기 나라의 사정에 따라 즐겨 먹는 기준으로 분류하다 보니 중복되기도 하지만 대개 이 범주에 속한다.

독일에서 공부한 후 동종업계에서 일하고 있는 정승희 박사는 우선 소시지를 가열 소시지와 비가열 소시지로 나눈다. 우리나라에서는 거의 모든 소시지를 가열한 상태에서 판매하고 있지만, 유럽에서는 생것 상태를 먹거나 생것을 구매하여 소비자가 직접 구워 먹는다.

가열 소시지는 일반 소시지와 부산물 소시지로 나눌 수 있다. 일반 소시지는 직경이 크고 작은 것으로 나눈다. 직경이 작은 것은 또 유화형 소시지와 조분쇄(입자형)형 소시지로 분류한다. 유화란 살코기, 기름, 물을 아주 미세하게 갈아 내용물이 균질화한 상태이고, 조분쇄란 육 알갱이나 기름을 육안으로 볼 수 있도록 거칠게 갈은 상태를 말한다. 우리나라에서 시판되는 프랑크푸르터 소시지나 비엔나 소시지는 가열한 유화형이다. 반면 비어 소시지, 미트로프 등과 같이 유럽에서 많이 시판되는 소시지는 입자형 소시지이다. 유럽에서는 균일화된 질감보다는 고기알갱이를 볼 수 있는 소시지가 더 많다.

비가열 소시지는 프레쉬 소시지와 건조(발효) 소시지로 나뉜다. 우리에게 익숙하지 않은 프레쉬 소시지는 일반 소시지처럼 공장에서 만들지만, 가열공정을 거치지 않고 생것 상태로 시판된다. 상하기 쉬워 반드시 냉장

소시지의 분류(정승희, 2007)

		특 징		제품명
가열 소시지	일반 소시지	같은 고기를 양장이나 돈장, 또는 동일 직경의 콜라겐이나 인조 케이싱에 충전한 제품	유화형 소시지	비엔나, 프랑크푸르터, 핫도그, 화이트소시지, 북부어스트
			조분쇄형 소시지	폴리쉬 소시지
		같은 고기를 양장이나 돈장 보다 직경이 큰 케이싱에 충전한 제품	유화형 소시지	볼로냐, 겔브부어스트
			조분쇄형(입자형) 소시지 = 프레스 햄류	비어소시지, 크라카우어
			육괴가 보이는 소시지 = 프레스 햄류	비어햄, 미트파이, 이태리 모타델라
	부산물 소시지	간소시지 : 간 함량 10~30% 정도로 빵에 발라먹는 스프레더블 소시지		부라운슈바이거, 간소시지, 리버파테
		피소시지(Blood sausage)		튀링거 피소시지, 블랙소시지, 순대
		젤리소시지 : 돈육이나 돈두육을 삶은 다음, 이미 따로 삶아 갈은 돈피와 함께 섞어 케이싱에 충전한 후 열처리한 제품		헤드치즈, 편육, 콘드비프, 젤쯔
비가열 소시지	프레쉬 소시지	양돈이나 돈장에 충전하여 바로 불에 굽거나 프라이팬에 익히는, 발색제를 첨가하지 않은 제품		뉘른베르거 그릴 소시지, 티롤러 그릴 소시지, 튀링거 그릴 소시지
	드라이 소시지	유화형 소시지	발라먹는 소시지 (spreadable sausage)	티부어스트, 메츠부어스트
			단단한 소시지 (sliiceable sausage)	서벨라트(Cervelat)
		조분쇄형 소시지	젖산균 발효 소시지	살라미, 페페로니, 란트예거, 섬머소시지, 초리소
			곰팡이 발효 소시지	살라메티, 살라미(이태리, 헝가리, 스위스, 프랑스)

유통해야 하며, 소비자는 유통기간을 확인하고 단시간에 불에 굽거나 프라이팬에 튀겨먹는다. 비가열 소시지에 속하는 건조 소시지는 프레쉬 소시지와 제조공정과 먹는 방법이 다르다. 공정 중에 미생물을 넣어 발효시키므로 발효 소시지라고도 한다. 고기를 거칠게 갈아 양념과 스타터칼쳐(미생물)를 넣고 적절한 온도에서 발효시킨 다음 일정 기간 말리며 숙성시킨 제품이다. 장기간 건조했기 때문에 상온에 저장해도 상할 염려가 없다.

영어권에서는 발효 소시지라고도 하는데, 수분에 따라 건조 소시지와 반건조 소시지로 분류한다. 균주는 인체 건강에 해롭지 않은 젖산균이나 효모 또는 곰팡이를 사용한다. 젖산균을 첨가하면 신맛이 나는 경우가 많고 색이 산뜻하다. 곰팡이를 접종하면 표면에 하얀 곰팡이가 핀 소시지가 된다. 이 외에도 빵에 발라먹을 수 있는 스프레더블 소시지나 훈제 살라미의 일종인 서벨라트cervelat도 비가열 소시지에 포함된다.

소시지는 지구상의 어느 민족이나 만들 수 있는 저장식품이다. 따라서 지역과 종교와 상관없이 각 민족은 그들의 전통음식으로 소시지를 만들어 왔다. 오늘날 소시지를 가장 많이 만들어 먹는 독일을 비롯하여 지중해 연안에서 만들었던 살라미도 있고, 스칸디나비아의 추운 환경에 알맞는 연한 조직의 소시지, 바이킹의 오랜 항해에 필요한 딱딱한 예테보리Göteborg 소시지도 있다. 우리나라도 1670년경 나온 『음식디미방』에 삶은 개고기에 양념을 섞어 개창자에 넣어 만드는 방법이 소개되어 있는데, 이도 소시지의 일종이라고 할 수 있다. 우리나라는 고기를 많이 먹어왔던 민족이 아니고 소시지가 대중화된 음식도 아니지만, 서양학자들은 우리나라의 전통 소시지로 '순대'가 있다고 기록하고 있다.

영어권에서는 소시지, 또는 햄이라는 육가공 제품명을 즐겨 쓰지만,

전통적으로 소시지를 만들어 왔던 유럽 대륙에서는 살라미, 부어스트, 킬바사를 소시지와 같은 뜻으로 쓰고 있다. 그밖에 상품명 고유명사가 소시지로 일반명사화된 사례는 스페인의 초리소, 프랑스의 앙두예트나 앙두유andouilles, 영국의 뱅거스, 스코틀랜드의 해기스haggis, 이탈리아의 모타델라mortadella 등이 있다.

우리나라의 소시지 식문화

우리나라에는 서구인이 말하는 '순대 소시지'가 있다고 하지만, 사실 소시지는 우리의 전통식품이 아니다. 소시지는 일제 강점기를 거쳐 근대화 과정에서 서구로부터 유입되었다. 소시지는 양면성이 있는 식품이다. 고기와 내용물을 갈아서 만들기 때문에 다양한 제품을 만들 수 있는 장점이 있고, 얼마든지 저렴한 제품을 만들 수가 있다. 우리나라에서 시판되는 소시지는 대부분 미세하게 갈아서 소비자가 내용물이 무엇인지 알 수 없는 유화형 소시지이다. 슈퍼마켓에 진열된 프랑크푸르터 소시지나 비엔나 소시지를 구매해 칼로 잘라 봐라. 내용물에 고기와 지방이 얼마만큼 들어있는지, 때로는 어떤 양념이 들어있는지 알 수 있는가? 오직 균일한 색과 질감만 보일 뿐이다.

그렇다면 소비자가 선택할 기준은 무엇인가? 가격과 맛이다. 업체 입장에서는 많이 팔아 이윤을 남겨야 한다. 지금까지 업체별로 너도나도 가격경쟁에 뛰어들다 보니 저급의 소시지를 만들 수밖에 없었다. 저렴한 가격으로 소시지를 만들려면 당연히 값이 비싼 고기는 적게 넣으면서 대신 저렴한 전분이나 허드레 고기를 넣고, 맛을 끌어올리기 위해 과도하게 양념을 섞어야 한다. 지금까지 정부는 개인의 창의력, 다시 말해 서구의 도제가 만드는 기술을 인정하기보다는 오직 기업에서 획일적으로 대량생산되는 제품만을 만들도록 허용해왔다. 우리나라에서 소비자의 식육 문화가 활성화되지 못한 중요한 이유이다.

그러나 이제 법이 개정되어서 자격만 갖추면 누구나 소시지를 만들어 팔 수 있다. 소비자들도 인터넷만 열면 세계의 각종 소시지를 주문할 수 있는 세상이 되었다. 우리나라 소시지가 가격 측면에서만 경쟁하지 말고 소비자의 요구에 부응하는 제품이 쏟아지길 기대해본다. 이제 정부와 기업만큼 소비자의 책임도 커졌다. 소비자의 요구에 따라 소시지의 맛과 품질, 가격이 결정되기 때문이다. 소비자도 소시지에 대한 상식과 함께 취향에 따른 참맛을 구별할 수 있는 지혜가 있었으면 좋겠다. 그래야 질 좋고 다양한 소시지가 공급된다.

02 _ 독일 소시지 부어스트wurst

독일과 벨기에는 맥주의 나라이다. 고기에 관해 이야기한다면 독일은 소시지의 나라이다. 소시지에 관한 한 어느 누구도 독일을 떠올리는데 이의를 제기하지 않는다. 그만큼 독일인은 소시지를 많이 생산하고 많이 먹는다. 그들은 맥주, 감자, 프레첼pretzels, 빵 등과 함께 소시지를 먹는다. 우리나라 사람들이 김치를 먹듯이. 현재 독일에서 생산되고 있는 소시지가 1,000~1,500종이 된다고 하니, 이쯤 되면 셀 수 없을 정도로 많은 제품이 시장에 쏟아져 나온다고 봐야 한다.

음식의 탄생과 발달은 그 지역의 자연환경이나 기후와 밀접한 관련이 있다. 독일은 북쪽으로는 대서양에 접해있고, 남쪽으로는 내륙의 여러 국가와 국경을 이룬다. 북쪽은 고도가 낮은 평야 지대로 해양성 기후이고,

남쪽은 고도가 조금 높은 대륙성 기후 지역이다. 로마제국의 아우구스투스 황제도 정복하지 못한 라인강과 도나우강에 이르는 선이 게르만족이 살아온 땅이고, 1806년까지 존속했던 신성로마제국의 중심부였다. 광활한 토지에 숲이 우거져 로마군이 숲에 들어가면 길을 잃을 정도로 북유럽 지역의 독특한 환경특성을 지니고 있다. 겨울은 −3~2℃로 한랭한 편이며, 여름에는 온화하여 지역에 따라 16~25℃를 보이나 변화가 심한 편이다. 옛부터 일조량이 적으면 먹거리가 부족하기 때문에 긴 겨울에 대비하여 오랫동안 저장하여 먹을 수 있는 양식이 필요했다.

그들에게 중요한 식량은 고기였다. 당연히 고기를 오랫동안 먹을 수 있는 방법의 하나가 소시지였다. 지중해 연안보다 일조량도 적고, 겨울이 길기 때문에 독일인은 건조하여 생것으로 먹는 소시지보다는 염장하여 가열해 먹는 소시지를 많이 만들었다. 이것이 독일 소시지이다. 독일인들은 부어스트라고 하고, 영어로는 워얼스트라고 발음한다. 한국의 일부 인터넷 매체에서는 '부르스트'라고 부르기도 하는데, 구글은 '부어스트'라고 번역하고 있다. 그래서 학자들은 부어스트라고 칭한다.

유럽에서 소시지에 대한 최초기록은 기원전으로 올라가지만, 독일에서는 1313년 뉘른베르크에 부어스트의 일종인 브라트부어스트를 취급하는 식당이 있었다고 한다. 본격적으로 부어스트를 만들고 산업화한 시기는 르네상스 이후 몇백 년밖에 안 된다. 이들은 지역별로 고유한 전통과 기술로 소시지를 만들어 왔다. 그래서 '프랑크부르터 소시지'처럼 지역 이름을 딴 제품이 많다. 자기 지역에서 만든 소시지에 대한 자긍심의 표출이다. 그들은 오래전부터 법(부라트부어스트 순수법, 1432)을 제정하여 깨끗하고 순수한 돼지고기로만 소시지를 만들어야 한다고 명시하고 지켜왔다.

독일인은 자기들의 일상 식사에도 음식의 종류에 맞춰, 그리고 행사

때도 그 성격에 따라 궁합이 맞는 소시지가 있다고 한다. 예를 들어 매년 10월 뮌헨에서 열리는 '옥토버페스트' 축제에서는 맥주와 함께 하얀 소시지를 먹고, 차를 마실 때는 티부어스트를 먹으며, 프레첼를 먹을 때는 따로 궁합이 맞는 소시지를 먹는다.

독일은 세계 최고, 최대의 소시지 제조국답게 육가공 산업을 선도하여 발전시킬 수 있도록 가공 기계의 개발에도 한몫했다. 독일 최초의 육가공 기계 회사인 세이델만Seydellmann은 세계적으로 널리 알려진 회사이다. 원래 알렌 지방에서 안드레아 세이델만이 농업기계 회사로 시작하여 1886년 세계 최초로 고기 혼합기계를 만들었다. 세이델만은 이 기계를 우리나라를 포함하여 전 세계에 수출하면서 동시에 그 기계를 활용하여 생산할 수 있는 육가공 제조기술까지도 전수하였다. 수입국에 육가공 기술을 전파해 그들이 기계를 잘 활용할 수 있도록 하고, 그래서 가공제품의 소비가 증가하면 더 많은 기계를 팔 수 있기 때문이다.

부어스트의 분류

부어스트는 보통 4가지가 있다. 생것, 미리 원료를 가열한 것, 제품을 삶거나 데친 것, 대중화된 것이다. 먼저 가열하지 않고 생것 그대로 건조하여 먹는 소시지로 로부어스트Rohwurst가 있다. 소고기, 돼지고기, 양고기 등 생고기와 베이컨, 향신료를 섞어 갈아서 케이싱에 넣어 건조한 것이다. 이탈리아의 살라미와 같이 가열공정이 없이 만드는 소시지이다. 건조 정도에 따라 두 종류로 구분된다. 하나는 오랫동안 건조하여 단단한 조직을 슬라이스 하여 먹는 다우와부어스트Dauerwurst나 하트부어스트Hartwurst 같은 제품이 있다. 다른 종류로는 건조를 짧게 하여 물기가 많은 상태에서 음식에 발라 먹을 수 있는 메트부어스트Metwurst,

티부어스트Teewurst, 쉬미어부어스트Schmierwurst 등이 있다. 현재 500여 종이 생산되고 있다.

다음으로 미리 가열 처리한 원료육을 넣어서 제조한 코부어스트Kochwurst가 있다. 제품을 혼합하여 만들기 전에 혀, 간, 고기를 익힌 다음 피, 젤라틴 등과 섞어 케이싱에 넣어 추가로 가열한다. 일부 제품은 연기를 쐬기도 한다. 대표적으로 간소시지, 헤드치즈(눌림 고기), 피 소시지가 있다. 약 350 여종이 시판되고 있다.

삶거나 데친 소시지로 브뤼부어스트Brühwurst가 있다. 일반적으로 생고기를 미세하게 갈아 질감 증진을 위해 인산염을 첨가하고 때로는 훈연한다. 내부 온도가 70℃가 될 때까지 가열하여 완성한다. 따뜻한 상태로 먹는 소시지이다. 직경이 굵고 큰 소시지와 작은 크기의 소시지 등 다양하다. 우리나라에서 가장 흔한 프랑크푸르터 소시지도 이에 속한다. 대표적으로 바이에른주 뮌헨에서 탄생한 하얀색의 바이스부어스트weißwurst도 있다. 현재 독일에서 800여 종이 시판되고 있다.

마지막으로 브라트부어스트Bratwurst는 위 어느 분류에도 속하지 않으면서 독일에서 가장 대중적인 소시지이다. 주로 돼지고기를 쓰지만 때로는 소고기를 혼합하여 세밀하게 갈아 만든다. 뉘른베르크의 프란코니언Franconian 시에서 1313년 최초로 레시피가 문서로 기록된 것이 뉘른베르거 브라트부어스트Nürnberger bratwurst이다.

독일의 유명한 부어스트

15세기에 신항로가 개척되어 신대륙으로부터 새로운 향신료가 유럽으로 도입되면서 기존 향신료와 함께 소시지 제조에 쓰이기 시작하였다. 부어스트에는 소금, 후추, 마저럼marjoram, 캐러웨이caraway, 파슬리,

마늘, 생강, 육두구nutmeg, 레몬 껍질 등의 향신료가 들어간다. 소금과 후추는 필수적이며 마저럼 역시 소시지 맛을 좌우하는 허브라는 별명이 붙을 정도로 독일인에게 사랑을 받고 있다. 독일 소시지는 대체로 향이 강하고 기름도 많이 들어있다. 부어스트를 따로 먹기도 하지만, 보통 다양한 식품과 함께 조리해서 먹는다.

독일에서 유명하다고 소문난 소시지를 소개하기는 쉽지 않다. 발걸음을 옮겨 현장에서 직접 먹어보면서 다른 소시지와 비교해보고, 현지인의 의견도 들어봐야 실감이 날 것 같다. 설령 직접 먹어보아도 외국인과 본토인의 입맛이 다르고, 판단할 수 있는 문화적 기반이 달라 이방인으로서는 호불호를 구별하기가 쉽지 않다. 여기저기 소개되는 정보와 내외국인들이 먹어본 체험을 모아 나름대로 추려 보았다.

◆ **브라트부어스트Bratwurst** 원래 추운 겨울에 대비하여 만들었지만, 오늘날에는 독일인이 가장 애용하는 소시지이다. 브라트부어스트는 낭비 없는 고기를 의미하는 고대 독일어 'brat'와 소시지를 의미하는 'wurst' 두 단어에서 유래한다. 돼지고기를 주로 이용하지만, 오늘날은 소고기를 비롯하여 다양한 재료로 만든다.

소시지를 소금에 절인 양배추, 감자 샐러드, 양고추냉이와 함께 먹기도 하고, 프레첼pretzel과 함께 맥주 안주로 즐기기도 한다. 그릴에 구워 먹거나 빵에 단맛 나는 독일 머스터드, 카레 케첩과 함께 먹기도 한다. 일반 음식과 함께 즐길 수 있는 소시지이다. 베를린에는 길거리 음식으로 미국의 핫도그같이 소시지햄버거를 흔히 볼 수 있다. 이 소시지가 브라트부어스트에 속하는 커리부어스트이다. 베를린에서만 커리부어스트가 1년에 7천만 개 팔린다고 한다.

그외 독일에서 유명한 브라트부어스트로 튜링거 로스트브라트부어스트, 뉘른베르거 로스트브라트부어스트, 컴바커Kulmbacher 브라트부어스트, 프렌코니언Franconian 브라트부어스트, 코버거Coburger 브라트부어스트 등이 있다.

브라트부어스트는 미국에서도 인기가 있다. 전에 미국 위스콘신주립대학에 머물면서 담당 교수와 함께 미국산 브라트부어스트의 육질 변화에 관해 연구한 적이 있었다. 당시 객원교수 자격으로 참여하였기 때문에 왜 미국에서 브라트부어스트라는 독일 소시지를 실험재료로 썼는지 의문을 가진 적이 있었다. 나중에 알았지만, 초기 독일 이민자들이 미국으로 건너가 정착하면서 만들어 먹던 소시지가 오늘날까지 이어져 위스콘신을 비롯하여 중부와 북동부의 미네소타, 일리노이, 미시간에서는 브라트부어스트를 많이 먹는다고 한다.

◆ **뉘른베르거 로스트브라트부어스트**Nürnberger Rostbratwurst 독일의 유서 깊은 뉘른베르크 지역에서 최초로 만든 새끼손가락 크기의 작은 소시지이다. 돼지고기를 분쇄하여 마저럼을 넣어 만든다. 전통적으로 아침 6시에 그릴에 구워 감자, 사우어크라우트, 양고추냉이 크림horseradish cream과 함께 먹는다.

◆ **튜링언 로스트브라트부어스트**Thuringian Rostbratwurst 17세기부터 만들기 시작한 역사가 오래된 소시지이다. 소금, 후추, 마저럼, 마늘, 캐러웨이씨 등을 넣어 맛과 향기가 강한 것이 특징이다. EU 규정에는 최소 6인치 정도의 길이를 유지해야 한다고 했다. 커리부어스트용으로도 많이 소비되고 있다.

◆ **커리부어스트**Currywurst 단어 그대로 카레소시지이다. 삶은 후 튀겨서 슬라이스 하여 카레 양념이나 토마토소스와 함께 먹는다. 때로는 감자

튀김, 롤빵과 함께 먹기도 한다. 대표적인 길거리 음식으로 베를린에서 가장 많이 팔리고 있다고 한다. 1949년 제2차 세계대전의 여파로 재료를 구하기 어려운 시절, 베를린의 Herta Heuwer라는 여성이 영국식 노란 카레 가루를 구하여 퓌레로 만든 토마토와 다른 향신료와 섞어서 기본 소스를 만들고, 얇게 썬 소시지와 함께 먹도록 하였다. 소비자들의 반응이 좋아 대박을 쳤고, 그녀는 이내 특허를 내 다양한 카레 소시지를 생산하였다. 베를린에는 커리부어스트 박물관도 있다.

◆ **프랑크푸르터 소시지**Frankfurter würstchen 우리나라 슈퍼마켓에서 가장 흔하게 보는 소시지이다. 원래 프랑크푸르트 지역에서 수 세기 동안 제조하여 전통적으로 먹어온 살짝 익힌 소시지이다. 날씬한 소시지로 돼지고기로만 만들며 일반적으로 천연 케이싱을 쓴다. 고기를 갈아서 소금, 후추, 파프리카를 넣어 가열해 만든다. 겉모습은 미국의 핫도그와 비슷하다. 삶아서 가볍게 훈제를 하였기에 향기가 은은하게 난다. 먹기 전에 끓는 물에 데워 겨자, 양고추냉이, 빵, 감자 샐러드, 맥주나 포도주와 함께 먹는다. 1860년 이후 이 지역에서 생산되는 것만 '프랑크푸르터'라는 이름을 붙일 수 있도록 규정하였다. 이 지역 밖에서 동일 제조법으로 만든 프랑크푸르터 소시지이라면 '프랑크푸르터 스타일 소시지nach frankfurter art'라고 부른다.

◆ **비엔나 소시지**Wiener würstchen 오스트리아의 비엔나에서 처음 제조하였기 때문에 비엔나 소시지, 독일어로 지너소시지라고 부른다. 우리나라에서도 비엔나 또는 위너 소시지라고 알려진 작은 소시지이다. 비엔나 소시지는 작은 것만 있는 것이 아니라 크기가 다양하다. 프랑크푸르터 소시지에서 파생되었기 때문에 제조방법이 비슷하다. 돼지고기와 소고기를 섞고, 여기에 후추, 고수, 메이스, 파프리카, 생강, 소금을 넣고 갈아서

얇은 양 내장에 넣고 훈제한 다음 가열하여 완성한다. 1805년 말 비엔나의 요한 게오르크 라너Johann Georg Lahner라는 도축업자가 프랑크푸르트에서 소시지 제조기술을 익혀 돼지고기만으로 프랑크푸르터 소시지를 만들었던 전통에서 벗어나 소고기를 섞어 새로운 형태의 소시지를 만들었다. 이것이 오늘날 우리나라, 일본, 미국에서 부르는 비엔나 소시지이다. 그러나 오스트리아에서는 '비엔나 소시지'라 하지 않고 '프랑크푸르터 소시지'라고 부르며, 독일에서는 이 소시지를 '프랑크푸르터 소시지'라고 부르지 않고 '비엔나 소시지'라고 한다. 독일에서 '프랑크푸르터 소시지'라면 그 지역의 전통방식에 부합되는 소시지여야만 한다는 1860년 이후 제정된 규정 때문이다. 그 후 비엔나 소시지는 프랑크푸르터 소시지와 구별하여 부르게 되었고, 미국과 일본, 우리나라까지 비엔나로 정착하게 되었다. 끓는 물에 데우거나 그릴에 구워 먹는다.

◆ **바이스부어스트**Weisswurst, weißwurst 전통적으로 남부 독일 바바리언 지방의 소시지Bavarian sausage로 뮌헨의 Marienplatz에서 처음 제조하였다고 한다. 붉은 색깔의 소시지와 달리 바이스부어스트는 하얀색을 띠는 것이 특징이다. 1857년 뮌헨의 Sepp Moser라는 정육점에 처음 개발하였는데, 당시 두꺼운 껍데기 대신 얇은 껍질의 소시지를 튀기지 않고 물에 10분간 삶아서 먹는 새로운 방법으로 제조하였다. 돼지고기, 송아지 고기, 돼지 지방을 섞어 파슬리, 후추, 레몬, 양파, 카다몬cardamon, 소금을 넣어 만든다. 보존제를 넣지 않아 상하기 쉬워 아침에 삶아서 즉석에서 먹었고, 상할 염려 때문에 점심에 나머지를 모두 먹었다. 따라서 레스토랑에서는 바이스부어스트를 항상 뜨거운 상태로 제공된다. 프레첼과 함께 감미 겨자와 맥주와 함께 먹기도 한다. 오늘날 독일 남부에서 가장 인기가 있으며 옥토버페스트에서 많이 소비되는 소시지의 하나이다. 옥토버페스트Oktoberfest는

9월 말에서 10월 초까지 뮌헨에서 2주간 열리는 맥주 축제이다.

◆ **크나크부어스트**Knackwurst 16세기 중반 독일 북부지방에서 처음 만들기 시작하여 오늘날에는 지역과 상관없이 제조된다. 데워서 먹는 짧고 길쭉한 모양의 소시지로 knockwurst라고도 한다. 깨물면 터지는 소리가 나는 얇고 단단한 껍질로 싸인 소시지이다. 세절한 돼지고기, 소고기 또는 혼합육에 지방을 넣고 마늘과 기타 양념을 듬뿍 넣어 만든다. 케이싱을 가열하면 더욱 바삭해지며 질감도 다른 소시지와 다르다. 사우어크라우트, 감자 샐러드, 피클, 머스터드와 함께하면 좋고, 시원한 맥주와 함께하면 더 좋다고 한다.

◆ **티부어스트**Teewurst 1874년에 처음 제조되었다고 알려진 소시지로 원래 차를 마실 때 샌드위치에 넣어 함께 먹는 고급 훈제소시지이다. 돼지고기와 기름, 소고기를 갈아 케이싱에 넣고 약 일주일간 건조시킨 생소시지이다. 지방 함량이 30~40%도 들어있어 맛이 부드럽다. 훈연, 발효하였기 때문에 향기와 함께 약간 신맛이 난다. 레시피는 제품마다 다양하다.

◆ **리버부어스트**Leberwurst 리버부어스트는 돼지나 소의 간에 양파, 여러 향신료를 넣어 만든 향이 강한 소시지이다. 얇게 썰어 치즈, 겨자, 피클, 빵, 샌드위치와 함께 먹는다. 대부분 익히지 않아 빵에 발라 먹을 수 있다. 독일과 오스트리아 외에도 슬로베니아, 세르비아, 루마니아 등 많은 나라에서 인기가 있으며, 오늘날에는 버섯, 카우베리cowberry 등을 추가한 다양한 리버부어스트가 생산되고 있다.

◆ **리버케스**Leberkäse 단어 그대로 해석하면 간肝 치즈이지만, 실제로 간이나 치즈를 넣지 않고, 갈은 돼지고기나 콘비프, 베이컨에 양파를 넣고 마저럼으로 양념을 더 해 팬에서 구워낸 소시지이다. 바삭한 껍질에 황금색이 띨 때까지 잘 구어 보통 빵과 함께 먹는다.

◆ **블룻부어스트**Blutwurst 가열 조리한 독일의 피 소시지이다. 소나 돼지의 피에 고기, 지방, 빵, 오트밀을 넣고, 마저럼, 올스파이스, 타임 등의 향신료를 함께 넣어 만든다. 전채일 경우, 일반 육제품과 같이 차가운 상태로 먹는다. 때로는 살짝 삶거나 튀겨 따뜻한 상태에서 으깬 감자나 사우어크라우트와 함께 먹기도 한다.

◆ **복부어스트**Bockwurst 데친 작고 굵은 소시지로, 독일뿐 아니라 오스트리아에서도 사랑받고 있다. 원래 송아지 고기를 미세하게 갈아 만들었지만, 오늘날에는 여러 종류의 고기로 다양하게 출시되고 있다. 색깔은 대체로 옅다. 삶거나 그릴에 구워 먹는다. 복부어스트는 복맥주bock beer와 어울린다. 1889년 베를린의 술집 주인인 리처드 숄츠Richard Scholtz가 복맥주와 궁합이 맞아 새로운 소시지로 개발하였다고 한다. 복맥주와 복소시지, 사우어크라우트, 감자와 함께 먹는다.

◆ **메트부어스트**Mettwurst 메트부어스트는 돼지고기를 갈아 염지 하거나 훈연한 향기가 강한 소시지이다. Mett란 저지방의 저민 돼지고기를 말한다. 남부지역의 소시지는 질감이 부드러워 호밀빵에 발라 생것으로 먹는다. 반면 북부지역의 소시지는 오랫동안 훈연하므로 조직이 단단하여 살라미와 비슷하다. 마늘, 후추, 마저럼, 케러웨이, 메이스와 같은 양념을 넣고, 때로는 럼이나 코냑을 첨가하여 제조한다. 기름에 튀겨 요리하여 케일이나 양배추와 함께 먹거나, 수프나 스튜에 넣어 조리하기도 한다.

이 외에도 독일에서 유명한 소시지는 너무나 많다. 돼지고기와 소고기로 만든 일종의 작은 살라미로 상온에서 보관하며 먹을 수 있는 란제가Landjäger, 상하기 전에 빨리 먹어야 하는 노란 소시지인 겔부어스트Gelwurst, 그 외 비어소시지Bierwurst, 뇌소시지Bregenwurst, 사우마겐

Saumagen, 슈티프그뤼츠Stippgrütze 등을 들 수 있다. 독일에서 생산되는 1,500여 종의 소시지는 모두 그만큼 수요가 있기 때문에 존재한다. 최근 우리나라에서도 메츠그라이Metzgerei라고 하여, 생고기뿐 아니라 각종 수제 햄과 소시지를 만들어 파는 독일식 정육점이 설립되고 있다.

03 _ 스페인 소시지 초리소Chorizo

우리나라에서 가을에 김장을 담그는 것처럼 스페인에서도 11월 중에 겨울을 대비해 고기 식량을 준비하는 전통이 있다. 우리는 겨울이 다가올 쯤 날을 잡아 김장을 담그지만, 가톨릭 국가인 스페인은 11월 11일 성 마르틴의 날에 도축하였다. 김장과 도축의 차이는 그 대상이 채소와 고기라는 점에서 다르지만, 겨울에서 봄까지 오랫동안 상하지 않고 먹을 수 있게 처리한다는 점에서 같다. 농부들이 정성껏 돼지를 길러 살찌게 해서 가을에 잡는데, 이 날을 라 마딴자la matanza(도축의 날)라고 부른다.

돼지를 잡게 되면 먼저 상하기 쉬운 피를 뽑아 순대morcilla(모씨자)를 만들고, 뼈와 창자와 같은 부산물을 우선 먹는다. 나머지 살코기는 장기비축용이 된다. 뒷다리를 소금에 절여 하몬jamón을 만들고, 잡육 살코기와 비계들을 모아 소시지를 만든다. 이들이 만들었던 소시지가 스페인을 대표하는 초리소이다. 초리소는 라틴어로 '소금에 절인다'는 뜻의 살시치움salsicium에서 유래하였고, 소시지는 살시치아salsiccia에서 유래하였다고 한다. 소금은 인류의 식품 가공에 없어서는 안 될 재료이다. 당시로는 썩지 않게 보존할 수 있는 가장 효과적인 방법이 염장이었기 때문이다.

스페인은 북아프리카와 마주하고 있고, 피렌체 산맥을 넘어 유럽 대륙과 연결된 유서 깊은 나라이다. 기원전 2세기경에 로마의 지배를 받았고, 북아프리카와 유럽 대륙으로 이어지는 길목에 있어 오래전부터 다양한 식문화가 혼재되어 발달하였다. 스페인 사람들이 좋아하는 마늘과 올리브 오일은 로마로부터 영향을 받았고, 소시지와 햄은 게르만으로부터 영향을 받았다. 음식은 자연환경에 적응하면서 발달하기 마련이다. 스페인은 지역에 따라 지중해성 기후와 해양성 기후, 스텝(반사막) 기후가 있다. 연평균 기온이 높으니 음식이 상하기 쉬웠다. 그래서 예전부터 고기를 염장하면서 건조했고, 상대적으로 습도가 높은 해양성 기후 지역에서는 연기를 쐬어 부패를 막았다.

이곳은 역사적으로 다양한 민족들이 살았다. 중세에는 이슬람과 유대인, 기독교인이 함께 살았다. 1492년 이슬람 세력을 물리친 레콘키스타 reconquista 이후에는 돼지고기를 먹는 것이 정치적 상징성이 되기도 했고, 서민들의 삶에 영향을 끼쳤다. 돼지고기를 금하는 이슬람과 유대인들은 생존을 위해 돼지고기를 집안에 걸어둠으로써 기독교인인 척하기도 하였다고 한다. 당시 북아프리카의 이슬람 세력이 종종 침범함에 따라 기독교로 개종하였음에도 불구하고 조상이 이슬람이면 추방 명령을 받기도 했다. 흑사병이 창궐해 많은 사람의 목숨을 앗아갔던 정치적·사회적 혼란기였다.

다른 지역보다 질병으로 인한 고난이 많았지만, 14세기 후반부터 흑사병이 잦아들고 다시 인구가 증가하면서 고기 소비가 늘어나기 시작하였다. 그 전에도 햄과 초리소를 먹어왔지만, 수요가 더 증가하게 된 것이다. 같은 해에 콜럼버스가 신대륙을 발견하자 고기 가공에도 혁신적인 변화가 있었다. 육제품의 맛을 변화시키는데 신대륙에서 가져온 여러 향신료를 추가로 이용한 것이다. 유럽에서 자생하지 않는 향신료들을 식품의 조리가공에 쓰다 보니 맛과 색깔이 달라졌다.

1493년 콜럼버스가 귀환할 때 아메리카 대륙에 자생하던 감자, 옥수수, 토마토와 파프리카를 가지고 왔다. 파프리카paprika는 중부 아메리카가 원산지인데, 고추처럼 색이 붉고 매운맛, 단맛이 나는 향신료이다. 이때부터 초리소는 기존의 양념에 파프리카를 말려 분말화한 피멘톤pimentón을 첨가함으로써 붉은색을 띠는 독특한 맛을 갖는 소시지가 되었다.

일반 살라미와 다른 점

여러 전통식품이 그렇듯이, 다양한 맛과 색깔, 질감을 가지는 초리소는 스페인의 지역에 따라 다양하게 생산되고 있다. 공통으로 소금과 후추, 마늘, 훈연한 피멘톤을 첨가하고, 여기에 타임thyme(사향초)이나 오레가노oregano도 추가한다. 파프리카를 건조 시킨 피멘톤 때문에 적벽돌 색깔이 띠며, 사이에 기름 덩어리가 하얗게 박혀있어 유럽의 다른 살라미와 확연히 구별된다. 칼로 잘라서 입에 넣으면 짭짤하면서 약간 신맛이 나며, 때로는 맵고 단맛이 감돈다. 고급 초리소일수록 오래 씹으면 감칠맛이 입안에 남는다. 날씨가 더워 짠맛을 강하게 살릴 수밖에 없었지만, 예전에는 소금 자체가 귀한 것이어서 싱거운 음식은 손님들에게 실례가 되는 분위기였기 때문에 더 첨가하였다고 한다.

초리소는 기본적으로 단맛과 매운맛으로 구분된다. 단맛을 초리소 둘체chorizo dulce라 하고 매운맛을 초리소 삐칸테chorizo picante라고 한다. 단맛은 단맛이 강한 파프리카를 넣은 것이고, 매운맛은 매운 파프리카를 첨가한 것이다. 신대륙에서 파프리카를 가져오기 전에는 색깔이 없는 초리소를 만들었기 때문에 이를 초리소 블랑크chorizo blank라 하여 오늘날까지 제품으로 시판되고 있다.

씹었을 때의 질감을 기준으로 보면 '단단한 초리소chorizo curado'와 '부드러운 초리소chorizo semi curado'로 분류할 수 있다. 이것은 건조 기간에 따라 수분 함량과 숙성 정도의 차이에 따른 결과이다. 질감이 단단한 초리소는 건조된 잘 익은 소시지이다. 수분과 수분 활성도가 낮아 부패성 미생물이 자랄 수 없다. 따라서 상온 저장이 가능하고 가열하지 않은 상태에서 얇게 썰어 먹을 수 있다. 반면 질감이 부드러운 초리소는 중간에 숙성을 중단시킨 일종의 반건조 소시지여서 상온 저장이 불안정하다. 이것을 냉장고에 보관하면서 반드시 가열해서 먹어야 한다. 가격도 상대적으로 저렴한 편이다.

스페인에는 지역에 따라 수백 종류의 초리소가 있다. 우리나라의 지역 브랜드 식품과 비슷하게 그 지역에서 자생하는 특정 양념을 첨가하거나 훈제 여부에 따라 각기 다르게 제조한다. 예를 들어 북동부 피렌체 산맥 근처의 Navarre 지역에서 생산하는 빰쁠로나Pamplona 초리소는 소고기와 돼지고기가 반반 들어있고, 강하게 훈연한 파프리카를 넣어 붉은색이 띠는 두툼한 소시지이다. 북쪽 끝 대서양 연안 지역의 아스트리아스Asturias 소시지는 피멘톤, 마늘, 오레가노, 설탕이 함유되었고, 훈연하면서 건조한 달고 매운 소시지이다. 이외 Leon, Galician, La Rioja, Cantabria 지역 소시지가 있다.

초리소가 스페인에서도 맛이 다른 것은 허브 종류와 형태, 훈연 여부, 건조 기간이 다르기 때문이다. 스페인은 지방자치가 발달하여 자기 지역에서 만든 육제품에 대한 긍지가 대단해 보인다. 프렌차이즈 축구팬들의 열정처럼 그들이 만든 지역산 하몬과 초리소에 대한 사랑도 뜨겁다. 〈스페니쉬 어페어2〉라는 스페인 영화가 있다. 바스크와 카탈로니아 출신의 남녀가 결혼과 관련하여 벌어진 갈등을 묘사하고 있는 작품이다. 이 영화에서 잠시 스쳐 가는 대사 한 장면이 기억난다. "결혼식장에 오면 만찬장에 맛있는 스페인 햄이 있을 것"이라고 이야기한다. 스페인 햄! 그들도 출신 지역과 상관없이 자국의 육가공 제품을 맛있고 귀한 식품으로 생각하고 있다. 이것이 문화적 이질감을 묶는 매개체이다.

전에 벨기에 겐트대학교의 객원교수로 있을 때 스페인에서 온 브룩힌야라는 숙녀가 있었다. 크리스마스 연휴 기간을 스페인에서 보내고 돌아온 그녀는 지도교수께 드린다며 조그마한 선물을 들고 왔다. 그 내용물이 뭐냐고 물어봤다. 그녀가 대답하길, 스페인산 육제품이라고 했다. 스페인산 햄과 소시지는 이처럼 그들이 아끼는 귀한 식품인 것이다.

초리소는 스페인 내에만 머물지 않고 포르투갈, 프랑스, 이탈리아로 제조기술이 퍼져 나갔다. 코르테스Cortes가 1519~25년에 아즈텍 제국을 정복하면서 신대륙에까지 초리소를 전파 시켰다. 오늘날 과거 스페인의 영향 아래 놓였던 멕시코, 볼리비아, 베네수엘라, 우루과이, 아르헨티나에서도 초리소를 즐겨 먹는다. 멕시코 초리소는 비싼 피멘톤을 넣지 않고 토착 칠리(고추가루)를 넣기도 하고, 돼지고기가 아닌 다른 고기가 들어가기도 한다. 우루과이 초리소는 마늘이 많이 들어가 있으며, 아르헨티나는 소고기로 초리소를 만든다.

어떻게 제조하고, 어떻게 조리하여 먹는가

초리소는 발효 소시지류에 속한다. 제조기술이 일반 발효 소시지와 원리가 같지만, 구체적으로는 원료육의 형태와 첨가하는 향신료가 다르다. 우선 살코기와 지방을 따로 준비한다. 살코기는 주로 돼지고기를 쓰나 가끔 소고기와 혼합하기도 한다. 지방은 돼지비계를 이용한다. 비계는 융점이 높아 가공단계에서 쉽게 녹아내리지 않기 때문이다.

고기와 지방을 갈아 혼합기에 넣고 양념과 스타터 컬처starter culture

(발효용 유익한 미생물)를 넣고 섞는다. 전통적으로 자연스럽게 고기에 젖산균의 성장을 유도하는 제조방법도 있지만, 오늘날에는 대부분 상품화된 젖산균을 인위적으로 넣는다. 고기와 양념, 스타터 컬처를 섞은 혼합물을 양장羊腸이나 인조 케이싱에 넣고 1차로 16~22℃에서 하루나 이틀 동안 적정 pH에 이르기까지 발효시킨다. 이때 유익한 젖산균이 자라 우점을 하게 되면 첨가된 당이 젖산으로 전환되어 pH가 낮아진다. 신맛이 나는 이유도 이 때문이다. pH가 낮아야만 유해 미생물이 자라지 못하게 되고, 또 건조가 촉진되는 환경이 된다.

발효가 끝난 후 공기 흐름이 적당한 곳에 12~16℃에서 짧게는 2~4주, 길게는 3~4개월간 건조 시킨다. 이 기간에 따라 건조와 숙성 정도가 달라진다. 건조 기간이 짧을수록 내용물 속에 수분이 많으며 신맛과 양념맛을 먼저 느끼게 된다. 건조 기간이 길수록 질감이 단단하고 씹을수록 감칠맛과 독특한 향기가 강해진다. 건조 기간에 단순히 수분 증발만 일어나는 것이 아니고, 단백질이 분해되어 맛을 좋게 하는 저급분자 화합물이 많이 생산된다. 당연한 이야기지만 건조와 숙성기간이 긴 소시지일수록 가격이 비싸다.

초리소를 어떻게 조리하는가? 일반적으로 하몬과 초리소는 상호 궁합이 잘 맞아 대부분 함께 조리되거나 식탁에 오른다. 햄과 소시지는 스페인 음식의 근간이기 때문에 그냥 먹기도 하고 다른 음식의 재료로 첨가되기도 한다. 보통 시판되는 초리소는 질감이 단단한 것으로 애피타이저로 먹는다.

타파스tapas를 전문적으로 파는 시장에 가면 초리소나 하몬을 다양하게 맛볼 수 있다. 본 요리 전에 포도주나 맥주와 함께 먹기도 하고, 슬라이스 하여 빵에 끼어 먹기도 한다. 피자의 토핑으로 사용되기도 한다. 그리고 파에야paella(마른 쌀, 고기, 생선, 해산물, 야채 등을 넣고 찐밥), 코시도cocido(고기, 콩, 채소를 넣고 끓인 요리), 파바다fabada(콩, 돼지고기, 소시지를 넣어 끓인 수프)에 넣거나, 미국 크리올 요리인 검보gumbo 등에 넣어 먹기도 한다.

물기가 많은 부드러운 초리소는 찌개 국물 형태로 끓여 먹는다. 지역에 따라 와인이나 사이다에 넣어 끓이기도 한다. 사이다에 중탕시킨 초리소를 파바다와 함께 먹는 것이 아스투리안 지역을 대표하는 음식이기도 하다. 멕시코의 경우 뿌리또나 타코와 함께 먹는다.

초리소와 하몬은 식탁에 오르기까지도 추가로 조리과정을 거친다. 이것은 패스트푸드에서는 있을 수 없는 느긋함과 어울리는 음식이다. 경제적·시간적 여유가 없으면 맛있는 음식을 만들기가 힘들다는 의미이기도 하다. 아름다운 음식문화를 창출하기 위해서는 정성과 기술, 시간이 필요하다. 유럽인들은 보통 일상생활에서 조급하지 않고 느긋하며 여유가 있는 편이다. 스페인 사람들은 하루 5끼를 먹고, 씨에스타siesta라고 하여 낮잠을 즐기는 민족이다. 정식 만찬을 하면 지루할 정도로 장시간 동안 먹고 떠들며 즐긴다. 초리소와 하몬이 오래전부터 내려온 슬로우푸드의 대표 음식인 것 같다.

스페인 사람들은 오래전부터 고기가 풍부하여 귀족과 서민 모두 고기를 즐겨 먹었다. 그러나 초리소는 값비싼 후추와 피멘톤이 들어간 귀한 음식이었다. 카를로스 4세 시대에 들어와 맛을 더욱 향상시켰다. 당시 국왕이 세고비아 부근에서 사냥하다가 길을 지나가는 호리세코José Rico(초리소 제조업자)를 우연히 만났다. 국왕은 그가 만든 초리소를 맛보고 호리세코를 왕실 초리소 제조자로 임명하였다. 그래서 궁중 화가인 프란시스코 바예우Francisco Bayeu가 1786년 호세리코를 태피스트리tapestry 작품으로 남길 수 있었다. 호리세코로서는 우연한 기회에 역사에 남는 인물이 되었고, 영광스러운 작품의 모델이 될 수 있었다.

19세기에 들어와 초리소는 귀족의 음식에서 대중의 음식이 되었다. 서민들도 누구나 먹고 즐길 수 있게 되었다. 스페인 북부 갈라시아 지방의 작은 도시인 빌라 데 크루세스Vila de Cruces에서는 매년 2월 초리소 축제가 열린다. 이곳에 가면 형태나 모양, 색깔에 따른 다양한 초리소 제품을 볼 수 있고, 제조방법의 차이도 알 수 있으며, 무료 시식도 할 수가 있다.

04 _ 이탈리아 소시지 살라미salami

살라미 또는 살라미 소시지라고 부르는 육제품은 이제 우리나라에서도 생소하지 않다. 소량이지만 국내산 살라미도 생산되고 있고, 도심 슈퍼마켓에 가보면 육제품 판매대 가장자리에 수입 살라미 한두 종류가 전시된 것을 어렵지 않게 볼 수 있다. 우리에게 살라미는 서구 식품쯤으로 인식되지만, 지중해 연안 국가들에겐 전통적으로 먹어왔던 그들의 고유음식이면서 일상 음식이다.

유럽을 여행하다 보면 길거리 가게나 슈퍼마켓에 딱딱하게 보이는 건조 소시지가 걸려있거나 슬라이스 하여 전시된 광경을 자주 보게 된다. 특히 육류 전문판매점인 살루메리아salumeria에 가면 정말 다양한 살라미가 널려있다. 직접 사 먹어보지 못할 수는 있어도, 이것들이 이탈리아의 여러 음식 재료로 들어가기 때문에 조리 음식을 통해 먹어본 사람은 많을 것이다.

살라미는 차가운 상태로 먹는 육류식품

살라미는 이탈리아식 소시지를 통칭한다. 이탈리아가 원조라는 뜻이다. 그럼 무엇이 이탈리아식인가? 프랑스나 스페인식 소시지와 무엇이 어떻게 다르냐고 물어보면 설명하기가 꽤 복잡해진다. 왜냐하면, 역사적으로 그들은 육로나 해상으로 식문화를 서로 교류하면서 살아왔기 때문에 각자 만들어왔던 제품의 미미한 차이를 객관적으로 구분하고 설명하기가 쉽지 않은 것이다.

캠브리지 영어사전은 살라미를 "여러 양념을 넣어 향기가 강한 큰 소시지를 말하며, 보통 얇게 썰어 차가운 상태로 먹는다"고 하였다. 우리나라의 표준국어대사전에도 "이탈리아식 소시지의 하나로 날고기에 열을 가하지 않고 소금이나 향료 따위를 쳐서 차게 말려 만든 것"이라고 적혀 있다. 우리나라에서 흔히 먹는 육가공 제품이라면 이미 가열되었거나 먹기 전에 조리하는 것이 일반적이다. 살라미를 차가운 상태로 먹는다는 것은 가열하지 않아도 배탈 나는 일 없고, 그럴 필요도 없다는 의미다.

식품이 안전하려면 부패성, 독소 미생물이 없어야 하고, 제조과정에서 나쁜 미생물이 자라지 못하게 해야 한다. 고기를 소금으로 절여 자연스럽게 부패균을 억제하면서 젖산균이 성장하도록 환경을 만들어 준다. 동시에 지중해 연안에서 생산되는 각종 양념을 듬뿍 넣어 향기를 보탠다. 이런 향신료들은 살라미의 산화를 막아주며, 일부 향신료는 유해 미생물의 성장까지 억제한다. 건조 시키는 것은 수분이 줄어든다는 의미이고, 학문적으로는 수분 활성도Aw가 낮아진 상태다. 낮은 수분 활성도에서는 부패성 미생물의 성장이 어렵다. 건조하면 원래 무게의 10~30% 정도가 줄어든다.

예외는 있다. 고또 살라미Cotto salami라 해서 익혀 먹는 제품도 있다. 이탈리아에서 잘 알려진 고또 살라미는 제노아 살라미Genoa salami이다.

주로 소고기를 원료육으로 사용하고 통후추와 겨자, 육두구를 넣고 가볍게 훈연하여 만든다. 유대인이 먹는 코셔 살라미와 소고기 살라미 및 맥주 살라미도 고또 살라미에 속한다.

벨기에나 독일에 맥주 종류가 많듯이, 이탈리아에서 살라미는 현지인도 모두 기억할 수 없을 정도로 많다. 내가 유럽에 있었을 때 취미 삼아 다양한 벨기에산 맥주를 사 맛을 평가한 적은 있었지만, 살라미를 다양하게 먹어보지는 못했다. 소량을 따로 사기도 어렵고, 맥주처럼 간단히 마시는 음식이 아니기 때문이다. 현지인에게 살라미가 몇 종류나 되냐고 물어도 대부분 너무 많아 모른다고 답한다. 몇백 종 이상 되리라 생각된다. 살라미가 햄보다 더 종류가 많은 것은 고기를 분쇄하여 양념이나 첨가제를 마음대로 넣을 수 있어 다양한 제품을 만들 수 있기 때문이다.

유독 이탈리아에 수많은 종류의 살라미가 전해온 이유가 있다. 이 나라의 역사 때문이다. 로마제국에서 동서 로마로 갈라진 후 4, 5세기 이민족의 침입으로 서로마제국이 멸망하였다. 이로써 이탈리아는 오랫동안 정치적으로 분열되었고, 여러 도시를 중심으로 분할되어 명맥을 유지해왔다. 15세기 르네상스 운동이 일어나면서 예술과 문화가 꽃피웠지만, 이들은 오랫동안 지역적으로 분할된 도시국가로 남아 1870년 통일되기 전까지 독립 도시국가 형태를 유지하였다. 이렇게 오랜 작은 국가에서 지역별 특성에 맞는 독특한 살라미를 만들어온 것이다.

살라미를 언제부터 만들었는지는 명확하지 않다. 고대 로마 시대부터 유사한 육제품을 먹었다는 기록이 있지만 확실하지 않다. 고기를 조각으로 분쇄하여 만들기 때문에 돼지를 잡아 뒷다리나 목, 어깨살 등 덩어리 고기를 우선 가공하고, 이어 나머지 고기를 소금에 절이기 시작하였을 것이다. 예를 들어 파르마 지역의 특산품인 쿨라텔로를 만들기 위해서는 발골하여 다듬고 남은 고기로 스트로기노strolghino와 같은 살라미를 만들었다.

본격적으로 살라미를 제품화한 것은 중세부터였다. 당시 노르치노Norcino라 불리는 도축업자단체가 많이 생겼고, 이들은 전국을 돌아다니며 10월부터 이듬해 3월까지 돼지를 도축, 가공하였다. 이들의 활동이 세계 제2차대전까지 남아 있었다고 전해지고 있다. 독일의 라이스트너 박사의 1986년 논문에 의하면, 이탈리아에서 처음 생산되어 독일에서 대중화된 발효 소시지의 역사는 250년 정도, 헝가리 살라미는 150년 정도 되었다고 하였다. 이로 미루어보면 산업화하여 체계적으로 살라미를 만들기 시작한 것은 중세 이후로 보인다. 전통 살라미는 자연적으로 발효시켰거나 발효과정을 생략하기도 했지만, 오늘날 생산되는 살라미는 대개 인위적으로 미생물을 첨가하여 발효시킨다. 그렇게 스타터 미생물을 첨가하여 만들기 시작한 현대 발효 소시지의 역사는 1960대 이후부터라고 할 수 있다.

아무튼, 살라미의 시작 시기가 중요한 것이 아니라 전부터 지역별로 독특한 제품을 만들어 오늘날까지 전수되어온 데 의의가 있다. 당시는 원료를 타지역에서 수입할 수 있는 시절이 아니었으므로 신대륙을 발견할 때까지는 주변에서 생산되는 가축의 고기만 사용할 수밖에 없었다. 원료육으로 가장 많이 사용한 것은 돼지고기이다. 돼지는 아주 오랜전 에트루리아 시대부터 사육하여 온 가축이다. 중세에는 숲의 가치를 면적으로 따지기보다 돼지가 먹을 수 있는 도토리나무가 얼마나 많은지에 따라 결정되었다고 할 정도로 돼지사육이 중요했다.

물론 돼지고기만 쓴 것은 아니다. 종교적 이유로 소고기를 이용하여 코셔나 할랄 살라미를 만들기도 하고, 때로는 사슴고기나 칠면조 고기도 사용하였다. 이탈리아 북쪽 일부 지역에서는 거위 살라미를 만들기도 하였고, 프랑스 프로방스 지역에서는 당나귀 고기를 이용하기도 하였다고 한다.

세계인이 사랑하는 다양한 살라미

이탈리아식 살라미에서 나오는 향과 맛은 숙성이 잘 된 고기와 천연 향신료 때문이다. 지중해 연안 지역은 기후가 온난하여 각종 향신료 식물이 자생하였다. 우리에게 익숙한 양념도 있지만, 그 이름과 맛이 대부분 낯설다. 된장, 고추장, 김치맛과 거리가 멀다. 그들은 그런 양념을 주위에서 쉽게 구할 수 있었으므로 햄, 소시지를 만들 때 이를 듬뿍 넣을 수 있었다.

식육학을 공부한 나는 전부터 이런 향신료를 알아야 했고, 익숙해져야 했다. 지금은 쉽게 구할 수 있는 향신료를 당시는 어렵게 구해 실험했다. 육가공품에 사용되는 각종 허브가 고기의 지방 산화 억제에 미치는 효과를 조사했다. 그때 연구한 향신료가 파프리카, 로즈메리, 정향clove, 계피cinnamon, 마저럼, 세이지, 백리향thyme, 겨자mustard, 육두구nutmeg, 강황turmeric, 셀러리, 회향fennel, 오레가노, 메이스, 고수coriander, 쿠민, 올스파이스, 베이, 미늘garlic, 사철쑥, 카다몬, 바질 등이었다. 연구결과 로즈메리, 타임, 세이지, 메이스, 마저럼 등 대부분 향신료가 기름에 반응하여 지방 산화를 억제하는 것으로 나타났다(이성기, 1995).

이들에게는 폴리페놀이나 플라보노이드와 같은 건강에 유익한 물질이 들어있다. 식품의 지방 산화는 인간의 노화와 밀접한 관계가 있다. 그래서 건강에 좋고 향기가 좋아 이들 향신료를 허브herb라고 부른다. 지중해를 중심으로 그들이 오래전부터 쉽게 구할 수 있었던 향신료가 대부분 허브라고 보면 된다. 허브와 고기가 어울려진 살라미를 먹으면 맛과 건강에 좋다고 하면 대개 맞다.

향신료 중 이야깃거리가 있는 것은 후추와 파프리카이다. 모두 원산지가 지중해 연안이 아니라 외부로부터 도입되었다. 유럽인들은 이 향신료들에 열광하였다. 그리고 돈이 되니 향신료를 찾아 바다 건너로 나섰다. 일부 학자들은, 이 향신료들을 가져온 것은 유럽인의 외부 세계에 대한 약탈의 상징성을 보여주는 행위라고 주장한다.

후추는 고기뿐 아니라 일반 음식의 맛을 달래주는 탁월한 향신료이다. 후추의 원산지가 남인도 말라바Malabar 해안인데, 포르투갈의 바스쿠 다 가마로 하여금 인도 '발견'에 나서게 한 향신료이기도 했다. 후추는 향신료의 가치를 넘어 부의 상징이었다. 당시 유럽에서 후추 한 줌은 양 한 마리나 황소 반 마리의 값어치와 같다는 기록이 있고, 은의 가격으로 계산한다는 기록도 있다. 집세나 세금을 낼 때 화폐 대신 후추 알갱이로 지급했다고 할 정도의 '검은 황금'이었던 것이다.

15세기 초 오스만 투르크제국이 동로마를 정복하여 육로가 봉쇄되자 기독교 국가들은 후추를 구하기 위해 바다로 나서게 되었다. 포르투갈이 먼저 돛을 올리자, 스페인, 네덜란드 등도 경쟁적으로 바다에 뛰어들어 후추 대신 신대륙을 발견하게 된 것이다. 그 덕분에 유럽에는 없었던 파프리카를 가져오게 되어, 색깔이 붉고 단맛과 매운맛이 나는 파프리카가 유럽 육제품의 주요 향신료가 되었다. 파프리카는 초리소나 페퍼로니pepperoni 제조에 없어서는 안 될 향신료이다. 그리고 이 향신료가 들어간 육제품 제조기술이 다시 그 원산지인 멕시코와 남미로 전수되었으니, 아이러니가 아닐 수 없다.

이탈리아 소시지에서 지구촌 소시지로

살라미salami의 어원은 살라메salame의 복수형으로 라틴어 살루멘salumen에서 유래되었다고 한다. 또 비슷한 단어로 살루메salume의 복수인 살루미salumi도 있다. 좀 헷갈리지만 단순하게 구별하면, 살루미는 고기를 소금에 절여 오랫동안 먹을 수 있는 모든 육가공 제품을 칭한다. 그중 살라미는 염장하여 발효 및 건조한 소시지류를 말한다. 따라서 살라미는 살루미의 하나라고 보면 된다. 'sal'은 라틴어로 소금이라는 뜻이다. 그래서 살라미를 루마니아, 불가리아, 터키에서는 salam, 헝가리에서는 szalámi, 체코에서는 salám, 슬로바키아에서는 salámа이라고 한다.

프랑스, 독일, 폴란드와 영어권에서도 단수 복수형과 상관없이 이탈리아처럼 살라미라고 부른다. 영어권은 살라미를 이탈리아식 소시지가 주축인 유럽형 소시지를 총칭하며, 우리 업계나 학계에서 인식하고 있는 개념도 이와 비슷하다. 원래 살라미는 장시간 자연 상태에서 건조한 전통 소시지를 일컬었다. 산업화한 현대 육가공업체에서는 인위적으로 젖산균을 넣어 발효를 촉진, 제조공정을 단축한다. 그래서 영어권에서는 살라미 종류를 총칭하여 건조 소시지 또는 발효 소시지fermented sausage라고도 부른다.

살라미는 생햄과 마찬가지로 이탈리아 중북부 지역에서 시작되었고, 지금도 그곳에서 많이 생산되고 있다. 원료육은 돼지고기가 주종이지만, 소고기, 오리고기, 칠면조 고기를 쓰기도 한다. 살코기와 지방을 눈으로 볼 수 있는 정도의 알갱이로 거칠게 분쇄하지만, 제품마다 알갱이 크기가 다르다. 전에는 염장한 분쇄육을 돼지, 양, 소 창자에 넣었지만, 오늘날에는 식용 콜라겐이나 인조 케이싱casing에 넣는다. 제품별로 케이싱의 직경과 길이가 다른데, 대체로 전통 살라미는 직경이 큰 편이다. 기본적으로 염장을 하여 건조하지만 그 기간이 다르고 맛도 다르다. 기간이 길수록 건조와 숙성이 많이 진행된다. 건조가 많이 된 살라미일수록 상온에서 생것으로 먹을 수 있다. 그러나 수분함량이 많은 것은 가열하거나 냉장고에 저장하며, 제품에 따라 훈연 처리하기도 한다.

예전에는 지역 환경에 맞추어 저장하면서 자연발효가 일어나도록 유도

하였다. 오랜 경험으로 언제 어떻게 소금을 절여 어느 장소와 어떤 상태에서 얼마 동안 두게 되면 상하지 않고 잘 익은 살라미가 되는지 알았다. 숱한 시행착오를 거쳐 자연발효의 최적 조건을 알아냈을 것이다. 발효란 유익한 미생물이 자라 고기의 맛, 색깔, 질감을 변화시키는 과정이다. 그러나 오늘날에는 인위적으로 박테리아(주로 젖산균)를 주입하거나 해롭지 않은 곰팡이를 케이싱 표면에 뿌려 발효시켜 제조 기간이 훨씬 단축되었다.

미국에서는 유럽인이 이민을 와 본토의 섬머 소시지나 페퍼로니와 같은 소시지류를 지역의 문화 특성에 맞추어 만들기 시작하였다. 미국산은 유럽산에 비교해 스타터 미생물을 넣어 짧은 시간에 발효시키고, 훈연 후 단시간 건조 시켜 완성하는 대량생산 체제이다. 제조 기간이 길고 짧음에 따라 수분함량이 다르므로 발효 소시지를 반건조 또는 건조 소시지로 분류하기도 한다. 유럽인에게 발효육은 예술과 같은 수준으로 인식하지만, 미국인에게 발효육이 대중 가공식품의 하나로 인식하는 것 같다.

이탈리아에서 유명한 살라미

살라미 제조법은 이탈리아에서만 머물지 않고 프랑스, 스페인, 독일, 폴란드, 헝가리 등으로 전파되어 그들의 환경에 맞게 향토식품으로 정착되었다. 또 신대륙 발견 이후 유럽인들이 북남미, 호주 등으로 이민을 떠나 나름의 지역 조건에 맞추어 살라미가 제조되고 있다. 그래서 세계 도처에서 살라미가 제조되고 있다. 그럼에도 종주국 이탈리아의 살라미는 품질과 인지도 면에서 최고의 명성을 자랑한다. 수많은 살라미 중에서 매스컴이나 인터넷에 자주 오르내리면서 여행객에게도 잘 알려진 토종 살라미 몇 종류를 소개한다.

◆ **펠리노 살라미**Felino salami 이탈리아 파르마 지방의 작은 도시인 펠리노에서 제조된 살라미다. 바간자Baganza 계곡의 울창한 산림에서 기른 돼지를 원료육으로 사용한다. 육질이 좋은 어깨살, 뱃살, 다리살을 엄선한다. 수 세기 동안 소금, 후추, 통후추를 첨가, 천연 창자에 넣어 전통적인 방법으로 서서히 숙성시켜 제조해왔다. 펠리노 살라미를 '살라미의 왕'이라고 부른다. 약간 단맛과 독특한 맛이 일품이다.

◆ **토스카노 살라미**Toscano salami 파르마 남쪽 토스카니Tuscany 지역에서 전통적으로 제조되어 온 살라미이다. 각종 양념을 넣고 약 4개월간 건조 시켜 완성한다. 살라미를 잘랐을 때 고기 사이에 지방이 멋있게 퍼져 보인다. 양념으로 인해 중후하고 강한 향기를 낸다. 얇게 썰어서 치즈나 와인, 빵과 함께 먹으면 좋다.

◆ **스트로기노**Strolghino 파르마 지역의 저지대에서 비교적 짧은 기간에 숙성시켜 완성한 살라미다. 전통적으로 살코기를 많이 갈아 지방과 섞는다. 파르마 주의 Bassa Parmense 지역에서 생산된 돼지고기로 쿨라텔로나 피오체토fiocchetto와 같은 덩어리 육제품을 만들고 남은 살코기들을 모아 이용한다. 스트로기노는 10월부터 이듬해 3월 사이 도축한 돼지고기로 제조되는데, 15~20일간 숙성시켜 완성한다. 숙성기간이 비교적 짧기 때문에 질감이 부드럽고 향기가 독특하다.

◆ **나폴리 살라미**Napoli salami 로마 중남쪽 캄파니아 지역에서 생산되는 살라미다. 소금과 양념으로 절인 혼합육을 돼지 창자 속에 넣고 30일 이상 건조 시킨다. 톡 쏘는 맛이 있으며, 질감이 치밀하고 단단하다. 치즈와 함께 먹거나 피자에 이용되기도 한다.

◆ **피스토**Pisto 북쪽 만토바Mantova 주에서 생산되는 살라미로 코테키노cotechino와 비슷하다. 같은 돼지고기, 판체타, 포도주, 소금, 후추, 마늘을

넣어 단기간 숙성시켜 가열해서 먹는다. 리조트risotto 레시피의 재료로 많이 사용한다.

◆ **피노끼오나**Finocchiona 중세부터 로마 북쪽 토스카니 들판에서 많이 자라는 회향fennel을 넣어 만든 살라미다. 후추 값이 너무 비싸 회향으로 대체하여 만들었다고 전해지고 있다. 오늘날에는 소금, 후추, 통후추, 마늘을 넣는다. 완성된 살라미는 향기가 강하고 때로는 꽃향기가 난다고 한다.

◆ **은두야**Nduja 남부 장화 모양의 앞부분에 해당하는 갈리브리아 지역에서 유래된 살라미다. 고추를 많이 넣어 염지하여 파테pate와 같은 질감을 가진다고 한다. 토스트 빵에 발라 먹거나 그릴에 구워 먹는다.

◆ **제노아 살라미**Genoa salami 이탈리아 북서부의 제노아 지역에서 유래된 살라미다. 산악지대 숲에서 도토리, 밤, 허브를 먹고 자란 돼지를 원료로 쓴다. 마늘과 천연향료, 설탕이 첨가되기 때문에 부드럽고 풍부한 맛을 낸다.

◆ **카챠또레 살라미**Cacciatore salami 이탈리아어 카챠또레는 '사냥꾼'을 뜻한다. 사냥꾼이 사냥 나갈 때 휴대하기 편하게 작은 크기로 살라미를 만들었다고 한다. 마늘과 굵은 후추, 사탕수수 설탕 등을 넣어 만든다. 치즈나 바삭한 빵에 잘 어울린다고 한다.

◆ **와인 살라미**Wine salami 여러 와인을 첨가하여 숙성, 고기의 풍미를 조화시킨 살라미이다.

살라미는 대부분 가열하지 않고 차갑게 먹는다. 와인이나 맥주 안주로 좋다. 살라미와 함께 샐러드, 샌드위치, 파스타, 까르보나라, 크래커, 치즈 등이 어울린다. 피자, 파스타, 수프, 스튜 등 다양한 요리와도 함께 즐길 수 있다.

이탈리아는 자랑스러운 식육 가공 제품과 식생활 문화가 있다. 세계의 다른 문명권보다 식문화가 중후하고 다양하다. 지금은 세계화되어 누구나 원하는 음식을 어디에서나 공유할 수 있지만, 전에는 그렇지 못했다. 이탈리아는 고기 문화가 발달한 곳이다. 극한의 추위에서 사냥했던 민족, 사막에서 양을 기르는 민족, 벼농사에 의지한 농경민족, 바닷가에서 물고기를 잡아먹었던 열대지방의 민족과 비교할 수 없는 음식문화이다. 단순히 고기가 많아서 먹는 것이 아니라 그것을 가공하여 오래 보존하면서도 맛과 향, 질감을 향상시키기 위한 도제들의 숙련된 기술이 응집된 결과이다. 그 기술이 오늘날 식육가공학이라는 과학의 밑거름이 되었다.

이탈리아인들은 고기 식품을 오늘날의 패스트푸드처럼 먹지 않는다. 그들은 만찬이든 어떤 모임이든 식사를 통해 이야기하고 사람과 유대 관계를 가지면서 정치, 사회, 경제, 문화를 꽃피웠다. 고대 로마는 물론 르네상스 시대에 예술과 문화가 꽃핀 것도 이에 부응하는 음식문화가 있었기 때문이다. 그들은 끼니만 연명하면서 예술혼이 꽃핀 작품을 만들지 않았을 것이다. 먹을 것에 허덕이는 곳에서는 불가능한 일이다. 절기에 매달려 때를 놓치면 1년 양식을 수확할 수 없는 농경사회의 식생활과는 완연히 다르다. 그래서 세계인의 공통어가 되어버린, 식육 가공의 대표로 상징되는 살라미를 예찬하는 것이다.

05 _ 폴란드 소시지 킬바사Kielbasa

폴란드의 소시지를 킬바사라고 부른다. 동유럽의 여러 나라에서 만드는 소시지 중에서 폴란드의 킬바사에 유독 많은 사람이 관심을 보인다. 우리나라에도 킬바사를 찾는 마니아층이 있다. 폴란드는 옛날부터 훈족이나 몽골족이 유럽으로 들어오는 길목이었고, 러시아가 서진할 때나 서유럽 국가들이 동진할 때도 거치는 길목이었다.

나는 폴란드의 크라쿠프에서 세계식육학회가 열릴 때 그곳을 방문한 적이 있었다. 크라쿠프는 폴란드의 제2 도시로 바르샤바로 수도를 옮기기 전 558년간 신성로마제국 영토의 일부로 동유럽의 문화 중심지였다. 세계대전 중에 도시 전체가 파괴된 바르샤바와 달리 당시 독일군 사령부가 있었기 때문에 상대적으로 피해가 적었고, 덕분에 귀중한 문화유산이 보존되어 1978년 유네스코가 세계문화유산으로 선정하였다. 이곳에는 같은 해에 문화유산으로 등재된 비엘리치카 소금 광산도 있고, 영화 〈신들러 리스트〉에 나오는 실제 공장과 아우슈비츠 수용소도 있어서 관광객이 끊이지 않는다.

크라쿠프에는 예전부터 도축장이 많아 생고기를 이용해 킬바사를 생산하는 공장이 많았다. 역사의 도시이자 식육 산업의 중심이기 때문에 세계식육학회를 여기로 유치한 것 같았다. 1주일간 열리는 학회 기간에 학회 주관으로 버스 관광이 행사가 있었다. 이 지역은 14세기부터 카지미에시 왕이 관용정책을 편 결과 흩어져 있었던 유대인이 모여 살게 되었다고 한다.

육가공 공장을 견학하고 돌아오는 길에 유대인 지구에 들어가 그들의 교회, 학교와 각종 생활시설이 있는 현장을 둘러보았다. 가이드는 세계 전역에서 온 학자들에게 유창한 영어로 또렷하게 설명을 하는 베테랑급이었다. 투어를 하면서 그녀는 차분한 목소리로 "당시 우리(폴란드인)도 엄청난 피해를 당했지만, 이 지역에 살았던 유대인들을 보호해주지 못한 것이 안타깝고 미안하다"라고 토로했다.

자연환경과 유명한 음식

폴란드는 남부 산악지역을 제외하고는 국토 대부분이 북유럽 평원에 속하는 저지대로 이루어져 있다. 전체 면적의 75% 이상이 해발고도가 200m 이하이다. 북쪽으로는 발트해와 접하고, 남쪽에는 카르파티아 산맥이 있다. 면적은 남한의 3배 정도로 넓고, 인구는 4천만 명이다. 2월이 평균 -3℃로 낮고, 7월은 평균 19℃로 온대 기후에 속한다. 강수량은 남부 산악지대 1,100mm, 가장 적은 중부는 600mm이다. 국토 중앙부로 비스와강이 흘러 발트해로 들어간다.

국토가 평야와 구릉이 많으면서 비가 골고루 내리는 지역이어서 전통적으로 가축을 많이 기를 수 있는 환경을 지녔다. 그래서 고기를 많이 먹게 되고, 자연스럽게 육가공 제품도 발달하게 되었다. 폴란드는 슬라브계인 폴인Polanie에 의해 1025년에 건립된 왕국이다. 폴인의 '폴'은 들판을 의미한다. 들판이 많아야 많은 가축을 기를 수가 있을 것이다.

폴란드 음식은 돼지고기, 닭고기, 소고기 등 여러 고기가 주재료이다. 고기에 채소와 향신료를 넣어 먹는다. 옛부터 여러 민족이 왕래하는 지역이어서 다민족 음식문화가 혼재, 발달하였다. 즐겨 먹는 요리로는 돈가스와 비슷한 코틀렛 스하보비kotlet schabowy, 생고기와 킬바사 소시지, 양배추 절임을 넣고 끓인 비고스bigos, 양배추에 고기를 싸서 소스에 뿌려 먹는 골랍키golabki, 소의 내장으로 만든 수프인 플라키flaki, 얇은 고기나 다진 고기에 치즈나 채소를 넣어 튀긴 즈라지Zrazy, 우리의 족발 요리와 비슷한 골롱카golonka, 다진 돼지고기와 소고기를 뭉쳐 만든 미트볼인 클롭쉬키Klopsiki, 꼬치구이와 비슷한 샤슈익szaszlyk 등 대부분 고기 요리이다.

이곳은 베이글 빵이 최초로 개발된 곳이기도 하다. 보드카 술의 존재가 최초로 기록된 곳이지만, 전통적으로 꿀술을 즐겨 마신다고 한다. 돼지고기에 양념을 넣고 연기를 쐰 폴란드의 소시지가 킬바사이다. 특정 소시지를 말하는 것이 아니라 폴란드에서 생산하는 일반적 소시지를 총칭한다. 현재 100여 종이 생산되고 있다고 한다. 가축 창자에 양념육을 넣어 원형 그대로 유지하면서 제조하였기에 밧줄처럼 생겨 로프소시지rope sausage라고도 한다. 창자에 양념 고기를 넣었을 때 자연스럽게 U자 모양의 형태가 된다. 미국시장에서는 폴란드 소시지를 킬바사 폴스카Kielbasa Polska라고 부른다.

주원료가 돼지고기지만, 소고기, 칠면조, 양, 닭, 송아지 등 다양한 고기로도 만든다. 킬바사는 단단하고 건조한 소시지, 굵고 진한 색을 가진 소시지, 훈연시킨 간소시지, 피 소시지, 하얀 소시지 정도로 분류할 수 있다. 제조 후 즉시 먹을 수 있는 가열 소시지와 캐러웨이 씨를 넣어 만든 얇은 건조 소시지도 있다. 전통적으로 시골에서 농가별로 제조하였고, 결혼식과 같은 축제에서 많이 먹었기에 일부 킬바사는 웨딩 소시지라고도 부른다. 상인들이 장터에 내놓기도 하고, 벨트에 소시지를 매고 다닐 수 있고, 사냥할 때 허리에 차고 다니며 먹는 헌터 소시지 타입도 모두 킬바사의 건조 소시지 부류이다.

고관대작들의 식탁에서도 볼 수 있었던 킬바사는 색이 진하고 두께가 굵으면서도 훈제 향이 나는 소시지이다. 제조방법은 여느 소시지와 비슷하다. 주로 돼지고기를 갈아서 만들지만, 때로는 돼지고기와 소고기를 80대 20으로 섞어 갈아 소금과 아질산염을 넣어 절인다. 이를 염지 과정이라고 한다. 일정 기간 염지하여 염 성분이 육단백질에 스며들어 용해되면 이어 거칠게 간 돼지 지방과 후추, 마늘, 주니퍼, 마저럼 등의 향신료를 넣고 섞는다. 직경 36~38mm 크기의 잘 세척된 돼지 창자에 혼합물을 넣고 10~15℃ 정도의 온도에서 하루나 이틀 동안 연기를 쐰다. 오늘날

공장에서 만드는 킬바사는 인조 케이싱에서 짧은 시간 동안 훈연하지만, 일부 제품은 아직도 전통적인 방법을 따르고 있다.

가열해 먹는 킬바사는 불에 구워 먹거나 삶은 다음 썰어 소금에 절인 양배추와 함께 먹는다. 가열하게 되면 갈색으로 변한다. 밀봉된 킬바사는 냉장고에 3~4주, 포장하지 않은 냉장 소시지는 1주일 이내. 냉동실에서는 6개월 정도 보관이 가능하다.

리식카 소시지와 크라쿠프 소시지

폴란드에는 여러 종류의 킬바사 소시지가 있지만, 현재는 EU로부터 지역적 브랜드 표시를 보호받는 리식카 소시지와 크라쿠프 소시지가 유명하다. 리식카 소시지Kielbase Lisiecka는 폴란드 남부 말로폴스키 지역에서 생산되는 소시지이다. 크라쿠프 서쪽 외곽에 Liszki가 있고, 남서쪽 20~30km 떨어진 곳에 Czernichów라는 작은 도시가 있다. 옛날부터 이곳에는 도축장이 많았고, 도축 후 여분의 고기를 이용하여 킬바사를 만들었다. 크라쿠프 소재 민속지박물관 기록보관소의 1894년 필사본에 의하면, 크라쿠프 전체 지역에 87명의 정육업자가 영업하고 있었는데 그중 34명이 Liszki 및 Czernichów에서 일하고 있어 이 지역이 크라쿠프 다음으로 고기 생산의 중심지였음을 알 수 있다.

그 후로도 이곳에는 민간 도축장이 많이 건설되어 전통방식으로 소시지를 만들고 있다. 정부에서 지역 특성이 있는 소시지로써 인증해주고 있기 때문에 당연히 이 고장에서만 생산할 수 있는 제품만이 그 이름을 사용할 수 있다. 리식카 소시지는 원래 두터운 모양의 전통 크라쿠프 소시지에서 파생되었기 때문에 1930년대부터 그 이름을 구별하였다고 한다.

제조방법을 보면, 살코기 함량이 55~60%인 돼지고기를 3~5cm

크기 조각육으로 절단하여 2~4일간 염지한다. 신선한 상태에서 간마늘과 백후추 등 여러 향신료를 섞어 직경 약 5cm 크기의 천연 소 내장이나 다른 케이싱에 넣는다. 충전된 소시지를 오리나무, 너도밤나무, 기타 기름기가 없는 나무로 연기를 쐰 후 가열하여 익힌다. 작업 시간은 대략 4~5시간이다. 완성된 소시지의 길이는 35~40cm이고 두께는 약 52cm의 화환 모양이다. 훈연을 많이 하여 껍질은 광택이 있는 짙은 갈색이고 주름이 약간 있다. 만지면 건조한 느낌이 든다. 단면을 잘라보면, 어두운 고기 사이에 가벼운 조각이 보인다.

크라쿠프 소시지kielbasa Krakowska도 리식카 소시지와 같이 말로폴스키 지역의 크라쿠프에서 유래되었으며, 전통제품으로 인정받아 최근 유럽의 지역 표시 브랜드 보호를 받고 있다. 이 소시지는 19세기부터 갈리시아 크라쿠프에서 세절한 돼지 뒷다리 고기에 전분을 첨가하여 만들었다고 한다. 갈리시아 지역은 수 세기 동안 육류산업이 발달하여 크라쿠프 소시지가 국경지대와 리투아니아까지 알려지게 되었다. 계급이 높고 공로가 있는 귀족에게 제공된 소시지였고, 소련 점령기 동안은 아카데미의 실세 회원들만이 간식으로 크라쿠프 소시지를 받았다고 한다. 현재는 오스트리아와 독일에서도 크라쿠프 소시지를 생산하고 있다.

그 특징을 보면 후추와 마늘을 듬뿍 첨가하고, 뜨겁게 훈제하여 만든 두껍고 곧은 형태의 소시지이다. 건조, 반건조, 찜 등 세 종류가 있다. 양념한 돼지고기로 만들어 마늘 향이 은은하다. 이 소시지는 전채요리, 또는 샌드위치와 함께 먹는다.

제7장

프랑스, 이탈리아, 독일, 영국, 터키의 고기식품

01 _ 프랑스의 샤큐트리Charcuterie

프랑스는 미각, 미식의 나라라고 한다. 그들의 정식 만찬 형태를 보면 서부 유럽의 나라가 모두 그렇듯 전채요리, 메인 요리, 후식과 마지막으로 차까지 마시면서 장시간 이야기하면서 즐긴다. 우리 시각에서 보면 음식은 너무 천천히 먹고, 이야기는 너무 많이 하는 것 같다. 이것이 그들의 식사문화이다. 이런 풍습에 익숙하지 못한 한국 사람이 만찬에 초대받았다고 하면 단단히 각오하고 가야 할 것이다.

그들의 음식은 긴 시간을 보낼 수 있을 만큼 다양하고 세련되었다. 빵을 비롯하여 해산물, 각종 채소도 함께 하지만, 핵심적인 요리는 육류임이 두말할 나위가 없다. 프랑스의 남과 북은 대서양과 지중해와 접해있고, 동은 알프스산맥과 남서는 피레네산맥이 있으며, 중부와 북서로는 저지대로 이어져 있다. 국토 대부분이 평지와 구릉지여서 활용가치가 높다. 연 강수량이 600~2000mm로 골고루 비를 뿌리기 때문에 토지가 비옥하다. 면적은 유럽에서 러시아와 우크라이나에 이어 3번째로 큰 대국인지라 옛부터 목축업이 발달할 수 있는 좋은 여건을 가졌다. 최근 목축지가 줄어드는 추세라고 하지만 아직도 국토의 약 50%가 목축지이고, 약 25%가 농지라고 하니 식량 자원의 터전이 충분히 갖추어진 복 받은 나라이다.

프랑스는 풍부한 목초 때문에 소, 염소, 양과 같은 반추동물의 사육이 활발하였다. 세계적으로 잘 알려진 소 중에서 리무진 종이나 살레르 종의 원산지가 프랑스이다. 리무진은 덩치가 크고 육질이 좋아 스테이크 위주로 이용된다. 살레르 종도 고기와 우유의 겸용 종으로 세계 도처에서 사육되고 있다. 그러므로 프랑스 국민은 소고기를 즐겨 먹기 때문에 오늘날까지도 소의 사육두수가 유럽에서 1위이다. 이같이 최적의 축산 환경에서 생산되는 고기와 여기에 경제 대국의 생활문화가 어울려 고기 음식이 발달하였다.

프랑스는 로마 시대에 갈리아 지역이었다. 곧 로마의 명장 율리우스 카이사르에게 점령을 당해 속국이 되자 로마 음식문화와 교류되었다. 이후 훈족의 침입으로 북쪽의 게르만족이 연속 이동함에 따라 게르만족, 프랑크족 일부가 서프랑크 왕국을 세웠기 때문에 그들의 음식도 전수되었을 것이다. 바다 건너 영국과도 100년간 전쟁을 하면서 끊임없이 음식을 교류했다. 이같이 역사적으로나 지역적으로 유럽의 동서남북 간 자연스러운 교류를 할 수 있었던 곳이라 각종 음식문화가 꽃피울 수밖에 없었을 것이다.

오늘날 우리에게 잘 알려진 프랑스 음식이 여럿 있지만, 그중에서 고기와 우유로 만든 요리를 빼놓을 수가 없다. 매스컴이나 인터넷에서 프랑스인들이 좋아하는 요리 리스트를 보면, 와인을 넣어 만든 소고기찜의 일종인 뵈프 부르기뇽, 소고기탕인 포토푀, 진한 화이트 소스로 만든 송아지

고기 요리, 계란 노른자, 양파와 함께 육회로 먹는 스테이크 타르타르 등이 있다. 만찬 때 와인과 함께 전채요리로 먹는 쏘시송도 있다.

우리나라처럼 소고기 안심 부위를 석쇠나 철판 위에 구운 샤토브리앙chateaubriand도 있다. 벨기에의 겐트대학에 머물 때 세계적인 식육학자 드메이어 교수가 안내해 함께 먹었던 프랑스 요리였다. 육즙과 향이 좋은 고기였다고 기억한다. 소고기 요리 외에 프랑스인이 좋아하는 닭고기 요리인 꼬꼬뱅이 있고, 치즈 요리로 유명한 그라탕도 있다. 프랑스인이 좋아하고, 유명하다고 하는 음식은 대부분 고기 요리이다. 산업체에서 가공제품으로 생산되기보다 레스토랑에서 쉽게 만날 수 있는 음식이다.

프랑스는 워낙 다양한 식사문화가 발달하였기 때문인지, 육가공품은 주변 다른 나라에 비해 상대적으로 덜 알려졌다. 스페인의 하몬, 이탈리아의 프로슈토, 독일의 각종 소시지를 알고 있지만, 프랑스 육제품에 대해서는 정보가 부족한 듯 보인다. 아마도 가게에서 파는 가공품보다 직접 조리한 음식이 더 우아하게 식탁을 채웠기 때문인지 모른다. 그러나 프랑스에도 독특한 육가공 제품이 많다.

샤큐트리는 육류와 햄·소시지류를 말하면서도, 동시에 그것을 파는 전문 판매점을 말한다. 이는 '고기'라는 샤아chair, '굽거나 가공하다'는 큐잇트cuit가 합한 육가공품이라는 의미이다. 그래서 고기를 전문으로 판매하는 상점으로도 불리는데, 독일의 메쯔그라이Metzgere나 이탈리아의 살루메리아Salumeria와 비슷한 형태로 보면 된다. 샤큐트리에는 각종 육류 식품이 어지러울 정도로 전시되어 고객을 기다리고 있다. 프랑스산 육제품만 판매하는 것이 아니다. 유럽은 EU라는 통합 시장으로 묶여있으므로 여러 나라 제품을 함께 판매하고 있다.

우리나라도 최근 샤큐트리와 같은 육류 전문 판매점을 개장할 수 있도록 법을 개정하였기 때문에 유럽의 일부 업체가 이미 진출하고 있다. 프랑스에는 여러 세대를 거쳐 내려온 샤큐트리 업체가 자기들이 만든 제품을 70여 나라에 수출하고 있다

샤큐트리에서는 수제로 가공제품을 만들어 판매한다. 때로는 음식점이 같이 있어 소비자가 직접 먹을 수 있게 되어있다. 샤큐트리에서 살 수 있는 제품은, 햄에 해당하는 잠봉Jambon과 소시지인 쏘시송이다. 햄과 소시지는 기본적으로 제조법은 비슷하지만, 지역에서 나오는 고기의 품종, 첨가하는 향신료, 와인류가 다르다. 유명한 샤큐트리인 바욘 잠봉, 파리 잠봉, 앙두예트, 빠띠, 푸아그라, 코피, 리엣트를 소개한다.

잠봉 드 바욘Jambon de bayonne

바욘햄 또는 바욘잠봉Jambon de bayonne으로도 불리는 프랑스 햄이다. 잠봉은 바스크 지방과 프랑스 남서부 고대 항구도시인 바욘에서 그 이름을 따온 염지 햄이며, 가열하지 않은 생햄이다. 아두아Adour강 유역과 분지에서 사육되는 여덟 종류 돼지의 하나로 만든다. 생산규정이 까다로워 스테로이드, 어유, 항생제가 포함되지 않은 사료를 먹인 정해진 품종의 돼지만을 원료로 사용할 수 있다. 돼지의 운송과 도축 방법, 도체의 중량과 지방함량, 저장방법이 모두 규정되어 관리되고 있다.

햄 원료 돼지는 최소한 생후 7개월 이상, 보통 9~10개월이 되어야 한다. 전통적인 제조 원리에 맞춰 계절적 변화에 맞는 작업실 온도, 습도, 통풍을 조절한다. 1월 말에서 2월 초 인근 지역에서 생산되는 소금으로 돼지의 뒷다리를 치대어 바르고 6~8℃에서 걸어둔다. 돼지기름과 밀가루를 섞어 만든 반죽을 사용하여 절단 부분을 밀봉한다. 3~5월까지 서서히 건조 시키면서 동시에 숙성도 이루어진다. 이 기간 바스크산 칠레

고추를 껍질에 페이스트로 발라주어 독특한 향기를 내도록 한다. 7월 말에 건조작업을 끝낸다.

잠봉은 뼈를 포함하여 8~9kg로, 유럽의 다른 생햄과 비슷하다. 최종 제품의 껍질에 'Bayonne'이라는 글자와 전통 바스크 십자가를 찍어 인증한다. 유럽의 다른 햄과의 미묘한 맛의 차이를 구별하기는 어려우나 공통으로 짭조름하고 약간의 단맛이 난다. EU의 원산지 보호 지정이 부여되어 있다.

잠봉 드 파리Jambon de Paris

유럽에서 유명한 햄들은 전통방식에 따라 오랫동안 건조한 생햄류이지만, 파리잠봉은 가열 햄이다. 그만큼 단시간에 제품을 만들 수 있다. 일반 소금에 절인 뼈 없는 5~6kg 고기의 덩어리를 주니퍼, 고수, 정향과 함께 맛을 낸 채소 육수에 넣고 몇 시간 동안 조리하여 만든다. 아질산염을 첨가하기 때문에 최종 제품은 연분홍색을 띤다. 만든 후 테린이라는 용기에 넣어 식히기 때문에 보통 직사각형 형태이다. 제조역사는 길지 않아 20세기 들어 산업용 콜드 컷(차가운 상태로 먹는 가공육 조각품)의 등장과 함께 이 햄을 만들기 시작되었다. 지역과 상관없이 프랑스산 돼지라면 모두 원료육으로 사용할 수 있다. 상표명이 Jambon de Paris지만, 프랑스에서는 traditional, superior, au torchon 같이 여러 이름으로 판매되고 있다.

앙두예트Andouillette

앙두예트는 거칠게 토막처럼 자른 가축의 창자chitterlings에 후추, 와인, 양파, 각종 향신료를 섞은 다음 이 혼합물을 돼지의 작은창자에 넣은 소시지coars-grained sausage이다. 창자 속에 창자를 넣어 만든 소시지라 할 수 있다. 오늘날에는 샤큐트리 제조자가 돼지고기와 송아지고기를 혼합한 다양한 제품을 만들고 있다. 이와 이름과 맛이 비슷한 앙두유Andouille라는 소시지가 있다. 'Andouillette'는 'Andouille'에 작다는 뜻의 접미어 '-ette'가 붙어 만들어진 이름이다. 앙두유는 그 재료가 내장이 아닌 오소리감투(돼지의 위)이다. 따라서 앙두유는 큰 앙두예트이고, 앙두예트는 작은 앙두유라 할 수 있다.

이 육제품의 특징은 창자가 주원료이기 때문에 특이한 냄새가 난다. 똥 냄새다. 가축을 도축하여 창자의 오물을 비우고 물로 씻어내면 아무리 잘 씻어도 냄새가 난다. 우리나라의 어떤 곱창집에서 창자를 씻기 위해 불량 세제를 사용하였다가 경찰에 적발되었다는 뉴스도 있었다. 아무튼, 동서양을 막론하고 창자에서 나는 냄새를 제거하기 위하여는 마늘, 고추, 후추, 양파, 와인과 같은 강한 향신료를 첨가하고 마지막에 훈연을 했다.

앙두예트는 차갑게 또는 뜨겁게 먹을 수 있지만, 보통 뜨거운 상태에서 먹는다. 창자를 썰어 넣었기에 일반 소시지보다 질감이 거칠게 느껴진다. 빵가루를 묻혀 팬에 튀겨먹기도 하고, 삶거나 바비큐 구이도 가능하다. 종종 적포도주 소스에 겨자와 양파를 함께 먹는다. Troyes, Lyon, Cambrai 등의 제품이 유명하다. 앙두유 소시지는 프랑스인들이 미국 남부 루지애나주로 이민 가서 볶음밥 요리인 잠발라야의 부재료로 사용하고 있다고 한다. 앙두예트의 냄새 때문에 싫어하는 사람도 있지만, 익숙해지면 오히려 그것 때문에 열광하는 프랑스인도 많다. 우리의 청국장 냄새에 기겁하는 서양인도 있지만, 우리에겐 맛있는 음식이다. 나라마다 독특한 식품문화가 있다.

빠띠 Pâté

빠띠는 간이나 자투리 고기, 생선살 등에 채소, 향신료, 와인을 넣고 갈아 혼합물 forcemeat을 만든 다음, 밀가루 반죽을 입혀 오븐에 구워낸 요리이다. 우리나라 사람들에게는 익숙하지 않아 흔히 다진 고기 통조림 정도로 생각한다. 중세 때부터 만들기 시작하였고 1804~10년 병조림과 통조림 식품이 발명되면서 오랫동안 보관할 수 있는 대중 식품이 되었다. 빠띠는 따뜻하게 소스와 곁들여 먹거나 차갑게 전채요리로 먹기도 한다. 보통 냉장고에 며칠 두어 차가운 상태에서 먹어야 제맛이라고 한다. 빵에 발라먹기 때문에 프랑스의 대중식당에서 쉽게 볼 수 있는 음식이다. 빠띠와 같은 고기혼합물을 일정한 틀의 용기에 담아 가열 조리하여 형태를 유지한 테린 terrine이라는 제품도 있다.

푸아그라 Foie gras

푸아그라는 프랑스어로 살찐 간肝 또는 지방간이라는 의미로, 간으로 만든 빠띠와 비슷한 음식이다. 사료를 과도하게 주어 지방이 축적되고 비정상적으로 커져 버린 간을 사용한다. 오리의 목구멍에 고무관을 집어넣어 강제로 사료를 위胃까지 주입하는 갸바슈 gavage 방법을 사용하여 키운다. 오리는 12일 동안 하루에 두 번 먹여 생후 100일 만에 도축하고, 거위는 17일간 하루 3번 강제로 먹여 생후 112일 만에 도축한다. 강제로 사료를 먹인 결과 간경화 현상이 일어나 간의 무게가 1.5~2.0kg이 되어 정상적인 거위 간보다 10배 이상 커진다. 이렇게 기름과 함께 확대된 지방간이어야만 푸아그라의 제맛을 낸다고 한다. 제조된 푸아그라는 통째로 판매되거나 스테이크와 같은 다른 음식과 함께 먹는다. 살찐 거위의 간으로 만든 빠띠 드 푸아그라가 가장 유명하다고 한다.

오리나 거위에게 강제로 사료를 주입하는 것은 동물복지 면에서 문제가 있지만, 그 역사는 이미 2500여년 전 이집트에서도 있었다고 전해진다. 프랑스의 법에 아직도 "푸아그라는 프랑스의 보호받는 문화 및 미식 유산"으로 명시되어 있지만, 많은 나라가 푸아그라의 생산, 수입, 판매를 금지하고 있다.

코피Confit

코피는 저장법이 발달하지 못했던 옛날에 식품을 보존할 목적으로 오랜 시간에 걸쳐 천천히 조리한 모든 유형의 음식이다. 프랑스 남부에서 유래하였지만, 프랑스 전역에서 오늘날에도 즐겨 먹는 음식이 되었다. 식품을 장시간 보관하기 위해 시럽이나 기름에 식자재(육류나 과일)를 넣고 낮은 온도에서 오랫동안 끓여 완성한다. 코피는 튀김과는 다른 개념이다. 튀김은 보통 160~230℃에서 조리하지만, 코피는 훨씬 낮은 90℃ 이하에서 조리하기 때문이다. 여러 코피 중에서 고기 코피는 주로 거위나 오리 다리 부위를 소금으로 절인 다음 양념한다. 고기를 뜨거운 기름에 넣되 85℃를 넘기지 않는 것이 좋다. 이러한 방식으로 고기를 가열하면 냉장 저장을 하지 않아도 몇 달 또는 몇 년을 상온에서 보관할 수 있다. 칠면조나 돼지고기도 같은 방법으로 코피를 만든다.

리옛트Rillettes

고기 스프레드 혹은 고기 잼이라고 부르는 리옛트는 프랑스 중서부 투르지방의 전통음식이다. 리옛트는 중세 말부터 시작되었다. 옛 프랑스어로 '귀' 또는 '얇고 길쭉한 지방 덩어리'에서 그 이름이 유래되었다고 한다. 염장한 돼지 앞다리나 뒷다리를 가열하여 잘게 근섬유 형태로 찢은 다음 삼겹살을 넣어 장시간 저온 조리하여 만든다. 근육이 있는 고기는 근섬유가 많아 가열하면 실처럼 한 방향으로 찢을 수 있다. 삶아서 찢은 것에 지방과 양념을 넣고 조리한 제품이다. 조리 과정에서 흘러나온 기름에 장시간 서서히 익히면 고기의 섬유가 걸쭉하게 뚝뚝 떨어질 정도가 된다. 이것을 식히면 부드럽고 발라 먹을 수 있는 유체가 되는데, 대략 살코기와 기름의 비율이 2대 1 정도가 된다. 투르식 리예트는 색이 진하고, 르망식은 색이 연하며 작은 육괴가 들어있다.

맛의 비결은 양념의 향미를 빨아들인 기름과 고기에서 나와 졸여진 육즙이 섞이는 데에 있다. 지방이 많아 병에 밀봉하여 외부 공기를 차단해주면 오랫동안 보관하면서 먹을 수 있다. 빵이나 과자에 발라 먹는다. 리옛트는 근섬유가 살아있기 때문에 질감이 부드러운 형태인 빠띠와는 다르다. 질감이 빠띠보다 거칠고 코피보다는 부드럽다.

02 _ 이탈리아의 판체타와 관찰레

판체타pancetta

판체타는 보통 삼겹살이라고 부르는 돼지의 뱃살을 염장 건조한 이탈리아의 육가공 제품이다. 이탈리아식 베이컨이라고 생각하면 이해하기 쉽다. 삼겹살은 우리나라 사람들이 즐겨 쓰는 용어이고 외국인들은 뱃살(복부 고기, belly)이라고 부른다. 동일부위로 만들지만, 일반 베이컨과는 제조방법, 제품의 맛과 향, 최종적으로 조리해서 먹는 방법이 다르다. 베이컨은 소금을 뿌리거나 소금물에 담근 다음 마지막 단계에 연기를 씌우지만, 판체타의 경우 반드시 소금 처리를 하되 훈연을 시키지는 않는다.

그리고 지중해 지역에서 생산되는 각종 허브 향신료를 넣어 염장, 숙성시킨다. 베이컨은 불판에 올려놓고 기름이 빠질 때까지 바짝 익혀 먹지만, 판체타는 주로 생것 그대로 먹는다.

우리나라 마니아들에게 판체타와 관찰레가 알려진 것은 스파게티 까르보나라pasta alla carbonara를 만드는데 꼭 들어가는 재료이기 때문이다. 제조방법은 간단하다. 양념과 염류를 삼겹살 덩어리에 바른다. 지방이 많은 고기가 공기와 만나면 찌들기 쉬운데, 이를 방지하기 위해 아질산염을 소량의 소금에 섞어 사용한다. 지역에 따라 후추, 정향clove, 육두구nutmeg, 타임, 주니퍼 베리, 흑설탕, 회향fennel 씨, 고수coriander, 월계수 잎 등의 허브를 선택 이용하다. 허브에는 각기 독특한 향이 있을 뿐 아니라, 기름이 찌드는 것을 방지하는 항산화 물질이 많이 들어있다.

판체타는 외형과 원료육에 따라 세 종류로 구분하고 있다. 일반 베이컨처럼 평평하고 납작한 판체타 테사pancetta tesa가 있다. 소금과 허브가 돼지 뱃살 표면에 남아있어 숙성이 완료되면 짙은 적갈색을 띠는 것이 특징이다. 다음으로 삼겹살을 둘둘 말아 감싸 만든 판체타 아로톨라타pancetta arrotolata가 있다. 뱃살을 소금과 향신료로 절이고 나서 돼지 껍질로 감싸 묶은 다음 건조하여 완성한다. 둥근 외형 중간에 칼로 절단하였을 때 내부 지방층과 살코기층이 선명하게 섞여 있어 색깔과 무늬가 아름답게 보인다. 이탈리아뿐 아니라 스페인에서도 많이 먹는다. 마지막으로 돼지 뱃살을 소금과 허브로 절인 다음 그 위에 일부 어깨살이 포함된 목살을 올려놓고 둘둘 말아서 제조한 판체타 코파타pancetta coppata가 있다. 목 부위 고기를 코파라고 하는데, 기름이 적고 나오는 양이 많지 않아 가격이 비싼 편이다. 코파를 넣었기 때문에 절단면을 보면 쉽게 판체타 아로톨라타와 구별할 수 있다.

지역에 따라 여러 브랜드의 판체타를 생산하고 있는데, 그중 EU로부터 원산지보호인증DOP을 받는 제품이 두 종류가 있다. 하나는 중북부 에밀리아로마냐 주의 피아첸차 지역에서 생산하는 판체타 피아첸티나pancetta piacentina이다. 피아첸차에서는 뱃살에 소금, 후추, 설탕, 정향 등으로 염지하여 해발 900m이상 되는 계곡에서 제조하고 있다. 다른 제품은 남서부 반도의 장화 앞굽에 해당하는 곳인 롬바르디아주에서 생산하는 판체타 칼라브레제pancetta calabrese이다. 남부지역이라 소금과 검은 후추에 칠리 파우다를 사용한다. 만드는 방법은 뱃살에 소금과 각종 양념을 넣고 약 1~2주 염지와 건조를 하고 다시 3~4개월 숙성시켜 완성한다. 밀착하게 말아 끈으로 단단하게 묶고, 온습도 관리를 잘하여 제조공정 중에 내부가 썩거나 곰팡이가 피지 않도록 해야 한다.

기름이 많이 들어있는 판체타를 입안에 넣었을 때 타액과 섞여 고소한 맛을 낸다. 제품마다 또는 생산지역마다 다른 허브를 넣기 때문에 각각 독특한 향기가 있다. 숙성이 잘된 판체타로부터 휘발되는 향기를 느끼기 위해 상온에 두어 충분히 육온이 높아진 다음 먹는 것이 좋다. 얇게 잘라 먹기도 하고 깍두기처럼 썰어서 다른 요리에 넣기도 한다. 다른 가공육처럼 전채요리antipasti로 먹거나 스튜, 수프, 파스타 소스 등 다양한 요리에 사용된다.

관찰레guanciale

관찰레는 판체타와 비슷한 제품으로, 넓은 의미에서 이탈리아식 베이컨에 속한다고 할 수 있다. 그러나 판체타는 뱃살로 만들지만, 관찰레는 볼cheek과 턱살jowl로 만드는 것이 다르다. 소금, 후추, 세이지, 로즈메리, 마늘 등으로 절인 후 약 3개월간 건조와 숙성을 한다. 관찰레는 원료육 자체가 기름이 많아 숙성이 완료되었을 때 겉면이 조금 경화된 상태가 된다. 판체타보다 향이 강하며 조직감이 더 좋다. 이탈리아 사람들은 관찰레에서 나오는 기름 맛을 무척 좋아해 잘라서 직접 먹기도 하지만 익혀 먹기도 한다. 가열하게 되면 지방이 충분히 녹아 흘러나와 강한 향기를 발산하기 때문에 스파게티와 같은 다른 요리의 재료로 조금만 넣어도 향기가 가득하다.

식품으로써 고기 기름이 지니는 양면성이라 할까, 모순이라 할까? 현대인이 건강과 다이어트 측면에서 가장 경계하는 영양소가 지방이지만, 인류 탄생 이후 기름은 그윽한 향기와 맛을 갈구하는 욕망을 참지 못하게 했고, 그것을 충족시켜 왔던 것도 기름이다. 기름이 풍성하게 들어있는 판체타와 관찰레는 같은 삼겹살류 제품이지만 베이컨과는 맛과 질감이 다르다. 베이컨은 바싹 구워 기름을 뺀 딱딱한 상태에서 먹지만, 판체타와 관찰레는 기름이 있는 상태에서 먹는다. 베이컨보다 우리의 미각과 후각을 더 즐겁게 해주는 식품, 이 또한 불편한 진실이기도 하다.

03 _ 독일의 족발 요리

슈바인스학세Schweinshaxe

독일인은 어느 나라보다 돼지고기와 가공제품을 즐겨 먹는다. 고기뿐 아니라 살아있는 돼지도 좋아하는 사람들이다. 새해를 맞이하는 그들의 연하장을 보면 네 잎 클로버와 함께 돼지가 서 있다. 돼지가 행운의 상징인 것이다. 개를 좋아하고 개고기를 좋아하는 것과 같은 의미로 돼지라는 동물과 그 고기를 좋아한다. 동물과 그 육신을 탐하는 인간의 이율배반적인 모습이다.

돼지를 도축해 가공품 원료로 쓰고 나면 족발이 남는다. 슈바인스학세는 독일식 족발 요리다. 외양이 우리에게 익숙해 해외 학회에 참석할 때 한국인 동료들과 현지 식당에서 몇 차례 먹은 적이 있다. 족발 하면 소주가 어울리지만, 독일에서는 맥주와 어울린다. 우리나라의 족발 맛을 연상하고 먹어보면 생각과 다르다는 느낌을 받곤 했다. 오향이 나는 쫀득한 우리의 족발과는 거리가 멀다. 그렇지만 바삭한 질감의 껍데기를 양념 육수 소스에 찍어 먹으면 내부의 부드러운 육질의 염지 맛과 함께 입안에 오랫동안 머무른다. 이것이 슈바인스학세의 매력이다.

슈바인스학세는 돼지라는 슈바인Schwein과 다리라는 학세Haxe가 합쳐진 단어이다. 바이에른주에서 유래하여 오늘날 독일 전역에서 즐겨 먹는다. 바이에른은 독일에서 가장 넓은 주이고 인구도 두 번째로 많다. 바이에른은 1871년 독일이 통일되기 전까지는 독립된 국가로 존재했다.

슈바인스학세는 우리나라의 족발과는 부위가 다르고 크기가 더 크며 가공방법도 다르다. 슈바인스학세에 쓰는 다리는 돼지의 발과 정강이 사이의 관절 부분이다. 이 부분은 영어로 hock, 전문용어로 비절, 한글로 발꿈치라고 부른다. 그래서 슈바인스학세를 독일식 돼지비절German pork knuckle, 또는 구운 비절이라고 부른다. 돼지 한 마리에 앞뒤 4개의 비절이 있다. 이 관절 부위는 족발 부위보다 볼록 살이 더 많다. 볼록 살에는 껍데기에 콜라겐, 내부에 지방과 살코기가 섞여 있어 푸짐하다.

앞뒤 다리살, 갈비살, 등심과 안심을 제외하면 족발과 내장, 피가 남게 된다. 이는 주요 부위의 고기가 아니므로 식육학계에서는 부산물by-product이라고 부른다. 독일에서도 돼지 발목 고기는 부산물이기 때문에 가격이 저렴해서 서민이 많이 먹었다. 육체노동을 하는 사람에게는 고에너지가 요구되기 때문에 고된 일과를 견디며 계속 일하려면 고단백질, 고지방, 고탄수화물의 음식이 필요해 값싸고 영양가가 있는 다리 발목 부위 고기를 가공했다. 그들은 아침은 부어스트 소시지와 프레첼을, 저녁에는 슈바인스학세를 먹었다고 한다.

만드는 방법은, 돼지 발목(비절 부위)에 캐러웨이 씨, 마늘, 소금이 섞인 가루를 표면에 치대어 며칠간 절인다. 맥주를 부어 넣은 용기에 마늘, 당근, 양파, 월계수잎이나 통후추를 추가로 넣는다. 그 위에 염지한 족발(비절)을 올려놓고 약 170℃의 오븐에서 2~3시간 익힌다. 가열 중에도 고기를 꺼내어 표면에 맥주를 몇 차례 발라준다. 1차로 익은 비절 고기만 오븐에 넣고 더 높은 온도에서 30분간 굽는다. 이때 고기 표면이 열로 인해 과건조가 일어나 표피가 바삭해진다. 로스팅까지 끝난 비절 고기를 상온에서 어느 정도 식히면 껍질이 단단하고 자를 때 바삭바삭한 상태로 변한다. 처음 비절 고기와 함께 맥주가 들어있던 양념액 통은 가열로 인해 수분이 증발하면서 졸여진다. 졸여진 국물을 따로 여과하고 향신료를 더 넣어 그레이비gravy라는 육즙 소스를 만들어 찍어 먹는다. 취향에 따라 겨자, 양고추 냉이, 절인 칠리 페퍼를 추가하기도 한다. 독일인들은 슈바인스학세와 으깬 감자, 감자 만두, 붉은 양배추, 사우어크라우트를 함께 먹는다.

독일인들은 슈바인스학세를 먹을 때의 바삭한 소리를 좋아한다. 칼과 포크로 자르면 명쾌한 소리를 들을 수 있지만, 술집에서는 분위기가 어수선하여 격식이 있는 것 같지 않다. 칼로 잘라 손으로 집어 먹거나 찢어 먹는 사람도 볼 수 있다. 슈바인스학세의 내부는 부드럽고 육즙이 많은 고기와 기름으로 가득하다. 베이컨처럼 부드럽고 구수한 맛이 있고, 맥주와 여러 향신료를 넣어 가열하였기 때문에 은은한 향이 난다. 처음 먹어보는 사람은 조금 짜다는 느낌을 받을 것이다. 그래서 가장 잘 어울리는 게 맥주다. 맥주는 슈바인스학세의 미각과 조화를 이루면서 짭조름한 맛을 씻어준다. 맥주의 거품은 육즙에 포함된 기름진 맛을 개운하게 해준다. 뮌헨에서는 옥토버페스트 축제가 열릴 때 맥주를 많이 마시기 때문에 소시지와 함께 안주로 많이 소비된다.

옥토버페스트Oktoberfest는 9월 말에서 10월 초까지 2주간 뮌헨에서 열리는 맥주 축제이다. 매년 전 세계에서 700만 명 이상 참여하는 축제이다. 현지인들은 줄여서 '비즌Wiesen'이라고도 부른다. 원래 바이에른의 루트비히 1세(1786~1868)와 작센-힐트부르크하우젠의 테레제 공주의 결혼을 기념하기 위해 1810년부터 개최되었다. 루트비히 1세는 고대 그리스의 올림픽 경기에 심취하여 뮌헨시민들과 함께 성문 앞 들판에서 경마경주를 했다고 한다. 이 들판은 왕세자비를 기리기 위해 '테레제의 초원Thersienwiese'이라 이름을 지었다.

오늘날에는 조금 다른 축제로 변했다. 여기에서는 뮌헨지역에서 생산하는 파울라너 맥주와 같이 밀로 만든 맥주Weizenbier가 주종이었다. 아무튼, 축제 동안 엄청난 맥주와 부어스트, 슈바인스학세를 먹는다. 온 축제장이 흥겹게 들떠있는 모습이다. 참여한 사람들은 이 순간만은 모든 것을 잊고 즐기는 것 같았다.

아이스바인Eisbein

독일 전역에서 슈바인스학세가 생산, 소비되고 있지만, 유사 제품도 있다. 언뜻 보기에는 차이가 없어 보이지만, 같은 족발 요리인 아이스바인이다. 아이스바인은 얼음 뼈 또는 얼음 다리Ice leg라는 뜻인데,

북부지역에서 돼지 비절 부위pork hock를 얼음 뼈라 불렀기 때문이다. 아이스바인은 슈바인스학세와 같은 부위의 관절 고기를 양념하여 삶아 완성한다. 굽는 과정이 없는 것이 특징이어서 슈바인스학세와는 달리 추가로 구워서 표면을 바삭하게 만들지 않는다. 베를린을 기점으로 독일 북부지역에서 유명하다고 한다.

제조방법은, 소금에 절인 돼지 정강이 고기를 양파, 셀러리 등의 채소와 향신료를 넣고 몇 시간 끓여서 완성한다. 오늘날에는 소금과 함께 아질산염이 들어있는 프레그파우다로 염지하기도 한다. 조리가 끝난 아이스바인에 삶은 감자, 슈페츨러spätzle(마카로니 풍의 음식), 찐 붉은 양배추, 또는 소금에 절인 양배추를 함께 먹는다. 베를린에서 슈바인스학센이나 아이스바인을 주문하면 보통 피즈푸딩pease pudding(완두콩을 주원료로 만든 푸딩)과 함께 제공된다.

독일 북부는 겨울이 길고 추운 편이다. 겨울에는 아이스바인의 뼈를 신발 아래에 부착하여 스케이트로 이용하였다고 한다. 그래서 얼음 다리ice-leg라고 불렀다. 교통수단이 발달하기 전 이 지역에서는 뼈로 만든 아이스 스케이트를 타고 이동하였다. 우편배달부도 스케이트를 타고 우편물을 배달하였고, 기타 운송수단으로도 이용하였다. 뼈에는 얼음에 잘 미끄러지는 천연성분이 있다고 한다.

슈바인스학세나 아이스바인 한 개를 주문하면 한국 사람에게는 양이 너무 많다. 우리보다 덩치가 큰 독일인도 한 개의 아이스바인을 다 못 먹는다. 그들도 먹다 남은 고기를 이용해 슐짜Sülze를 만들었다고 한다. 슐짜는 고기를 육수와 같이 섞어 가열하여 젤라틴화 하여 차갑게 먹는 음식이다.

독일 외에도 족발 요리는 많다. 오스트리아의 슈텔체Stelze, 스위스의 베디Wädli, 폴란드의 고론카Golonka, 이탈리아의 스팅코Stinco 등이다. 그중 독일의 족발 요리가 유명한 것은 돼지고기와 궁합이 맞는 맥주 때문이 아닌가 생각해 본다.

04 _ 영국의 뱅거 소시지

영국과 아일랜드에도 고유 고기 음식이 있다. 소고기를 통째로 구워 잘라 먹는 로스트 비프roast beef를 비롯하여 고기의 덩어리를 졸여 먹는 아이리쉬 스튜Irish stew, 순대 소시지인 블랙푸딩black pudding, 여행가들이 별로 호평을 하지 않는 피쉬 앤드 칩fish and chip 등이 있다. 빵에 고기를 끼워서 먹는 샌드위치, 요크셔 푸딩에 소시지를 넣어 가열해 만든 토드 인더홀Toad in the hole, 가열한 세절 양고기에 채소를 넣어 만든 세퍼즈파이shepherd's pie나 카테지 파이cattage pie, 빵 안에 소시지를 넣어 먹는 소시지 롤sausage roll, 빵 안에 조각육을 넣어 먹는 스테이크 앤드 키드니 파이steak and kidney pie 등도 있다.

역사와 전통을 자랑하는 영국이기에 자기들만의 식육 문화가 있다. 그렇지만 고기 음식에 관해서라면 영국은 지중해 연안 나라들에 비교해 뒷전에 밀려 있는 듯하다. 유럽 남부의 나라들에 비해 육류가공 기술과 음식 문화를 내세우기가 좀 그렇다는 뜻일 게다. 육류문화가 발달하려면 기후가 온화하고 땅이 비옥하여 목축과 농경에 적합해야 한다. 물론 국력이 강성하고 안정적이어서 오랫동안 백성들이 먹고 살 만한 충분한 고기가 있어야 한다. 특히 종교적으로도 고기 식용에 제약이 없어야 한다.

이러한 환경에서 사는 사람들은 고기를 오랫동안 안전하게 먹을 저장

방법에 신경을 쓰게 된다. 그래서 생고기를 소금에 절이거나, 건조 또는 발효를 시켰다. 근래에는 저장 목적이 아닌 편리성이나 맛의 증진을 목적으로 육제품을 가공하고 있지만, 그 탄생의 배경은 저장성 증진에서 출발한다. 가공 육제품을 단품으로 먹기도 하지만, 여기에 곡류나 채소, 양념을 섞어 조리하여 먹기도 한다. 육가공품과 고기 조리 식품이 상호 조화를 이루어 생활 속에서 식육 문화가 형성되고 정착된다.

영국은 유럽대륙과 떨어진 섬나라라 지정학적으로나 환경적으로 조금 다르게 발전하여 왔다. 이곳은 비가 자주 내리고 바람이 잦으며 음습한 날씨가 많다. 생햄이나 건조육 제조의 자연조건이 아니며, 고기를 저장해야만 할 긴박한 생활환경도 아니었다. 북방 스코틀랜드 쪽으로 올라가면 관목과 초지만 있는 황량한 땅이 널려 있다. 전반적으로 거친 들판에 자생할 수 있는 동식물 자원이 적다 보니, 고기 가공에 들어가는 양념도 많지 않았다. 섬나라이기 때문에 물고기 요리는 다소 있지만, 다양한 식육 가공품을 만들기에는 불리한 환경이었다. 따라서 독창적인 식문화도 다소 있지만, 대륙의 식육 문화에 쉽게 영향을 받았다.

영국인은 굽거나 삶은 육류, 물고기, 치즈, 빵 등을 먹어왔다. 18세기 중반에 시작된 산업혁명의 영향으로 농민들이 도시로 몰려들어 대중 음식이 발달하기 시작했다. 대영제국 시대와 제2차 세계대전 후에는 세계 여러 나라 음식이 들어와 새로운 영국 음식으로 자리 잡기도 했다. 영국에는 무슬림이나 유대인들도 많이 살고 있고, 자연 환경 때문에 돼지보다 소나 양고기를 더 선호한다. 고급육 요리의 상징인 스테이크도 15세기 중엽 스칸디나비안 지역에서 유래하였다고 하지만, 살이 많은 소고기로 만든 요리를 보면 영국의 식사가 떠오른다.

신대륙 발견 이후 초창기 이민자가 아메리카 대륙에 들어가 오늘날 미국 음식에 영향을 끼쳤다. 그 후 미국에서는 이민자들이 그들의 모국 음식과 현지 음식을 혼재한 퓨전 요리를 만들었다. 패스트푸드는 미국의 실용성을 상징하는 음식이지만, 사실은 영국 음식에서 영향을 받았다.

영국의 전통 고기 음식 중에 뱅거스 엔 머쉬Bangers and mash라는 것이 있다. 버터와 우유를 섞은 으깬 감자에 완두콩과 함께 구운 소시지 음식인데, 그 주재료가 뱅거 소시지banger sausage이다. 영국을 대표하는 식육가공품은 아니지만, 이야기가 있는 식품이기 때문에 소개해 본다. Bang이란 펑 터지는 소리를 말하고, 여기에 -er이 붙으면 '펑하고 터지는 것'이 된다. 1차 세계대전 당시 식량이 절대적으로 부족했다. 고기가 귀해 조금만 넣고 대신 물과 곡류를 많이 넣어 소시지를 만들었다. 오늘날에는 고기와 단백질의 최소 함량을 법적으로 규제함으로써 다량의 물이 첨가된 소시지를 만들지 못하지만, 당시는 식량난 때문에 어쩔 수 없었다고 한다. 이렇게 만든 소시지를 물에 넣고 끓이거나 불판에 구우면 그 껍데기(케이싱)가 터져 펑 하는 소리가 나기 때문에 뱅거라는 이름이 되었다고 한다.

요즈음의 뱅거 소시지는 전보다 나아졌지만, 일반 소시지보다는 고기 함량이 적고 수분함량이 많아 골고루 굽지 않으면 케이싱이 터지는 소리가 난다. 그래서 일부 음식점에서는 뱅거스 대신 그냥 '소시지 앤 머쉬'라고 부르기도 한다. 이 제품은 맥주 안주로, 또는 식사 대용으로 술집에서 많이 먹는다.

영국은 삶은 계란에 소시지 반죽을 입혀 튀긴 '스카치 에그scotch egg'라든가, 이미 소개한 바 있는 각종 고기 파이처럼 고기 단독 요리보다는 다른 음식과 합쳐 조리된 형태가 많다. 이것은 영국인의 취향일 수도 있고, 그것 자체가 그들의 음식문화일 수 있지만, 배불리 먹는 음식, 생존을 위한 음식이기도 했다. 유럽 대륙에서 탄생한 각종 생햄이나 건조 소시지를 제조해온 가공기술과는 분명 수준이 같아 보이지 않는다.

05 _ 터키의 케밥

터키, 또는 유럽의 도심 골목길을 걷다 보면 식당의 창가를 통해 고기의 덩어리가 빙빙 돌아가는 모습을 종종 볼 수 있다. 우리에게는 익숙하지 않은 광경이다. 손님이 주문하면 칼로 그 표면을 얇게 썰어서 접시에 담아 서빙하거나, 빵에 넣어 햄버거 식으로 만드는 장면이 인상적이다. 여행객에게 시각과 미각의 즐거움을 주는 음식, 바로 케밥이다.

내가 처음 케밥을 접했던 곳은 벨기에의 겐트였다. 겐트 시내를 한가롭게 발길을 옮기다 보면, kebab, kabob, kebap 등으로 쓰인 간판이 여기저기 눈에 띈다. 특히 겐트시 북쪽에 있는 터키 마을에 가면 케밥 음식점이 많았다. 터키 마을은 터키에서 이주한 사람들이 모여 사는 동네이다. 당시 내가 머물던 주인집 아저씨와도 같이 가서 먹은 적이 있고, 한국 유학생과 함께 가곤 했다. 얇게 썬 케밥 고기를 둥그런 빵pitta 사이에 여러 겹 넣고, 그 위에 각종 채소와 소스를 뿌린 후 기름종이에 싸서 먹곤 하였다. 회전 기둥에 매달린 먹음직스러운 고기를 칼로 써는 모습이 신기하게 보였고, 거기에서 풍겨 나오는 향이 좋았다. 케밥의 이색적이고도 독특한 향과 맛 때문에 좋은 느낌을 받았다.

그 후 터키에 갈 기회가 있어 다시 케밥을 먹었다. 케밥의 본고장에서 맛보는 벅찬 기대감이 있었는데, 예상과 달리 꼬치고기가 여러 음식과 함께 접시에 놓여 있었다. 기대와 다른 케밥을 즐겼지만, 벨기에의 추억을

되살릴 수 없어 서운하였다. 나중에 안 사실이지만, 그것이 터키의 전통 케밥이었다. 최근에 베를린을 방문할 기회가 있었다. 회전식 케밥의 멋진 모습이 생각나 전에 벨기에서 먹었던 그 케밥 집을 찾았다. 파라솔 아래 야외 식탁에서 빵 사이에 듬뿍 고기와 채소를 넣은, 진한 소스 맛이 풍기는 도너 케밥을 먹었다. 조금 점잖지 못한 모습으로 먹을 수밖에 없지만, 여행의 이색적인 즐거움에 행복했다. 이렇듯 케밥은 터키와 유럽은 물론 세계 어느 곳을 가도 다양한 형태로 만날 수 있다.

케밥은 중동에서 최초로 만들기 시작하였다고 한다. 중동은 비가 적게 와 준사막이 많은 지역이다. 작은 풀이 자라는 목초지는 소 같은 대형동물을 키우기는 적당치 않고, 몸집이 작은 양을 기르기에 적합하다. 유목민들이 양고기를 이용하여 불에 구운 고기가 원조 케밥이다.

고기를 굽기 위해서는 나무가 필요하지만, 땔감은 늘 부족하다. 숲이 우거지고 나무가 많은 유럽에서는 큰 덩어리 고기를 장시간 장작불 위에서 구워 먹는 바비큐가 발달할 수 있었지만, 중동에선 적은 화력으로 짧은 시간에 양고기를 구워야 했기 때문에 고기를 조각냈다. 이 고기를 꼬치에 꿰어 굽자마자 바로 먹었다. 양고기는 식으면 맛이 없으므로 따뜻한 상태에서 먹는 것이 좋다. 이처럼 양고기를 꼬챙이에 꽂은 다음 화덕에 구워낸 것이 터키의 시쉬shish 케밥이다. 회전식 도너 케밥은 훨씬 이후에 생겼다고 한다.

오늘날 가장 다양한 케밥을 만들고 있는 나라가 터키이고, 유럽에서 케밥 장사를 하는 대부분이 이주한 터키인이다. 그러니 케밥을 터키에서 유래된 음식이라고 해도 큰 무리가 없다. 유럽에서는 독일 케밥이 가장 유명하다. 이주 터키인들이 많이 살고 있기 때문이다. 독일은 1950년대 이후 우리나라의 간호사와 광부처럼 여러 외국인 노동자를 받아왔다. 1980년대 이후 독일은 유럽 최대 이민공화국이 되었다. 이때 많은 터키인이 독일로 이주하여 그 사회에 적응하면서 함께한 각종 생활문화가 현지인에게 영향을 끼쳤다. 독일에 케밥 집이 워낙 많고 유명해 케밥을 독일 음식으로 오해하는 사람까지 있다고 한다.

케밥의 역사는 인류가 고기를 불에 구워 먹었던 역사와 같다. 기록에 의하면, B.C 17세기 전에 그리스의 고대 유적지인 아크로티리Akrotiri의 미노스 문명에서 꼬치용 돌 지지대가 사용되었다는 사실이 발굴로 확인되었다. 케밥과 유사한 돌구이 고기를 먹었다는 증거이다. 10세기에 출간된 바그다드의 요리책 Kitab al-Tabikh에는 메소포타미아, 페르시아 및 아랍 요리 중 케밥에 관해 제일 많이 기록되어 있다고 한다. 케밥의 어원은 '구운 고기'를 의미하는 아랍어 카밥kabāb에 있다. 'Kab-'는 '숯불에 굽다'를 뜻한다. 아프리카 선사어도 'Kab-'을 '굽다 또는 태우다'는 의미로 사용하며, 탈무드에도 "성전 제물을 카바바kabbaba(불태우기)하지 마라"고 지시하였다는 기록이 있다.

중동의 환경적 특성과 이슬람 문화가 확장됨에 따라 고기구이 문화도 이웃으로 퍼지면서 더 발달하게 되었다. 기록에 의하면 인도를 지배했던 델리 술탄국(1206~1526)의 왕실에서 케밥이 제공되었고, 평민들도 난naan이라는 빵과 함께 아침 식사로 먹었다. 오늘날에는 세계인의 음식이 되어 유비쿼터스 도너 케밥 패스트푸드ubiquitous doner kebab fast food에서 동남아의 꼬치구이에 이르기까지 다양하게 퍼져있다. 케밥이라고 하면 꼬치 케밥을 의미하지만, 회전식 케밥으로 인식하는 이가 더 많아졌다. 유럽 음식의 자존심이자 자긍심이 높은 이탈리아 요리도 케밥 돌풍에 도전을 받고 있다고 한다.

요즘은 양고기 외에도 돼지고기 등 다양한 고기로 케밥을 만들고 있다. 이슬람과 유대인을 위한 할랄 케밥이나 코셔 케밥도 등장하였다. 그리고 원래의 꼬치 케밥보다는 회전식 케밥이 더 많이 팔리는 추세이다. 꼬치식 시쉬 케밥과 회전식 도너 케밥을 비롯하여 터키에서 유명한 몇몇 케밥을 소개한다.

◆ **시쉬 케밥shish kebab** 작은 고기조각을 꼬챙이에 끼워 구운 터키의 전통 케밥이다. 고대 그리스의 호모가 쓴 〈오딧세이〉에 'sis'라는 단어가 등장하는데, 이것이 오늘날 시쉬 케밥의 원조일 수 있다는 것을 암시한다. 그래서 시쉬 케밥은 역사가 가장 오래된 케밥으로 여기고 있다. 작은 조각으로 빨리 구워 완성하기 때문에 오스만 군인들이 이것을 먹으면서 전쟁을 하였다고 한다. 그만큼 실용적으로 간편하게 먹을 수 있는 구이 고기이다.

시쉬shish는 페르시아어로 꼬챙이라는 뜻이고, 케밥은 '굽다'라는 단어에서 유래하였다. 케밥이라는 단어는 17세기 이후 나라별로 다양하게 변화하였다. 옥스퍼드 영어사전에는, 1914년부터 터키어 'şiş kebap'에서 유래한 'shish kebab'이라고 쓰여 있다. 다른 말로 사슬릭shashlik이라고도 한다. 소금, 후추, 올리브오일, 때로는 레몬이나 요구르트를 첨가해 절인 고기나 해산물에 양파, 토마토, 피망과 함께 꼬치에 꿰어 그릴이나 오븐에서 구워 만든다.

시쉬 케밥은 주로 메인 코스에서 나온다. 식탁에서 갈고리에 꼬치를 고정하고 잡아당겨 고기를 분리하여 접시에 놓는다. 빈 꼬치는 접시의 가장자리에 놓고, 분리된 고기를 나이프와 포크를 이용하여 먹기 좋은 크기로 잘라 먹는 것이 일반적이다. 시쉬 케밥과 비슷한 요리는 세계 여러 곳에 많다. 브로치brochette, 사테satay, 수블라키souvlaki가 있고, 일본의 야키토리가 있다. 우리나라에도 꼬치와 적炙이 있다. 고기와 양파, 당근 등 여러 가지를 꿴 것을 산적散炙이라고 한다. 고문헌에는 옛날 맥국에서 불에 구워 먹었다는 맥적貊炙이 기록되어 있다.

◆ **도너 케밥**doner kebob 보통 케밥이라고 하면 빙빙 돌아가는 고기의 덩어리를 얇게 잘라 빵에 넣어 먹는 도너 케밥을 생각한다. 영어로도 도너 케밥이라고 하고, 터키어로는 드네döner라고 한다. 이 케밥은 로티세리rotisserie라는 회전축에 고기의 덩어리를 꿰어 돌리면서 열을 가해 만든다. 우리나라에서 통닭을 회전시켜 바비큐처럼 익히는 로티세리 치킨과 같은 장치다. 회전 구이 기구는 20세기 후반에 유럽의 여러 나라에 보급되기 시작했다. 터키에서 최초로 개발된 수직 회전식 케밥이 독일로 건너가 유행하기 시작하였다.

케밥은 독일 뿐 아니라 유럽의 대표적인 길거리 음식이기도 하다. 얇게 썬 도너 케밥을 접시에 담아 다양한 음식과 함께 먹기도 하지만, 빵 사이에 넣어 햄버거 식으로도 많이 먹는다. 둥글넓적한 피타 빵pitta에 도너 케밥을 넣고, 그 위에 각종 채소, 황색 또는 흰색 소스를 뿌리고, 때로는 치즈도 얹혀 햄버거 패티처럼 먹는다. 또는 라바쉬lavash나 유프카yufka와 같은 납작하고 얇은 빵에 싸 먹기도 한다.

도너 케밥을 만들기 위해서는 양념한 덩어리 고기를 수직 회전축에 꽂아 쌓는다. 덩어리와 덩어리를 서로 붙이는 것이 중요한 기술이다. 잘 붙어야 고기에 포함된 양념과 수분을 유지시켜 적당한 질감과 맛을 낼 수 있다. 고기의 덩어리를 붙이기 위해 전분이나 단백질 분말을 사용하기도 하고, 기존 육가공에서 쓰는 첨가제도 사용할 수 있다. 최근에 많이 연구되고 있는 트랜스글루타미네이스transglutaminase를 쓰기도 한다.

케밥도 주변 지역에서 자생하는 허브를 양념으로 사용한다. 소금에 절인 고기에 평지씨기름rapeseed oil, 마늘, 쿠민, 고수, 양파, 훈연한 파프리카 등과 같은 양념을 넣어 만든다. 완성된 도너 케밥에 달콤한 칠리, 신 크림, 으깬 토마토, 치즈, 상추, 타볼리 샐러드와 함께 먹는다.

◆ **차아 케밥**Cag kebab 터키 동부 아나톨리 지방의 에르주름Erzurum에서 유래한 케밥이다. 양고기를 주원료로 사용하는데, 만드는 방법이 독특하다. 도너 케밥처럼 회전축으로 요리하되, 수직이 아닌 수평으로 회전시킨다. 차아 케밥은 17세기 시문학에 등장할 정도로 이 지방의 중요 음식이었다고 한다. 양고기 또는 염소고기에 소금, 후추, 양파를 넣고 24시간 절인 후 수평형 회전축에 꿰어 가열하여 완성한다.

◆ **이스켄더 케밥** 19세기 말 오스만제국의 첫 번째 수도인 부르사에서 이스켄더Mehmetoglu Iskender Effendi라는 정육점 주인이 처음으로 개발하였다고 한다. 기존의 수평형에서 수직형 회전 케밥을 발명하여 자기 이름을 따 명명하였다. 그는 터키 에르주름의 전통음식이었던 차아 케밥을 응용해 이 케밥을 만들었다고 한다. 이스켄더 케밥은 독일의 터키 이민자들이 많이 만들어 팔고 있다. 양고기 층 사이에 지방을 섞어 양념과 함께

절인 다음 가열, 제조한다. 조리된 슬라이스 육을 접시에 담고, 뜨거운 토마토소스를 뿌려 피타 빵과 함께 먹는다. 여기에 녹인 양유 버터나 요구르트를 첨가하기도 한다.

◆ **아다나 케밥**Adana cabob 터키 동부 지중해 케밥 벨트 지역의 도시 이름인 아다나에서 유래된 케밥이다. 다진 양고기와 양의 꼬리 지방을 혼합해 만든다. 고춧가루를 넣어 맵고 고소하다. 납작한 형태의 꼬치 케밥이다. 이와 비슷한, 우르파 지역에서 유래하는 우르파 케밥도 인기가 많다.

이 외에도 터키에서 유명한 케밥류가 많지만, 직접 체험하지 못해 일일이 소개하지 못함을 아쉽게 생각한다. 터키는 본고장답게 지역별로 여러 종류의 케밥을 생산, 수출하고 있다. 같은 재료라도 독특하고 창의적인 요리법을 이용하는 것이 이 사람들의 자긍심이라 할 수 있다. 케밥이 세계적으로 사랑을 받는 비결이 무엇일까? 생햄이나 살라미처럼 장시간 까다로운 조건하에서 정성을 들이는 명품은 분명 아니다.

터키에서 케밥이 유명해진 것은 이 지역의 자연환경과 무관하지 않다. 터키의 연중 기온은, 북부 5~25℃, 남부 10~20℃로 온대성 기후에 속한다. 강우량은 지중해 연안과 동부 산지에 많아 연 650mm가 넘으나, 아나톨리아 고원은 연 300mm 이하로 스텝기후를 나타낸다. 에게해 연안에서 남서부 지중해 지방은 겨울이 우기이다. 이같이 강우량이 적은 환경에서도 양과 염소를 기르기에 적합하고 각종 양념을 차지하는 허브들이 잘 자란다. 터키의 재래시장에는 다양한 양념을 펼쳐놓고 파는 광경을 흔히 볼 수 있다. 한없이 양념만 쳐다보는 동양인 관광객을 상점 주인이 의아한 모습으로 쳐다보곤 했다. 이 양념들은 우리나라 사람에게는 익숙하지 않지만, 식육학을 전공하는 나에게는 반갑다.

유럽에서 전통 육가공품을 제조하기 위해서는 고기의 염장, 건조, 발효, 숙성 기술이 요구된다. 그렇지만 케밥은 고기의 양은 풍족하지만, 공급이 일정하지 않은 지역에서 발달하였다. 터키의 상황은 조금 달랐다. 아나톨리아 반도는 로마 이전부터 동서양을 연결하는 육로 및 해상 길목이었다. 바닷가에 인접하여 교통의 요지이므로 고기의 공급이 원활해 장기간 상하지 않게 저장하는 기술보다 직접 조리하는 요리기술이 발달하지 않았나 생각된다. 내륙으로 들어가면 유목민들이 많다. 양을 도살하면 바로 부패하기 시작한다. 이동할 때 고기보다 살아있는 양을 몰고 가는 것이 식량 저장방법으로 효과적이었을 것이다. 그리고 필요한 시기에 양을 잡아 작은 불씨로 조각육을 단시간에 익혀 먹는 요리가 발달할 수밖에 없었다. 케밥은 이런 환경에서 탄생하였다.

터키와 중앙아시아에는 옛부터 투르크족이 살았다. 유목민 집단으로 출범한 오스만투르크는 14세기부터 20세기 초까지 유럽 동남부, 서아시아, 북아프리카를 통치한 대제국이었다. 이웃 나라와 전쟁을 수행하려면 먼저 해결해야 할 사항이 병사들의 식량이었다. 오스만투르크의 마호메트 2세가 비잔틴의 콘스탄티노플 성을 함락시킬 때도 병사들의 식량은 중요했다. 이 전쟁은 영토를 획득하기 위해 이동 전진하는 전투가 아니었다. 칭기즈칸이 전투하면서 먹었던 육포(보르츠)가 필요치 않았다는 것을 의미한다.

그들은 전투를 하면서도 양고기를 얻을 수 있는 지리적 여건에서 간단하게 단시간 가열시킨 고기를 먹을 수 있었다. 10대 술탄인 쉴레이만 대제(1494~1566)는 재임 46년 동안 발칸반도를 넘어 헝가리까지, 동으로는 바그다드까지, 그리고 아프리카 북부까지 진출하였다. 이때 오스만투르크의 번영과 함께 케밥 문화도 확장되었을 것이다. 전쟁을 통해 타국을 정복하면 피정복자의 정치적 생명을 끊을 수는 있어도 음식의 상호교류까지 막을 수는 없었다.

케밥이 전 세계로 퍼져 인기가 있는 이유는, 맛이 있고 먹기 편리한 음식이기 때문일 것이다. 케밥은 고기에 적당히 기름이 들어 있어 고소한 맛이 나 많은 사람의 입맛을 매혹한다. 케밥에는 각종 양념이 강하게 들어가 입안에 미식의 여운을 남기는 것 같고, 우리나라 사람의 입맛에도 거부감이 없다. 아무튼, 케밥은 다시 찾고 싶은 음식이다. 가격이 저렴한 것도 큰 장점이어서 패스트푸드로써 적격이다. 원료육 중에 돼지고기가 들어가지 않은 것이 많아 이슬람이든 일반인이든 편안하게 먹을 수 있다.

제8장

미국, 아르헨티나, 중국, 몽골의 고기식품

01 _ 미국의 저키, 핫도그, 스팸

학살된 야생들소 버펄로

미국은 면적이 983만 km^2로 러시아, 캐나다, 중국 다음으로 큰 나라다. 인구 3억 3천만으로 세계 3위다. 다민족, 다문화 국가로 백인이 72.4%, 흑인이 12.6%, 아시아계가 4.8% 차지한다. 넓은 땅에 농지가 거의 절반 가까이 차지하고 있는 농업의 경쟁력까지 갖춘 나라이다. 강대국들이 갖추고 있는 특징이라면, 국토 면적이 넓고 기름진 땅이 많으며 인구도 많다. 미국은 다른 산업에서도 세계 최강이지만, 목축을 할 수 있는 비옥한 옥토가 서부 사막 지역을 제외하고 중부 · 동부에 걸쳐 끝없는 평야를 가지고 있다. 하늘이 내려준 복 받은 나라이다.

미국 매사추세츠주의 보스턴에서 해안을 따라 남으로 64km 내려가면 인구 5만 정도의 플리머스Plymouth라는 작은 도시가 있다. 관광명소는 아니지만, 1620년 가을에 잉글랜드에서 이주한 청교도가 메이플라워호를 타고 대서양을 횡단하여 도착한 곳이다. 그래서 미국인들은 이곳을 '미국의 고향'이라고 부른다. 보스턴의 겨울은 만만치 않다. 첫 이민자들은 혹독한 추위와 굶주림 때문에 반절이 그해를 넘기지 못하고 죽었다. 사투를 벌이는 이들에게 원주민들이 칠면조고기를 주고 추위를 막을 수 있도록 도와주었기에 그나마 견딜 수 있었다.

이들은 이듬해 원주민들로부터 농업과 어업의 기술을 배웠고, 덕분에 가을에 대풍이 들었다. 오늘날에도 미국인은 추수감사절에 칠면조 바비큐를 먹으며 감사를 드리는데, 실상은 원주민을 초청하여 음식을 대접하며 감사를 표한 것이 추수감사절의 기원이었다. 그렇지만 이민자들은 그들을 도운 왐파노아그족 인디언을 학살하고 플리머스에 식민지를 개척하였다.

1492년 크리스토퍼 콜럼버스가 찾은 신대륙에 초기 스페인 세력은 오래가지 못하였다. 대신 영국은 1607년부터 1733년까지 이주민을 보내어 대서양 연안 13개 지역을 식민지로 만들었다. 식민 지배를 받던 동북부지역은 1776년 7월에 영국으로부터 독립하게 된다. 신대륙은 넓었고 무한한 가능성이 있는 약속의 땅이었다. 유럽을 중심으로 이민자가 쇄도했다. 기록에 의하면, 1865~1918년 사이 총 2,750만 명이 신대륙으로 들어왔다고 한다. 뉴욕 맨해튼의 자유의 여신상을 관광할 때 중간에 들리는 엘리스섬이 당시 이민자를 관리하는 출입관리국이 있던 곳으로, 오늘날은 관광명소가 되었다. 북부의 이민자들은 종교의 자유 또는 새로운 돈벌이를 위해 왔고, 남부지역은 경제적 부를 이루기 위해 왔다.

당시 미 대륙에는 들소의 일종인 버펄로가 있었다. 1870년대 이전까지 신대륙의 버펄로는 헤아릴 수 없을 만큼 서부지역에서 자생했다. 백인들은 농지개발과 원주민을 약화시킬 목적으로 멸종에 가깝도록 버펄로를

사냥하였다. 개척자들은 철도 건설 노동자와 군인에게 고기를 공급한다는 구실로 1,500명이 넘는 버펄로 빌(전문 사냥꾼)을 동원하였다. 1871~74년에 벌어진 대규모 사냥으로 평화롭게 살아온 버펄로는 절멸되었고, 그 자리에 유럽에서 도입한 뿔이 긴 소가 대체되었다. 버펄로의 멸종작업은 미국 생태계 사상 소름 끼칠 만한 사건이었고, 그것으로 대대로 살아왔던 원주민의 삶도 끝장이 났다. 버펄로를 대량 학살하여 대신 육우를, 원주민을 카우보이로 대체하려는 초기 이민자들의 의도였다.

오늘날 엘로우스톤 국립공원에나 가야 볼 수 있는 버펄로(바이슨)는 원주민의 생존과 경제기반이었던 동물이었다. 이민자들은 원주민의 생존기반을 빼앗아 버린 후, 동화정책을 펴기도 했지만, 조상 대대로 그 땅에 살아왔던 이들을 대책 없이 방랑자로 내몰았고, 저항하는 자에게는 참혹한 타격을 가했다. 1890년 12월 사우스다코타주 스탠딩록 보호지역에서 벌어진 대학살이자, 원주민의 입장으로는 최후의 저항이었던 '운디드니 사건' 이후 인디언과 백인 간의 전투는 더 이상 없었다고 한다. 그들에게는 버펄로가 되돌아오길 기원하는 의식이었고, 백인에게는 위협으로 느껴졌던 유령 춤이 발단이었다. 인디언은 떠돌다가 깊은 골짜기 같은 외진 곳에 숨어 살거나 차츰 소멸하였다.

사막이나 발길 닿기 어려운 지대에 움막을 짓고 망을 보면서 쫓기듯 살아온 흔적이 오늘날 관광지로 개발되어 손님을 맞이하고 있다. 나는 오래전에 그런 인디언 유적지를 방문한 적이 있었다. 풀도 별로 없는 준사막 지대 서쪽에 걸려있는 해가 지친 듯 황색의 열기를 뿜고 있었다. 주도로에서 벗어나 좁은 길로 한참 달려가 보니 조그만 건물 한 채가 달랑 보였다. 한적한 매표소에 관광객은 보이지 않고 업무가 끝나기를 기다리는 주정부 직원으로 보이는 백인 아가씨만 혼자 있었다. 빨리 안으로 들어가 옛 집터와 기념지를 둘러보고 나오라며 미소 짓던 모습이 생각난다.

신대륙에 도착한 초기 이민자들은 사슴, 곰, 버펄로, 야생 칠면조를 사냥하여 먹었다. 큰 고기는 스테이크나 바비큐로, 작은 고기는 수프, 스튜, 소시지, 파이 및 패스트리로 조리해서 먹었다. 남부에서는 양을 길러 고기와 털을 활용하였다. 1861년 남북전쟁 이후에도 남부에서는 풍요로운 농축산물과 수산물을 많이 먹었고, 그 전통은 오늘날까지도 이어지고 있다. 루이지애나주의 뉴올리언스에 가면 각국의 전통 음식이 혼합된 퓨전 요리를 맛볼 수 있다.

미국의 동부에서 서부로 자동차 여행을 하면 아이오와, 일리노이, 텍사스, 오클라호마, 네브라스카, 캔사스, 미주리 등의 주에 옥수수밭이 끝없이 펼쳐져 있는 것을 보게 된다. 그래서 이 지역을 콘벨트라고 부른다. 이 광활한 옥수수 들판을 지나 콜로라도주에서 유타로 넘어가면 비로소 수목이 서서히 줄어들고 초원이 나타나면서 사막으로 변하기 시작한다.

이같이 소, 돼지, 닭이 먹어야 할 충분한 풀과 곡류(옥수수)가 자랄 수 있는 토지가 중부지역에는 넓게 펼쳐져 있다. 콜럼버스가 최초로 신대륙에 유럽의 소를 하역한 이후 초기 이민자들은 뿔이 긴 소들을 스페인에서 도입했다. 나중에 영국과 프랑스에서 에버딘 엥거스, 헤어포드, 시멘탈, 리무진, 쇼트혼, 샤롤레 같은 소들을 도입하여 텍사스를 중심으로 기르기 시작했다.

고기 대량생산이 가능한 천혜의 신대륙

천혜의 자연환경에서 생산된 고기에 이민자들은 열광했다. 이들은 동물의 기름을 좋아해 즐겨 먹었다. 곰을 사냥하여 얻은 기름을 사슴 가죽 자루에 넣어 쇼트닝처럼 먹었다고 한다. 본격적으로 소를 기르기 시작한 후에도 고기는 물론 버터와 소기름, 돼지기름 같은 느끼한 음식을 많이 먹었고, 그 식습관은 오늘날까지도 이어지고 있다.

고기와 기름을 즐겨 먹었지만, 이를 가공하여 먹었다는 의미는 아니다. 이들은 우아한 가공 육제품을 먹었던 지역에서 온 이민자가 아니었다. 그들과 후손은 자연스럽게 영국의 식습관에 영향을 받을 수밖에 없었다. 오늘날에도 그들은 기름기 많은 고에너지 음식을 즐기는 편이다. 우리나라 사람들이 비판적으로 말하는 서구 음식과 식습관이란 유럽의 지중해식이라기보다 미국식 식습관이라고 할 수 있다.

이민자들이 생산한 소고기를 팔기 위해 도축장과 운송수단이 필요했다. 당시 중부지역은 서부로 가는 골드러시로 들끓었고, 캘리포니아를 비롯하여 미개척지로 가는 자들이 많았다. 광활한 평야를 개발하기 위해 미국 정부는 1863년 홈스테드법(택지법)을 제정하여 이민자들에게 농장과 주택을 지을 수 있는 땅을 무상으로 공급했다. 이렇게 축산업이 활성화되면서 중부내륙에 자연스럽게 물류 중심지가 생기게 되었다. 이 도시가 오늘날 뉴욕, 로스앤젤레스에 이어 세 번째로 큰 시카고이다.

시카고는 일리노이주의 주도로 1795년 북서 인디언 전투에서 원주민들로부터 할양받은 후 1837년에 시로 승격되었다. 바람이 많이 불어 '바람의 도시'라고 부르는데, 1871년에 도시 전체가 불이 탄 적이 있었다. 미시간호에 접해있고, 가까이에 미시시피강과 운하도 있다. 예전부터 철도 중심지였으며, 오늘날에도 수많은 고속도로가 지나가고 있는 교통요지이다. 당시 중부지역에서 기른 소들을 기차에 싣고 이곳에 와 도축하여 그 고기를 다시 기차로 대서양 연안으로 나르기 바빴다. 이 산업이 활성화됨에 따라 많은 흑인 노동자가 몰려들었다. 농구팀 시카고 불스가 상징하듯, 시카고는 축산의 도시였다.

축산 강대국이 되기 위해서는 싼 사료를 많이 생산해야 한다. 미국에서 생산되는 옥수수의 55~65%, 콩의 45~50%가 사료로 이용되고 있다. 우리나라의 소고기, 돼지고기 값이 축산선진국에 비해 비싼 이유는 수입 사료의 비용이 너무 크기 때문이다. 미국은 가축 생산비 중 소의 사료비 비중은 17%, 돼지는 47%로 우리나라와 비교가 안 될 정도로 낮아 축산물의 경쟁력이 대단히 높다. 현재 1억 마리 가까운 소가 사육되고, 매년 3,400만 마리가 도축되고 있다. 돼지도 약 7,200여만 마리가 사육되고 있다.

그들은 예전부터 육식 위주의 식생활에 익숙해져 있었다. 요즘은 건강문제 때문에 닭고기 소비량이 상대적으로 늘었지만, 여전히 소고기 스테이크나 바비큐로 대변되는 붉은색 고기에 대한 향수를 버리지 못하고 있다. 2020년 1인당 소고기 연간소비량은 약 27kg이었고, 돼지고기는 약 25kg, 닭고기는 약 43kg, 칠면조고기 약 8kg였다. 1년에 한 사람이 평균 고기 100kg을 먹는다. 우리나라보다 두 배 정도 되는 물량이다.

영국과 미국은 육가공 제품과 식육 문화에서 유럽국가에 비교해 처진 것이 사실이다. 고기를 많이 먹는 나라이지만, 식품 문화적 측면에서 보면 가공제품이 많지 않고, 이야깃거리가 상대적으로 적다. 그래도 미국에서 탄생한 육가공품의 자료를 찾아보니, 소고기 패티가 들어있는 치즈버거, 버펄로 윙, 호밀빵에 콘비프와 치즈, 드레싱을 넣어 먹는 루벤 샌드위치, 콘도그나 핫도그 정도가 있었다. 유럽의 전통 육제품과는 비교가 안 되는 간편 조리 식품이다.

훌륭한 육가공품이란 무엇인가? 간단하게 말하면 장인들의 오랜 경험과 기술이 쌓여 만들어진 제품이다. 가공육 제품에는 주민들의 생활문화가 묻어나는 전통성이 있어야 한다. 가공 방법과 위생 및 품질증진을 위해 과학적 지식이 필요하고, 또 연구가 진행되는 육제품이어야 한다. 원산지 표기를 공인받는, 세계인이 선호하는 제품이어야 한다. 미국은 역사가 짧아 내세울 것이 별로 없지만, 오래전부터 인디언이 만든 저키라는 육포가 있다. 저키는 상당한 기술과 문화, 과학이 숨어있는 육제품이 아니다. 몽골의 보르츠처럼 관련 역사 기록이나 생활에서 전해오는 이야기가 별로 없다. 인디언들이 전투 중에 먹었던 전통 건조육으로 전해지고 있을 뿐이다.

미국인이 간편한 식사를 할 수밖에 없었던 역사적 배경이 있다. 로마 귀족의 식사처럼 슬로우푸드로 담론을 즐길 역사적 기반이 없고 생활환경도 달랐다. 그래도 오늘날에는 맥도날도나 버거킹 등 패스트푸드점이 세계 곳곳에 파고들어 새로운 장르의 식육 문화를 조성하고 있다. 전통적이고 독창적인 식육 가공품 측면에서는 명함을 못 내밀지만, 새로운 음식문화라는 점에서는 인정하지 않을 수 없다. 우리나라에도 잘 알려진, 미국의 대표적인 고기 가공제품인 저키, 핫도그, 스팸에 대해 알아보자.

저키jerky

저키는 아메리카 원주민들이 만들었던 육포로, 오늘날에도 안주나 간식용으로 미국인이 즐겨 먹는 육제품이다. 냉장 저장할 필요 없이 언제 어디서나 먹을 수 있는 고단백질 식품이다. 예전에는 원주민들이 들소고기를 건조하였지만, 오늘날에는 주로 소고기를 건조한다. 살코기를 길게 찢어 소금과 아질산염으로 염지하여 일정 시간 말려 수분과 단백질이 0.75대 1이 되도록 한다. 건조 정도에 따라 다르지만, 단백질이 전체 영양가의 50% 이상 된다. 미국산 저키는 검붉은 색에 단순하고 짭짤한 맛, 아질산염에 의한 독특한 향이 있다. 우리나라에서 시판되는 대부분 육포는 양념과 설탕을 넣어 제조하기 때문에 저키와는 맛이 다르다.

'저키'는 남미 페루의 안데스산맥에 거주했던 케추아족의 말인 '차키'에서 유래하였다고 한다. 남미 여러 원주민은 라마 고기로 차키를 만들었다. 육포는 생고기에 소금을 뿌려 상온에서 말리면 그만이기 때문에 도처에서 인류가 쉽게 만들어 먹었던 육제품이다. 대중적 식품은 아니지만, 우리나라에서도 양반집에서 육포를 만들었다. 이탈리아 내륙지방에는 당나귀 고기에 고추와 회향 씨앗으로 만들어 와인 안주로 즐겨 먹었던 코피에트coppiette가 있고, 남아프리카공화국에는 단맛이 강한 빌통biltong이 있다. 저키는 상온에서 오랫동안 저장이 가능하므로 생존 음식이자 전투 중에 먹는 비상식량이기도 했다.

북미지역 원주민들이 만든 생존 음식으로 페미칸이라는 육제품이 있다. 초기 이주 시기 캐나다의 모피무역상들은 1년 내내 춥고 먹을 것이 없는 황량한 들판을 장시간 돌아다녀야 했으므로 페미칸을 식사 대용으로 했다고 한다. 페미칸은 우지, 말린 고기, 말린 열매를 섞어 만든 고에너지 식품이어서 소량으로도 든든하게 배를 채울 수 있었다. 소기름에 말린 엘크, 사슴, 들소고기와 말린 블루베리, 체리, 초크베리, 건포도를 섞어 만든다. 오늘날에는 대중에게 인기 있는 음식은 아니지만, 원주민 자치구역에서 생산, 판매되고 있다고 한다.

핫도그

빵에 소시지를 중간에 넣어 소스와 함께 먹는 간식용이자 패스트푸드의 일종이다. 1920년에 독일 이민자들이 텍사스로 들어와 기존의 독일 소시지와 다른 음식을 만들면서 알려지게 되었다. 기다란 모양의 소시지를 빵에 끼워 머스터드나 케첩, 피클과 양파를 넣어 간단히 먹는 음식이다. 우리나라에서는 소시지 속에 나무막대기를 끼워 넣고 표면에 밀가루 반죽을 입혀 튀긴 것도 핫도그라고 하는 데, 엄격히 말하면 이것은 콘도그corn dog이다.

핫도그hot dog라는 용어 자체는 '뜨거운 개'라는 뜻인데 실제 음식과 어울리지 않는 단어 같다. 원래 핫도그라고 부르지 않고, 다리가 짧은 독일산 개 닥스훈트의 몸통과 비슷하게 생긴 프랑크푸르터 소시지라고 해서 '닥스훈트 소시지'라고 불렀다고 한다. 그런데 미국에서는 이름이 길고 어렵다는 이유로 닥스훈트를 그냥 도그로 바꿔버렸고, 핫도그라는 정체불명의 이름으로 바뀌게 되었다고 전해지고 있다.

제1차 세계대전 당시 적국이었던 독일에 대한 반감으로 프랑크푸르터 소시지를 핫도그로 바꾸어 부르게 되었다는 설도 있다. 또 다른 설로는 로마의 콘스탄티누스 황제 시절에 발정 난 개의 자지같다고 하여 불경스러운 모양 그대로 이름으로 굳어졌다는 이야기도 있다. 명칭의 유래가 어디서 왔는지 상관없이 미국과 독일에서는 다양한 핫도그가 대중들에게 사랑을 받고 있다. 나아가 이제 전 세계 패스트푸드점에서 젊은이들에게 인기가 많은 음식이 되었다.

스팸spam

스팸은 일종의 런천 미트luncheon meat에 속하는 육제품이지만, 우리나라에서는 '스팸'이라는 브랜드가 잘 알려져 런천 미트와 다르게 일반명사화되었다. 스팸은 1891년 창립된 미국의 호멀식품Hormel foods의 창업자 아들이 1926년에 개발한 통조림 햄이다. 염지한 고기를 갈아 향신료와 함께 깡통에 넣어 만들었기 때문에 소시지의 한 종류에 가깝지만, 우리나라의 법규 기준으로 보면 프레스 햄류에 속한다. 'spam'은 양념 햄Spiced ham을 줄여 쓴 것이며, 동시에 돼지의 앞다리살과 뒷다리살(shoulder of pork and ham)을 줄여 쓴 말이다.

통조림 식품은 상온에서 오랫동안 보관할 수 있으므로 전투 식품으로 유용하게 쓰였다. 스팸도 예외가 아니어서 제2차 세계대전 때 수많은 병사에게 제공되었다. 상하지도 않을 뿐 아니라, 고단백질, 고지방, 고열량 식품으로 전투 식품으로 안성맞춤이었다. 그러나 삼시세끼 같은 음식을 제공하면 누구나 물리게 된다. 연합군 병사들에게 밤낮 가리지 않고 스팸을 제공하였기 때문에 '쓸데없이 무더기로 쏟아져 나오는 것'이라는 조롱의 의미를 띤 식품이 되었다. 스팸메일의 스팸도 여기서 유래했다.

스팸이 한국에 알려지기 시작한 것은 부대찌개 때문이다. 한국전쟁 직후

의정부나 송탄 부근의 미군 부대에서 나오는 육가공 제품을 모아 한국인의 입맛에 맞게 양념을 해서 끓인 음식이 부대찌개이다. 가난한 시절 짭짤하고 기름지면서 고소한 찌개를 밥과 함께 먹으면 정말 맛이 있었다. 그래서 인기가 높았다. 물론 미군들이 먹고 남은 고기 제품은 값싼 소시지와 통조림이었다.

스팸이 대중들에게 잘 알려진 것은 80년대 후반쯤으로 기억된다. 가난에서 벗어나 대한민국의 민초도 이제 쌀밥과 고깃국을 먹을 수 있었던 시대였는데, 느닷없이 해외 축산물의 수입개방이라는 새로운 복병을 맞았다. 고기와 가공제품의 경쟁력이 축산선진국과 비교하였을 때 가격이나 기술 면에서 겨룰 수 없는 절대 불리한 상황이었다. 모든 축산물이 어쩔 수 없이 단계적으로 개방하기로 되어 있었는데 행정당국이 육가공품 중에서 고기 통조림을 가장 먼저 수입하도록 허가한 것이다. 원래 어느 나라나 자국의 육가공 산업을 보호하기 위해서는 유통기간이 가장 짧은 육제품부터 고급 육가공품 순으로 허가하여 마지막에 통조림을 수입해야 원칙인데 말이다.

당시 고기를 연구하는 식품학자들과 관련 업자들은 당국의 수입개방 정책에 어안이 벙벙했다. 아무튼, 이 시기 전후에 CJ제일제당이 호멜푸드와 기술 계약을 맺고 이천시 마장면의 공장에서 스팸을 자체적으로 만들기 시작하였다. 대기업이 외국산 브랜드를 업고 국내에서 제조 판매하는 것이 수입을 막는 애국 행위이지 않느냐 하는 논쟁도 있었던 시기였다. 삼성계열이었던 제일제당의 막강한 홍보로 스팸은 국내에서 만드는 최고의 육제품이라는 이미지를 국민에게 부각시켰다. 동시에 유럽산 런천 미트가 박스 단위로 소비자에게 저렴한 가격으로 뛰어들고 있었던 시기이기도 했다. 스팸은 이렇게 시작하여 30년 이상 우리나라에서 사랑받는 육제품이 되었다.

호멀사의 자료에 따르면, 한국은 미국·영국에 이어 세계 3위의 스팸 소비국이라고 한다. 2013년 영국의 BBC에서 '왜, 스팸은 한국에서 고급스러운 음식일까?'라는 제목으로 보도하면서 "한국은 미국에 이어 2번째로 스팸을 많이 소비하는 나라"라고 소개했다. 2015년 미국 NPR 뉴스에서도 "한국에서 스팸은 정크푸드가 아니라 특별한 음식이다"라는 내용으로 세계 2위의 소비국이라고 보도한 바 있다. 이같은 내용이 뉴스가 되는 저변에는 "통조림 제품과 같은 싸구려 육제품이 왜 GNP도 높은 한국에서 유독 인기가 있을까?"라는 의문이 숨어있다.

그렇다. 스팸만이 아니라, 통조림 육제품은 비통조림 가공육보다 저급품으로 분류되는 것은 사실이다. 더구나 런천 미트의 경우 고기를 갈아 넣기 때문에 어떤 품질의 고기가 들어있는지 모른다. 일반적으로 저급 잡육을 갈아 넣고 여기에 값싼 곡류를 넣어 양을 늘리기도 한다. 가열방식도 고온 고압에서 찌기 때문에 육질이나 영양가가 변하게 된다. 그렇지만 통조림의 가장 큰 장점은 상온에서도 상하지 않고 1년 이상 저장할 수 있다는 점이다.

우리나라에서 처음으로 출시되었던 시기에 스팸은 소비자들에게 인기가 많았고, 가격도 상대적으로 만만치 않았다. 당시 한국식품연구원에 근무했던 나는 스팸의 내용물을 검사해 육질과 육량을 조사해보았다. 놀랍게도 저급 고기라 부르는 인대, 건, 콜라겐과 같은 결체조직이 타사 제품에 비교해 너무 적게 들어있었다. 일반 통조림 제품에 비교해 스팸에는 대부분 살코기가 들어 있었다는 이야기이다. 소비자들이 통조림 안에 들어간 고기에 대해 잘 구별하지 못하기 때문에 통조림 제품에 양질의 고기를 넣지 않고, 넣을 필요도 없는 것이 상식이었다.

아무튼, 국내외 다른 런천 미트 제품과 비교하였을 때 확실히 품질이 좋았다고 기억하고 있다. 그러나 아무리 좋아도 깡통 제품은 어디까지나 깡통 제품이다. 스팸도 예외는 아니다. 이러한 관점에서 BBC나 LA타임즈가 기사화한 것이 아닌가 생각된다. 오늘날에는 런천 미트 육제품일지라도 제품마다 품질이 천차만별이기 때문에 저가와 고가로 분류해 판매하고 있다. 그리고 '스팸'의 상표명을 CJ제일제당의 허가 없이 상업용으로 쓸 수 없는 '스팸인증제'도 도입하고 있다.

이와 같은 인증제와 가격도 중요한 정보에 해당하지만, 소비자가 직접 정보를 파악해서 취향에 맞는 제품을 구매해야 한다. 구매 전에 육제품 표면에 쓰여 있는 100g당 고기 함량이나 단백질, 열량, 총 지방, 포화지방, 콜레스테롤, 나트륨, 총 탄수화물, 식이섬유, 당류 등 영양성분의 함량을 확인해볼 필요가 있다. 이제는 소비자가 육제품끼리 영양성분을 비교해 보는 지혜가 필요한 시대가 되었다.

02 _ 아르헨티나의 아사도asado

미국의 LA, 페루의 리마, 칠레의 산티아고를 경유하여 한국의 반대편 아르헨티나의 부에노스아이레스에 도착한 것은 서울을 떠난 지 33시간이 지난 후였다. 요즈음은 더 빠른 직항편이 있을 것으로 생각되지만, 20여 년 전에는 그러한 노선이 없었다. 지구 반대편에서 열리는 세계식육학회ICoMST에 참석하기 위한 여정이었다. 칠레에서 안데스산맥의 만년설을 넘어 아르헨티나 지역으로 들어오자 비행기 창가 아래로 끝없는 초원이 보였다.

부에노스아이레스에 도착하여 호텔에 짐을 풀고 나서 시내 식당을 찾았다. 이 나라의 대표 음식인 아사도를 먹기 위해서다. 현지에서 유명하다는 고기 음식을 체험해 보는 것은 식육학 전공 교수들의 또 다른 여행의 즐거움이다. 여독 때문인지 특별히 맛있었다는 기억보다는 1인분 고기양이 우리나라 레스토랑에서 나오는 비프스테이크에 비해 3~5배쯤 많아 놀람을 금치 못했다. 역시 소고기의 나라임을 실감했다. 이 나라가 갖는 세 가지 매력이 있다면 탱고, 메이트(사교모임), 그리고 고기라고 한다. 춤과 사교모임에 항상 고기가 함께 한다는 의미이기도 하다. 고기는 그들의 생활 문화 속에 깊숙이 자리 잡고 있다.

아사도는 아르헨티나를 비롯하여 칠레, 우루과이, 파라과이 등 남미에서 대중화되어 있는 고기 바비큐를 말한다. 때로는 제조 기술을 포함하여 고기를 먹으며 즐기는 사교 행사까지 광범위한 의미로 사용되기도 한다. 아사도를 직역하면 '구운'이라는 의미이다. 소고기, 돼지고기, 닭고기, 그리고 부수적으로 스페인 소시지와 순대를 화덕에 구워 먹는 음식이다. 남미에서 아르헨티나의 아사도가 가장 유명한 것은 지리적 특성과 역사적 전통이 있기 때문이다.

아르헨티나는 남북이 최장 3,700km, 동서가 최장 1,700km로, 278만 km^2의 면적을 지닌 세계에서 8번째로 큰 나라이다. 남한 면적의 28배가 된다. 서쪽으로 안데스산맥이 있고 동쪽으로 대서양이 접해 있으면서 남북으로 한대, 온대, 아열대 기후를 보이며, 고원지대, 열대사막, 열대우림과 한랭지대가 있는 나라이다. 한 나라가 이처럼 다양한 자연환경과 기후를 보이는 것은 참으로 흥미롭고 부러웠다. 해외로 나갈 필요 없이 자국에서 연중 휴가를 보내기에 좋은 나라라는 생각이 든다. 인구는 4,500만으로 국토 면적에 비해 너무나 밀도가 낮다.

국민은 식민지 초기부터 유럽에서 건너온 사람과 이들에 관련된 후예들이 대부분이고, 그중 이탈리아계 이민자가 많다. 19세기 중엽에서 20세기 중엽까지 620만여 명의 유럽 이주민이 들어왔다. 이탈리아, 스페인, 프랑스 순으로 많은 이민자가 이 나라의 농업 발전에 기여했다. 현재는 10개 도시에 인구 절반이 살고 있다. 원주민도 있었지만, 식민 지배과정에서 여러 종족이 두루 섞이고 일부 종족은 사라졌다. 백인들이 1870년대 '사막의 정복'이라는 이름으로 남부 팜파스와 파타고니아의 토착민 1,300여 명을 살해했다.

초원의 가우초 활동

아르헨티나의 넓은 초원을 팜파스pampas라고 부른다. 팜파스는 아르헨티나의 중부지역, 곧 부에노스아이레스의 서쪽과 남쪽으로 펼쳐진 대평원이다. 면적이 75만Km^{2}라고 하니 남한 면적의 약 8배의 크기이다. 팜파스 지역과 우루과이 사이에 4,700km의 라플라타강이 흐른다. 팜파스는 비옥한 땅으로 소고기, 양모, 밀, 옥수수를 생산하는 농업지역이다. 개발되기 전의 중부 팜파스는 습기가 많은 곳으로 큰 풀(톨그라스)이 잘 자랐던 곳이다. 그래서 부엽토가 쌓여 있는 퇴적평야로 식물에게는 황금의 땅이다. 서쪽 일부 지역은 짧은 풀이 자라는 건조한 곳도 있다. 북부지역은 팜파스로 불리진 않지만, 풀이 잘 자라는 아열대 기후여서 가축을 방목할 수 있다. 국토 도처가 풀이 무성하므로 식민지 이전부터 자연스럽게 소를 기를 수 있었다.

이곳의 원주민을 인디오라고 부르는데, 콜럼버스 전의 역사는 잘 알려지지 않으나 그들의 조상이 남쪽 파타고니아에서 11,000년 전부터 거주하였다고 한다. 문명이 싹튼 후에도 인디오들은 국가를 형성하지 않고,

부족 형태로 공동체사회를 발전시켜 왔다. 1480년 잉카제국의 파차쿠텍 왕에 의하여 아르헨티나의 북서부 부족들이 정복당하였다고 한다.

스페인인이 최초로 아르헨티나에 들어와 정착한 것은 1527년 파라나강 근처였고, 1580년에 부에노스아이레스에 영구 식민지를 건설하였다. 백인이 식민지 사회를 본격적으로 지배한 것은 16~18세기이다. 이들은 흑인과 인디오 외에도 메스티소mestizo(백인과 인디오의 혼혈), 물라토mulatto(흑인과 백인의 혼혈), 삼보sambo(흑인과 인디오의 혼혈) 등의 혼혈족을 지배하였다. 식민지 시대 정착민 중 3분의 1은 부에노스아이레스나 다른 도시에 모여 살았고, 팜파스에는 가우초라 불리는 사람들이 살았다.

스페인에서 태어나 이민 온 백인은 페닌술라르peninsulares라고 했고, 이곳에서 태어난 이민자의 후손은 크리오요criolloe라 한다. 지배세력인 페닌술라르는 크리오요를 조선시대 서자처럼 심하게 차별했다. 가우초gaucho는 에스파냐인과 인디오 사이에서 태어난 혼혈 크리오요로서 백인 크리오요보다 더 냉대를 받았던 계층이었다. 당시 기록에 의하면, 가우초는 범죄 집단에 가까운 사람으로 여겨졌다고 한다. 광활한 팜파스는 소에게는 천국이었지만, 사람에게는 노련한 기병이 아니면 생존해 돌아올 수 없었던 오지였다.

원주민 말로 '고아'라는 뜻인 가우초들은 지배층에 복종하지 않는 강인한 성격과 독립심이 강한 사람들이었다. 그들은 누구도 주저하는 팜파스에 들어가 방랑과 모험을 숙명처럼 받아들이며 자유와 평화를 즐긴 사람들이었다. 가우초들은 17세기까지 아르헨티나와 브라질 국경 부근 라플라타강 주변Río de la Plata에서 살았던 가우데리오스의 후손이다. 그들은 이웃 원주민과 좋은 관계를 유지하여 가축 거래를 통해 번영한 집단이었다. 그들이 풍족히 먹을 수 있었던 음식은 소고기였다.

19세기 중반까지 팜파스 지역에는 야생 소가 돌아다녔다. 아마도 스페인에서 가져온 큰 뿔 소였고, 소유주가 없는 일종의 들소였기에 누구나 사냥할 수 있었다. 왜 버려졌는지 모르겠으나 끝없는 초원에 풀어놓고 나중에 잡아서 가죽을 얻기 위함이었을 것이다. 가우초가 들어가기 시작한 18세기경 팜파스에는 약 4천 마리의 소가 있었던 것으로 추정하고 있다. 팜파스에서는 소를 발견하기도 어려울 뿐만 아니라 포획도 쉽지 않았다. 신분이 낮아 천대를 받았던 가우초들이 자연스럽게 팜파스에 들어가 포획작업을 했다. 바께로vaquero라 부르는 카우보이 10~15명이 모여 능숙하게 말을 타고 유기적인 협조로 소떼를 포획하였다. 그 후 팜파스에 유럽산 소를 정식 도입하여 기르면서 정착하기 시작했다.

가우초는 자연스럽게 소고기를 구워 먹길 좋아했다. 땅을 파서 숯에 굵은 소금을 뿌려 나쁜 가스를 없애고, 그 위에 철망을 깔고 고기를 올렸다. 그 후 금속 틀에 고기를 꿰어 케브라초quebracho 나무를 태워 익힌 고기를 마테차maté tea와 함께 먹었다. 소고기를 굽는 가우초의 기술은 오늘날까지 이어지고 있다.

아사도르가 굽는 아사도

아르헨티나 사람들은 로스트비프를 자기들이 발명하지는 않았지만, 아르헨티나를 대표하는 국민 음식이라고 자부하고 있다. 역사적으로 그들의 땅에서 살아왔던 인디오와 가우초들이 소고기를 구워 먹기 시작했고 그 기술을 정착시켰다. 아사도르asador라고 불린 고기 굽는 기술자가 가오초에서 시작되었고, 이를 더 높은 수준으로 끌어올리고 현대화하여 세계 표준으로 만들었다고 주장한다. 아르헨티나인들은 주말이면 친구나 가족이 모여 음악을 들으며 담소하고, 적포도주를 마시며 놀기를

좋아한다. 메인 음식인 아사도가 익으려면 시간이 꽤 걸리기 때문에 아사도르가 책임을 지고 조리를 전담한다.

아사도 바비큐의 원료는 소고기이다. 고기에 소금, 오일, 식초, 육두구를 넣고 주물러 간이 배게 한다. 돼지고기, 닭고기, 말고기, 염소고기로 대신하기도 한다. 아사다용 소고기는 대부분 들판에서 자란 소이므로 질기다. 그러므로 육질을 연화시키기 위해 도축 4~5일 전부터는 움직임을 줄이게 한다. 인기가 있는 부위는 갈빗살로 뼈째 반절 또는 3분의 1 크기로 절단한다. 안창살이나 꽃등심, 때로는 송아지고기와 같이 부드러운 부위를 택한다. 오늘날에는 곡류를 먹인 비육우, 거세우, 숙성육이 고급으로 취급되어 호텔용으로 쓰인다.

우리나라 소는 우리에 가두어 곡류 위주로 먹이기 때문에 마블링도 좋고 부드럽지만, 들판에서 풀을 뜯어 먹고 자라는 아르헨티나 소의 고기는 매우 질기다. 이곳 사람들이 많이 신경을 쓰는 것은 질기지 않은 고기로 조리하는 것이다. 구울 대 칼 대신 스푼으로 고기가 잘리면 육질이 연한 상태이므로 매우 만족해한다. 소고기 외에 스페인식 초리소 소시지와 모르시야moecilla(순대)도 함께 굽는다. 굵은 내장, 단맛이 나는 빵, 콩팥이나 황소 고환을 함께 굽기도 한다. 그러나 돼지고기 소시지만으로 만든 초리세타choriceada나 닭고기로 만든 폴레아다polleada는 아사도라고 하지 않는다.

연료로는 화목, 숯불, 가스를 쓴다. 전통적으로 사용했던 것은 화목이다. 마른 견목이어야 오래 타고 연기가 안 난다. 수지樹脂가 없는 오크, 메스키트, 케브라초, 코로닐라, 체리와 같은 나무를 사용한다. 숯은 동북부 지역에서 자라는 케브라초를 불완전 연소시켜 흑탄화한 것을 최고급으로 친다. 다른 나무로도 숯을 만들 수 있지만, 최고의 숯은 부러져도 불꽃이 튀거나 소리가 나지 않아야 한다. 숯 자체가 고기 맛을 좌우하지는 않지만, 숯불에 떨어지는 지방이 로스트비프의 고유한 맛과 향을 내게 한다. 도시의 레스토랑은 대개 가스 불을 사용한다.

아사도를 굽는 데도 세 가지 방법이 있다. 먼저 가우초 식으로 십자가 지지대에 걸어 굽는 방법이다. 고기의 껍질을 벗기지 않고 구우므로 시간은 많이 걸리지만, 수분 증발이 억제되어 육즙이 풍부하다. 야외에서는 알 아사로르라는 십자형 프레임에 고기를 수직으로 지지시켜 놓고 굽는다. 두 번째로, 알팔로라는 강철 또는 나무 침에 고기를 꿰어 불씨 위에 수평

또는 비스듬하게 놓아 굽는다. 칠레나 파타고니아에서 양고기와 돼지고기를 굽는데 많이 이용한다. 세 번째로, 고기를 석쇠 위에 올려 굽는 방법인데, 공간을 적게 차지해 주택에서 많이 쓰는 방식이다. 아르헨티나인들은 고기를 불씨 위아래로 움직이게 해 열기를 조절할 수 있도록 도르래를 개발하여 이용하기도 한다. 케밥처럼 관통된 고기의 덩어리를 돌리며 굽는 로티세리를 쓰기도 한다.

굽는 시간은 고기의 크기에 따라 다르다. 큰 덩어리 고기는 야외에서 8시간가량 걸린다. 레스토랑도 보통 4~5시간 굽는다. 겉은 바삭하고 안은 물기가 촉촉하게 고기를 구워야 한다. 그러므로 먼저 지방이 많이 붙어있는 표면 부위부터 열을 가해야 타지 않으면서 열이 고기 내부로 전달되기 때문이다. 천천히 가열해 타지 않으면서 육즙이 있는 그대로 익혀야 최고의 바비큐가 된다. 성질 급한 사람에게는 맞지 않는 스로우푸드인 셈이다. 스테이크처럼 레어, 미디움, 웰던을 택해 먹는다.

메인 아사도가 거의 구워지기 전에 전채요리를 즐긴다. 구워 먹는 프로볼레타provolata 치즈, 살라미 소시지, 올리브, 피클, 엠파나다empanadas를 안주로 포도주를 마신다. 토마토와 양상추로 만든 간단한 샐러드와 감자, 양파, 마요네즈로 만든 감자 샐러드도 함께 한다. 러시아식 올리비에 샐러드salad olivier도 즐겨 먹는다. 보통 남성이 고기구이를 담당하고, 여성은 샐러드를 만들거나 가져온다. 따라서 메인 음식이 나오기 전에도 식탁에는 이미 많은 음식이 있어 그 유혹을 참지 못하면 아사도를 알차게 즐길 수 없다. 고기가 익기 전에 많이 이야기하고 춤추고 노래하면서 시간을 보내야 한다.

아사도가 식탁 위로 올라오면 치미추리chimichurri라는 소스 드레싱에 찍어 먹는다. 올리브오일, 식초, 마늘, 파슬리, 오레가노, 월계수, 검은 후추,

파프리카, 소금, 레몬주스를 적절히 배합해 살짝 마늘 향이 나는 이 소스가 아사도에는 제격이다. 처음에는 그냥 쟁반에 담아 먹지만, 아사도를 계속 따뜻하게 유지하기 위해 브라세오brasero에 올려놓는다.

아사도는 노동자의 음식이기도 했다. 1970년대 후반까지 대도시 노동자들은 점심 때 길가에서 불을 피워 소고기를 구워 먹었다고 한다. 그러기 위해서는 누군가 한 명은 고기를 구워야 하기에, 노동협약으로 식사를 하는 근로자가 25명이 넘으면 회사는 유급 보조인을 지정하여 그릴 관리 및 청소를 담당하게 했다고 한다. 이같이 아사도는 어디에서나 누구나 구워 먹는 대중 음식이었다. 큰 축제에는 그만큼 많은 아사도 고기가 필요하다. 만찬에 오는 사람이 많을수록 더 긴 그릴에서 구워야 한다. 기록에 의하면, 2011년 피코 장군이 13톤이 넘는 소고기로 아사도를 조리해 세계 최대 바비큐로 기네스에 등재되었다고 한다.

아르헨티나는 2010년 아사도 전문가를 배출하기 위해 '바비큐 대학'을 설립하여 운영하고 있다. 아사도 제조의 과학화를 위해 총 12과목이 개설되었는데, 수강생들은 고기를 고르거나 선택하는 법, 불 피우는 법, 고기의 종류나 두께에 따라 굽는 법, V홈 석쇠를 사용하여 재와 지방이 고기에 붙지 않게 하는 법, 잉걸불에 기름이 떨어지면 연기가 발생하고 타기 때문에 마른 빵에 알코올을 묻혀 불쏘시개로 이용하는 법 등을 배운다. 독일의 마이스터 제도와 비슷하게 협회에서 수여하는 교육 인증제도다.

고품질의 아사도를 만들기 위해 소의 품종, 방목 거세우, 운동을 제한한 소, 고기 부위 등에 따라 제조된 바비큐를 판별하는 전문가가 있다고 한다. 포도주를 감별하는 소믈리에처럼 말이다. 믿거나 말거나이지만, 아사도의 레어를 좋아하는 사람은 좌파, 웰던을 좋아하는 사람은 보수파나 채식주의자라고 이 나라 사람들은 농담한다. 어찌 되었든 아르헨티나는 소고기를 흔하게 먹을 수 있는 나라인 것은 틀림없다.

아르헨티나는 1880~1929년 사이 경제가 빠르게 성장하여 1940년대까지는 세계 10대 부자 나라의 하나였다. 그러나 이후 지속적인 인플레이션으로 불황을 겪게 된다. 1990년대 들어 철도가 끊기고 제조업이 몰락하기 시작하였다. 2001~02년 경제 위기 때는 많은 사람이 조국을 떠나기도 했다. 부에노스아이레스는 도시계획이 격자 모양의 블록으로 설계된 대도시이다. 시청 주변 공원의 넓고 시원하게 펼쳐진 모습에 놀라기도 하지만, 제대로 관리하지 못한 현실이 안타까웠다. 최근의 자료에 의하면, 축산 강국인데도 불구하고 정부의 가격 및 수출 통제, 장기 가뭄, 판매 불황으로 소의 사육 두수가 5천만 마리로 줄어들고 1인당 소고기 소비량도 70kg에서 57kg으로 줄어들었다.

03 _ 중국의 진화햄, 라창, 북경오리, 동파육

중국인들이 평생 모두 경험하지 못하는 것이 두 가지 있다고 한다. 하나는 국내 여행을 모두 가보지 못하는 것이고, 두 번째로는 자기 나라의 음식을 모두 먹어보지 못하는 것이라고 한다. 그만큼 중국은 역사가 깊고 다양한 문화와 자연경관이 펼쳐있고, 여러 소수민족의 고유 음식이 다양하다는 의미일 것이다. 그래서 중국의 음식문화를 개괄적으로 요약하기가 어렵고, 고기 식품의 문화도 일목요연하게 특성을 설명하기가 쉽지 않다.

중국은 14억으로 세계인구의 20% 정도를 차지한다. 한족이 92%이므로 실질적으로는 한족의 나라이다. 여기에 나머지 55개 소수민족이 어울려 산다. 조선족은 약 200만으로 소수민족의 인구순으로 14위이다. 한족의 발생지는 그들이 말하는 중원인 허난성, 산둥성 서부 등 황하 유역이다. 황하 유역은 비옥하여 사람이 많이 모여 살았다. 그들은 한족이 사는 곳이 지구의 중심이라고 생각해 스스로 중화中華라고 불렀다.

중국인들은 돼지고기를 즐겨 먹는다. 그러나 중국이 옛날부터 목축을 중심으로 발달한 농업 국가는 아니었다. 중원지역은 평야이고 농작물이 잘되는 곳이다. 돼지를 집에서 길러 특별한 날에 잡아 먹었지만, 지역 특성상 벼와 밀 농사를 포함해 그들이 먹는 먹거리는 동물성이 아닌 식물성 위주의 식품이었다. 그렇다고 고기를 싫어했던 것도 아니다. 고기를 좋아했으나 충분하지 못했다는 분석이 맞을 것이다.

중국의 4대 요리

중국여행을 하다 보면 지역에 따라 다양한 요리를 맛보게 된다. 기본적으로 쌀, 국수, 두부, 차, 간장, 칠리 오일 등의 식품과 향신료가 등장한다. 중국의 음식문화는 화북평원과 쌀을 생산하는 남부지역에서 기원 되었지만, 동서남북에 따라 4대 요리나 8대 요리로 분류되어 각각의 식문화 특성을 띤다. 4대 요리로는 산둥, 장쑤, 광둥, 쓰촨 요리이고, 8대 요리는 여기에 푸젠, 후난, 저장, 안후의 요리가 더해진다.

광둥 요리는 양쯔강 이남의 광둥성, 푸젠성, 광시 좡족자치구의 요리를 말한다. 사시사철 온난하고 습윤한 아열대 기후와 긴 해안선, 넓은 평야를 끼고 있어 육지와 바다의 식재료가 풍부하다. 이들은 살기 위해 먹는 것이 아니라 먹기 위해 산다고 할 정도로 어디에서나 쉽게 구하는 식재료를 빠르게 조리하여 먹는다. '식재광주食在廣州'라는 말이 있듯이 광저우에서는 개, 고양이, 뱀은 물론이고, 네 발 달린 것이면 무엇이든 요리 재료로 쓰인다. 남쪽이라 날씨가 더워 식품이 상할 염려가 있으므로 옛부터 채소류, 가금류, 고기류를 신속하게 조리하여 먹었다. 적당하게 익혀 부드러움과 신선함을 갖게 하는 것이 이곳 음식의 특징이다. 주로 여성이 요리를 담당하였는지 "광둥 여성은 남자의 마음을 얻으려면 먼저 좋은 냄비 요리를 배워야 한다"는 말이 있다고 한다.

쓰촨 요리는 양쯔강 상류이자 중국의 서부지역인 윈난, 쓰촨 등의 산지에서 발달한 요리이다. 기름지지 않고, 화자오, 고추, 마늘, 파 등과 같은 양념을 많이 써서 매운맛이 강한 것이 특징이다. 충칭 등 이 지역은 여름에 습도가 높고 겨울과 온도 차가 심하다. 현지인들은 "쓰촨은 분지 지형에 습기가 많아 매운 것을 먹고 땀을 흘려 건강을 유지한다"라고 말한다. 내륙이라 닭고기, 오리고기, 마파두부, 곡류, 채소류를 주재료로 이용한 튀김 요리가 많다. 쓰촨 요리의 매운맛은 스페인과 포르투갈인들에 의해 향신료가 전해졌기 때문이라고 한다.

산둥요리는 산둥성에서 탄생한 요리로, 북경요리의 원형이며 노요리라고도 부른다. 그 역사는 북송 무렵까지 올라가며, 명·청 시기에는 궁중요리의 기본이었다고 한다. 장쑤 요리는 장쑤성에서 유래하는 요리로, 상해 요리의 원형이며 소요리라고도 부른다. 화이허와 창강 하류의 비옥한 평야에서 생산되는 농산물, 강과 바다에서 잡히는 민물고기, 생선, 물새들을 식재료로 하여 강남의 도시에서 태어난 요리이다. 계절에 따르는 신선한 식재를 쓰기 때문에 맛이 부드럽고 담백하다.

중국인이 좋아하는 돼지요리

중국인의 식탁은 차가운 요리(냉채), 더운 요리(볶음요리, 밥, 면, 탕), 차와 딤섬(간식의 일종, 짠맛과 단맛의 디저트) 순으로 진행된다. 차가운 요리는 메인 음식 전에 먹는데, 샐러드와 절인 채소 외에도 조리된 고기와 소시지도 포함된다. 차가운 상태에서는 고기를 먹지 않았던 우리나라의 음식문화와는 다르다.

중국인이 생각하는 좋은 식사는 가족과 함께 음식을 먹으며 친밀감을 다지는 것이다. 건강에 유익한 음식이라는 개념이 서구인과는 다르다. 서구에서는 소금이나 포화지방산을 많이 먹으면 고혈압, 당을 많이 섭취하면 과체중이나 당뇨에 대해 말하지만, 중국은 지역과 음식에 따라 음양의 조화를 강조한다. 추운 지방은 매운맛에 뜨거운 음식을, 더운 곳은 부드럽고 차가운 음식을 선호한다. 음식에 따라 음양이 있어 균형과 조화가 맞아야 건강해진다고 믿는다. 중국인은 영양가보다 맛과 신선도에 더 신경을 쓰는 경향이 있다. 그래서 매일 식재료를 구매해 요리한다. 패스트푸드와는 대조적이다.

중국인은 체질적으로 유당 불소화증이 많은 편이어서 유제품이 활성화되지 못했다. 그래서 고기를 좋아했다. 그들은 옛부터 도축한 동물의 모든 부위를 조리하여 먹어왔다. 인간의 신체와 같은 부분의 동물의 것을 먹으면 건강이 보완, 강화된다고 믿는다. 곧 동물의 뇌나 고환을 먹으면 지혜롭게 되고 정력이 좋아질 것으로 믿었다. 동물의 모든 부위를 먹는 광둥요리가 그 대표적인 예라 할 수 있다. 이들에게는 서구인이 말하는 부산물by-products이라는 개념이 없다. 서구인들은 살코기 위주로 먹고 가공하지만, 중국인은 모든 부위를 이용한다. 고기가 부족해서라기보다는 고기를 매우 좋아해서일 것이라고 해석된다.

중국 역사에서 고기는 7천여 년 전에 처음으로 등장하였다. 상나라(B.C 1556~1046) 때 돼지, 양, 소, 개고기가 부유층 사이의 귀한 선물이었다고 한다. 당나라 시대에 본격적으로 고기의 조리법이 발전하기 시작하였고,

남부지역의 송나라는 상대적으로 쌀과 죽이 발달하였다. 원나라 때는 이슬람 공동체가 중국에 출현해 돼지고기 없는 고기 요리가 개발되기도 하였다. 청나라 때는 몽골과 만주의 따뜻한 전골 요리가 도입되었다. 중국은 많은 사람이 오랫동안 모여 살며 문명을 꽃피운 나라이기 때문에 지역, 민족, 시대에 따라 항상 고기가 그들의 삶에 함께 있었다.

오늘날의 중국은 지구상에서 소비되는 고기의 3분의 1을 생산하고 있다. 돼지고기와 양고기는 세계 1위, 닭고기는 2위, 소고기는 3위를 차지하고 있다. 해마다 변화하지만 약 4억 5천만 마리의 돼지를 기르고 있고, 이것도 부족하여 고기를 수입하고 있다. 중국에서 생산되는 총 육류에서 돼지고기는 65%, 닭고기는 21%, 소고기는 8%를 차지하고 있다. 그들이 먹는 육류의 적어도 60% 이상이 돼지고기인 셈이다. 이중 가공육은 18% 정도이다.

중국인은 '저량안천하猪粮安天下'라고 하여, 돼지고기와 식량이 천하를 편안하게 한다고 생각한다. 또 "고기를 먹지 않으면 외롭다"는 속담도 있다. 농경문화에서 소는 농사의 사역에 이용되지만, 돼지는 가정마다 농산물 수확 후 남은 찌기로 먹이고 길러 고기로 활용되었다. 중국 음식 이름에 고기 '육肉'이 들어있으면 물어볼 것도 없이 돼지고기 요리이다. 탕수육, 동파육도 물론 돼지고기로 만든다. '집 가家'에 돼지를 뜻하는 '해亥'가 들어있는 것으로 보아 예전부터 집집이 돼지를 길렀음을 알 수 있다.

중국은 최근 30년 사이 지속적인 경제성장에 힘입어 국민의 삶이 윤택해지면서 육류소비량이 급격히 증가하였다. 1980년대 이후 육류산업이 발달하여 식사 패턴도 많이 달라졌다. 1인당 고기 소비량은 1961년 8kg에서 2019년에는 61.8kg으로 급증하였다. 1960년대에 비해 8배, 1980년대에 비해 5배 증가한 수치이다. 이는 세계 평균 고기 소비량인 43kg를 웃돌고 있다. 이는 14억 인구가 고기를 먹기 시작했다는 것을 의미한다.

다양한 고기 요리

중국에도 세계인이 선호하는 전통 육가공 제품과 이를 뒷받침하는 학문적 성과가 있는지 궁금한데, 한마디로 지금까지는 알려지지 않았다. 내가 오랫동안 연구해왔던 식육가공학meat science and technology이라는 학문은 유럽과 미국 등 서구인의 지식에 뿌리를 두고 있다. 축산과 도축 후 식육 가공을 중심으로 구축한 그들의 이론과 기술이 세계 대학에서 강의 자료로 활용되고 있고, 학회에서도 연구 중심이 된다.

세계식육학회ICoMST는 1955년 유럽에서 설립되어 매년 지구상의 식육 학자와 기술자가 모여 연구 논문과 신기술을 발표하는 국제 학술행사이다. 규모는 작은 편이지만, 고기를 생산 · 소비하는 50여 나라의 회원들이 참석한다. 아시아권역 나라들은 비교적 근래부터 참여하고 있다. 중국도 예외가 아니어서 학문의 개방화도 늦었고, 학자들이 세계 무대에 뛰어든 시기도 늦었다. 그들이 고기 가공제품에 관한 정보를 서구사회에 알리기에는 역사가 너무 짧았다고 봐야 한다. 그래서 중국의 전통 육가공품의 종류나 특성이 학계에 잘 알려지지 않았다.

독일의 라이스트너Leistner 박사팀이 1990년대에 중국의 전통 육가공 제품에 관해 독일 〈식육 저널〉에 기고한 바 있었다. 중국식 베이컨, 프레스덕, 피복 토끼요리, 절인 암탉, 육포, 건조 소시지, 생햄 등을 소개하였다. 이 논문은, 중국의 전통 육가공 제품은 저장성 증진과 향기 보존을 목적으로 제조되었는데, 그 기술이 단순하다고 짧게 평했다. 서구학자의 시각에서, 중국의 식육 가공기술이 보잘것없다는 일종의 평가 절하한 코멘트라 할 수 있다. 실제로 문헌이나 교과서, 기타 매체에서 중국을 대표하는 식육 가공품을 찾아봐도 정보가 신통치 않다. 중국의 〈전통적인 식품제조 기술과 음식〉이라는 다른 논문에서도 채소, 콩, 쌀, 해산물, 닭고기와 계란 관련 음식을 소개하였지만, 눈여겨볼 고기 가공제품은 없었다.

근래에 난징농업대학의 조광홍 교수팀이 중국의 고유 육제품을 소개하는 논문을 학회지에 실어 눈길을 끌었다. 중국의 전통 육제품으로 진화햄, 광둥 소시지, 더저우 닭고기, 난징 건염 오리, 내몽골 소고기 육포, 베이징 오리 등 여섯 가지를 들었다. 지역특산 육가공품이지만 적절한 가공 표준화 방법이 확립되어 있지 않고, 위생적인 면에서도 잘 관리되지 않아 아직은 산업화 수준으로 발전하지 못했다고 그들은 지적하고 있다.

이 식육 제품 중에서 과학적으로 연구되고, 산업화 되어 판매되고 있는 것은 진화햄이다. 그들은 2007년에 개최된 세계식육학회에서 진화햄을 소개한 바 있다. 고기에 있는 단백질분해효소의 작용으로 종래의 8~10개월에서 3~6개월로 제조 기간을 단축해도 독특한 맛과 향기를 낼 수 있다고 했다(조광홍 등, 2007). 비교적 알려진 몇 종류의 중국 육제품을 소개한다.

진화햄Jinhua ham, 金華火腿

항주(항저우)에서 남으로 210km 내려가면 월나라 때 건설된 진화시가 있다. 여기서 전해진 진화햄은 절단면이 빨간색이었기 때문에 '불 허벅지'라는 뜻의 '훠투이'라는 이름이 붙게 되었다. 진화햄은 당나라 때부터 오늘날까지 저장성 진화시에서 생산되고 있다고 한다. 돼지 뒷다리로 만들어온 일종의 생햄이다. 저장성에서 사육하고 있는 껍질이 얇고 머리와 뒷다리가 검은 진화 돼지의 고기로 만든다. 습도 75~85%에 8℃ 이하의 겨울에 만들기 시작해야 미생물의 오염을 막아 상하는 것을 예방할 수 있다.

소금을 여러 번 발라 충분히 염분이 배게 염지 작업을 한다. 절인 뒷다리를 보통 20시간 물에 담가 과도한 소금기를 제거하고 다시 표면을 건조시킨다. 숙성과 건조를 봄에서 여름(15~37℃)까지 실시한다. 표면을 오일 처리하여 산화를 방지하고 질감을 부드럽게 해준다. 전통적인 방법은 8개월간 숙성시키나 공장 제품은 3개월 정도이다. 무게는 개당 5.7~6.5kg이다. 진화햄은 불도장佛跳牆과 같은 탕 요리 등 여러 중국 요리에 쓰인다.

진화햄과 비슷한 형태의 쉬안웨이 햄과 라오워 햄도 있다. 남부 윈난 고산지(해발 3,000m)의 성장이 느리고 작은 체형을 가진 흑돼지 고기로 만든다. 제조 원리와 기법은 진화햄과 비슷하다. 염지육을 12개월 정도 건조, 숙성시켜 완성한다. 쉬안웨이 햄을 먹는 방법은, 얇게 썰어 쪄서 먹는 햄찜, 조각을 내어 계란에 범벅하여 가열시킨 햄달걀찜, 월병 안에 넣는 햄월병, 덩어리를 맹물에 3시간 가열해 육질을 부드럽고 만들어 비계 맛을 내는 햄수육이 있다. 라오워 햄도 물에 삶은 뒤 식혀 썰어 먹는 햄편육, 조각과 채소류, 송로버섯과 함께 찌개로 먹는 햄모듬찌개, 중간부위(살코기 70%. 지방 30%)를 썰어 기름에 튀긴 햄튀김이 있다. 중국의 식습관이 그렇듯이 햄도 서양처럼 생것으로는 먹지 않는다. 진화햄도 볶음요리나 찜 등 가열요리의 재료로, 수프 요리의 원료로 이용된다.

오랜 역사에도 불구하고 진화햄은 청나라 말에 유럽과 미국 등에 알려지기 시작하였다. 당시 독일에서 열린 국제박람회에서 금상을 받은 바 있다. 1915년, 파나마 운하의 개통을 기념하기 위해 샌프란시스코에서 개최된 '파나마 퍼시픽 월드 박람회'에서 육제품 부문 1위를 수상하였다. 중국 내에서도 1981년에 국가 금상을 받았고, 1985년 국가경제계획위원회의 금상을 받은 바 있다고 한다.

라창臘腸

중국의 농민들은 매년 춘절이 다가오면 집에서 기른 돼지를 도축하여 소금에 절인 고기를 창자에 넣어 건조하였다고 한다. 이것이 라창이라 부르는 중국 전통 소시지이다. 생햄과 마찬가지로 중국의 남부지역에서 주로 만들었다. 남부지역 중국인들은 섣달에 소시지를 만들기에 섣달[臘月]이라는 '臘'에 동물의 창자라는 의미로 '腸'를 붙여 라창이라 하였다. 그러나 소비자들은 臘를 맵다는 글자인 '랄辣'로 잘못 인식하였다고 한다. 라창은 시앙창香腸, 혹은 관창灌腸이라고도 한다.

중국 소시지는 일종의 건조 소시지이다. 돼지고기를 주원료로 사용하지만, 세절한 고기를 넣기 때문에 다양한 부산물을 첨가하기도 한다. 특히 간을 많이 넣으면 색이 어둡다. 지역 특성, 풍미, 발효 및 훈연 여부에 따라 여러 가지로 분류된다. 대표적으로 북경, 강소, 광주, 사천, 천진, 산서, 산동, 요녕 소시지가 있다. 중국 소시지가 서양 소시지와 다른 점은 소금에 설탕과 간장을 넣어 직접 건조 시킨다. 발효공정을 강조하지 않아 신맛보다는 짭짤하면서 단맛이 강한 것이 특징이다.

광둥 소시지(광둥랍창)는 길이 2~3cm로 짧고 굵으며 타원형이다. 표면에 광택이 있어 황금색을 띤다. 살코기가 많은 돼지의 앞뒤 다리와 등심과 융점이 높은 등 지방을 사용한다. 정육과 지방을 0.8cm 크기의 정방형 형태로 거칠게 자른다. 지방을 60℃에 살짝 씻어 물기와 연지방을 뺀다. 정육에 소금, 설탕, 백색간장, 술山西汾酒, 아질산염을 넣고 8시간 절인다. 소량의 술과 설탕을 지방에 혼합한 후 하루 정도 따로 절여둔다. 염지가 끝난 살코기와 지방을 섞어 양이나 돼지의 작은창자에 넣는다. 충진할 총 길이가 25cm 정도이지만 중간을 2~3cm 간격으로 묶어준 후 바늘로 찔러 공기를 뺀다. 통풍이 잘되는 음지에서 2~3주간 건조하여 완성한다.

쓰촨(사천) 소시지도 잘 알려져 있다. 다른 사천요리가 그렇듯이, 고춧가루와 산초나 화자오 가루, 두반장豆瓣醬, 간장이 포함된다. 고기와 지방을 섞어 훈제, 건조하여 만든다. 단단하며 맵고, 짭짤하며 달콤하다. 20%의 설탕과 간장 및 소금을 첨가하여 건조하기 때문에 상온에서도 상하지 않는다. 짧은 시간 동안 건조하기 때문에 pH 5.8~6.2로 유럽산 발효 소시지보다 높은 편이다. 쓰촨 소시지는 중국 남부 요리의 대표격인 볶음밥과 찹쌀닭에 들어간다.

베이징 카오야(북경오리)

난징농대 조광홍 박사팀의 논문에서도 제시한 바 있고, 매체에서도 자주 등장하는 전통요리가 북경 오리다. 원나라 때부터 전해왔으며, 명·청대에는 궁중 요리였다. 난징에서 오리 요리가 먼저 시작되었으나 원나라가 약화하고, 1368년 주원장이 명나라를 세우면서 수도가 북경이 되면서 오리 구이도 함께 정착되었다고 한다. 북경 오리의 특징은 겉은 바삭하고 속이 촉촉하다는 것이다. 껍데기 색깔을 내기 위해 설탕과 맥아 물엿을 입혀 가열하면 당과 단백질이 반응하여 자연스럽게 노란색이 형성된다. 오리 도체에 빨대를 꽂고 풍선처럼 공기를 주입해 표피와 고기 사이에 공기층이 생겨 구웠을 때 껍질이 바삭해진다. 주문이 들어오면 바싹 마른 오리의 뱃속에 물을 채워 화덕에 강한 불로 굽는다. 잘 구워져 카라멜화 된 껍데기의 고소한 맛이 입안에 오랫동안 맴돈다. 잘 익은 속살을 따로 얇게 썰어 밀전병(바오빙)에 넣고 오이채를 얹어 소스와 함께 싸서 먹는다.

북경 오리는 중국의 전통 음식으로 개인적으로도 애착이 간다. 중국이 개방된 지 얼마 되지 않았던 90년대 초 중국을 방문하였다. 일정에 따라 전취덕全聚德이라는 음식점을 갔다. 마우쩌둥 주석이 미국의 닉슨 대통령을 대접한 음식점이라고 한다. 화덕에 들어가는 생오리와 연속하여 나오는 구운 오리가 직원의 손에 의해 바삐 움직이고 있었다. 이제는 화덕에 들어가고 굽고 나오는 과정이 자동화되었을 것이고, 가공 방법도 개선되었을 것이다.

동포러우東坡肉

동파육은 저장성 항저우를 대표하는 돼지비계 찜 요리이다. 북송시대의 소동파蘇東坡 시인이 이곳에서 벼슬을 할 때 요리법을 개발하여 즐겨 먹었다고 전해지고 있다. 그 이름 때문에 더 유명해진 것 같고, 우리나라 중국음식점에서도 쉽게 접할 수 있는 음식이다. 동파육이라고 부르게 된 유래는 중국에서도 여러 설이 있다.

1080년 12월, 소동파가 황주黃州 성강으로 유배되자, 그의 친구 마장창이 황주성 동쪽의 황무지를 사들여 동포설관을 세웠다. 소동파 자신도 유배 생활 중이어서 직접 고기를 쪄서 먹었고, 가난한 사람들에게 돼지고기와 묵은 술을 섞어 천천히 끓이면 색깔이 좋은 요리가 된다고 일러주곤 하였다. 황주의 돼지고기는 저렴하나 부자들은 먹기 싫어하니 백성들이 아침에 일어나 두 그릇의 고기찜을 즐기더라도 주인이 개의치 않는다고 하였다. 이 요리가 남송의 수도 항저우에도 전파되어 유명하게 되었다.

다른 설에 따르면, 1090년경 북송시대에 소동파가 항주의 총독으로 임명되어 백성을 동원하여 서호를 준설했다고 한다. 고생을 많이 하는 노동자에게 보답하기 위해 그 가족들에게, 돼지고기를 서서히 가열하여 졸이면 불이 가득 차서 아름다운 요리가 되고, 밥과 함께 먹으면 맛이 있을 것이라고 일렀다. 그런데 요리 도중에 실수로 술을 함께 넣어 버렸다. 이 요리가 뜻밖에 매우 부드러워지면서 특이한 향이 나는 멋진 조리육이 된 것이다. 그래서 훗날 항저우 최고의 요리로 알려지게 되었다고 한다.

동파육은 처음에는 돼지를 통째로 잡아 털을 깎고, 껍질과 함께 가로 세로 8cm 크기의 깍두기 모양으로 썰어 계란과 노추(간장)를 배합해서 쪄 내는 간단한 요리였다고 한다. 지금도 소주나 항주 거리에서 이런 식으로 조리해 파는 곳이 있다. 요즘의 조리법을 보면, 돼지껍질과 비계, 살코기가 반반 비율인 삼겹살을 큐브 모양으로 자른다. 삶은 돼지고기를 간장, 설탕, 향신료 등을 섞어 만든 오향장육 양념에 졸이거나 쪄내서 완성한다. 살짝 데친 청경채青梗菜와 채 썬 대파와 함께 먹는다. 동파육은 기름에 튀겨 표면의 단백질을 바삭하게 만든 다음 술을 가미해 고기 속까지 부들부들하게 익히는 것이 기술 포인트이다. 술이 꼭 들어가야 한다.

04 _ 몽골의 보르츠

몽골은 칭기즈칸의 나라다. 현재 우리는 몽골과 정치적으로나 경제적으로 좋은 관계를 유지하고 있다. 혈연적으로 연계된 본능적 끌림인지 몰라도 그곳 사람들을 만나면 부담이 없고, 우리와 생김새가 비슷해서 놀랍다. 내가 관심을 가지는 것은 역사보다는 자연환경이다. 수도인 울란바토르의 전승탑이 있는 산 정상에서 시내를 내려다보면 셀렝가강의 지류인 투울강이 흐르고 있다. 건조한 지역인데도 제법 많은 물이 흐른다. 이곳 사람들에게는 생명을 위한 젖줄 그 자체이다. 물과 풀이 있으면 사람이 살 수 있고, 가축을 기를 수 있다. 따라서 먹고 살기 위해 자연스럽게 환경에 맞는 식품문화가 형성된다.

몽골은 국토의 약 80%가 완만한 경사에 초원으로 이루어져 있고, 약 3분의 1은 반건조 지대이거나 고비사막이다. 전형적인 대륙성 기후를 나타내어 여름과 겨울, 낮과 밤의 온도 차가 크다. 짧은 여름의 평균 기온은 17~23℃이고, 긴 겨울은 영하 18~26℃로 매우 춥다. 강수량은 북부 산악지대는 350mm이고, 고비사막은 100mm인데 대부분 7~8월에 집중되어 있다. 연간 강수량이 300~400mm 이상인 지역은 전 국토의 7%에 불과하다.

이런 환경에서는 관목류나 풀밖에 자라지 못한다. 정주 생활을 하며 작물을 경작하기보다 이동하면서 가축을 기르기에 적합한 땅이다. 바꾸어 말하면 가축을 기르는 것 외에는 마땅치 않은 땅이다. 온난하고 기름진 땅에 사는 사람들과 비교하면 삶의 질이 떨어질 수밖에 없다. 이런 면에서 보면 칭기즈칸이 세계를 정복하려고 시도한 것은 당연했는지 모른다. 혹독하고 열악한 환경에서 벗어나려면 그런 나라들을 정복할 수밖에 없을 것이다. 전투에서 승리하기 위해서는 전술이나 용맹성보다 병사들을 굶기지 않는 것이 더 중요했다. 연전연승했던 원동력에는 병사들의 음식이 있었다. 그것은 '보르츠'라고 부르는 육포였다.

식품문화는 한 나라가 풍족하고, 국민이 안정적인 생활을 영위할 때 발달한다. 서민들도 충분히 먹을 수 있어야 고기 식품문화가 발달하게 되는 것이다. 몽골에서는 민초들이 먹을 고기는 넘치고 넘쳤지만, 이동하는 삶을 살았기 때문에 정착지역의 식문화 형태와는 달랐다. 몽골의 전통요리인 허르헉도 마찬가지다. 허르헉은 고기를 솥에 넣어 가열하여 익히지만, 원래 양이나 소의 조각육과 뜨겁게 달군 돌을 위장胃腸에 함께 넣어 익히는 몽골의 고유 음식이다. 몽골인은 유목민으로서 한 곳에 오랫동안 정착할 수 없었다. 따라서 특별한 양념을 구하기가 어렵고, 한가롭게 요리를 즐기기에는 환경적 제약이 컸다. 이동식 삶은 미각의 향연이 아니라 생존에 필요한 단순성과 간편성이다. 고대 4대 문명이나, 그리스·로마 문명에서 꽃피운 음식문화와는 근본적으로 다르다.

보르츠는 장거리 전쟁을 수행하면서도 쉽게 먹을 수 있는 음식이다. 몽골의 전쟁은 이웃 부족과의 근거리 싸움, 동유럽까지 진격하는 장거리 전쟁으로 나눌 수 있다. 그 승패를 좌우하는 요인은 보급선이다. 이웃 부족과 싸울 때는 맨 앞에서는 전투를 벌이고, 후방에서는 가족이 가축을 몰고 뒤따랐다. 고기는 상하기 쉽고, 몸에 지니거나 보급하기에 불편한 음식이다. 신선한 고기를 계속 공급하기 위해서는 양떼를 죽여서는 안 된다. 필요할 때 도축할 수 있는 살아있는 식량이니, 음식이 상할까 걱정할 필요가 없다. 가축이 먹을 수 있는 풀이 사방 천지에 있다. 그뿐 아니라 가축의 배설물을 말려 연료로 사용할 수 있고, 털과 가죽으로 옷을 해 입고 추위를 피할 천막집(게르)을 만들어 장기전에도 버틸 수 있다.

그러나 장거리를 이동해야 하는 전쟁은 다르다. 병사들의 식량을 공급하기 위해서는 보급선이 확보되어야 하는데, 칭기즈칸 군대는 보급선이 없었다. 보급선이 전쟁 수행에 걸림돌이 된다고 판단한 것이다. 칭기즈칸은 1206년 주변 부족을 제압하여 제국을 세웠다. 칸으로 오른 지 20년 만에 유라시아 대륙(중앙아시아, 페르시아, 카프카스, 러시아, 크림반도, 볼가강 유역의 동유럽)을 전광석화처럼 점령하였다. 유목민족답게 탁월한 기동력과 조직력으로 연전연승했다. 속도전을 위해 보조부대를 제외한 모든 인원을 기마병으로 배치하였다. 부대장에게 절대 권한이 주어졌고, 우수 인재는 적이라도 가리지 않고 등용하였다. 대부분 병사는 기마민족의 후예들로 말 타고 활 쏘는데 탁월했다. 칭기즈칸이 정복한 영토는 북미와 중앙아메리카에 버금가는 크기였고, 오늘날의 국경으로 치면 30여 나라를 정복하였다. 당시 몽골의 인구는 100만 명, 군인 10만 명이었다.

칭기즈칸의 군대에 보급선이 없었던 특별한 이유가 있다. 보급선을 유지하려면 많은 노동력과 시간이 필요하다. 그것은 속전속결에 장애물이 된다. 칭기즈칸의 군대는 보급선 대신 식량을 개인이 가지고 다니면서 전쟁을 수행했다. 어느 상황에서도 먹는 일로 조직을 추스르는 시간을 줄일 수 있었고, 선제공격을 할 수 있었다. 그 이동속도가 얼마나 빨랐는지 적군의 파발마보다 앞서 적진에 도착했다고도 한다. 하루에 200km까지 이동할 수 있었다고 하니 놀라울 따름이다.

어떻게 보급선 없이 식량을 해결할 수 있었을까? 보르츠 덕분이다. 말린 고기를 말안장 아래에 깔고 다니면서 필요할 때 부드러운 상태로 먹었다. 또는 미리 돌절구에 찧어 가루 형태로 밥통 주머니에 넣고 옆구리에 차고 다니며 전쟁터를 누볐다. 보르츠는 미숫가루처럼 되어 부피나 무게가 3분의 1 이하로 줄어들었다. 한 포대면 병사 10명이 보름간 먹을 수 있을 정도로 부피가 작고 가벼워 전쟁용 이동식이 된 것이다. 전투 중에도 그냥 가루를 입에 털어 넣으면 허기를 면할 수 있고, 여유가 있으면 두세 숟가락을 물에 타 먹거나 가열해서 먹었다. 보르츠는 단백질이 충분히 들어있는 든든한 한 끼 식량이었다.

보르츠는 어떤 육가공품일까? 한마디로 생고기를 말린 제품이다. 몽골의 겨울은 길고 가혹해서 가축이 죽기도 하고, 사람도 지내기가 힘들다. 몽골인은 이 계절에 보르츠를 주로 먹으면서 산다. 그래서 겨울이 오기 전에 소나 양을 도축해 살코기를 결대로 찢어 말린다. 낮에는 밖에서 말리고, 밤에는 늑대 때문에 게르 안에 걸어둔다. 날씨가 선선하고 습도가 낮기 때문에 실내외 어디서나 썩지 않고 잘 마른다. 서양의 저키나 우리나라의 육포처럼 기름이 거의 없는 살코기를 이용한다.

그러나 살코기 피를 빼내지 않고 건조하는 것이 보르츠의 특징이다. 소금을 포함해 어떤 양념도 첨가하지 않는다. 일반 육포는 아질산염의 첨가로 인해 검붉은색을 띠지만 보르츠는 황갈색이다. 피 성분 때문인지 비린내가 난다. 오래 두어도 상할 염려는 없지만, 냄새는 더 강해진다. 울란바토르의 슈퍼마켓에서 보르츠가 판매되고 있다. 보르츠는 원래 염지와 양념을 하지 않고 말린 식품이기 때문에 질감과 맛이 특이할 것이다. 시판용 보르츠는 지방의 산화를 억제하고 피에서 나는 특이 냄새를 없애는 첨가제를 넣거나, 가공 방법이 개선되어 제조되었을 것이다.

보르츠의 건조 원리는 우리나라에서 겨울에 말리는 황태의 제조법과 같다. 우리나라에서 '징기스칸 요리'라는 간판을 걸고 양고기를 판매하는 음식점이 더러 있지만, 몽골에서는 고기를 구워 먹지 않으므로 이는 몽골 요리와 전혀 관련이 없다. 이것은 일본의 훈카이도에서 유래한 양고기 요리이다. 일본인들이 양고기를 구워 먹으면서 '징기스칸 요리'라고 부른 것이다.

PART 3

고기의 인문학

제9장

욕망과 속박의 기원으로서의 고기

01 _ 생명과 먹거리의 기원

우리는 어디에서 와서 무엇을 먹으며 살아왔는가? 인류 출현의 비밀은 과학 이상의 신神의 영역이지만, 인간의 영역인 무엇을 먹어왔는지는 답하기가 비교적 간단하다. 인류의 먹거리는 시대와 환경, 종교, 문화 등에 영향을 받았지만, 인류는 먹을 수 있는 것은 가능한 한 모두 먹었다. 인간이 먹이 사슬의 최상위에 있기 때문이다. 그렇지만 초기 인류는 그러하지 못했다. 생존 자체가 위협을 받는 상황에서 먹고 살아야만 했다. 농경을 시작하기 전 산야를 떠도는 생활을 하였기에 먹을 음식이 일정치 않고 늘 부족하였다.

인류는 어디에서 왔는지, 최초의 인류가 언제 출현하였는지, 지구 밖 천체에 생명체가 있을지 자문해보면서 잠시 별 이야기를 해보자. 캄캄한 밤하늘에는 1천억 개의 은하가 있고, 각각의 은하에 평균 1천억 개 이상의 별이 떠 있다. 총 10^{22}개의 헤아릴 수 없는 숫자이다(칼 세이건, 2017, 41쪽).

지금부터 138억 년 전에 무無에서 대폭발이 시작되어 물질, 에너지, 시간, 공간이 생겼다고 한다. 우주의 시작인 빅뱅Big Bang이다. 은하 사이에 수소와 헬륨가스, 먼지 등이 응축되어 별이 생성되었다. 태양계의 지구도 46억 년 전에 탄생하였다. 지구가 형성된 후 5억 년이 지나 육지와 바다와 같은 판 구조가 고착되었다.

과학자들은 단세포 형태의 생명체가 지층 구조에서 발견된 것으로 보아 약 35억 년 전부터 스스로 복제할 수 있는 생명체가 시작되었다고 주장한다. 그러나 어떠한 방법으로 생명의 씨가 지구별에 잉태했는지는 모른다. 가설일 뿐이다. 단세포는 생명의 원시 형태이다. 이로부터 15억 년이 흘러 약 20억 년쯤 단순한 세포가 분열하기 시작하여 내공생 생명체는 미토콘드리아와 같은 세포소기관이 되었다. 미생물에서 고등 동물로 진화할 수 있는 문이 열리게 된 것이다. 원핵세포에서 내막, 미토콘드리아, 에너지 대사계, 세포골격 등 소형기관을 갖춰 진화하는데 엄청난 세월이 필요했다. 과학자들은 15억 년이라는 이 기간을 잃어버린 고리라고 말하기도 한다. 그후 10억 년 전에 오존층이 형성되고 6억 년 전쯤 오늘날의 대기가 조성되었다고 하니 인간과 같은 고등동물이 살 수 있는 환경은 6억 년 전 이후라 할 수 있겠다(그레이엄 로턴, 2017).

인간은 지구의 역사에 비하면 아주 최근에 출현하였다. 인간 출현 이전에 다른 주인이 있었다. 공룡이다. 공룡은 2억 3천만 년에서 7천만 년 전까지 살다가 사라진 지구의 우점 고등 생명체였다. 대략 1억 몇 천만년 동안 지구에서 활보하였다. 이에 비해 인간은 유인원까지 포함해도 공룡시대의 약 30분의 1 기간을 살고 있으며, 현생 인류는 700분의 1이라는 짧은 기간을 지구에서 주름잡고 있다. 현생 인류는 20만~30만 년 전에 출현하였다. 미국 애리조나주의 화석숲국립공원Petrified Forest National Park의

나무화석이 2억~3억 년 전에 형성되었다는 것, 그랜드캐년의 가장 오래된 지층이 18억~19억 년 전에 형성되었다는 사실을 접하면 우리는 아주 최근에 얼굴을 내민 셈이다.

지구상에서 인간은 그 어느 생명체보다 소중한 존재이다. 우리는 성공적으로 생명 진화 라인을 타고 내려와 운 좋게 생존경쟁에서 살아남아 오늘이 이르렀다. 현생 인류는 하루아침에 갑자기 하늘에서 떨어졌거나 땅에서 솟은 것이 아니다. 인류는 미지의 단순 생명체로부터 진화를 거듭하여 고등 생명체로 이어왔다. 고등 생명체라고 해도 오늘날까지 살아남을 보장은 없다. 약육강식과 적자생존의 원리 때문에 많은 고등 생명체가 지구상에서 사라졌다.

공룡이 사라진 다음, 약 6천 500만 년 전 백악기 후기에 영장류의 원시 조상이 출현하였다. 여기에 포함된 우리 조상은 약 700만 년 전에 침팬지와 혈통이 갈라졌다. 이를 호미니드Hominid라 부른다. 영장류 호미니드는 아프리카에서 최초로 나타났다. 우리의 먼 고향이 아프리카인 셈이다. 여기서 출발하여 유인원들은 이동했고 또 진화도 했다. 약 400만 년 전까지는 원숭이 형태로 살아오다가 320만 년 전쯤 오스트랄로피테쿠스로 진화했다. 이디오피아에서 발견된 오스트랄로피테쿠스는 나무 위에서 살았지만 두 발로 걸어 다니면서 간단한 도구를 이용하였다.

약 190만 년 전쯤 호모에릭투스는 나무에서 완전히 내려온 현생 인류와 닮은 유인원이 되었다. 이들은 정교한 도구와 불을 사용하며 유럽과 아시아 지역을 돌아다니며 고기와 열매, 조개류를 먹었다. 이때 뇌가 600ml에서 900ml으로 커졌으나, 해부학적 구조로 보아 언어능력은 없었다고 한다. 현대인과 같이 언어를 구사하는 유인원은 약 60만 년 전의 출현한 하이델베르겐시스이고, 드디어 약 20만 년 전에 호모 하이델베르겐시스로부터 현생 인류인 호모사피엔스homo sapiens로 이어졌다. 이보다 조금 빠른 시기에 유라시아 서쪽에 네안데르탈인, 동쪽에 데니소바인이 출현하였다. 약 25만 년 전에 호모 에렉투스에서 진화해 나온 네안데르탈인은 불을 사용하였다(그레이엄 로턴, 2017, 134쪽).

약 10만 년 전에 네안데르탈인과 데니소바인이 사라졌다. 이들은 키가 작고 몸집이 왜소하며 수명도 현생 인류보다 짧았다. DNA 증거를 보면, 현생 인류와의 상호교배가 이루어졌다고 한다. 다른 연구에 의하면, 현생 인류인 호모사피엔스가 네안데르탈인과 투쟁하여 그들의 고기를 먹었다고 한다. 프랑스 물라구에 있는 12만 년 전 호모사피엔스의 동굴에서 6구의 사람 뼈가 발견되었다. 몸집이 작은 네안데르탈인의 뼈로, 모두 칼자국이 정교한 상태로 잘게 부숴 차곡차곡 쌓여 있었었고, 두개골은 깨어져 있었다. 이는 현생 인류가 자기들과 가장 가까운 다른 유인원을 잡아먹었다는 증거이기도 하다. 아무튼, 네안데르탈인과 호모사피엔스가 공존하다가 최후로 현생 인류만 살아남은 것이다.

그러면 현생 인류는 어떻게 살아왔을까? 그들의 삶은 타자를 죽이지 않으면 죽임을 당해야만 하는 나날이었다. 매머드mammoth나 검치호와 같은 대형 동물이나 육식 동물의 공격을 피해야 했고, 때로는 대결해야만 했다. 싸움에서 지면 그들의 먹이가 되고, 이기면 그들의 고기를 먹었다. 이것이 현생 인류의 생존방식이었다. 호모사피엔스가 네안데르탈인의 육신을 먹었다는 연구도 생존과 먹거리 활용 차원에서 이해되어야 할 것이다.

초기 인류는 먹이를 구하려, 강적을 피하려 수백 수십만 년 동안 하루에 적어도 15~20km를 돌아다녀야 했다. 그들이 이동을 멈춘 시기는 불과 1만 년 전이다. 다시 말해 인류의 조상이 탄생한 후 유인원 시절에는 99% 기간 동안 돌아다녔으며, 정착한 것은 고작 최근 1% 미만의 기간이다. 왜 이 기간이 중요한가? 진화론적 관점에서 보면 오늘날 인간이 행동하고 먹고 번식하는 유전자 중 대부분이 정착하지 못했던 그 99% 기간에 형성되었기 때문이다.

고기는 생존을 위해 싸워서 이긴 획득물이다. 고기는 문명시대처럼 취미 삼아 사냥해서 얻는 유희적 대상이 아니다. 초기 인류에게 있어 동물은 먹고 살아가기 위한 식량이자 생존을 위협하는 적이었다. 사냥할 때는 생사의 두려움이 있었고, 덩치 큰 동물에 대한 왜소한 인간의 열등의식이 있었다. 사냥감의 목에 칼을 들이대어 튀어나오는 선혈을 보고 살해의 미안함과 동시에 숨길 수 없는 승리의 기쁨도 있었다. 수렵 이동생활은 농경과 달리 사냥이 끝나면 오랫동안 쉴 수 있었다. 그래서 사냥에 관한 사실을 자기들의 소망에 담아 어딘가에 남기고 싶어했던 것 같다. 사냥하는 모습이나 대형 동물을 조각하여 지구 곳곳의 동굴이나 바위에 남겼다.

19세기 말 스페인의 알타미라 동굴에서 발견된 석기시대 암각화가 있다. 기원전 1만 6천 500~1만 2천년 전에 그려진 그림으로, 대형 동물, 상처 입은 동물, 들소, 인간의 사냥 장면들이 그려져 있다. 1940년에 발견된 프랑스의 라스코 동굴 암각화에도 기원전 1만 7천~1만 5천 년경에 들소를 사냥하는 장면이 그려져 있다. 두 동굴 그림의 공통점은 야생 동물과 사냥하는 장면이다. 구석기인들은 들소가 인간의 공격으로 몸을 움츠리며 죽어가는 모습을 사실적으로 그리기도 하고, 왜소한 인간이 큰 동물의 공격을 받아 쓰러진 모습을 그리기도 하였다. 모두 사냥의 성공과 실패, 살해의 기쁨과 공포를 표현하고 있다.

고대인들이 야생 동물의 사냥 장면을 그린 것은 유희遊戲의 목적일 수도 있겠지만, 살아남기를 간절히 바라는 마음과 먹거리로써 상대방의 육신을 탐하는 원초적 본능 행위로 보는 것이 더 타당하다. 우리 조상들이 피에 굶주린 살해자로서, 발버둥 치는 동물을 게걸스럽게 뜯어먹으며 강한 희열을 느꼈을 것이라는 지적이 훨씬 설득력을 얻는다.

들소를 죽이는 광경을 생생하게 재현한 것은, 진짜 동물을 잡고 싶다는 기원의 표현이었다. 가상을 통해 현실의 소망을 이루려는 주술적 신앙일 수도 있다. 또 들소의 가죽을 뒤집어쓴 무당이 격렬하게 춤을 추는 수렵무도, 당시 경제 활동이 사냥이었고, 그것이 생존의 필수 요건이었음을 보여주는 증거이다(진중권, 2009).

인류는 바다의 고래도 사냥하였고, 조개도 채집하였다. 경북 울진에 있는 대곡리 반구대 암각화(국보 제285호)는 신석기와 청동기 시대에 조각된 고래와 멧돼지 그림이다. 이같이 초기 인류가 사냥했던 기록은 세계 도처의 암각화에 남아있다. 물론 그들은 야생 열매나 풀, 벌레도 먹었을 것이다. 그러나 하루의 이동 반경을 6~15km로 보았을 때, 그들이 자연 상태에서 얻을 수 있는 식물성 먹거리는 극히 한정적일 수밖에 없었다. 아직 작물을 기를 수 있는 시대가 아니었기 때문이다.

인구는 늘어나고 사냥에 적합한 동물의 수는 줄어들면서 인류는 돌아다니며 먹거리를 해결하기가 어려워졌다. 이동을 멈추고 정착하여 씨앗을 뿌려 먹거리를 경작하고, 야생 동물을 잡아 집에서 기르기 시작하였다. 야생 동물의 가축화 시대가 시작된 것이다. 우리 선조들은 훨씬 이전부터 동굴 벽화에 반인반수半人半獸를 그렸다. 그 생명체의 이미지는 선조들이 3만 5천~4만 년 전에 동물을 의인화하여 생각했음을 보여주고 있다. 그러므로 사람을 동물처럼 생각하는 덕분에 야생 동물을 길들여 유대감을 쌓을 수 있었다(할 헤르조그, 2011, 144쪽). 이것이 야생 동물을 가축화할 수 있었던 인류 선조의 인식이었다.

야생 동물의 가축화는 고기를 취하기 위한 목적이었지만, 때로는 농작물

경작이나 짐을 옮길 때도 필요했다. 그러므로 함부로 가축을 도살할 수 가 없었다. 이제 고기는 인류에게 없어서는 안 될 귀중한 음식이 되었고, 누군가 조종하고 통제하는 음식으로 변했다. 고기를 통제하지 않으면 사회가 유지될 수 없었다. 고기를 통제하는 자는 왕(제사장)이었고, 고기는 민중을 다스리고 조절하는 중요한 도구로 활용되었다. 문명사회에서 고기는 권력을 위한, 신을 위한, 사회 조절을 위한 기제가 되었다.

농경 정착 시절, 부족한 고기 대신 자생하는 씨앗을 뿌려 수확한 농작물이 주 먹거리로 대체되었다. 그러나 이것도 한정적이었다. 구약성서에는 이스라엘을 중심으로 중동이나 이집트 지역에서 얻을 수 있는 동식물을 먹었다는 기록이 있다. 식물성 식품으로 밀로 만든 빵, 가시면류관 열매, 산사나무, 침향과 알로에, 아몬드, 쥐엄나무 열매, 겨자씨, 꿀, 상수리, 쇄기풀, 엉겅퀴, 찔레나무, 잣, 우슬초, 싸리나무, 로뎀나무, 칡, 뽕, 느릅, 박, 식초, 자귀나무, 맨드레이크, 샤프론 등이 있었고, 동물성 식품으로 물고기, 메뚜기, 젖, 버터 등이 있었다(김정희, 2007). 중동지역에서 사육하기 적합한 양, 염소, 소 같은 초식동물도 포함되었을 것이다.

신화시대에는 무엇을 먹었을까? 그리스·로마신화는 옛 유럽인들의 먹거리를 묘사하고 있다. "제우스와 헤르메스 신이 인간의 모습으로 변장하여 인간 세상으로 나들이하였다. 가난한 필레몬과 바우키스 부부는 이들이 신인지 몰랐지만, 정성껏 음식을 장만해 드렸다. 훈제 돼지, 딸기, 포도주에 절인 버찌, 꽃상추, 순무, 치즈, 구운 달걀, 포도주 등을 대접하였다. 후식으로 호두, 무화과, 마른 대추, 오얏, 사과, 포도, 꿀을 대접하였다. 나중에 신들인 줄 알고 최고의 정성으로 살아있는 거위를 잡으려다 제우스가 만류하는 바람에 그만두었다"(이윤기, 2008, 1:261-66쪽).

이 신화에 등장하는 무화과, 대추, 사과 등은 유럽에서 오래전부터 먹었던 음식이다. 오늘날 유럽인이 즐겨 먹는 감자나 옥수수, 토마토, 고추는 당시에 없었다. 여기서 흥미로운 것은 처음에는 신인 줄 몰랐다가 나중에서야 알고 살아있는 거위를 잡아 대접하려고 했다는 점이다. 신은 인간으로서 넘볼 수 없는 존재이다. 그들에게 최고의 정성으로 대접하고자 했던 식품이 거위였고, 살아있는 것을 죽여 그 고기를 대접하려고 했다는 점이 관심을 끈다. 고기를 마음대로 먹을 수 없었던 농경사회에서도, 그 이전 신화시대에서도 고기는 귀한 식품이었다. 고기를 얻기 위해 유인원 시대부터 욕망의 저 밑바닥에서 꿈틀거렸던 동물살해의 유전자가 오늘날의 문명시대에도 이어져 우리에게 전수된 것이다.

02 _ 잡식동물의 고민

고기라는 먹거리는 인류 출현부터 오늘날까지 두 가지 의미가 있다. 하나는 맛있는 고 영양식으로 고금동서를 막론하고 좋아하는 음식이었다는 점이고, 두 번째는 도축과 식용 행위에 항상 갈등과 제한이 있었다는 점이다. 인간에게 고기는 맛있는 음식이다. 인간은 침팬지와 결별한 700만 년 전부터, 아니 훨씬 이전부터 고기를 탐하는 유전자를 이어받아 왔다. 그런데 왜 고기라는 식품이 다른 식품들보다 말도 많고 탈도 많은가? 그것은 고기가 우유나 달걀처럼 약탈하는 식품이 아니라 목숨을 담보로 타자의 육신을 취한 결과물이기 때문이다.

소, 돼지의 근육은 인간의 근육과 형태, 소기관, 미세구조, 심지어 유전자 구성까지 거의 같다. 진화론적 관점에서 보면 가축의 조상이 우리 인간의 조상과 동일하다는 의미이다. 조금 과장해서 말하면, 우린 혈연적 관계이고, 그러하니 우리의 형제를 죽여 그 육신을 먹는 것이다. 우리와 같이 영혼과 감성, 도덕과 이성이 있을 수 있는 대상이다.

우리가 먹는 먹거리 대부분은 다른 생명을 죽이거나 약탈한 것이다. 곡류나 채소, 과일도 생명체를 죽이거나 그 열매를 가로챈다. 고기와 다르지 않다. 아무런 감정 없이 채소의 뿌리를 자르지만, 동물을 도축할 때는 고통의 소리를 듣고 낭자한 선혈을 보게 된다. 송아지와 어미 소를 강제로 분리해 놓아도 본능적으로 울부짖는다. 그 울부짖음을 듣고 우린 아픔을 느낀다.

식물도 생명이다. 식량으로 이용하려면 필히 자르고 다지고 삶고 튀겨야 한다. 분명 살생이지만, 식물을 죽이는 것은 살생이라 하지 않는다. 동물만 살생이라고 하는데, 그 기준이 모호하다. 메뚜기, 바닷게, 물고기, 문어, 젖산균을 죽일 때 그들의 고통과 절규의 소리를 듣지 못한다.

TV의 음식 프로그램에서는 꿈틀거리는 산 낙지를 육수에 넣어 펄펄 끓이는 광경을 볼 수 있다. 그리고 그것을 보며 행복해하는 사람들의 모습을 비춘다. 생명체를 취급하는 인간의 이기적이면서 혼란스러운 모습이다. 독일에서 갓 부화한 수평아리를 믹서에 갈아 애완용 사료로 쓰는 것을 규제한다는 뉴스를 들었다. 소, 돼지를 살생하는 것만 잔인하고 다른 생명체는 아무렇지 않다고 할 수는 없을 것이다. 감정을 노출하는 동물에 대해 원시에서 문명사회로 진입한 후에는 그 고기를 먹을 것인가 말 것인가에 대해 끊임없이 논쟁해왔다. 이런 갈등에도 불구하고 인류는 고기를 계속 먹어왔다. 오늘날은 동물보호자나 채식주의자와 같은 5% 미만의 사람들만이 고기를 거부한다.

논쟁은 동물의 이성과 영혼의 존재에 대한 인식 차이에서 출발한다. 동물이 사람과 같은 영혼을 가졌다면 어찌 그를 죽여 고기를 탐하랴. 그러나 동물에게도 영혼이 있다면 그 인정의 기준은 무엇인가? 영혼을 인정해야 할 생명체(동물)는 어디까지인가? 예를 들어, 애완견은 죽여서는 안 되지만, 대형 문어는 잡아먹어도 되는가? 이도 저도 아니면 인간은 다른 동물을 잡아먹는 권리가 있으며, 그들은 단지 인간을 위한 먹거리에 불과한가? 풀리지 않은 논쟁거리이다. 그렇다면 유대인의 코셔와 이슬람의 할랄은 인간이 할 수 있는 차선인가? 물음은 끝이 없다.

동물에 대한 두 가지 인식은 역사 이래 항상 대립하여왔다. 먼저 동물에게는 이성과 영혼이 없다는 주장이다. 그래서 언제든지 도살해 고기를 먹으면 된다고 하였다. 기원전 300년 제논Zenon이 창시한 스토아 학파는 인간만이 이성적인 존재라고 하였다. 그리스의 아리스토텔레스(B.C 384~322)도 "생물은 인간을 위해 식량과 노동, 의복을 제공하기 위해 존재한다"고 하였다. 따라서 "동물은 당연히 인간보다 하등하며, 인간은 동물에게 어떠한 호의나 권리도 인정하지 않는다"고 하였다. 데카르트(1596~1650)는 "동물은 기계와 같아 고통을 느끼지 않으며 영혼이 없다"는 기계론을 주장하였다. 중세의 니콜라 말브랑슈(1638~1715)도 새끼를 밴 암캐를 발로 차 울부짖게 하고는 친구에게 말하길, "이것은 생명이 아니다. 기계일 뿐이다"라고 말했다. 이들은 모두 동물의 이성과 영혼을 부정하고 먹거리로만 인식하였다(난 멜링거, 2002, 93~9쪽).

이에 반해 기원전 6세기경 피타고라스 학파는 "동물은 우리의 똑같은 신체적·정신적 구성요소로 되어 있고, 우리와 공생하는 관계에 있으므로 도살하여 먹어서는 안 된다"고 하였다. 그의 주장은 종교적 저항 운동으로 이어져 로마 시대까지 영향을 미쳤다. 로마의 사상가인 플루타르크는 인간과 동물, 동물끼리 잔혹한 격투를 상기시키며, 영혼 윤회설과 관련하여 동물 학대와 육식을 반대하였다. 플라톤도 신에게 바치는 제물을 동물 대신 과자나 과일로 하고, 육체와 영혼을 분리하여 육체의 속박에서 벗어나길 원하였다. 신 피타고라스학파나 신 플라톤 학파도 동물에도 영혼이 깃들어 있다고 하였다. 플라톤 시절에 "동물을 제물로 바치지 마라"고 한 기록을 보면, 이 시대에 이미 신에게 살아있는 동물을 바치고 죽이는 희생 의식이 일반화되어 있음을 알 수 있다. 오늘날까지 이런 연유로 고기를 먹지 않는 소수의 채식주의자는 늘 있었다. 기록에 의하면, 최초의 채식주의자 협회는 1847년 미국 맨체스터에서 창립되었다(난 멜링거, 2002).

그렇다면 동물학적으로 인간은 육식동물에 가까운가, 아니면 초식동물에 더 가까운가. 인간은 잡식성 동물이다. 인간은 먹이사슬의 특권을 누리고 있어 먹고 싶은 것을 모두 먹는다. 사람, 소, 돼지, 염소와 같이 등뼈가 있는 동물을 척추동물이라 하고, 어미의 젖을 먹는 동물을 포유동물이라고 한다. 풀을 먹는 동물들은 삼킨 풀을 되새김질하는 반추위가 있어 섬유소를 영양분으로 전환할 수가 있다. 개, 고양이, 사람은 위가 하나밖에 없는 단위 동물로, 풀을 먹어 영양성분을 흡수시킬 수가 없다. 그래서 인간은 풀을 먹는 동물과는 소화기관이 다르다. 한마디로 초식동물이 아니다.

잡식동물이라 하지만 신체 구조나 영양성분 이용법 등을 보면 인간은 육식동물에 가깝다. 인간의 위장은 육식동물과 닮아 짧은 편이다. 초식동물은 풀을 소화하기 위해 장이 길어야 한다. 장내 박테리아에 의해 풀을 일정 시간 발효시켜야 하므로 복잡하고 긴 소화기관과 생화학적 작용이 필요하다. 고기는 소화 시키기 위해 긴 창자가 필요하지 않다. 육식동물은 단순하고 둥근 위, 짧은 소장, 평평한 대장구조를 가져 소화 흡수작용이 간단하다. 인간은 육식동물을 닮아 장기가 상대적으로 작고 짧아 섬유질보다는 효율이 높은 음식을 먹도록 진화되어왔다.

인간 이빨의 구조를 보면 상대의 근육을 물어뜯을 수 있도록 송곳니가 가늘고 작게 나와 있다. 물론 어금니가 있어 음식들을 골고루 씹을 수 있도록 발달하였다. 인간은 육식에서 잡식으로 식습관이 변하면서 진화되었다는 설도 있고, 호모에렉투스(142만 년 전) 이후 불이 발명되어 딱딱한 음식을 가열하여 먹었기 때문에 넓적한 어금니로 진화되었다고도 한다.

인간의 뇌 용량은 육식의 섭취에 따라 발달하여 왔다. 뇌에 에너지를 충족시키는 데는 육식이 결정적이다. 현존 인류는 초기 유인원에 비교해 뇌가 현저히 발달하였다. 뇌에 대한 에너지요구량을 보면 포유동물 3~4%, 영장류 8%에 비해 인간은 25%로 높다. 뇌의 무게도 영장류 300g에 비교해 인간은 1,200g으로 약 4배 이상 무겁다. 뇌의 크기가 증가한다는 것은 뇌 활동에 필요한 더 많은 에너지를 요구하는 것이다. 유인원의 뇌는 200만 년의 진화를 통해 3배 정도 무게가 증가하였지만, 수렵 유목에서 농경 정착기로 전환되었던 구석기 후기(4만 년 전) 인간 뇌는 오히려 10% 줄어들었다고 한다. 이는 인간의 뇌가 동물성 식품을 통해 에너지를 충당하며, 육류 섭취 없이는 결코 발달할 수 없다는 사실을 증명하고 있다. 그러므로 뇌 조직이 완료되는 5세까지의 유아에게는 동물성 단백질과 지방 섭취가 필수적이라고 할 수 있다.

인간은 자기가 섭취한 영양성분의 흡수경로를 보아도 육식동물에 더 가깝다는 것을 알 수 있다. 예를 들어, 고양이는 필요한 대부분 영양소를 고기에서 충당한다. 그래서 몸에서 필수 영양분을 자체 생성하기 위한 각종 생화학적·대사적 경로가 발달해 있지 않다. 인간도 이와 유사하다. 비타민 B_{12}의 소화흡수를 보자. 초식동물은 장기에서 박테리아를 통해 스스로 B_{12}를 생성하지만, 육식동물은 다른 동물의 근육을 섭취하여 충당해야 한다. 인간도 고양이와 같이 고기로부터만 필히 얻어야 하는 생화학적 경로를 갖고 있다.

고기에는 타우린taurine이라는 단백질이 들어있다. 고양이는 절대량을 외부 동물성 물질을 통해 섭취해야 한다. 인간도 타우린을 극소량만 합성할 수 있어 절대량이 부족하다. 그래서 동물 근육으로부터 영양소를 공급받아야 한다. 채식주의자는 혈장 타우린과 유린urine 함량이 정상적인 사람에 비해 크게 낮다고 학계에서는 보고하고 있다. 인간이 오랫동안 타우린이 풍부한 동물성 식품을 먹어왔기 때문에 몸에서 스스로 제조할 수 있는 능력이 떨어졌다고 할 수 있다.

비타민 C도 좋은 예이다. 초식동물은 이를 자체적으로 몸에서 합성한다. 그러나 인간은 꼭 외부 음식을 먹어야 비타민 C를 섭취할 수 있다. 우리 몸을 구성하는 지방산 중에 아라키도닉산과 DHA는 뇌, 신경조직 형성에 필요한 영양소이다. 이것은 식물성 기름에는 들어있지 않고 어류와 동물성 지방에 다량 존재한다. 흥미로운 것은 초식동물은 스스로 체내에서 합성할 수 있는 능력이 있으나, 고양이와 사람은 고기로부터 섭취해야만 생존할 수 있다. 생존에 필요한 영양소의 섭취방식은 계속 진화해왔다. 사람은 최근의 짧은 기간에 육식동물의 유전자에서 잡식동물의 유전자로 변해가는 중이다.

03 _ 문명 속으로 들어온 고기

인류는 다른 동물에 맞서기 위해 무기를 고안했다. 인류는 잡느냐 잡히느냐의 생존경쟁 사회에서 농경 사회로 전환되면서 가축을 기르기 시작하였다. 도살의 가축 문화는 식물 경작과 함께 재생산의 문화로 전환되었다. 정주 사회에서 인구는 지속하여 증가하였고, 음식은 육식에서 식물성 식량으로 대체되었다. 가축으로부터 얻는 고기의 양이 인구 증가를 충족하지 못했기 때문이다. 가축은 식물성 식량 생산보다 5~8배의 에너지를 더 투입해야 한다. 이는 곡류로 5~8명이 먹을 수 있는 것을 고기로는 1명밖에 먹을 수 없다는 것을 의미한다.

에너지 효율이 낮아 고기는 대중이 먹기 어려운 귀한 식량이 되었다. 따라서 수렵 시대의 구석기인에 비해 1인당 돌아가는 고기의 양이 급속하게 줄어들었다. 수렵 시대의 1인당 하루 고기 섭취량은 1kg 정도로 추정하고 있다. 이는 오늘날 선진국의 고기 소비량의 10배 가까이 된다. 농경 사회에서는 가축 사육에 한계가 있었고, 그나마 농사를 보조하는 역축이었기 때문에 함부로 도축할 수가 없었다. 이후 고기가 절대적으로 부족하여 수렵 시대로의 회귀는 불가능하였다. 고기는 특권 음식이 되었고, 대중은 마을 축제 때나 맛볼 정도의 식품이 되었다.

수렵 시대는 들판에서 열매나 채소류를 구하기보다는 고기를 취하는 것이 유리하였다. 이동하면서 사냥을 할 수 있기 때문이다. 오늘날 지구상에 남아있는 소수의 유랑 종족을 보면, 그들이 섭취하는 음식 칼로리의 3분의 2 이상을 동물성 식품으로 충당하고 있다. 북알래스카의 이누이트계 종족은 섭취 칼로리의 99%를 동물성 식품에서 취한다. 이동하는 생활은 동물성 식품, 정착 생활은 식물성 식품을 쉽게 구할 수 있다.

수렵 시대든 가축화 시대든 타자의 피를 흘리게 해 얻을 수 있는 것이 고기이다. 인간은 고기를 먹고 싶은 본능적 유전자가 있어 타자를 살해하여 그 고기를 불에 굽는 냄새에 군침을 흘렸다. 근원적인 욕망이다. 고기는 우유나 알처럼 타자의 부산물을 약탈하는 것이 아니라 그를 죽여야만 얻을 수 있는 식품이다. 살해 행위는 두려움이자 죄의식이었고, 인간 내면에 혼란과 모순으로 나타난다. 다른 한편으로 그를 죽여 분해한 그 육신이

나의 입과 혀, 목구멍을 통해 내면으로 들어오는 기쁨이 있다. 구울 때 퍼지는 향과 씹을 때의 촉촉하고 고소한 맛이 뇌를 자극한다. 그래서 언제나 원초적 욕망이 승리한다. 어느 사회든 가축을 잡는 날은 잔치가 벌어졌다. 사람이 모여 그 피정복자의 육신을 먹는 기쁨을 축제로 승화시킨 것이다. 이 모두 인간 본성의 표출행위이자 본능적 놀이다.

문명사회가 되자 통치자는 귀한 고기를 권력 강화와 백성을 위한 음식으로 활용하기 시작하였다. 신께 용서를 비는 속죄의 음식인 제물을 통해 신의 가호 아래 대중을 통솔하는 능력을 받았으며, 고기를 재분배하여 대중이 목말라하는 고기 조각을 나누어 줄 수 있었다. 사회 구성원의 삶을 조절하는 데는 고기가 절대적으로 중요한 자원이었고, 이는 통치자의 사회 통제의 중요 매개체로 활용되었다.

대중은 신의 은총을 앞세운 통치자의 배려 하에서만 고기를 먹을 수 있었지만, 통치집단은 언제나 고기를 먹을 수 있었다. 곧 고기는 특권의 음식이 되었다. 중세 시대 유럽에서 비만은 권력과 부의 상징이었다. 유럽의 미술관이나 박물관에 소장된 중세 그림 속 여인들의 모습은 한결같이 뚱뚱하다. 굵은 넓적다리와 큰 엉덩이가 눈에 띈다. 현대인의 기준으로 보면 매력이 없어 보이지만, 당시는 풍채 좋은 사람이 권력과 부, 미모의 기준이 되었다. 로마 시대는 귀족들이 비스듬히 누워서 먹고 토하는 식사 관습이 있었고, 중세 시대도 귀족들은 폭식을 즐겼다.

서유럽 플란데런Vlaanderen 지방의 프레미쉬 화풍을 대표하는 루벤스의 그림에는 건장한 여성의 모습이 자주 등장한다. 벨기에의 안트베르펜에서 태어난 그는, 궁중 화가로서 종교나 역사적 사실을 소재로 그림을 그렸다. 그는 대담한 구도와 활기 넘치는 색상으로 화면을 가득 채웠다. 루브르 박물관에도 독립된 공간에서 전시할 만큼 그의 작품이 많다. 그의 작품 속

모델은 대부분 선이 굵고 선명하며 뚱뚱하게 표현되어 있다. 그의 모델은 적어도 체중이 90kg 이상 되어야 했다고 한다. 현대인의 비만은 고기보다는 탄수화물의 과다 섭취가 원인인데, 당시 귀족들은 고기를 먹어야 풍채가 좋아진다고 믿었다. 고기와 풍요, 고기와 특권이 밀접한 관계가 있었던 시대였다.

15세기에 신대륙을 발견하면서 유럽의 육식 습관이 그대로 아메리카 대륙으로 옮겨 갔다. 신대륙의 끝 없는 옥토에는 소가 먹을 무수한 풀이 자라고 있었다. 정복자들은 원주민을 몰아내고 그 땅에 유럽에서 가져온 가축을 길렀다. 정복자들은 그들 고향에서 풀지 못한 한을 여기에서 마음껏 해결할 수 있었다. 그들의 고국에서는 귀족만이 풍족하게 고기를 먹어왔지만, 신대륙에서는 누구나 고기를 실컷 먹을 수 있게 되었다.

정복의 정당성을 확보하기 위해, 고기를 먹는 민족이 더 우수하다는 잘못된 선입관과 결합하여 인종 이론을 만들기도 했다. 육류의 우월함과 식물의 열등 주장은, 자기들이 유럽에서 겪었던 열등의식을 신대륙에서 우월성으로 바꾼 것이다. 이것은 백인 정복 세력과 유색 원주민 차별화의 시작이었다. 미국의 서부 개척자는 기독교적 실용주의를 앞세워, '악한 황무지'를 파괴하는 '선한 개척정신'의 소유자였다. 고기는 정복자의 '즐거운 음식'이었다고, 19세기 물리학자 조지 비어드George Beard는 주장하고 있다.

이제 유럽에서도 환경이 많이 바뀌었다. 산업혁명이 일어나 농업과 생명과학이 급속도로 발달하기 시작했다. 늘 부족했던 고기는 과학의 발달로 대량 생산되기 시작하였다. 드디어 신과 귀족의 고기가 대중의 고기로 내려오기 시작했다. 자동화 기계가 남성의 물리력을 대신하였고, 노동자도 고기를 먹을 수 있으며, 지식의 힘이 물리력을 능가하여 여성이 남성의 권위를 빼앗을 수 있게 되었다. 지금까지 사회를 주도해왔던 동물살육과 섹스는 커튼 뒤에 숨었다. 고기로 상징되는 힘과 명성이 사라져가고, 아직은 소수이지만 채식주의라는 반전의 현상도 나타나고 있다.

04 _ 여성은 남성의 '심리적 고기'

농경문화는 자연의 생명주기와 결합하여 재생과 성장에 익숙하지만, 수렵문화는 도살과 죽음에 익숙하였다. 죽음에는 반드시 피를 흘리게 되어있고, 여기에는 투쟁, 강인함, 용맹성, 남자다움이 관련되어 있었다. 고기는 날로 먹거나, 구워 또는 삶아 먹는 것으로 나눌 수 있는데, 남성은 원시성에 더 가까운 구운 고기를 선호하였다. 살육의 현장에서 타자의 피가 식기도 전에 그 육신을 불에 익혀 먹었다. 그것은 고기의 껍질은 익고 속은 날것 상태로 먹을 수 있는 직화 구이 형태였다. 가족과 함께하는 움집이나 동굴에서는 고기를 삶아 먹었다. 이것은 살코기 외에 부산물까지도 조리할 수 있는 가열 방식이다.

구이 요리는 귀족, 전사, 남성들의 요리였고, 농부와 그 소작인, 서민은 언제나 고기를 삶아 먹었다. 서구사회에서 최상위 고기는 붉은색을 띠는 소고기였다. 닭고기나 생선에 비해 덩치가 큰 데다가 육량이 많았고, 그 붉은 피는 체력, 정력, 공격성, 남성을 상징하였다. 그들은 소고기를 먹음으로써 더 강인한 남성성을 지닐 수 있다고 믿었다. 반면 여성은 하얀색 닭고기나 물고기를 먹음으로써 섬세하고 여성스러운 면을 지닐 수 있다고 믿었다.

동물성 음식문화에서는 남성이 강력한 힘과 체력을 바탕으로 야생동물을 사냥했고, 때로는 자기의 목숨을 담보로 싸워야만 했다. 전리품을 가지고 집단 거처로 돌아오면 개선장군처럼 그 권력을 여성들에게 행사하게 된다. 권력이란 고기를 분배하는 권리에서 나오게 되었다. 남성은 고기의 분배뿐 아니라 요리까지도 전담하였다. 농경문화 아래 유교가 지배해온 우리나라에서는 주로 여성이 요리를 담당했지만, 세계 대부분의 나라에서는 남성이 고기 요리를 전담하였다고 한다.

고기는 남성에게 힘의 상징이었고, 여성에게 군림하는 욕망의 식품이었다. 여성이 아기를 안고 말을 타고 사냥하는 벽화가 종종 발견되기도 했다. 그리스·로마 신화에 등장하는 수렵의 신 아르테미스도 여성이다. 고고학 분야에서 활동한 사람 대부분이 남성이므로 그들의 저작에 여성이 빠져있다고 항변하는 여성학자도 있다. 침팬지 수컷이 발정기의 암컷에게 고기를 더 나누어주기도 하지만, 고기 분배 없이도 섹스를 허용하기도 하고, 역으로 암컷이 수컷에게 고기를 제공해주면서 수컷을 지배하는 위치에 올라갈 수 있다고도 한다. 여성은 주로 도구 제작에 전념하였다. 석기도구가 도입된 시점에서 남성이 소중한 고기를 배우자에게 주는 대가로 섹스를 하고, 그래서 얻은 자기 자식을 확인하는 일부일처제가 자리 잡았다고 주장한다(애도배시오 등, 2010, 101쪽).

수렵 시대에는 남자들의 단단한 근육이 필요했다. 인구가 늘어나면서 사냥감이 줄어들어 더 멀리 돌아다녀야 했다. 여성은 남성보다 힘이 약했고, 임신하고 출산하며 양육해야 하는 특성 때문에 한계가 있었다. 자연스럽게 힘이 센 남성이 사냥과 고기분배의 주도권을 갖고 여성을 이끌었다. 생물학적으로만 보면, 사람은 일부다처제 동물이다. 남성이 여성보다 10~20%만큼 몸체가 크다. 생물학에서 일부일처제 동물들은 암수의 몸집이 같다. 남성이 여성보다 몸체가 더 크다는 사실은 힘센 수컷이 힘이 약한 여러 마리의 암컷을 거느려 왔다는 유전 및 진화의 증거이다. 진화생물학과 진화심리학에 의하면, 인간은 일부다처주의로 태어났다고 한다. 여자는 일부다처제를 통해 노동력 배분의 이득을 보고, 남자는 일부일처제에서 식량 조달의 이득을 본다고 한다(앨런 S. 밀러 등, 2008, 123쪽).

오늘날에도 고기가 남성의 식품이고, 목축문화가 남성의 힘으로 유지되는 사례가 세계도처에 남아있다. 유라시아는 전통적으로 양을 많이 키워온 목축 지역이다. 넓은 초원에서 말을 타고 사방을 돌아다니며 살아온 사람들이다. 그들은 두 팀으로 나누어 죽은 양을 낚아채 정해진 골대에 집어넣는 코바르Kokpar를 즐긴다. 이 경기는 말을 탄 남성들이 상대로부터 죽은 양을 빼앗아 승부를 낸다. 초원에서 살아온 유목민 남성의 역량과 기량을 보여주는 운동이다. 카자흐스탄 정부는 2021년 3월부터 이를 민속 경기로 공식 승인하였다. 남성의 근력은 유목 민족에게 절대적으로 필요했다. 그리고 그 힘이 고기 문화에서 나왔다.

서구사회의 여성은 오랫동안 남성들을 매력 있는 남자hunks, 늠름한 사내beefcakes, 짐승animal으로 표현하였고, 남성들은 여성을 매력적인 여자hot tomatoes, 수줍음 타는 아가씨shrinking violets, 소극적인 여성wallflowers으로 불렀다. 이같이 인류는 그 초기에는 고기 중심의 공동체였으므로 남성이 우위를 차지하였고, 농경 사회에서는 여성이 경작에 참여하거나 음식의 조리, 분배에도 깊숙이 관여하기 때문에 훨씬 평등한 경향을 보였다. 남성과 육류, 여성과 식물이라는 분류가 성별 계층의식을 더욱 강화해 준 것이다(제레미 리프킨, 2012, 289쪽).

초기 인류 사회에서는 고기를 분배하는 남성의 권한이 섹스 권한으로 이어졌다. 사람과 유전자를 98% 공유하는 침팬지도 비슷한 행동을 보인다. 고대인들은 고기가 남성과 여성에게 번식력을 증대시킨다고 믿었고,

특히 남성은 고기를 섭취함으로써 많은 여성에게 자기의 유전자를 남길 수 있다고 확신했다. 동물성 식품이 번식에 유용하다는 사실은 전 세계 문화권에서 공통으로 나타나는 믿음이다. 마빈 해리스가 지적한 것처럼, 고기 속에 풍부하게 들어있는 필수 단백질과 아연이 왕성한 정력 자원으로 이용되었으리라. 또한, 남성은 고기를 통해 인구를 조절할 수 있다고 믿었다. 여성에게 고기를 분배하지 않음으로써 임신을 지연시키려 한 것이다(난 멜링거, 2002). 인구 증가와 식량 증산이 난제였던 원시 사회에서 의도적으로 여성에게 고기 등 각종 음식을 줄여 가임기를 조절하거나, 출산 후 수유 기간을 조절한다는 등 다양한 설이 있다.

남성에게 고기는 그 자체 섹스의 이미지이기도 하였다. 사냥으로 상대에게 피를 흘리게 하여 획득한 고기 자체가 본능적 희열의 대상 그 이상이었다. 정복하고, 파괴하고, 그 육신을 씹으면 쾌감을 주는 고기는 곧 여성과 마찬가지였다. 그들은 식욕과 성욕은 일치한다고 믿었다. 여자를 파괴하고 싶고, 먹고 싶은 고기로 인식하였다. 남성이 살아있는 동물을 관음적으로 쳐다보며 육식의 즐거움을 상상하는 것은 여성과의 사랑 행위와 비슷하다고 생각하였다. 프로이트도 "동물과 인간을 살해하는 행위는 성적 도착의 파괴본능"이라고 주장한 바 있다. 그 대상은 "먹음으로써 섭취되고, 동시에 그것은 파괴된다"고 하였다(난 멜링거, 2002). 사냥한 고기와 여성의 연관성을 살해, 폭력, 섹스로 파악한 것이다.

살바도르 달리Dali(1904~89)는 프로이트의 정신분석학에 공감하여 무의식 속의 꿈이나 환상의 세계를 표현한 스페인의 초현실주의 화가이다. 그는 무의식의 본능 세계에서 벗어나 꿈과 욕망을 창조하려고 하였다. 달리는 한때 친구의 아내였던 10년 연상의 갈라Gala와 결혼하였다. 달리와 53년을 함께한 갈라는 변함없이 열정적이며 거침이 없는 여성이었다.

그녀는 달리에게 영감의 원천이자 완벽한 무사mousa가 되었다고 한다. 달리는 갈라를 진정으로 사랑했고, 그녀가 자기를 치유했다고 고백하였다. 갈라에 대해 "나는 갈라를 먹는다. 또 내가 먹을 수 있는 것은 나를 흥분시킨다"고 하였다. 또한, 그는 소스와 곁들인 향긋한 고기처럼 화려한 옷을 입고 눈에 띄는 몸매를 가진 여자들, 좋은 향수와 보석으로 치장한 아름다운 여자들을 보면 입안에 군침이 돈다고 하였다. 달리는 초현실적인 상상으로 여성을 섭취의 대상으로 보았다. 달리는 여성을 파괴하고 싶고, 먹고 싶은 사냥한 고기로 인식하는 유전인자를 갖고 초현실의 세계로 표현했다. 달리에게 갈라는 고기였다.

70년대에 대학을 다닌 우리는 새내기 때 축제에 참석하기 위해서는 파트너와 동행해야만 했다. 짝이 없는 새내기들은 파트너를 찾아 나서는데, 이때 남자들끼리 속어로 헌팅hunting 또는 피싱fishing이라는 말들을 주고받았던 기억이 난다. 물론 축제라는 용어가 서구 문화에서 유래된 것인지도 몰랐고, 여성을 파트너로 만나기 위한 행위로 쓰인 헌팅의 유래도 몰랐었다. 그것을 모르고 파트너 여성을 만나는 것을 사냥이라는 은어로 암암리에 사용했다.

고기는 남성들에게는 여성을 길들이는, 여성에게는 남성으로부터 통제를 받는 역할을 해왔다. 고기는 남성 우위가 되게 한 음식이었다. 고기의 섭취량에 따라 남녀의 덩치가 갈렸고, 힘의 세기에서 차이가 났다. 고기는 남녀 불평등을 주도했다. 수렵 시대부터 줄곧 남성이 여성보다 고기를 많이 섭취한 결과이다. 통계에 의하면, 오늘날에도 변함없이 남성이 여성보다 고기를 더 많이 먹는다고 한다. 고기 섭취량이 진화와 연결되어 남녀의 차이로 이어진 것이다.

05 _ 욕망과 속박의 고기

고기 식용에 관대한 기독교

4대 종교 중 기독교는 고기 문제에서 가장 관용적인 종교라 할 수 있다. 유럽 문화에는 항상 기독교가 중심에 있다. 그들은 고기와 함께 속박과 관용 사이에서 지금까지 살아왔다고 해도 과언이 아니다. 고기는 인간 본연의 욕망 사이를 넘나들면서 항상 종교에 의해 그 절제를 강요받아 왔다. 구약성서 창세기의 카인과 아벨의 이야기는 고기가 신이 가장 원하는 제물임을 말하고 있다. 농부인 큰아들 카인이 목동인 동생 아벨을 죽인 것은 제물에 대한 형의 시기와 질투 때문이었다. 카인은 자기가 정성스럽게 수확한 농산물을 바쳤으나 신은 기뻐하지 않았고, 동생이 바친 품질 좋은 가축에 대해 더 기뻐했기 때문이다.

로마 시대에 기독교를 받아들인 사람은 313년 콘스탄티누스 황제였다. 그 전의 로마는 다산 신앙을 믿어 왕까지도 신이 될 수 있는 사회였다. 기원전 1세기 중엽에 미트라Mithra 숭배의식이 로마에 전파되어 2세기 말에 로마의 공식 신앙이 되었다. 미트라는 빛과 태양의 신인데, 대중적인 소(牛) 숭배의식과 혼합되어 다산 숭배로 전환되었다. 미트라에서 거행하는 '황소의 의식'을 참여하기 위해 신도들은 세례를 받았다. 희생된 황소에서 뿜어내는 뜨거운 피에 머리를 갖다 대고, 몸에 피를 발랐으며, 정액을 조금씩 나누어 가졌다고 한다.

로마가 기독교를 받아들여 정착시키기 위해서는 대중적으로 인기가 있었던 미트라 제례의 많은 부분을 수용해야 했다. 미트라와 기독교는 모두 선과 악의 이원성二元性을 믿는 종교였다. 그래서 기독교는 바로 미트라 의식에서 죄를 씻는 피의 목욕을 모방하였다. 황소의 피를 죽어가는 예수의 피로 대신하였다. 예수 탄생 12월 25일도 미트라교가 정한 신성한 날인 '태양신의 탄생을 축하하던 날'을 계승하였다고 한다. 나중에 미트라 황소 신은 똘레도공회에서 사탄으로 규정하여 결별하였다(제레미 리프킨, 2002).

기독교에서 고기는 욕망의 원죄로 비유되기도 했지만, 특별한 날 신을 기쁘게 하는 제물로 드린 후 먹고 즐거움을 주는 식품이기도 했다. 구약의 출애급기(12:1-12)는 유월절을 기념하는 방식을 다음과 같이 기술하고 있다.

> 너희 식구를 위하여 어린 양을 취하되 각 사람의 식량에 따라서 어린 양을 계산할 것이며 … 그 피로 양을 먹을 집 문 좌우 설주와 인방引枋에 바르고 고기를 불에 구워 무교병(빵)과 쓴 나물과 함께 먹어라. 머리와 정강이와 내장을 불에 구워 먹고 아침까지 남기지 마라. 허리에 띠를 띠고 발에 신을 신고 손에 지팡이를 잡고 급히 먹어라. 이것이 여호아의 유월절이니라.

유월절은 이집트로부터 유대 민족의 대탈출을 기념하는 날이다. 이스라엘 백성을 해방해 주라고 명령한 신의 말을 거절한 이집트 파라오에게 벌을 주기 위해 장자들을 모두 죽인다. 그러나 이스라엘 백성은 흠 없는 어린 양의 피를 문설주와 나무 받침에 바르면 죽음의 천사가 뛰어 건너 죽음을 면하게 한 것을 기념하였다. 여기서 강조한 것은 여러 동물 중에서도 어린 양을 잡아 빨리 구워 먹으라고 한 점이다. 양을 택한 것은 희생시켜 바칠 가장 적합한 제물이기 때문이다. 훗날 가장 선한 목자이신 예수를 비유하거나 대신한 것도 양이었다. 중동의 건조한 사막 지대는 돼지나 소보다 양을 키우기에 적합한 환경이었다.

빨리 먹으라고 한 것은 오늘날처럼 냉장고가 없고 위생 시설이 약해 식중독을 염려했을 것이다. 삶아 먹으려면 물을 준비해야 하고 그릇도 필요하였기 때문에 간단하게 굽는 것을 권장했을 것이다. 아침까지 남겨두면 상할 수 있거나, 밤새 짐승이 몰려올 수 있다고 판단하였을 것이다(김정희, 2007).

예수의 '최후의 만찬'은 유월절 음식을 나누는 자리이다. 유월절에 성전에서 양이 죽어가는 바로 그 날 예수 역시 십자가형으로 숨을 거두었다. 유월절 식사가 끝나갈 무렵, 예수는 자신을 희생양으로 바치는 신의 만찬을 시작하였다. 만찬에서 "그들이 음식을 먹을 때에 예수께서 빵을 들어 축복하시고 제자들에게 나누어 주며 '받아먹어라. 이것이 내 몸이다' 하시고, 또 잔을 들어 감사의 기도를 올리시고 그들에게 돌리며 '너희는 모두 이 잔을 받아 마셔라. 이것은 나의 피다. 죄를 용서해 주려고 많은 사람을 위하여 내가 흘리는 계약의 피다'라고 하였다"(마태복음 26:26-30)(김정희, 2007).

빵과 포도주는 그리스도의 존재를 상징하는 음식으로 성찬식에 등장한다. 예수를 십자가에 못 박은 형상은 살인이라는 잔인함의 상징이지만, 한편으로 성스러운 희생을 의미했다. 동서고금을 막론하고 제물은 신께 드리는 성스러운 것이어야 하며, 제물은 희생으로 완성된다.

유대인의 코셔Kosher 식이법

코셔 식품은 유대인의 고유한 음식문화다. 이스라엘은 서기 1세기경 로마 군대에 의해 점령당해 속국이 된 이후, 유대인들은 2천 년 이상 세계도처를 떠돌다가 독립국이 된 오늘날까지도 그들의 식이법을

지키고 있다. 내가 요르단을 여행했을 때 사해 건너 이스라엘 땅을 보면서 로마군에게 굴복하느니 전원 자결을 택했던 2천 년 전 마사다 요새의 사람들을 생각하며 그들의 식품인 코셔 식이법도 떠올렸다. 음식에 왜 그렇게 제한 요소가 많은지 의아해할지 모르나, 그 정신 때문에 오늘날 이스라엘과 유대인이 존재하고 있는지 모른다. 옛날 모세가 40년 고통을 당하며 가고자 했던 곳, 아르논 계곡 정상에서 아득히 바라본 곳이 젖과 꿀이 흐른다는 가나안 땅이다. 코셔 식품은 그곳에서 출발하였다.

코셔 식품과 할랄식품은 비슷한 점이 많다. 식용이 허용되거나 불가한 동물성 식품도 할랄과 유사하다. 그러나 세치타shechita라 불리는 도축법으로 엄격하게 관리한다. 세치타에 의하면, 도축은 유대법에 따라 숙련된 도축인에 의해서만 실행되어야 한다. 도축 전 동물에 어떠한 결함이 있는지 랍비에게 검사를 받아야 한다. 예를 들면, 닭은 좌골신경을 제거할 필요가 없다. 도축하기 전 가축의 의식이 반드시 깨어 있는 상태에서 칼을 대야 한다. 그러므로 전기로 가축을 기절시키면 안 된다.

코셔 식이법에서는 절대로 동물의 피를 먹어서는 안 된다. 할랄 식이법도 피를 먹지 않지만, 근육에 남아있는 잔존 피는 상관하지 않는다. 그렇지만 코셔에서는 피의 식용 금지는 물론이고, 고기에 남아있는 약간의 피도 용납하지 않는다. 도축 후 근육에 일부 남아있는 피를 제거하기 위해 소금을 뿌리거나, 일정 시간 물에 침지하여 우려낸다. 고기를 소금물에 담그면 피가 추출되어 하얗게 변하고, 일부 염용성 단백질이 빠져나오기 때문에 육질은 떨어진다. 그러므로 코셔 고기는 맛이 없을 수밖에 없다.

코셔와 할랄 모두 날카로운 칼날로 단번에 생명을 끊어야 한다고 명시하고 있다. 동물의 고통을 최소화하기 위해서이다. 코셔에서 무딘 칼을 사용하는 것은 죄악이다. 할랄의 경우 칼이 날카롭고 위생적이면 모두 허용되지만, 코셔는 동물마다 다른 칼을 사용해야 한다. 가공식품에서도 코셔 식이법이 더 엄격하다. 유화제나 안정제 같은 가공용 첨가물의 원료로 동물성 지방을 사용해서는 안 된다고 규정하고 있다. 예를 들어 식품산업에서 계면활성제를 사용하려면 랍비의 검사를 받은 식물성 기름을 써야 한다.

코셔 식품과 할랄식품의 차이점은 고기, 우유, 중성 식품neutral product, Pareve을 구분한다는 것이다. 우유와 고기를 한 곳에서 함께 먹어서는 안 된다. 할랄에는 없는 법이다. 중성 식품은 고기나 우유와 함께할 수 있는 달걀, 꿀, 물고기를 말한다. 우유와 고기를 확실하게 분리하여 조리하기 위해서는 부엌의 조리 기구나 공장 설비도 분리 운영되어야 한다.

코셔 식품은 유대교의 유월절逾越節 기간에 더욱 엄격히 적용하고 있다. 유월절은 유대인이 이집트 신왕국의 노예 생활로부터 탈출한 사건을 기념하는 날로, 유대교의 3절기 중 봄에 지낸다. 말하자면 유대인의 광복절과 같은 날이다. 유월절 기간에는 특별히 검사를 받은 이스트 넣지 않은 빵 이외에 밀, 호밀, 귀리, 보리, 스펠트밀spelt 등 5종류의 곡류를 먹어서는 안 된다. 옥수수, 쌀, 콩, 겨자씨, 메밀과 같은 음식과 이들로부터 제조한 옥수수 시럽, 전분도 금지하고 있다. 단것도 설탕과 감자 시럽만 허용하고 있다. 닭고기와 같은 가금육은 이 기간에 즐겨 먹는 음식이다. 닭고기는 세계 어느 나라에서도 금기하지 않은 육류자원이다.

코셔 식품은 할랄식품이 될 수 있어도 할랄식품은 코셔 식품이 될 수 없다. 그만큼 엄격하다는 것이다. 고기의 품질면에서 두 식품을 비교하면 모두 영적 품질spiritual quality이 충족되어야 한다는 측면에서는 생산 공정에 제한이 많아 자동화하거나 대량 생산이 불가능하다. 그러므로 가격 경쟁 측면에서 불리할 수밖에 없다. 코셔 고기는 소금물에 침지하여 피를 빼기 때문에 피에 함유된 헤모글로빈이 침출되어 고기색이 하얗게 변한다.

할랄과 코셔의 차이점(Farouk 등, 2014)

	할랄 법	코셔 법
도축 전 동물의 취급	인도적이고 신속함 요구	같음
도축 전 동물의 의식상태	의식이 있어야 함	같음
기절 방법	자격법. 기절시킨다면 의식 회복이 가능한 방법	자격법. 기절 방법 불허
동물의 기절 상태	일부에서는 기절시키는 방법 시행	허용
도축자	무슬림, 어른	유대 전문도축업자 Jewish shochet
칼	하나의 칼을 여러 동물에 사용	동물마다 특별한 칼chalef 사용
도축 기도	동물마다 각각 신께 기도	없음
도축 방법	한 곳만 찌르기. 머리를 자르되 의도적으로 절단하지 않음	머리를 절단하지 않고 목의 4개 혈관 부위 한 곳에 자름
도축 후 추가가공	완전히 죽은 후 가공	같음
고기의 영적 품질	매우 중요시 함	같음
도축 후 잔존 혈액	자연스럽게 남아있는 것은 허용	불허
가식 부위	모든 가식 부위를 할랄로 인식	가식 부위여도 일부는 불허
고기의 영적 상태	다른 식품과 혼합 가능	다른 식품과 혼합할 때 제한 있음
소비자 입장	코셔 고기도 먹을 수 있음	할랄 고기를 먹지 않음

고기 속 염용성 단백질도 소금물에 의해 유출되기 때문에 단백질 함량이 낮아지고, 그 고기로 햄이나 소시지를 만들면 제품의 품질이 떨어진다. 그리고 소금기로 인해 지방산화가 촉진되기 때문에 색깔, 맛, 냄새 측면에서 품질이 저하된다.

이같이 코셔 고기는 일반고기나 할랄 고기에 비교해 육질이 낮을 수밖에 없다. 고기를 소금물에 침지하기 때문에 상온에서 보관한다면 저장에 조금 유리할 수는 있어도 오늘날은 모든 고기를 저온 유통하므로 별 의미가 없다. 그러나 코셔 고기는 영적 육질이 중요하기 때문에 유대인은 그 전통을 지키며 계승하고 있다.

예수가 부활하기 전까지 그의 수난을 기념하는 절기가 사순절이다. 9~10세기 유럽 기독교 사회는 사순절 동안 고기 섭취를 금지하였다. 기독교 윤리에는 고기를 먹지 않음으로써 신과 일체가 된다고 믿고 있었다. 먹고 싶은 고기를 억제하니 물고기, 치즈, 달걀, 유제품으로 대신하는 사례도 늘어났다. 그러하니 사순절의 금기가 지켜지지 않았고, 심지어 수도사들의 고기 금기도 지켜지지 않았다. 그들은 이 핑계 저 핑계를 대면서 고기를 먹었다. 절제의 강요가 인간의 내재적 욕망에 패배하였다. 16세기 전반 가톨릭을 개신교로 개혁했던 마르틴 루터(1483~1546)도 고기를 먹고 싶은 욕망이 절제보다 지나치게 커 항상 고민하였다. 종교적 신념보다는 고기에 대한 원초적 본능이 앞선 것이다. 이같이 기독교의 후예들은 성서에 근거한 고기 금기를 대부분 지키지 않았다.

오늘날에도 육식에 대한 욕망과 속박은 우리 곁을 떠나지 않고 있다. 수만년 전부터 내려온 섭취 본능이 지배하고 있지만, 이를 거부하는 채식 집단도 존재한다. 육식 때문에 진화해 온 사회적 동물로서의 현재의 우리를 누구도 부인하지 못한다. 당연히 고기에 대한 갈망이 우리 유전자 안에 들어있기 때문이다. 인간의 뇌는 사냥의 압박 아래서 크기와 복잡성이 증가했고, 인간 문화는 사냥한 고기를 요리하고 나누어주는 화톳불에서 처음으로 커가기 시작했다(마이클 폴란, 2008). 잘 익어 향기와 육즙이 흐르는 고기를 보고 군침이 도는 것은 단순히 사람마다 느끼는 미각 취향이 아니다. 우리 내면 저 깊은 곳에서 솟아나는 육식의 충동 때문이다.

유럽 사회를 중심으로 지구촌에서는 고기의 대중화가 고기의 속박을 누르기 시작했다. 창조물을 먹는다는 고통보다 즐거움이 더 했다. 다른 생명을 부정하는 것은 고통이지만, 정복의 산물을 섭취하는 것은 상당한 만족감을 준다(마이클 폴란, 2008, 279쪽). 오늘날 고기 소비량이 계속 증가하고 있고, 가공법도 발달하였다. 유럽의 축산 기술을 기반으로 한 신대륙에서는 넓은 초지에 더욱 근대화된 가축 사육법으로 고기를 생산하고 있다.

고기는 신의 소유물도, 귀족의 먹거리도 아니다. 감미로운 음악을 들으며 접시에 놓인 비프스테이크를 잘라 촉촉한 고기 조각을 입에 넣을 때 더는 속박의 죄를 생각하지 않는다. 유럽과 미국은 고기를 위생적으로 대량 처리하여 육질을 높이면서 보관, 유통, 가공할 것인가를 학문적으로 규명하는 식육학meat science & technology을 선도하고 있다. 나에게도 평생 전공이자 직업이어서 식육학 발전이 고마울 뿐이다.

제10장

세계의 종교와 고기 금기

01 _ 고기 금기의 탄생

인류는 정착 생활로 전환하면서 공동체를 형성하기 시작하였다. 자연스럽게 공동체를 이끌어갈 지도자도 나타났다. 지도자는 외세의 침입에 대비하면서 국민이 잘 먹고 살도록 하는 것이 1차 목표이고, 대중이 자기의 권력에 순응하게 만드는 것이 다음 목표였다. 권력자로서는 신의 이름으로 백성을 통제할 필요가 있었다. 이렇게 초기의 공동체는 제사장이 권력도 동시에 갖는 신정일체神政一體 사회였다. 종교가 정치에 깊숙이 파고들어 문화 전반에 녹아 들어갔다.

종교는 민중의 삶에 직간접으로 영향을 미치고 있지만, 민중의 목표는 안전하게 잘 먹고 사는 것이다. 농경 시대는 주요 먹거리가 곡류이다. 수렵 시대에 풍족했던 고기는 부족하게 되었다. 고기의 부족, 또 불평등한 배분은 민심을 이반시켜 권력에 나쁜 영향을 끼칠 수 있다. 종교는 사회 구성원의 욕구를 충족시킬 때 민중 속으로 파고들고, 민중의 삶을 반영하지 못하면 쇠퇴하였다.

중동에서 탄생한 기독교와 이슬람교는 그 지역의 환경조건에 적합하지 못한 가축의 고기를 금하고 있다. 구약은 말고기를 금하고 있다. 말은 사료를 많이 먹는 것에 비해 소보다 고기량이 적으며, 농사의 이용하는 데도 효용 가치가 떨어진다. 그러나 전쟁을 수행하는 데는 효용 가치가 높다. 말이 다른 고기보다 효용 가치가 더 높으면 도축하지 않았고, 너무 낮으면 가축으로 기르지도 않았다. 이슬람교는 지금도 돼지고기를 먹지 않는다. 중동의 환경은 곡류나 야생 도토리가 부족하다. 돼지를 사육하면 인간의 식량이 감소된다. 이 지역에서 인간과 돼지는 먹이사슬의 경쟁 관계이다. 결국, 비용 대 이익을 고려하여 돼지고기를 금한 것이다.

이같이 특정 고기의 금기는 신의 계시가 아니라, 인간 생활상의 효용 가치에 대한 반영이다. 다시 말해, 농업 사회에서는 식량 조달과 경제적 이익을 고려한 생활 조건의 반영이었다. 마빈 해리스에 의하면, 고기가 부족한 사회에서 대중의 불만을 잠재우고 효율적으로 사회를 유지하기 위해 종교의 힘으로 특정 고기를 못 먹게 하거나 특정한 날만 먹도록 하였다고 한다. 그의 설명이다.

> 엄청난 곡물 생산과 고기생산지였던 구석기 시대의 거대 지역에서 육류음식은 얼마 지나지 않아 사치스러운 음식이 되었으며, 고기를 먹을 기회는 점점 줄어들어 제사 의식의 제물을 나눠 먹을 때나 맛볼 수 있게 되었다. 마침내 많은 비용이 드는 육식의 섭취가 일반적으로 금지되었고, 육류음식이 심각하게 부족한 지역에서는 고기를 불결하다고 칭했다. 곧 식물성 식품을 먹는 것이 동물성 식품을 먹는 것보다 신의 섭리에 더 맞다는 해석을 퍼뜨릴 목적으로 인류역사상

최초로 교회의 칙령이 내려졌다(마빈 해리스, 1995, 167쪽).

중동은 척박한 사막 지대가 대부분이고, 골짜기나 일부 지역만 물이 있어 식물이 자란다. 그것도 오아시스에서 자라는 야자수와 같은 나무가 아니라, 조그만 풀들이 드문드문 바닥에 깔려있고, 그마저도 한정된 곳에서만 볼 수 있다. 요르단을 예로 들어보자.

이스라엘 남부 국경 근처의 느보산에 올라가면 모세가 그토록 가고자 했던 약속의 땅(가나안)이 아득하게 보일락말락 한다. 정상에서 보면 아르논 계곡이 북으로 이어지고 있고, 수로가 접한 농작 지대가 부분적으로 보일 뿐 황량한 골짜기뿐이다. 상류에 모세의 샘(아윤무사)에서 물이 흘러내려와 사해로 내려가면서 평야를 적셨는지, 하류 쪽에는 푸른 목초지가 제법 넓게 펼쳐져 있다. 계곡이 이럴진대 산 능선과 들판은 대부분 사막이다. 큰소리를 내며 흐르는 물이라는 의미의 아르논 계곡 아래로 조그만 저수지와 가느다란 물줄기는 보였지만, 비탈 계곡은 메말라 있었다. 물과 풀이 충분하지 않아 가축이나 돼지를 기르기에 적합한 환경이 아니다.

수도 암만에서 로마의 유적 도시인 제라쉬 방향으로 가다 보면 요단강 상류를 만나게 된다. 여기에 조그만 시냇가가 있고 주위에 제법 큰 나무들과 농작물을 볼 수 있다. 푸른 숲과 강물, 그리고 농가들이 계곡에 모여 있다. 농경과 목축을 할 수 있는 곳이다. 그러나 요르단 남쪽 페트라 방향, 더 남쪽 아카바 쪽으로 내려가면 대부분 황량한 사막만 보일 뿐이다. 전반적으로 토양이 척박하다. 그럼에도 옛날부터 사람이 살아왔다. 여기서는 어떤 가축을 기를까? 풀을 적게 먹는 양 등 작은 초식동물을 기르는 것이 가장 효율적인 것은 두말할 필요가 없다.

원주민인 베두인족은 오늘날까지 유목민으로 살아가고 있다. 천막을 치고 일시 기거하다가 다시 풀을 찾아 양떼를 몰고 이동하면서 살아간다. 단위 동물인 돼지는 잡식성이어서 곡류, 채소, 과일, 열매, 나무뿌리, 도토리 등을 마구잡이로 먹어 치운다. 돼지는 곡류까지 먹기 때문에 인간과 먹이사슬에서 경쟁하는 동물이다. 돼지의 주요 먹이는 숲에서 나는 도토리였다. 그러니 숲과 도토리는 한정되어 있어 돼지 수가 증가하면 숲이 황폐해질 수밖에 없다. 돼지의 분뇨가 쌓여 비가 오면 계곡으로 쏟아져 들어 질병을 유발한다. 돼지는 말처럼 전쟁을 수행하거나, 소처럼 수레를 끌지 못하기 때문에 고기 외에는 유용한 가치가 없다. 다리가 짧아 유목민들이 데리고 다니기에도 적절하지 않고, 껍질이 두터워 건조한 사막기후에 견디기가 어렵다. 결국, 중동은 자연생태계에서 돼지를 가축화하여 기르기에는 적합하지 않다. 사회적으로나 종교적으로 돼지를 기르지도, 그 고기를 먹지도 못하게 하는 것이 합리적이다.

힌두교 문화에서는 소고기를 먹지 않고, 불교권은 고기를 일반적으로 금하고 있다. 불교가 탄생(B.C 약 600년)했던 때는 반복되는 전쟁과 홍수로 인해 기아상태가 이어진 시기였다. 생활환경이 급속히 악화하여 빈곤에 대처하기 위해 소 도살을 금지했다. 생명 존중과 함께 참선을 수련하는 불교의 사원 주위 신도들은 늘 고기가 부족하였다. 인도는 소를 사육하는데 불리한 환경이 아니다. 농경 사회에서 소는 역우로 동력을 제공할 뿐 아니라, 영양가 높은 젖과 땔감 및 건축 자재를 제공해주는 유용한 동물이었다. 하지만 고기로 먹기에는 소가 절대적으로 부족한 데다가, 너무나 많은 사람이 살고 있었다.

옛날부터 인도인이 소고기를 먹었다면, 일부 부유층이나 특권층만 먹었을 것이다. 그렇게 되면 소외된 대중들이 폭동을 일으켰을 것이고, 그 사회를 지탱하는 카스트 제도도 위태로워졌을 것이다. 인도에서는 그런 사건이 발생하지 않았고, 오히려 소를 숭배함으로써 계층 간 위화감도 줄이고 공생할 수 있었다. 기원전 1천 500여 년 전, 아리안족이 인도 북부로 들어와 원주민을 하층민으로 다스리면서 암소를 도축하지 않았다. 소를 생명을 지켜주는 대지의 어머니로 자연스럽게 존중하는 사회가 되었다. 인도에서 숫소는 암소보다 덜 존중한다. 버펄로는 숫소보다 더 낮게 취급한다.

02 _ 힌두교Hinduism와 암소

소의 천국 인도

힌두교는 인도 신화와 브라만교 기반의 다신교적 일신교이다. 곧 여러 신을 인정하면서도 상황에 따라 하나를 주신主神으로 섬기는 종교이다. 유일신이 아니므로 교주나 창시자가 없는 것이 특징이다. 고대 브라만교는 기원전 1천 500년 전 아리안족이 인도대륙에 들어오면서 고대 인도의 종교사상인 베다Vedah와 인도 신화를 바탕으로 시작되었다. 기원전 2천 년에서 1천 100년 사이에 만들어진 베다는 산스크리트어로 쓰인 종교 사상이자 문학으로, 세계에서 가장 오래된 경전이라고 한다. 따라서 브라만교는 옛 인도인의 종교로써 생활에서 지켜야 할 도덕적 삶의 총체적 규범이자 이념이기도 하다.

아리안족은 이란과 중앙아시아를 거쳐 인도 북서부 인더스강 유역으로 온 유목 민족이다. 아리안족은 다시 인도대륙의 중남부로 이동하여 풍성한 옥토에 농업을 발전시켰다. 그들은 인도 중부 지역을 지배하면서 카스트 제도(신분제도)를 만들고 원주민을 노예로 삼았다. 그들이 신봉한

브라만교는 어려운 경전, 까다로운 종교의식, 비밀성과 신비성 때문에 원주민에게 전파하는 데는 실패했다. 브라만교 전파의 실패는 신정일체 사회에서 권력의 위기로 이어질 수 있어 새로운 종교가 필요했다.

새로운 인격신과 토속신앙을 수용하여 탄생한 것이 힌두교이다. 힌두교에는 다양한 신이 있지만, 대표적으로 브라흐마Brahma, 시바Shiva, 비슈누Vishnu라고 불리는 3신이 있다. 또, 한 명의 신이 그 역할에 따라 세분하여 신격화된다. 이 신들은 삼위일체, 곧 3신이 한 몸이다. 하늘을 상징하는 브라흐마는 우주 창조신이고, 태양을 상징하는 비슈누는 우주 질서를 유지하는 신이며, 달을 상징하는 시바는 우주나 인간사 업보를 파괴하는 신이다.

힌두교의 기본 교리는 우주의 법칙과 인간의 윤회를 근간으로 한다. 이 개념은 훗날 불교와 자이나교에 영향을 끼치지만 차이는 있다. 힌두교에서 말하는 우주는 끊임없이 생성, 발전, 소멸을 반복한다. 신들이 우주를 생성하고 우주를 유지하며 우주를 소멸시킨다. 우주의 근본과 인간 개인의 존재에 대한 중심 생명은 같다는 범아일여梵我一如 사상을 표방하고 있다. 아트만Atman이라고 하여 인간의 삶과 죽음이 반복되는 윤회 속에서 참된 나眞我라는 본질이 존재한다고 주장한다.

힌두교에서 오늘의 부귀는 전생의 보상이며, 오늘의 고난은 내세에 보상받기 위한 기회라고 한다. 그래서 현세적이면서도 내세적인 면이 동시에 강한 종교이다. 힌두교에는 많은 신이 있지만, 진짜 만물을 창조한 절대 신은 하나라고 한다. 그래서 상황에 따라 단일 신을 추구한다. 힌두교는 많은 신과 다양성 때문에 타 종교에 대해서도 관용을 베푸는 편이다. 주변에서 불교, 이슬람교, 기독교 문화가 끊임없이 몰려 왔지만, 별 영향을 받지 않고 오늘날에 이르기까지 번성하고 있다. 교리의 특성상 외부로 널리 전파되지 않았지만, 예외적으로 인도네시아의 발리섬에는 700만 명의 신자가 있다.

인도는 역사가 길고 문화가 풍성하게 발달해온 나라다. 면적 328만 7천 263km^{2}로 세계에서 일곱 번째로 크다. 인구는 약 12억으로 중국에 이어 세계에서 두 번째로 많은데, 인가증가율이 높아 조만간 중국을 추월할 것으로 예상한다. 인구의 약 80%가 힌두교 신자이다. 인도는 언어만 3,372개나 되는, 여러 종족이 어울려 살고 있는데, 대부분 원주민이다. 북쪽으로 히말라야산맥, 동쪽의 미얀마와는 파트카이산맥, 방글라데시와의 사이는 구릉지와 갠지스강 삼각주로 국경을 이루고 있다. 중앙부는 거대한 데칸고원이 대부분을 차지하고 있으며, 인더스강과 갠지스강 유역으로 이루어진 거대한 평원이 있다. 북서부 파키스탄 접경지대에는 타르 사막이 있고, 해안 지역으로 평야가 있다.

인도의 남부와 대다수 지역이 열대 및 아열대 기후지만, 북인도와 같이 지역에 따라 기후가 다르다. 동부는 우기에 몬순의 영향으로 비가 많이 내리지만, 전반적으로 해마다 가뭄과 폭염으로 물이 부족한 국가로 분류되고 있다. 워낙 광대한 지역이라 생태환경이 다양하나 대체로 토질이 좋다. 옛날부터 인도는 자연적·생태적 환경이 농작물을 경작하기에 적합하였다. 그래서 일찍부터 여러 종교와 문명이 함께 꽃피울 수 있었다.

힌두교에서는 소고기를 먹지 않는다. 그렇지만 초기 힌두교 경전인 베다에는 유목민의 축제에서 소를 잡아 나누어 먹었다는 기록이 나온다. 지구상의 여러 종교가 특정한 고기를 먹거나 먹지 말라고 하는 것은 발생 지역의 자연과 인간 공동체를 고려한 조치였다. 사람이 사는 환경에 영향을 받아 먹거리의 가치가 변하면서 종교와 정치를 적용한 결과이다.

고대 인도에서 인구는 늘고 식량은 반복적인 홍수와 가뭄으로 줄어들었다. 대중은 기아와 생존 사이에서 말할 수 없는 어려움을 겪어야 했다. 소는 농경에서 무척 소중한 동물이다. 이 때문에 소를 함부로 도축하지 않았다. 그렇지만 브라만 계급과 베다 지도자들은 소를 도축하여 고기를 배부르게 먹었다. 그런 과정에서 인도대륙의 먹이 사슬이 차츰 무너지게 되었다. 소고기를 먹으면 에너지 비용의 상승으로 농경 사회의 침체는 물론이고, 빈부차에 의한 심각한 신분 격차가 불 보듯 뻔했다.

따라서 고대 베다 시대 지배층은 비폭력을 근간에 두고 소를 죽이는 것을 인간, 특히 브라만을 죽이는 것과 동일시하여 소를 숭배하기 시작했다. 힌두교 경전에는 사람, 소, 말 등의 모든 살생을 정죄하고, 살생하는 자들을 처벌하기 위해 신께 기도한다고 쓰여 있다. 이같이 고대 베다 문헌은 도축 의식을 통한 육식을 제안하기도 하고, 육식 금기를 제안하기도 하는 상호 모순적인 면이 있다고 문화인류학자 마빈 해리스는 지적하고 있다.

기원전 200년에서 서기 200년 사이에 기록된 힌두교 법전인 마누법전에는 불살생이 명확히 규정되어 있다고 한다. 예외적으로 제사를 지낼 때는 살생을 허용하였고, 카스트 최상층인 브라만의 경제를 공고히 하기 위해서도 살생을 허용하였다. 불살생과 살생을 규정하여 불평등한 사회질서를 통제하였다. 이러한 기록으로 보아 초기에는 지배층이 고기를 먹었던 것으로 유추할 수 있다.

농경문화가 발달할수록 소가 차지하는 효용 가치는 크고 중요했다. 그 중요성에 부합하여 차츰 지배층도 대중과 같이 소를 도축하지 않았고 소고기를 먹지 않았다. 오히려 대중의 뜻에 따라 신성한 동물로 취급하면서 힌두교를 전파하기 시작하였다. 힌두교는 신정일치 사회에서 대중을 쉽게 다스리고 통제할 수 있기 때문이다. 이렇게 해서 소의 신성성을 더 강조한 힌두교가 인도 사회의 주류 종교로 자리 잡게 되었다. 소가 신성시되면 자연스럽게 소고기는 불결한 음식으로 전락한다. 베다 경전은 소를 죽이거나, 도살에 참여하거나 고기를 먹는 것을 중죄라 하고 있다. 힌두교에서 고기와 피는 살생으로 얻어지는 것이므로, 본질적으로 불결하다고 생각한다.

동물의 불살생은 힌두교뿐 아니라 불교, 자이나교까지 이어졌다. 인도에서 대표적인 불살생 동물은 농업에 절대 유용한 암소이다. 베다에 따르면 소는 인간이 되기 전 단계라고 한다. 힌두교인들이 신봉하는 절대 인격신인 크리슈나는 소를 돌보는 목동이었고, 암소 보호자였으며, 소를 사랑한 신이었다. 여러 종류의 소 가운데 인도가 원산지인 브라만종 소가 숭배의 대상이 된다. 하지만 같은 소라도 물소(버펄로)는 신성하게 여기지 않는다. 죽음의 신인 야마가 타고 다니기 때문이다. 그래서 물소를 도축하거나 먹는 것에 대해서는 저항감이 적은 것 같다.

기원전 3세기 인도를 최초로 통일한 아쇼카왕은 암소 숭배 사상을 확대하게 하였다. 힌두교에서는 만물에 수십억의 신이 있고, 소에게도 3억 3천만의 신이 깃들어 있다고 믿는다. 그만큼 그들의 삶을 이루는 고마운 동물이라 신격화한 것이다. 그러나 소 자체가 신은 아니다. 믿음의 대상이 아니라 신성하고 존중하는 동물이다. 소는 이성과 영혼, 감성을 지닌 그 이상의 존재이다. 소 숭배에 관한 문헌은 기원후 1천 년경에 일반화되어 소고기에 대한 금기와 함께 채식주의가 힌두교의 전통이 되었다고 한다.

인도에서 소고기를 먹지 않는 것은 실용적이면서 경제적인 측면이 크게 작용했다고 본다. 농경 사회에서 소는 농사에 필요한 동력을 제공해주는 고마운 동물이다. 쟁기를 끄는데 덩치가 큰 낙타나 말보다 효율적이다. 소는 성질이 온순하고 힘이 세다. 그리고 꾀를 쓰거나 성질을 부리지 않는다. 언제나 주인의 요구대로 묵묵히 일한다. 그들이 배설하는 똥과 오줌은 땔감, 건축 부재, 토양의 재순환을 위한 거름으로 이용된다. 암소가 새끼를 낳으면 젖을 얻을 수 있고, 젖으로 버터와 치즈를 만들어 단백질을 공급받을 수 있다. 암소는 힘이 센 황소 새끼를 낳을 수 있으므로 재생산, 재순환의 고리를 이어준다. 그래서 수소보다 암소가 더욱 신성시되었다.

오늘날 힌두교에서 소고기 식용을 금지하는 것은 베다와 마누법전, 그리고 오래전부터 내려오는 신화를 근거로 하고 있다. 인도 헌법은 소의 보호를 의무화하고 있다. 대부분 주에서 소의 도살과 식용을 금지하고 있지만,

케라라주와 서뱅갈주처럼 이슬람이 많이 거주하는 곳에서는 황소와 버펄로에 한해 '적합'이라는 증명서를 받아 제한적으로 도축할 수 있다.

인도의 소 사육두수는 3억 마리가 넘는다. 대부분이 버펄로와 황소로 생각되는 소고기의 수출량이 세계 전체 수출량의 20%, 세계 버펄로 수출량의 40%를 차지하고 있다. 인도의 소고기 산업은 인도 전체 인구의 14%를 차지하는 2억의 무슬림에 의해 주도되고 있다. 인도는 인도네시아에 이어 세계 두 번째로 이슬람 인구가 많은 나라다. 그중 인도 북부의 락샤드위쁘가 95.5%로 가장 많고, 이어 잠무 카시미르가 67%이다.

인도 무슬림의 역사는 12세기경부터 시작되었다. 17세기에 정통이슬람을 추구하는 사상가들이 사회적 지도자로 있었으나, 파키스탄의 분리 독립 후 인도 무슬림은 사회적 소수자로 전락하였다. 현재는 주로 하층 계급으로 살아가고 있다(최종찬, 2009).

인도의 소고기 산업 활성화와 소의 신성화 사이에는 적지 않은 간극이 있는 것도 사실이다. 역대 인도 정권은 국민의 절대적인 지지를 얻기 위해 힌두교 근본주의를 표방하면서 소를 보호하고 숭배하는 정책을 펴고 있다. 인도 정부는 병들거나 늙은 소를 돌보기 위해 소의 안식처라 할 수 있는 가우샬라스를 운영하고 있는데, 여기에 연간 1천억 원의 예산을 쓰고 있다고 한다. 소가 이 나라 정치, 사회, 문화, 종교에서 얼마나 중요한 위치에 있는지를 보여주는 사례이다.

인도의 축제 문화

◆ **고파스타미Gopastami 축제** 인도인들이 형형색색 치장한 소에게 가족과 함께 먹이를 주고 쓰다듬는 모습을 가끔 매스컴에서 볼 수 있다. 힌두교 문화에서 거행되는 암소 보호자 크리슈나 경Lord Krishna과

소를 위한 고파스타미 축제이다. 여기에는 전해 내려오는 이야기가 있다. 옛날 아버지 난다 마하라자Nanda Maharaja가 아들 크리슈나에게 소를 돌보는 책임을 부여하면서 어른이 되었음을 기념하는 데서 유래되었다고 한다. 당시 큰 소를 데리고 풀을 뜯게 하는 것은 성인으로서 큰 영광이었다. 어린 목동은 송아지를 돌보지만, 5년이 지나면 드디어 어른 소成牛를 돌보는 자격을 가지게 된다.

크리슈나와 발라라마 형제는 5년이 지나 풀밭에서 어른 소를 기를 수 있도록 아버지께 허락을 받게 된다. 아버지는 이를 기념하기 위해 브린다반Vrindavan이라는 곳에서 축하연을 베풀었다. 그런데 크리슈나의 아내(신성한 배우자)인 라다도 이 축제에 참석하고 싶었다. 당시의 율법으로는 여자는 풀을 먹이는 일에 참여할 수 없다고 한다. 그녀는 인도 남성이 몸에 두르는 도티dhoti라는 천으로 몸을 감싸 남성으로 변장하여 다른 동료들과 함께 이 축제에 참가하였다. 이러한 유래를 기리기 위하여 힌두교 월력(10월 중순에서 11월 중순)의 8번째 날에 열린다. 인도인들은 'Kartak Sud VIII'라고도 부른다.

다른 전설로는 고팔라Gopala가 된 크리슈나의 이야기가 있다. 성인이 되었기에 신성한 암소를 보호하는 영광의 자격인 고팔라가 되었다. 크리슈나가 송아지 기르기 6년 차에 이르렀을 때 어머니 야쇼다에게 "이제부터는 송아지 대신 소를 방목하길 원한다"고 했다. 야쇼다는 발라크리슈나의 완고함에 굴복했다고 한다. 그녀는 낸드바바Nandbaba 족장에게 허락을 맡으라고 했다. 만약 족장이 허락하면 아들은 기쁨으로 암소를 돌볼 수 있다고 답했다.

크리슈나는 난바바라는 곳으로 갔다. 야쇼다는 크리슈나에게 아름다운 신발을 준비하였다. 크리슈나는 어머니에게 모든 소의 발에 짚신을 신어야만 자기도 그 신을 신겠다고 했다. 어머니는 크게 감동했고, 크리슈나는 신발을 신지 않은 채 소를 모시러 갔다. 이렇게 하여 크리슈나가 고팔라Gopala로 되었다는 전설이다. 고팔라의 go는 암소를 의미하고, pala는 보호자를 뜻한다. 드디어 성인成人이 되어 성우聖牛를 보호하게 된 것이다. 크리슈나는 소의 중요성을 신에게 설명하였다. 그래서 모든 신의 왕인 인드라Devraj Indra는 그에게 힌두교의 '크리슈나 신'을 뜻하는 고빈다Govind라는 이름을 붙여주었다. 이를 기념하기 위해 고파스타미 축제가 시작되었다는 것이다.

어느 나라나 축제는 인간이 즐기는 행사이다. 힌두교 열성 신자들은 축제에 참여하기 전에 고살라에 가서 소를 목욕시킨다. 그리고 옷을 입히고 보석과 꽃으로 장식하며 몸에 지폐를 붙이고 뿔을 강황으로 염색하기도 한다. 소에게는 건강과 안녕을 위해 특별 사료를 먹인다. 축제 날에는 공물을 바치며 특별 의례를 벌인다. 소 주위를 빙빙 돌거나 먼 거리를 순례하는 순환(프라닥시나)식을 거행한다. 음식을 이웃 사람과 함께 나누고 교류하면서 춤과 노래를 공연한다.

축제는 사람의 일상생활에 유용한 역할을 해 준 소에 대한 특별한 존중으로 시작되었다. 소는 어머니처럼 유순하고 관대하여 사람들에게 영양가 가득한 우유를 선사해주는 동물이다. 농사철에는 노동력을 제공해주고 땔감으로 분뇨를 이용하게 해준다. 모두 인간사에 소중하고 귀한 것이다. 힌두 사회에서 소가 대지의 어머니로서 존경받는 이유이다. 소는 사랑, 보살핌, 연민, 순결과 모성의 상징으로 간주 된다.

힌두교 신화에 따르면, 소는 영적으로 신성성의 소유자이며, 지구상의 여신의 한 형태라고 한다. 소 숭배는 그들의 삶에 모든 재앙을 제거하고 행복을 가져다준다고 믿고 있다. 소는 번영의 상징이다. 소가 행복해야 인간사

문명이 존재한다고 본다. 소를 보호하는 것은 소가 정신적·육체적으로 즐길 수 있는 환경을 조성하는 것을 의미한다. 크리슈나는 말과 행동으로 어떻게 소를 섬기고 보호하며 행복하게 하는지를 알려 주었다고 할 수 있다.

축제에서 사람들은 소떼가 지나가면 무릎을 꿇고 기다려 예의를 표한다. 방금 배설한 소똥을 이마에 발라 은혜 받기를 기원한다. 사제들은 소똥으로 신의 모습을 빚어 제의 행사를 열기도 한다. 똥뿐 아니라 먼지조차도 소중히 여긴다. 소가 일으키는 먼지에도 효능이 있다고 여겨 의약품 재료로 쓰인 경우도 있다. 주부들은 마른 소똥과 소똥의 재를 청소에 이용하며, 마루와 난로를 정화하는 의식에 사용한다

◆ **디왈리Diwali 축제** 디왈리는 힌두교의 3대 명절이자 축제 중에서 가장 유명하다. 이는 힌두교뿐 아니라 불교, 자이나교, 시크교를 포함하여 인도인 모두가 즐기는 빛의 축제이다. 어둠과 악에서 벗어난 번영의 여신 락슈미Lakshmi와 관계가 있으며, 지역에 따라 다양한 신과 사람이 어울려 즐긴다. 디왈리 축제는 닷새 동안 집과 사원에 등불을 밝히고 신들에게 추수와 번영에 감사를 드린다. 추수 감사와 관련하여 농사에 유용한 목우신인 크리슈나 신을 기념하는 행사도 축제 넷째 날에 거행된다. 이것이 고바르단 푸자Govardhan Puja 의식이다. 신성한 소를 숭배하는 날이다.

소뿔과 털을 염료로 염색하고, 머리에도 꽃장식을 한다. 이날의 하이라이트는 수백 명이 엎드려 소떼에게 밟히는 행사이다. 참가자들은 달리는 소에게 밟히면 행운이 찾아온다고 믿는다. 행사가 끝난 다음 사람들이 소에게 밟힌 자를 축하해주는 모습이 이색적이다. 고르바단 제의는 고르바단 언덕을 신성시하며 다양한 채식 음식을 준비하여 크리슈나에게 감사를 표하는 행사다. 크리슈나는 소를 보호하고 풀을 뜯기는 목우신牧牛神이다. 사람들은 크리슈나의 전설을 기리기 위해 고바르단 푸자(음식의 산)를

거행한다.

목우신 크리슈나와 고르바단 푸자에 관한 전설이 있다. 크리슈나는 어린 시절을 대부분 브라즈Braj라는 곳에서 보냈다. 그곳에는 낮은 언덕인 고르바단산이 있다. 산 근처에는 비와 폭풍의 신인 인드라Indra가 있었는데, 산림에 사는 목동들은 매년 인드라 신에게 경의를 표하고 가을 추수를 축하하곤 하였다. 그러나 크리슈나는 마을 사람들이 오직 하나의 최고의 신Purna Parmatma만 숭배하고 다른 신과 돌, 우상 등을 숭배하지 않기를 원했기 때문에 이것을 승인하지 않았다.

인드라는 크리슈나의 결정에 화가 났다. 마을 사람들은 크리슈나의 말을 신뢰하고 존경하였고, 인드라에게는 헌신하지 않았다. 인드라는 화가 머리끝까지 치밀어 뇌우와 폭우를 퍼붓기 시작하였다. 폭풍으로부터 사람들을 보호하기 위해 크리슈나는 새끼손가락으로 고르바단산을 들어 올려 마을의 모든 사람과 가축이 피할 수 있도록 했다. 아무튼, 7~8일 동안 계속되는 폭풍우에도 마을 사람들이 영향을 받지 않는 것을 보고 인드라가 패배를 인정, 폭풍우를 멈추게 했다는 전설이다.

이날 고르바단산에 경의를 표하는 축제가 열린다. 산의 형태를 취한 크리슈나에게 마을 사람들은 제물을 바친다. 고바르단산은 크리슈나 신도들의 주요 순례지이다. 둘레길을 따라 순례하는 신도들은 10여 마일을 돌며 언덕 위에 꽃과 음식, 기타 제물을 바친다. 소를 치는 카스트 출신의 누군가가 소와 황소와 함께 언덕을 도는 의식을 집전하면 마을의 가족들이 따라온다. 가족들은 잔가지와 풀뿐 아니라 작은 소 그림으로 장식한다. 그들은 소똥으로 고르바단산을 만들고 몸을 똥칠하기도 한다. 소의 배설물이 농작물의 거름으로 사용되는 자연의 재순환에 중요한 고리임을 힌두교인은 잘 알고 있다. 소의 배설물, 이를 생산하는 소에게 감사를 표하는, 곧 그들의 삶에 유용성을 제공하는 소에게 감사드리는 축제라고 할 수 있다. 이날에는 보통 저녁에 100가지 이상의 음식이 준비된다고 한다. 그들은 음식을 산에 바친 후 다 같이 먹는다. 이 축제는 브라즈에서 가장 오래된 의식의 하나이다.

◆ **홀리Holi 축제** 인도의 3대 축제의 하나인 홀리 축제도 목우신과 관련된 내용이 있다. 홀리 축제는 원래 고대 인도에서 시작된 사랑의 축제, 색의 축제, 봄의 축제이다. 여기서는 라다 크리슈나Krishna Radha의 영원하고 신성한 사랑을 기념한다. 농경문화에서 봄의 시작과 비옥한 땅을 기념하는 축제이다. 힌두교인은 봄의 풍부한 색을 즐기며 겨울과 작별을 고하는 시간이라고 믿는다. 봄에 꽃이 피는 것을 축하하며, 많은 사람을 만나 서로 사랑을 나눈다. 잊고, 용서하고, 틀어진 인간관계가 있다면 회복하는 날이다. 빚이 있다면 탕감해 새로운 시작을 다짐하는 날이라고 한다.

목우신 크리슈나와 그의 부인 라다 여신의 사랑을 기념하여, 이 두 신이 자란 브라즈 지역에서는 서로에 대한 신성한 사랑을 기리기 위해 축제가 성대하게 열린다. 이 축제에도 전설이 있다. 젊었을 때 목동 크리슈나는 피부가 하얀 라다가 그의 짙은 피부색 때문에 싫어할까 걱정이 많았다. 그의 어머니 야슈다는 절망에 빠진 아들에게, 라다에게 다가가 그녀가 원하는 색깔로 그의 얼굴을 칠해 달라고 부탁하라고 하였다. 그의 부탁에 응해 라다는 그녀가 좋아하는 색으로 크리슈나의 얼굴을 칠해 주었고, 둘은 사랑해서 부부가 되었다. 이후 라다와 크리슈나의 얼굴을 장난스럽게 칠하는 것이 홀리 축제가 되어 오늘에도 축제 참가자들은 얼굴에 여러 색깔을 칠하면서 즐긴다.

힌두 축제 이야기를 해왔지만, 우리의 주제는 축제가 아니라 소고기이다. 힌두교에서 소고기를 먹지 않은 이유는 인도인의 생태 환경과 농경 문화 속에서 찾을 수 있다. 소를 죽여 고기로 활용하기보다는 적극 보호, 숭배하는 것이 정치적, 사회적, 종교적으로 더 큰 이익이 된다는 사실이다. 그들은 최선의 공동체를 형성하며 먹고 살아야 했다. 지구상의 다른 축제에서 사용된 고기는 신을 위한 제물이었고, 인간을 위한 고기였다. 그러나 힌두교 축제에서는 신을 위한 소였고, 인간을 위한 암소였다. 결국, 소를 사랑하는 것은 인간의 생존을 위한 자연스러운 선택이었다.

03 _ 불교Buddhism의 음식문화

불교와 절밥은 우리나라 사람에게 익숙한 종교이고 음식이다. 불교는 고타마 부처의 가르침에 기초한 인도 종교 또는 철학적 전통으로 시작되었다. 기원전 6세기에서 4세기 사이에 고대 인도에서 시작되어 아시아 전역으로 퍼졌다. 불교는 기원전 5세기 또는 4세기에 태어난 고타마 싯다르타(붓다)의 가르침과 그에 따른 철학에 기반을 둔 다양한 전통, 신념 및 영적 실천을 포괄한다.

불교의 목표는 무상無常과 무아anatā를 포함하는 실재의 참된 본성에 대한 욕망과 무지로 인한 괴로움duḥkha을 극복하는 것이다. 대부분의 불교 전통은 열반을 성취하거나 부처의 길을 따라 죽음과 재생의 순환을 끝냄으로써 개인의 자아를 초월하는 것을 강조하고 있다. 널리 관찰되는 관행에는 명상, 도덕적 계율 준수, 승가, 부처, 법, 승가에 대한 도피, 완전함이나 덕을 위한 수양이 포함된다. 불교는 세계에서 네 번째로 큰 종교로 5억 2천만 명 이상, 곧 세계 인구의 7% 이상이 신앙한다.

네팔 남부와 인도의 국경 부근인 지금의 네팔 티라우라코트를 중심으로 샤캬 공국이 있었는데, 싯다르타는 기원전 6세기경 그 나라의 왕 슈도다나와 마야 부인 사이에서 태어났다. 왕자로 태어나 유년시절 궁전의 안락함이 모든 인간의 삶인 줄 알았지만, 어느 날 궁 밖으로 나와 밭에서 일하는 농부를 보고 인간이 짊어지고 있는 삶의 고통을 깨달았다고 한다. 들판의 조그만 벌레들이 서로 죽이고 죽임을 당하는 모습을 보고 충격을 받았으며, 쇠약한 노인을 보고는 인생의 무상함을 느꼈다. 태어나서 병들어 신음하고 죽어야 하는 생로병사의 운명에 슬픔을 금치 못하였다.

아버지는 아들이 출가하지 못하도록 16세에 결혼을 시켰으나 결국 그는 29세에 궁에서 나온다. 싯다르타는 브라만의 가르침을 받아 단식과 불면의 고행을 하였다. 생로병사의 집착에서 벗어나기 위해 수행하면서 자신의 내면세계를 보고 크게 깨달았다. 이는 어떠한 번뇌에도 흔들리지 않는 절대 정적靜寂, 곧 열반의 세계를 몸소 경험한 것이며, 자각하여 부처가 된 것이다. 싯다르타는 기원전 483년 무렵 80세의 나이로 입멸入滅하였다고 전해지고 있다.

불교는 육식과는 거리가 먼 종교이다. 불교의 식사 문화는 주로 채식 위주이다. 그렇다고 초기부터 엄격히 육식을 금했던 것은 아니다. 경전을 통한 불교 음식의 역사적 유래나 종파별로, 또는 지역에 따라 오늘날의 습식 형태가 다르게 내려왔다. 불교도들은 5계라 하여 오래전부터 내려온 윤리 강령을 따르고 있다. 첫째, 불살생不殺生 : 살아있는 것을 죽이지 않는다. 둘째, 불투도不偸盜 : 도둑질하지 않는다. 셋째, 불사음不邪淫 : 아내 이외의 여성, 남편 이외의 남성과 부정한 정교를 맺지 않는다. 넷째, 불망어不妄語 : 거짓을 말하지 않는다. 다섯째, 불음주不飮酒 : 술을 마시지 않는다.

그중 제1계는 인간과 동물을 함부로 죽이지 말라고 했다. 말하자면 동물의 권리를 인정하고, 생명체로서 존중해야 한다는 것이다. 그래서 대부분의 불교인은 생명 존중 차원에서 투우와 같이 오락을 위해 동물에게 상처를 가하거나 죽이는 행위, 즐거움을 위해 동물을 사냥하는 행위, 동물의 자유를 박탈하여 동물원에 가두는 것, 생명계의 멸종으로 이어질 수 있는 자연환경 훼손이나 서식지 파괴행위 등에 반대하고 있다.

일부 불교 국가와 절에서는 더 적극적인 생명 존중을 실천하기도 한다. 승려들이 거처하는 비하라에서는 아무리 작더라도 모든 생명을 존중하고 수행에 반영하는 생활을 한다. 예를 들어 미생물을 먹지 않기 위해 정수기로 걸러 물을 마시기도 하고, 길을 정기적으로 청소하여 의도치 않게 작은 동물을 밟거나 죽이지 않도록 한다. 또 버려지거나 길 잃은 동물을 돌보고 음식과 피난처를 제공한다. 이것은 모두 불교 윤리 강령 1계에 나오는 아힘사ahimsa (살아있는 생명을 죽이지 않는 것)를 실천함과 동시에 동물의 권리를 인정하는 생명 존중 사상에 따른 것이다. 살생이라는 폭력 없이 고기를 먹을 수는 없다는 것이 아힘사이다. 우발적으로 동물을 다치게 했다면 이는 의도적이지 않았기 때문에 악이 아니라고 본다. 식물은 같은 생명체이지만 영혼과 지각이 있는 것으로 간주하지 않아, 살생이라 하면 동물계만 해당한다.

이 같은 다섯 가지 가르침은 불교인의 삶을 지배한다. 무자비한 살생 금지와 생명 존중이 핵심 내용이다. 대승불교는 우리나라를 비롯하여 동북아시아에서 수행되는 종파로, 불교를 대중에게 널리 보급하자는 기본 원칙이 있다. 이에 반해 소승불교는 태국, 베트남, 스리랑카에서 수행하는 불교로 각자가 사회와 분리된 환경에서 엄격한 수행을 강조하는 종파이다. 고기를 먹지 말아야 한다는 계율은 대승불교가 더 엄격한 편이다.

우리나라 불교는 육식을 안 하는 것이 불문율이다. 조계종 종단은

2015년 9월에 확정된 승가 청규清規에서 "식생활은 승가의 전통적인 방식을 따르며, 질병과 요양 등이 아니면 육식을 삼가도록 한다"고 규정했다. 그러나 일부 승려나 신도들의 고기를 섭취하자는 주장도 만만치 않다고 한다. 동물을 죽이지 말라는 불살생不殺生과 고기를 먹는 것은 다르다는 것이다. 불교에는 이에 대한 구체적인 규칙은 없고, 다만 첫 번째 계율인 살아있는 생명을 죽이지 않는다는 아힘사의 원리를 지키며 살아있는 동물 권리를 존중하고 인정하는 것이다. 율장律藏에 따르면 일부 육식은 가능하다고 주장한다.

소승불교의 표준경전 모음인 팔리어 계율Pali canon에 따르면, 초기 불교 수행을 했던 테라바다Theravada 종파는 육식을 허용하였다. 초기 경전에는 부처 스스로 육식을 했다고 기록되어 있어 승려에게 육식을 금하는 어떤 규칙도 적용해서는 안 된다고 하였다. 그러나 이는 돼지고기, 닭고기, 생선에 국한된 것으로 보이며, 힌두교처럼 소고기는 당연히 제외되었을 것이다. 부처님은 승려가 먹을 목적으로 도살하지 않는 경우에만 고기를 먹을 수 있다고 하였다. 곧 먹을 의도로 도살한 고기는 안 된다는 것이다. 불가에서는 승려가 먹을 수 있는 5가지 깨끗한 고기인 오정육五淨肉이 규정되어 있다. 오정육은 내 눈으로 직접 죽이는 것을 보지 않은 고기, 내 귀로 죽어가는 울부짖음을 듣지 않은 고기, 나를 위하여 잡지 않은 고기, 새나 짐승 따위가 수명이 다하여 죽은 고기, 매나 솔개 따위가 먹다 남은 조잔육鳥殘肉을 말한다.

신라 진평왕 때 원광법사가 내려준 '세속오계世俗五戒'에도 '살생유택'이라는 수신계가 있다. 고기를 먹지 말라는 것이 아니라, 동물을 함부로 죽이지 말고 꼭 필요한 만큼만 가축을 잡되 많이 죽이지 말라는 것이다. 함부로 살생하여 탐욕스럽게 고기를 먹지 말고 필요한 만큼 먹으라는 메시지이다. 이는 몸과 마음을 갈고 닦는데 필요한 불교사상과 공동체가 유지, 발전할 수 있는 여건을 반영한 것이다. 우리나라에서도 육식을 둘러싼 불교계의 찬반론 역사는 오래되었다. 만해 한용운(1879~1944)은, 승려도 결혼하고 육식을 하자고 주장한 찬성론자였다.

불교 음식은 채식 위주의 정갈하고 소박한 음식이라 할 수 있다. 음식 자체뿐 아니라 먹는 방식도 수련의 과정으로 보아 배부른 유희와는 거리가 멀다. 나는 전에 교수 문화답사 동아리 회원으로 '탬플 스테이'를 한 적이 있었다. 소설 『태백산맥』을 집필한 작가 조정래가 태어났다는 선암사에서 조계산 장군봉을 지나 법정 스님이 기거하셨다는 송광사에 도착해 하룻밤을 묵었다. 근래 송광사에 사찰음식 체험관인 사운당四雲堂이 준공되어 일반인도 쉽게 절에서 체험할 수가 있지만, 우리가 방문할 적에는 그러한 시설이 없었다.

우리 일행은 동아리 회장의 주선으로 사찰 음식을 먹을 수 있었고, 주지 스님을 뵙고 환담하였다. 밤 10시에 소등하여 아쉬웠지만, 새벽 인시寅時에 일어나 법당에 가서 예불을 드렸다. 그날 아침을 먹기 위해 식당 입구에 들어서니 누구나 원하는 사람은 이곳에 와서 무료로 음식을 먹을 수 있다는 글귀가 쓰여 있었다. 음식을 통한 불교의 자비 정신이라 생각했다. 일일이 기억하지는 못하지만, 정갈하고 간단한 식단이었다.

우리나라와 같이 대승불교에서는 어디든 사찰 음식이 발달하였다. 지리산 연곡사나 규모가 작은 설악산 오세암에서도 사찰 음식을 체험한 적이 있다. 불교 신도가 아닌, 하룻밤 부처님께 신세를 지는 나그네가 되어 사찰 음식보다는 적막함 속에 들려오는 바람 소리와 물소리, 기와지붕 처마 끝에 떨어지는 낙수 소리가 오랫동안 기억에 남아있다. 자연과 사람,

생명을 소중히 여기면서 몸과 마음을 살리는 것이 사찰음식이고, 또한 이는 수행을 통해 이웃을 받들고 나누는 자비의 상징물이었다.

사찰음식에서는 고기 외에도 오신채五辛菜를 금한다. 오신채란 마늘, 파, 부추, 달래, 아위(산형과의 여러해살이풀)로, 대부분 자극이 강하고 향이 많이 나는 것이 특징이다. 율장律藏에 따르면, 이러한 음식을 공양하면 입 주위에 귀신이 달라붙는다고 한다. 날로 먹으면 성내는 마음을 일으키고, 익혀 먹으면 음심淫心을 일으켜 수행에 방해가 된다고 한다. 검박한 마음으로 먹고 건전한 육체와 맑은 정신을 유지하는 것이 불교인의 참선에 도움이 되는 것이다.

소승불교에서는 주로 탁발 음식으로 공양하기 때문에 사찰음식이 발달하지 못했다. 그들은 탁발 음식 중에 고기가 있으면 그대로 먹었다. 오신채도 특별하게 금지하지 않는다. 대승불교든 소승불교든, 오늘날 불교는 식육 섭취 여부와는 상관없이 동물의 권리를 인정하며 생명 존중에 신앙의 뿌리를 둔다. 불살생의 근원은 힌두교의 암소 신성시에서 이어받았을 것이다. 그러나 중요한 것은 음식을 섭취하는 것도 불교에서는 하나의 수련이라고 여기고 있다는 점이다

04 _ 이슬람의 고기 인식과 할랄 식이법

중동의 지역적 특성과 음식문화

중동은 기독교와 이슬람교의 발생지이다. 이스라엘과 주변 아랍국가 사이의 분쟁이 종종 있었지만, 음식 문화 측면에서는 서로 비슷한 점이 많다. 이슬람 국가인 요르단을 방문할 기회가 있었다. 이스라엘

남단 요단강 아래에 있는 나라로 구약에 나오는 많은 유적지가 있다. 공항을 빠져나오자 뜨겁고 무거운 듯 느껴지는 날씨가 압도하지만 맑은 하늘이 퍽 인상적이었다. 수도인 암만 시내를 조금 벗어나면 광활하게 펼쳐지는 사막을 만날 수 있다.

중동 지역이 그렇듯이 요르단도 척박하고 강수량이 적은 준사막으로 펼쳐져 있다. 옥토가 많지 않으니 옛날부터 이곳에 정주하여 농사를 짓는 사람은 한정적일 수밖에 없었고, 가축과 함께 물과 풀을 찾아 이동하면서 살아야만 했다. 멀리서 보면 풀 한 포기 없는 사막처럼 보이나, 가까이 다가가면 양떼가 옹기종기 모여 풀을 뜯고 있다. 그러하니 곡류와 채소는 늘 부족했으나, 고기와 우유는 풍부하여 동물성 가공식품이 발달하게 되었다. 육포나 치즈같이 이동하면서 먹을 수 있는 제품을 만들다 보니 건조하거나 발효시킬 수밖에 없었다. 오늘날에는 대부분 정착 생활을 하지만, 베두인들의 일부는 지금도 가축과 함께 이동 생활을 하고 있다.

유대교와 이슬람교는 공통으로 돼지고기를 먹지 않는다. 이것은 신의 영적 지시라기보다는 그 종교가 탄생한 지역의 특성과 시대적 상황을 반영한 결과이다. 한마디로 중동은 돼지를 키울 여건이 못되었다. 이슬람은 돼지고기뿐 아니라 먹어서는 안 되는 특정 식품을 구체적으로 제시하고 있다. 이렇게 자기들 신앙을 기반으로 독특하게 발전한 이슬람 국가의 음식을 할랄식품halal food이라고 하고, 이스라엘의 유대인 음식을 코셔 식품Kosher food이라고 한다.

할랄과 코셔에서 규제하는 대상은 대부분 고기이다. 고기는 인간 외 다른 동물을 죽이거나 약탈하여 얻는 먹거리이다. 그래서 우리는 동물을 때로 인간 외 동물non-humane animal이라고 부르기도 한다. 그들은 신이 인간을 포함한 모든 동물을 창조하였다고 믿는다. 동물도 인간과 같이 희로애락이 있고, 서로 사랑을 하며, 삶의 욕구가 있다고 한다. 다만 동물은 인간을 위해 일해야 하고, 최후에는 인간을 위한 식품이 되어야 한다고 생각한다. 그렇기에 함부로 다루거나 죽여 식량화할 수 없는 것이다. 신이 축복한 음식, 신이 허락한 음식이어야만 한다.

할랄 고기의 특징은, 첫째 식품 대상 동물의 생명 존중, 둘째 인간의 건강 존중, 셋째 유일신(알라신)에 대한 경배나 감사로 요약할 수 있다. 할랄 식품은 일반 식품처럼 품질과 소비자의 건강을 고려할 뿐 아니라 동물복지를 생각하고 신에 대한 경배까지 합한, 곧 영적인 품질spiritual quality까지 고려한다. 전에는 할랄식품에 대한 관심이 많지 않았지만, 2천년대 이후부터 많은 나라가 할랄푸드에 관심을 보이기 시작하였다. 이슬람 국가의 인구가 늘어나고, 세계 경제에서 영향력이 커졌기 때문이다. 자유무역 시대에 상품을 팔기 위해서는 수입국이 요구하는 규정에 맞추어야 한다. 세계는 이제 다양한 인종이 다양한 종교를 믿으며 살고 있다. 영국에도 250만여 명의 무슬림이 살고 있다. 벨기에에도 터키 무슬림이 집단으로 살고 있다. 그들은 조국을 떠났지만, 자기들의 음식 문화를 지키고 살아가고 있다.

할랄 고기는 상당히 위생적으로 취급된다. 코란에 의하면, 먹을 수 있는 고기와 먹지 못하는 고기를 구별하고, 그 취급법도 제시하고 있다. 그 내용은 대부분 위생적이고 선별적이다. 육질 측면에서도 일반 고기에 비해 차이가 없다. 영양가 측면에서도 장점이 있다. 그래서 유럽에서는 무슬림은 물론이고 이교도들도 할랄 고기나 할랄 가공식품을 많이 찾는다고 한다.

어느 문화권이든 타자에게 해를 끼치지 않는 한 그 식습관을 존중해주어야 한다. 돼지비계에서 추출한 젤라틴이 들어있는 초코파이를 먹지 않는다고 그들을 비난할 이유가 없다. 그것을 먹지 않으면 그뿐이고, 그들에게 초코파이를 팔고 싶으면 돼지 대신 소나 물고기를 원료로 하여 만든 젤라틴을 쓰면 된다. 물론 약간의 불편은 있다. 지난 30년간 내 연구실에서 4명의 이슬람 학생이 공부해 박사 학위를 받았다. 그들과 가끔 단체로 회식을 하려면 언제나 고려 사항이 있었다. 돼지고기를 피하여 소고기나 닭고기를 주문해야 하기 때문이다. 그 정도의 불편은 식문화의 차이로 이해하면 된다. 서로 다른 문화권과 교류하면서 살 수밖에 없는 세상이 된 것이다.

동물에 대한 이슬람의 관점(Farouk 등, 2016)

본성	모든 동물은 신에 의해 창조되었다. 동물의 지각력에 대한 이슬람의 주요 기록에는 직접적인 언급이 없으나, 이슬람 학자들은 모든 동물이 사람처럼 지각력이 있는 개체라는데 동의하고 있다.
감정	모든 동물은 감정을 가지고 있다.
의사소통	모든 동물은 자기 종족끼리 의사소통을 할 수 있고, 인간과도 소통할 수 있다.
영혼	코란이나 하디스(Hadith, 마호메트의 언행록)에 직접 동물의 영혼에 대해 언급한 기록은 없다. 유추에 따라 이슬람 학자들은 모든 동물은 영혼을 가지고 있고, 이것은 신이 정신을 부여한 것으로 살아있을 때 육신과 함께 있으나 죽을 때는 육신에서 떠난다고 결론을 내리고 있다. 인간의 영혼에 대한 관점과 동일하다.
공동체	모든 동물들은 그들 종족과 공동체를 이루고 살아간다.
권리	모든 동물은 사랑스러운 생명체로서 존엄을 인정받아야 한다. 동물을 배고프게 또는 목마르게 하거나, 과도한 일을 시키거나, 불안감을 조성하거나 지나치게 무거운 짐을 지우면 안 된다. 자연스럽지 않은 일을 강요하거나 싸우도록 강요해서도 안 된다. 인간의 식량으로 사용하기 위해 죽여야 할 때도 인도적인 방법으로 죽을 권리가 있다.
예배 및 영성	동물도 하나님을 숭배한다.
존재 목적	동물은 인간의 이동수단에 이용되어야 하고, 인간에게 고기를 제공할 목적으로 인도적으로 살해되어야 한다. 동물은 인간을 위한 명예로운 목적 때문에 신에 의해 창조되었다.

할랄 식이법

할랄식품은 세계의 식품시장에서 20% 정도를 차지할 만큼 그 비중이 높아졌다. 그만큼 우리나라 국민조차 할랄식품을 접할 기회가 많아졌다. 이에 비해 유대인의 코셔 식품은 유대민족만의 음식이라 할 수 있어 세계 시장에 미치는 영향이 미미하다. 할랄과 코셔 모두 중동에서 시작되었기 때문에 유사성이 많으면서 약간의 차이도 있다. 할랄식품은 코셔 식품에 비교해 상대적으로 덜 엄격하나, 비이슬람권에서 보면 여전히 음식의 종류와 식이 방법이 제한적이다.

이슬람의 코란이나 경전의 가르침에는, 인간은 신이 창조한 모든 음식을 먹을 수 있다고 명시되어 있지만, 예외적인 것도 있다고 한다. 예외적이라는 기술은 단순히 피하라는 의미가 아니라, 핑계를 대서는 안 되며 맹세코 먹어서는 안 된다고 강력하게 전하고 있다. 그것은 돼지고기, 개고기, 피, 적절하지 못한 도살법으로 잡은 고기, 알라신 외에 다른 대상에게 봉헌한 희생물, 알코올 등 취하게 하거나 정신을 흐리게 하는 음식을 말한다. 이 금지 식품을 하람 식품haram food이라고 부른다.

하람 식품은 먹지 말라는 신의 지시를 넘어 과학적인 이유도 있다고 주장한다. 예를 들어, 죽은 동물이나 상한 고기를 먹지 않아야 하는 이유는 부패과정에서 나쁜 화학 물질이 생성되기 때문이다. 동물이 죽어서 흘린 피는 해로운 박테리아, 대사산물, 독소가 들어있다. 실제 돼지는 인체에 기생충을 전파하는 매개체이다. 돼지에는 선모충이나 갈고리촌충이 기생하여 인간에게 전염을 일으킨다. 돼지의 지방은 인간의 지방과 생화학적 측면에서 성분이 안 맞는 특성이 있다고 주장한다.

알코올 섭취는 인간의 감각과 판단을 흐리게 하며, 신경계에 해를 주어 개인은 물론 사회와 가정에 문제를 일으켜 결국 생명의 파괴에 이르게 한다. 알라신 외에 다른 대상에게도 음식을 바치면 그 대상이 알라신과 동등하다는 것을 의미하는 것이니, 결국 유일성을 인정하지 않는 행위이다. 이것은 "신은 유일하다"는 이슬람 교리에 위배된다.

식육학자의 대부분 관심은 돼지고기다. 돼지고기는 세계에서 가장 많이 소비되는 육류로, 우리 국민도 많이 먹는다. 또 돼지고기는 햄, 베이컨, 소시지 등 육가공 제품의 원료로 70~80% 이상 사용된다. 이슬람의 주장처럼, 돼지를 재래식 방법으로 사육하면 선모충이나 갈고리촌충을 사람에게 옮기기 쉽다. 그러나 현대의 축산 산업에서 생산된 돼지고기는 기생충문제는 거의 없다고 봐야 한다. 선모충이 있다고 해도 일정 기간 냉동하거나 약간만 익혀도 사멸되어 안전하다. 이슬람이 출현한 5~6세기는 돼지의 기생충 문제가 심했을 것이다. 돼지의 선모충은 미합중국 초창기 서부로 가는 이주민에게 심각한 문제를 일으키게 했다.

혈액은 가축이 죽은 후 굳어지면서 단시간에 미생물이 번식한다. 그리고 혈액 속 철분이 산화되어 화학적 변질도 빨리 진행된다. 혈액 자체가 고기에 많이 남아있으면 빨리 부패한다. 그래서 비이슬람권에서도 도축할 때 가능한 한 피를 많이, 빨리 제거한다. 뽑아버리는 피의 양에 대한 기준은 없다. 이슬람은 도체에서 피를 최대한 많이 없앨 것을 요구하지만, 피를 식용하지는 않는다. 아마 중동에서는 피를 식용하고 설사하거나 사망한 사람이 많았을 것이다.

돼지고기에 들어있는 지방산이 인간의 지방산과 생화학적으로 맞지 않는다는 내용은 그 검증 결과가 신통치 않다. 동물성 지방과 인간 건강의 관계를 설명하는 방대한 자료가 있는데, 보통 포화지방산을 많이 섭취하면 혈액순환계통 질환에 좋지 않다. 포화지방산이 많은 동물은 양, 소, 돼지, 닭, 칠면조, 물고기 순이다. 돼지기름은 양이나 소기름보다 불포화지방이 많아 지방산 조성면에서 보면 건강에 유익한 기름이다.

사람이 돼지기름을 다량 섭취하면 트럼박세인thromboxane(혈소판에 함유된 혈액응고에 관계되는 물질) 생성을 증대시킨다고 한다. 오리나 닭의 기름에도 함유량이 비슷하므로 과학적으로 통용되는 지식은 아니다. 반면 돼지기름은 인체에서 올레산으로 전환할 수 있는 스테아르산이 풍부하다. 올레산은 저밀도 지질단백질LDL 콜레스테롤과 혈압을 낮추는 작용을 한다. 돼지고기로 유발할 수 있는 질환으로 바이러스가 옮기는 간염이나 간암Hepatitis E, B, C, 세균성 미생물로 인한 여시니아Yersinia 감염증, 중추신경계 면역 관련 질환인 다발성 경화증multiple sclersis 등을 들 수 있지만, 고기를 냉장 보관하고 위생적으로 처리하기 때문에 충분히 가열하면 문제가 없다. 또 이는 다른 육류에서도 공통으로 유발될 수 있는 질환이지, 돼지고기만 문제 되는 것은 아니다.

아무튼, 이슬람에서는 신이 필요하지 않다고 하는 것이나 없어도 되는 것을 먹어서는 안 되며, 의심스럽다면 먹지 말라고 하고 있다. 그러나 코란이 허용하는 음식은 백성이 선택하기에 충분하고, 허용하지 않는 음식은 극히 적다고 한다. 곧 이슬람교도들에게 금기 식품은 매우 소수이지만, 그 금지는 엄격히 준수하라고 요구한다. 전에는 가공, 조리제품이 많지 않았고, 국제적인 교역도 활발하지 않았기 때문에 금기해야 할 식품의 수도 많지 않았다. 그러나 오늘날은 돼지고기 성분이 들어가는 조리 가공식품이 엄청나게 늘었고, 소비자가 실제 돼지고기 성분이 들어갔는지 확인할 수 없는 음식이 너무 많아 문제가 되고 있다. 코란에서 제시한 먹을 수 있는 음식과 먹을 수 없는 음식을 살펴보자.

– 발굽이 갈라진 반추동물(소, 양, 염소)과 낙타, 물소 고기는 식용으로

허용된다. 돼지고기를 먹어서는 안 된다.

— 달걀과 우유는 할랄식품으로 섞어 먹어도 되고, 따로따로 접시가 필요하지 않다.(이것이 코셔 식품과 다른 점이다) 피는 식용으로 금지되며 판매도 안 된다.

— 육식성 야생동물(사자, 호랑이, 치타, 개, 고양이)과 야생조류(독수리, 매, 무수리)를 먹어서는 안 된다. 일반 조류(닭, 칠면조, 오리, 거위, 비둘기, 자고, 메추라기, 참새, 에뮤, 타조)는 허용된다. 말의 경우 어려운 상황에서만 식용으로 허용된다.

— 불결한 환경에서 사육되거나 더러운 사료를 먹인 가축의 고기는 먹어서는 안 된다. 이 경우 청결한 환경에서 깨끗한 사료를 40일간 먹인 후에 도축해야 식용할 수 있다.

— 물고기와 해산물의 식용 여부는 의견이 다양하다. 어떤 그룹은 비늘 있는 물고기만 식용으로 허용하지만, 어떤 그룹은 물속에 살아있는 것만 식용으로 허용하기도 한다. 새우. 게, 대합, 바닷가재는 먹을 수 있으나, 어떤 그룹에서는 혐오 식품으로 여기기도 한다.

— 메뚜기는 식용으로 허용되지만, 다른 곤충은 특별히 언급하지 않고 있다. 로열젤리, 꿀벌 왁스는 먹을 수 있다.

— 식용을 위해 사슴, 비둘기, 메추라기 등의 사냥이 허락되지만, 즐기기 위해 야생동물을 사냥해서는 안 된다. 순례 기간의 사냥은 엄격히 규제된다. 사냥에 총, 화살, 창, 덫 등은 허용된다. 훈련된 사냥개도 이용할 수 있다. 사냥 도구를 이용하려면 신의 이름으로 기도해야 한다. 포획물을 잡자마자 목을 칼로 베어 신속히 방혈하여 죽여야 한다.

— 알코올이나 정신을 혼미하게 만드는 식품은 허용되지 않는다. 다른 음료에 소량의 알코올이 함유되더라도 오염된 것으로 간주한다. 다른

식품을 추출, 침전, 가공하는 과정에 부득이 알코올을 사용할 경우는 0.5% 미만이 허용되나 이슬람 국가에 따라 그 지침이 다르다.

– 돼지껍데기, 소뼈, 소 껍데기, 물고기에 들어있는 콜라겐을 가열하여 제조한 젤라틴을 아이스크림, 요구르트, 디저트 젤, 과자 등에 첨가하려면, 그것이 종교적으로 타당한지 감독 기관으로부터 허가를 받아야 한다. 그 외 단순 유전공학 식품은 인정하지만, 유전자 조작 식품에 대해서는 논쟁의 여지가 남아있다.

다비하dhabihah (할랄 고기의 생산)

할랄식품은 단지 식품의 재료만 따지지 않는다. 닭, 소고기는 먹을 수 있지만, 할랄 규정과 법에 따라 도축, 유통, 가공되어야 한다. 이슬람 지역으로 고기를 수출하려면 할랄 도축으로 인증을 받은 것이어야 한다. 동물이 살아있는 상태에서 도축장으로 이동되고, 도축을 거쳐 최종 식품이 되기까지 과정을 규정하고 있다. 그 과정은 동물로 보면 동물복지이고, 인간 입장으로 보면 위생적이어서 유익한 면이 많다.

할랄식품에서 가장 중심에 서 있는 것은 고기이다. 이슬람 사회에서도 어떻게 동물을 처리하고 규정할 것인가에 대해서는 계속 논쟁이 되고 있다. 고기는 희생의 대가로 얻을 수 있는 식품이기 때문이다. 이슬람은, 모든 동물이 인간처럼 정신적 영역을 가지기 때문에 건강하게 길러 스트레스가 최소화해야 하며, 죽을 때 고통이 적어야 한다고 강조한다.

소와 같이 초식동물에게 육류 또는 육류 부산물을 먹이는 것은 부자연스러울 뿐 아니라 도덕적으로 용납할 수 없다. 동물복지로 보아 도축하기 전까지 물과 사료를 공급해야 한다. 살아있는 동물 신체의 절단 또는 훼손도 금지된다. 예를 들어 관리 목적으로 뿔을 자른다든지, 꼬리, 음경,

젖꼭지, 귀 등의 의도적인 절단이나 훼손을 금지한다. 인간의 경제적 편의를 위해 잉여 가축을 다른 용도로 살해해서도 안 된다.

이슬람의 도축법은 할랄 가축이 살아 건강한 상태에 있을 때 신에게 기도를 드린 후 기절시키지 않고 죽여야 한다. 이를 다비하라 하는데, 유대인의 셰치타shechita 도축의식에서 유래되었다고 한다. 그러므로 가축의 머리를 이슬람 성지인 메카 방향으로 눕히고, 날카로운 칼로 목을 신속하게 베어 경정맥, 경동맥, 기관, 식도 중에서 3개 이상을 동시에 잘라 방혈시킨다. 도축자는 어른이나 무슬림 관계자만 될 수 있다.

그리고 도축하기(목 자르기) 전에 "비스밀라(신의 이름으로)" 혹은 "알라후 아크바르(신은 위대하다)"라고 읊고 잠시 기도하는 절차가 있다. 이는 근래 축산업계에서 관심을 가지는 동물복지와 상통하는 점이다. 동물도 목마름과 배고픔, 불안, 아픔, 상처, 질병, 행동과 표현, 두려움과 고통으로부터 자유로워야 한다는 취지이다. 그러므로 도축하기 전 동물에게 적당한 휴식과 물을 주어 스트레스를 받지 않도록 해야 한다. 칼을 동물 앞에서 갈아서도 안 된다. 도축 후에는 충분히 방혈하여 완전히 생명이 상실된 상태를 확인한 다음 박피, 절각, 다리 절단 등 해체 작업에 들어가야 한다.

오늘날 할랄 도축에 관해 이슬람과 비이슬람 간 논쟁 중인 부분이 있다. 기절을 시키느냐 여부와 이에 따른 동물이 겪게 될 고통의 여부이다. 이슬람의 전통대로 의식이 있는 상태에서 방혈을 시키느냐, 아니면 비이슬람권에서 현재 하는 기절방식을 택하느냐의 문제이다. 전에는 살아있는 가축 한 마리마다 기도한 후 목에 칼을 대었지만, 오늘날에는 대량 생산해야 하기에 그렇게 할 수가 없다. 대량 생산을 안 하면 원가가 상승하여 시장 경쟁에서도 불리하기 때문이다. 수요가 한정적인 코셔 고기는 가능할지 모르지만, 할랄 고기는 소비층이 많다. 그래서 한 마리씩 기도하고 목을 딸 수는 없다. 대량 생산을 위해 고통이 없으면서도 살아있는 상태에서 기절시키고 피를 빼야 한다. 전기방식을 택한다면 기절로 심장이 멈추면 안 되기 때문에 머리에 고압 전류를 가해 순간적으로 의식을 잃게 한 다음 신속히 방혈해야 한다.

기절 방법의 논쟁점은 동물이 여전히 고통을 느끼는지 여부이고, 방혈할 때까지 살아있느냐 여부다. 확실한 것은 소를 전기로 기절시킨 다음 15~23초 이내에 방혈하여 죽음을 종결시켜야 하는데, 그 이상 시간을 늦추면 동물의 의식이 다시 회복된다. 기절한 상태에서 동물이 고통을 느끼는지는 아무도 모른다. 아무튼, 이슬람에서는 동물이 기절로 심장이 멎어서는 절대로 안 된다. 살아있는 상태에서 고통 없이 심장이 멈춰야 한다.

영국의 무슬림 사회에서는 2015년 고기의 약 15%가 할랄법으로 도축되었다고 한다. 할랄 도축에서 전기기절법을 사용한 비율은 양과 염소가 63%, 소 75%, 닭 84%였다고 한다. 영국의 슈퍼마켓에서 파는 할랄 고기는 대부분 전기기절을 통한 것이고, 일반고기와 다른 점은 도축하기 전 신의 이름으로 기도하였다는 것이다. 전기기절은 사우디아라비아, UAE, 인도네시아, 말레이시아, 싱가포르, 이집트, 쿠웨이트, 예멘 등 대부분의 무슬림 국가에서 허용되고 있다. 이슬람 국가에 할랄 고기를 수출하기 위해서는 할랄 방식으로 도축하는 설비를 구비해야 할랄인증을 받을 수 있다. 우리나라에도 할랄인증을 받은 도계장이 여러 곳 있다. 각국이 할랄 인증 마크로 할랄 고기를 증명하고 있다.

오늘날 많은 할랄 가공식품에도 다양한 첨가물을 넣고 있다. 예전에 생고기 위주로 판매할 때는 큰 문제가 없었으나, 가공식품의 종류와 양이 확대되면서 복잡해지기 시작했다. 육가공식품에는 돼지고기와 기름, 피,

기계 발골 돈육, 젤라틴 등이 포함되어 있지만, 무슬림 소비자 입장으로는 확인할 수가 없다. 최근에는 PCR. RAPD. ELISA, DSC, Electronic nose, LCMA/MS 등 각종 분석방법과 새로운 기계를 동원하여 할랄 여부를 밝혀내고 있다. 돼지고기가 혼입된 육가공품을 걸러내는 작업이 어렵지 않게 되리라 본다.

제11장

인간을 위한 신의 고기

01 _ 신을 빙자한 축제의 고기

인간의 원초적 본능은 생존 행위다. 우린 어디에서 누구로부터 왔는지 모르지만, 버려진 존재로서 살아가기에 지구는 너무나 위험한 환경이었다. 초기 인류는 먹고살기 위해 운명적으로 그들을 위협하는 타자와 싸워 이겨야 했고, 그다음에 타자의 육신을 탐하여 살생을 저질러야만 했다. 생존 투쟁으로 얻은 고기를 먹으면서도 이 모두를 "신의 허락과 명령에 따라 했다"며 변명을 하고 용서를 구했다.

신에게 빈손으로 용서와 변명을 구할 순 없지 않은가? 그래서 신에게 인간이 할 수 있는 최고의 정성을 보여야만 했다. 선물을 준비하는 것이다. 수렵 시대는 가족이나 마을 단위로 제를 올렸고, 문명사회로 접어든 후에는 제사장(지도자)이 행사를 이끌었다. 인간이 보아 신이 가장 기뻐하리라 예측한 것을, 또는 신이 인간에게 요구한다고 믿는 것을 드렸다. 이것이 제물이다. 제물sacrifice은 신을 위한 음식이다. 우리도 추석이나 설날에 조상에게 올리기 위해 떡, 생선, 과일, 주포 등 다양한 음식을 준비하지만, 초기 인류는 신에게 생명체, 곧 살아있는 근육을 바쳤다. 생명을 봉헌한 것이다. 근육의 모체인 생명을 바치는 것이 희생이다. 소중한 것이어야 신이 감동한다.

가장 귀한 것은 사람의 목숨이다. 세계도처에 신에게 인신 공양을 했다는 흔적이나 기록이 남아있다. 이는 신화나 구전에 차고 넘칠 정도로 많이 나온다. 심청이도 바다에 몸을 던졌다. 살아있는 상태에서 용왕님께 몸을 바친 것이다. 용왕은 죽은 고기보다 살아있는 근육을 원했다. 선사시대는 젊은 남녀를 제물로 바치는 의식이 성행했다. 제단에서 이들을 희생하여 피를 하늘로 뿌렸다. 문명 시대에 들어와 사람에서 소와 양으로 제물이 바뀌었지만, 희생제는 계속되었다. 오늘날은 동물의 희생제도 사라졌지만, 일부 종교 의식에는 아직 그 흔적이 남아있다. 이슬람의 희생제나 기독교에서 피와 살을 의미하는 포도주와 떡을 먹는 의식이 그 예이다.

아무튼, 제사장은 공동체 사회를 이끌 강력한 지도력이 필요했고, 대중은 고기를 간절하게 원했다. 희생제는 언제나 대중과 함께 성대하게 열렸다. 신전에서 대중이 지켜보는 가운데 제물을 희생시켰고, 그 육신을 해체하여 대중과 함께 먹었다. 고기는 맛있고 귀한 음식이다. 누구나 먹고 싶은 원초적 욕망이 신전에 가득했다. 의식이 끝난 후에는 고기를 함께 나누며 그 즐거움을 노래와 춤으로 표현했다.

인류학자들은 이러한 행위가 고기에 굶주리고 목말라하는 대중에게 제물 봉헌식이라는 형식을 통해 고기를 재분배하는 사회적 기제라고 분석한다. 귀한 고기를 제물로 드리면서 신에게 용서를 빌고, 강화된 권력 아래 대중에게 공평하게 분배하는 의식이다. 이것이 오늘날까지 내려온 축제의 기원이다. 그리스어나 라틴어의 '제물Opfer'이라는 단어는 '축제Fest'와 같이 쓰인다. 축제는 신을 찬양하고 나서 봉헌된 제물을 대중이 함께 나누어 먹고 즐기는 놀이 문화이다. 축제에서는 신의 음식이 사람을 위한 음식이 되는 것이다.

인류는 살생의 정당화와 먹거리 조달을 위해, 폭력을 신성화하기 위해 신에게 다가갔다. 수렵 채취 문화에서 농경문화로 전환되면서 야생동물의 위협은 사라졌지만, 인구 증가로 고기가 절대적으로 부족하게 되었다. 사회는 복잡해지고, 민초의 욕구는 더욱 다양해졌다. 빈부와 권력의 차이도 점점 더 벌어졌다. 가축화하여 얻을 수 있는 고기는 너무나 모자라 특권층만 먹을 수 있는 귀한 음식이 되었다. 그나마 일부 가축은 농사에 필요하기 때문에 서민에게는 식용의 여력이 없었다. 고대 농경 사회의 현실이었다.

초기 공동체는 정치와 제사를 제사장이 홀로 관장하는 신정神政 일치 사회였다. 제사장은 통치하는 지도자로서 권력을 강화하고, 만물의 생사를 지배하는 힘을 백성에게 증명하며 사회 질서와 안전을 확보할 필요가 있었다. 로마 시대도 종교가 활성화된 곳에서는 군대가 잘 유지되고, 그 기강도 튼튼하다고 믿었다. 로마가 영토를 확장해가면서 정복지의 종교나 토착민들이 믿는 신을 배척하지 않은 것도 그 이유였다. 정치와 신이 분리되는 것처럼 보여도 권력자는 신의 끈을 놓을 수가 없었다.

마키아벨리는, 로마의 출중한 지도자는 항상 훌륭한 법을 만들었지만, 언제나 법 이전에 신의 권위에 의지하였다고 하였다. 지도자는 종교를 진정으로 존중하였지만, 종교는 국가의 지배를 받아야 하고, 군중의 권력을 유지하는 수단이 되어야 한다고 보았다(마아키아벨리, 2006, 17쪽). 그만큼 권력의 뒤를 종교가 든든하게 받치고 있음을 알 수 있다. 달리 말하면, 지도자는 권력을 유지하기 위해 신을 이용한다는 의미도 된다.

살생에 대한 죄의식과 육식의 즐거움은 인간을 언제나 이율배반적이고 혼란스럽게 했다. 이 모순점을 제물 의식을 통해 해소하려 한 것은 자연스러운 행위였는지 모른다. 지구상의 역사, 종교, 문명의 차이에도 불구하고 이와 같은 의식은 도처에서 성행하였다. 그리스·로마신화를 보자. "생명과 다산의 신인 디오니소스Dionysus는 소의 아들로 비유되고 있다. 희생제에서 광란의 춤을 추다가 어린 황소를 갈기갈기 찢고, 식지 않은 따뜻한 황소 고기를 날것으로 먹었다"고 한다. 미노스 문명(B.C 2699~1400경)에서도 크레타 전사들은 전투에서 뿔 달린 투구를 쓰고, 의식으로 황소를 죽이고 그 고기를 날로 먹으면서 신과 동일한 생식력과 체력을 기원하였다고 한다. 오늘날 아프리카 단카족도 아이가 출생하면 머리와 목과 가슴에 바로 잡은 황소의 피를 바르고, 가족이 모두 고기를 함께 나누어 먹는다고 한다. 구약의 레위기에는 "제물 의식을 거치지 않고 동물을 도살하는 자는 피로써 벌을 받게 될 것이다"라 씌어 있다.

제물 의식을 통해 우린 무엇인가를 할 수밖에 없는 존재였다. 용서를 통해 위로를 받아야 하는 나약한 존재이면서도, 고기를 먹지 않으면 안 되는 원초적인 욕망을 지닌 존재였다. 제사장은 대중을 이끄는 원동력을 신의 이름으로 빌렸다. 그 중심에 있는 것이 제물이고, 제물은 희생된 고기다. 제물은 사람을 위한 신의 음식이었고, 신을 빙자한 사람의 음식이었다.

02 _ 축제의 시작이자 끝인 고기

신화에서 자주 등장하는 제물 의식은 고대 그리스에서 실제로 성행하였다. 그들은 희생 동물을 화환으로 장식하고 노래를 부르며 제단으로 함께 갔다. 모두 도살되어 죽음을 맞이할 동물을 신에게 바친다는 신성한 마음으로 참여했고, 이어서 맛있는 고기를 함께 먹고 춤과 노래를 즐길 수 있다는 생각에 흥분했다. 성스러운 분위기에서 도살된 가축의 피는 제단 위에 뿌려졌고, 먹을 수 없는 부위는 불에 태우고 나머지 고기를 함께 나누어 먹었다. 이것이 그들의 동물 희생 의식이었고, 신을 위한 제물 의식이면서 먹고 즐기는 군중 행사였다. 희생 후 남겨진 제물을 나누어 먹으면서 분배 효과도 누릴 수 있어, 지도자는 대중을 효율적으로 다스리는 계기가 되었다. 동물의 희생을 통하여 인간은 공동체로서 하나가 될 수 있었다.

희생 동물로는 소와 양이 가장 많았다. 때로는 가격이 저렴한 염소나 돼지, 가금류, 그리고 드물지만 새나 물고기도 사용하였다. 그리스인들은 동물이 희생되는 것을 기뻐하면서 이를 다양한 행동으로 나타내었다. 예를 들어, 희생 동물의 일부 살펴 점을 쳤다. 희생된 동물에서 꺼낸 간肝의 상태를 보고 운명을 예측하기도 했다.

작은 동물이나, 농부는 수확 후 간단한 추수 제물을 바치기도 하였지만, 대체로 성대했다. 수십 수백 마리의 소를 희생하여 대형 축제를 벌이곤 하였다. 이러한 행사를 위하여 히에론Hieron과 페르가몬 제단Pergamon altar의 거대한 헬레니즘 건축물이 세워졌을 것이다. 히에론 제단은 헬레니즘 시대 히에로 2세 왕이 시칠리아의 시라쿠사에 웅장하게 지었다. 페르가몬 제단은 기원전 2세기 전반기에 그리스 왕 에우메네스 2세의 통치 시기 소아시아 페르가몬의 아크로폴리스 테라스 중 하나로 세워진 기념비적 건축물이다. 베를린에 가보면 왜 페르가몬 박물관이 그곳에 있는지를 알 수 있다. 그들이 이 기념비적 건축물을 현지에서 발굴하여 그대로 옮겨온 것이다.

그리스에서 연회는 반드시 사전에 동물 희생이 있었다. 이러한 관행의 증거는 고대 그리스 문헌, 특히 호메로스의 서사시에서 분명하게 나타난다. 시의 내용을 보면, 위험에 처하거나 신의 은총이 있을 때는 반드시 제물 의식이 있었고, 고기를 제공하는 연회가 있었다고 기록하고 있다. 예를 들어, 호메로스의 〈오디세이〉에서는 주인에게 충실한 유마이오스Eumaeus가 주인 오디세우스Odysseus를 위해 기도하면서 돼지를 희생한다. 또 신들은 전쟁에서 어떤 징조나 승리로 자신의 존재를 나타낼 때마다 특별한 연회를 열었다. 그리스 병사들이 트로이로 출발하기 전에도 이러한 류의 동물 희생이 있었다.

호메로스의 서사시에 나오는 희생은, 신을 사회적 유대를 나타내는 외부적 존재가 아니라 사회 구성원의 관점에서 보았다. 신과 인간의 의식이 혼용된 사회였고, 어느 정도 신화 같은 세상이었다고나 할까? 아무튼, 제사 의식은 인간과 신의 관계를 형성하는 데 중요한 역할을 했다. 그리스에서 지하의 신에게는 훗날 로마와 비슷하게 동물을 대량 희생 제물로 제공하고 나서 완전히 불태웠다. 이는 헬레니즘 종교 전의 잔재일 수도 있지만, 분명 올림포스 신들과는 구별되었다.

사람에게 동물의 살생은 즐거움일 수도 있지만 잔인한 일이다. 기원전 323년 알렉산더 대왕이 죽은 후 헬레니즘 시대에 여러 철학 운동이 일어나 동물 희생에 윤리적 의문을 제기하기 시작했다. 동물의 영혼과 이성을 인정하느냐와 그들을 인간 기준으로 죽여 그 사체를 먹는 것이 윤리적이냐에 대한 논쟁이었다. 그 논쟁은 현재까지도 의견이 분분하며 종종 관심 있는 뉴스로 등장하고 있다.

축제는 페스티벌festival, 카니발carnival, 페스트fest라고 한다. 잔치. 연회, 종교적 축제로도 번역된다. 축제는 사람이 공동체의 일원으로 모여 맛있는 음식을 먹고 즐겁게 노는 것이 기본형이다. 그리스어와 라틴어는 제물opfer이라는 단어를 축제fest라는 의미와 거의 같게 쓴다. 동물 희생이 끝나면 언제나 대중에게 풍부하게 고기가 제공되었기 때문이다. 축제라는 단어의 어원은 각각이지만, 모두 종교적 의식에서 출발했다는 점은 일치한다.

페스티발은 성스러운 날에 진행되기 때문에 그 뿌리가 종교의례에 있음을 알 수 있다. 세상의 어떤 종교든 그 뿌리에는 신이 있다. 신을 기반으로 하는 의식이 축제이다. 제물을 나누어 먹으면서 공동체의 통합을 유도하고 즐기는 행사였다. 라틴어 페스트와 페스티벌은 1200년과 1589년에 각각 처음 사용되었다고 한다. 페스티벌은 '대중이 함께하는 정교한 식사'로 해석될 수 있지만, 원래 의미는 종교 축제이다. 기독교에는 예수 탄생일, 유월절, 부활절이 있고, 이슬람에는 이드 알 아드하와 같은 축제가 있다. 스리랑카나 태국에서 열리는 'Esala Perahera'와 같은 불교 축제도 있다. 시크교 공동체는 새해와 칼사의 탄생을 기념하는 바이사키 축제를 연다.

제물과 고기, 그리고 신과 관련하여 축제의 의미로 쓰이는 말이 카니발이다. 유럽과 남미 등 기독교 문화 지역에는 매년 2월 중하순에 열리는 축제인 사육제謝肉祭가 있다. 뜻 그대로 고기 먹는 것을 신께 용서를 비는 제사이고 의식이다. 영어 카니발은 후기 라틴어 'carne levare'에서 왔다고 한다. carne는 고기를 말하고, levare는 없애다, 탈피하다는 의미이다. 곧 카니발 축제는 예수가 고난을 겪은 사순절(광야에서 40일간 금식하고, 시험받은 것을 되살리기 위하여 단식과 속죄하는 기간, 부활절 40일 전)이 시작되기 3~7일 전에 열리는 축제로 고기와 술을 먹고 가장행렬 따위를 즐기는 행사이다.

사순절에는 금식하거나 고기를 포함한 기름진 음식을 먹지 못하는 금욕의 기간이다. 이 기간이 오기 전에 사람들이 마음껏 고기를 즐기는 것이 사육제이다. 사육제는 기름진 화요일이라고 해서 사순절이 시작되는 수요일 전날에 절정을 이룬다. 이 축제는 사순절의 금욕과 금식에 대비에 그전에 음주, 과식, 심지어는 성적 욕망에 빠지는 시간이기도 했다. 중세의 카니발은 크리스마스부터 사순절이 시작되기까지 두 달 동안 진행되었다. 기독교인들은 이같이 긴 휴일을 일상의 좌절감을 해소하는 수단으로 여겼다고 한다.

이슬람교에도 금식 기간인 라마단이 끝나면 3일간 먹고 마시는 '이드 알피트르Eid al-Fitr'라는 축제가 있고, 하지(순례)에 종사하는 무슬림이 어린 양이나 염소를 희생시키는 '이드 알 아드하Eid al-Adha' 축제도 있다. 모두 종교적 행사에 뿌리를 둔 축제들이다. 이는 인간의 욕망을 억제하거나 해소하는 신을 위한 축제이자, 신을 앞세워 위안을 받는 사람을 위한 축제이기도 했다.

동물 희생으로 얻어진 고기 제물을 대중들에게 분배하면서 주는 즐거움의 행위가 축제로 변했다. 고기는 생명체를 죽여 얻어지는 사체다. 고기는 신의 이름으로 절제가 요구되었던 음식이었지만, 사람은 신을 빌려 그 욕망의 구속에서 해방되길 원했다.

03 _ 그리스·로마 신화에 등장하는 제물

신화는 그 옛날 인간이 신과 함께 생활했다고 하면서 벌어진 이야기이다. 인간은 자신이 어디에서 와서 어디로 갈지 몰랐다. 인간은 자기 의지와는 상관없이 이 세상에 던져진 존재이다. 인간은 불완전한 육체와 불완전한 영혼을 지닌 반쪽 생명체이다. 누구나 평탄하지 못한 이승 여행을 마치면 이 세상과 하직해야만 하는 운명체다.

인간은 부족하고 무지한 부분이 많다. 그래서 그 부족함을 채워줄 상상의 능력을 가진 불멸의 신이 필요했다. 인간은 신에게 도움을 받길 기원하거나 용서를 구하기도 했지만, 때로는 그들의 미움에 시달리기도 하였다. 유일신과 달리 신화 속의 신은 완벽하지도 착하지도 않았다. 그들도 인간 세상에 내려와 바람을 피우고 시기 질투를 했으며, 뜻대로 안 되면 화를 내거나 폭력적이기도 했다. 그러므로 신화 자체가 종교는 아니지만, 고대 신화는 고대 종교였고, 신들의 이야기는 인간 세상의 경전이었다. 신이 없어도 신화는 존재했을 것이지만, 인간이 없으면 신화는 존재하지 않는다(이윤기, 『그리스 로마신화』).

이같이 신화시대에는 많은 신이 인간사에서 활보했다. 아니면 인간이 신을 초대했는지 모른다. 확실한 것은, 잃어버린 반쪽이라는 한계적 삶에서 헤어 나오지 못한 인간에게 신화가 함께 했다는 점이다. 신화는 이성적, 합리적으로 설명할 수 없는 내재적 본능을 비춰주는 거울이다. 그리스·로마 신화 속의 신도 인간사 속에 들어와 있다. 크레타, 터키, 로마 지역에 남아있는 수많은 신전이나 석재 유적들이 이를 증거하고 있다. 따라서 신화는 신의 이야기가 아니라 인간의 이야기이다. 오늘날 과학적 측면에서 보면 허무맹랑하게까지 보이는 신화에 귀를 기울이는 것은 우리 삶의 원형이 거기에 있기 때문이다.

신화시대부터 인간은 불완전하여 신께 경배를 드리고 의지해야만 했다. 반면 신은 인간의 청을 들어주는 대신 우리에게 선물을 요구했고, 그 요구를 들어주지 않으면 격노했다. 그 요구가 제물祭物이다. 세계도처에는 오늘날까지 신께 바치는 선물인 제물 이야기가 비슷하게 전해 내려오고 있다. 그리스·로마 신화에도 많은 제물이 등장한다. 신도 사랑을 하고 화를 내고, 때로는 잔인하게 죽이는 행위를 서슴지 않았지만, 제물을 받고는 절대적인 힘으로 용서하고 불완전함을 해결해주기도 했다. 그리스·로마 신화에 등장하는 제물은 참으로 다양하다.

산 제물, 헤시오네 공주

헤라클레스가 아마존 원정 중에 들른 곳이 우리에게 '트로이 목마'로 잘 알려진 트로이 지역이었다. 당시 트로이는 전염병과 바다 괴물의 횡포로 고통을 당하고 있었다. 그 이유인즉, 바람을 피우는 제우스신을 끈으로 동동 묶었던 죄로 제우스신이 아폴론과 포세이돈을 트로이의 라오메돈 왕에게 귀양살이를 시켰다. 인간 세상에 온 아폴론은 양을 치고, 포세이돈은 트로이아 성을 쌓았지만, 라오메돈 왕으로부터 품삯을 받지 못했다. 이에 화가 난 아폴론이 트로이 지방에 전염병을 퍼트리고, 포세이돈은 바다 괴물을 나타나게 해서 모든 배를 부숴버렸다. 아폴론 신관이 말하길, 헤시오네 공주를 산 제물로 하여 이 두 신에게 제사를 드리면 재앙의 사라진다고 하였다(이윤기, 4권 243~47쪽).

이방인 제물

헤라클레스가 아이귑토스(에집트)에 가서 흉악한 부시리스 왕을 만났다. 당시 나라가 9년간 가뭄이 들어 산 사람을 제우스신에게 바쳤으나 소용이 없었다. 점쟁이 프라시오스에 의하면, 바르바로스(이방인)를 죽음의 신 오이시리스께 바쳐야 한다고 했다. 부시리스 자신도 이방인이지만, 해마다 죄 없는 이방인을 한 사람씩 오시리스 제단에 산 제물로 올렸다. 헤라클레스도 그 대상이 되었을 때, 묶여진 사슬을 풀고 나와 역으로 부시리스와 그 가족을 묶어 이방인 산 제물로 오시리스 신에게 바쳤다. 그 후 비가 많이 와서 네일로스(나일강)이 범람했다(이윤기, 4권 261~63쪽).

오늘날 제물이라고 함은 추석이나 설, 조상의 기일 때 제사상에 올리는 음식이다. 우리나라는 주위에서 쉽게 구할 수 있는 음식을 가지고 사회적 전통 규범으로 홍동백서, 좌포우혜, 조율이시 등의 방식으로 상을 차렸다. 제상에는 고기와 포를 비롯하여 다양한 음식을 올린다. 그리스 신화시대는 사람을 제물로 바쳤다. 신이 요구한 제물로 젊은 공주나 죄 없는 이방인이 등장한다. 모두가 사람이라는 점과 죄 없고 깨끗하며, 나이가 어린 공통점이 있다. 또 사람을 시신이 아니라 산 채로 바치라고 했다. 제물은 희생된 물건이나 사람 따위를 비유하는 말로도 쓰인다. 신화시대는 비유가 아니라 살아있는 사람을 바치라고 신이 요구한 것이다. 희생이 없는 제물은 제물이 아니다.

미노스 왕이 제우스신에게 바친 최고의 제물

크레타 왕국의 미노스 왕이 알카토오스의 니소스 왕을 공격했다. 니소스 왕의 딸 스퀼라는 미노스 왕을 사모했다. 그래서 아버지 편이 지도록 힘의 상징인 아버지의 보랏빛 머리카락을 몰래 잘라 미노스에게 바치는 바람에 결국 패전에 이른다. 그러나 미노스는 공정하지 못했던 스퀼라를 외면하고 크레타로 귀항하면서 제우스신께 약속하였던 100마리의 소를 제물로 바쳤다. 헤카톰베, 곧 100마리의 소를 잡는 제사는 제우스에게만 드릴 수 있는 최고의 제사이다. 스퀼라는 새가 되어 버린다(이윤기, 2권 68~74쪽).

제우스를 위한 최고의 선물

제우스가 있는 올림포스 신족과 티탄 신족의 싸움(티타노마키아)에서 프로메테우스는 제우스를 도왔다. 시간이 흘러 인간은 제우스를 위한 최고의 선물을 프로메테우스에게 물어보았다. 귀한 제물은 소 한 마리를 잡는 것인데 … (이윤기, 3권 225쪽)

포세이돈 신이 분노한 이유

제우스가 황소로 둔갑하여 에우로페에 접근하여 미노스를 낳았다. 미노스는 크레타섬에서 배다른 형제들과 왕위를 겨루기 위해 바다의 신 포세이돈에게 빌었다. 크레타섬을 보호하는 신께서 황소 한 마리를 보내주면 새로운 왕국이 서는 날에 승전의 기념으로 이 소를 잡아 제물로 바치겠다고 하였다. 포세이돈 신은 미노스에게 황소 한 마리를 보내주었다. 그러나 미노스 왕은 약속을 지키지 않았다. 포세이돈의 분노가 폭발하였다. 미노스의 아내 파시파에게 황소를 보면 욕정을 느끼게 하는 벌을 내렸다. 다이달로스가 제작한 목조황소 내부로 파시파가 들어가 황소와 욕정을 나눔으로써 머리는 황소, 몸은 사람인 미노타우로스라는 괴물을 낳았다. 인간 고기만 먹는 미노타우로스를 크레타의 미궁 속에 가두어 넣었다(이윤기, 2권 47~65쪽).

가난한 몰로르코스가 신에게 바친 귀한 제물

네메아 계곡에 있는 사자에게 아들을 잃은 몰로르코스는 헤라클레스에게 사자를 타나토스(죽음)라고 불렀다. 이 사자를 이기려면 30일간 잠을 자지 않고 목을 졸라야 하므로 휘피노스(잠)와 싸워 이겨야 한다고 했다. 그는 가난한 날품팔이인지라 전 재산인 양 한 마리를 헤라 여신께 제물로 바쳐 노여움을 거두시라고 빌었다. 헤라클레스가 그럴 필요가 없다고 말하자, 그러면 이 양을 잡아 양고기를 헤라클레스에게 드리고 싶다고 하였다. 또 거절하면서 그가 30일 후 사자를 잡아 돌아오면 헤라클레스를 지켜주신 제우스신께 제물로 바치라고 했다. 또 죽어 돌아오면 자신에게 제물로 바치라고 이야기하였다(이윤기, 4권 131쪽).

신과 인간의 아버지라 불리는 주신主神 제우스는 우리 유교 전통의 가부장제에서 보이는 근엄한 모습이 아니다. 제우스는 아내 헤라가 알든 모르든 인간 세상에 내려와 여러 여자와 바람을 피웠다. 그는 하늘과 기후의 신이어서 천둥과 비바람을 보내는 강한 능력이 있었다. 인간 및 다른 신들도 제우스에게 미움을 받지 않도록 소를 제물로 바쳤다. 신화에는 살아있는 소를 제물로 제우스에게 바치는 일화가 눈에 많이 띈다. 가끔 양도 등장하지만, 소만큼 자주 오르지 않는다. 소는 몸짓이 크고 재화의 가치도 더 높기 때문일 것이다.

유럽은 소가 뜯어 먹을 수 있는 목초가 풍족했다. 당연히 소가 많았다. 소는 힘이 세고 온순한 동물이다. 제물로 바쳐져 희생될 때 그 근육이 파괴되어 고기로 전환된다. 신이 소를 제물로 받아들였을 때 이에 수반되는 파괴(살생)에 따른 성적 희열도 함께 맛보았는지 모른다. 이 역시 인간의 생각이다. 아무튼, 이러한 제물을 바치기로 약속했다가 지키지 못했을 때는 반드시 신의 분노와 보복이 따랐다.

신화시대와 초기 문명 시대 대부분 제물은 사람과 동물이었고, 그 의식은 그들의 희생으로 진행되었다. 아주 드물게는 식물성 식품도 제물이 되었다. 그리스·로마 신화는, 오이네우스가 풍년이 들어 첫 과일은 데메테르 여신께, 포도주는 디오니소스 신께, 올리브 기름은 아테나 여신께 바쳤다고 기술하고 있다. 이는 수렵 시대에서 농경시대로 전환되었다는 것을 의미한다. 농사와 수확을 관장하는 신께 감사의 표시로 수확물을 바친 것이다. 하지만 신화시대 대부분 제물은 동물이었다.

04 _ 로마 시대의 제물

1200년을 존립하며 흥망성쇠를 겪었던 로마. 그 영광과 번영의 뒤에는 외세와의 끊임없는 전쟁이 있었고, 내부적으로 권력에 대한 암투가 이어졌다. 로마는 건국할 때의 7개 언덕 중 팔라티노 언덕에 훗날 카피톨리노라고 명명된 제단을 쌓고 유피테르 신에게 제를 올렸다. 나라의 번영과 평화를 위해, 황제권의 불멸을 위해, 시민의 건강과 안녕을 위해 기원하였을 것이다.

로마는 유럽 여행의 하이라이트라고 해도 과언이 아니다. 로마에 가 유적지를 방문할 때마다 가슴에 와 닿는 벅찬 감격과 그곳에 쌓여 있는 영광과 역경의 흔적에 압도되곤 하였다. 로마에서 황제의 통치 행위는 동물 희생을 매개로, 위로는 신, 아래로는 시민들과 소통하는 방식으로 이루어졌다. 동물 희생은 신에게 바치는 제물 의식이었고, 제례가 끝난 다음 시민들과 함께 나누는 고기는 귀중한 음식이었다. 관광객은 옛 로마에서 어떻게 제사를 지냈는지 알 수 없을 것이다. 제물 행사는 무형적인 것이어서 남아있는 석조건축물을 통해 알아보는 눈이 필요하다.

카피톨리노 언덕은 유피테르 신전이 있었던 신성한 곳이다. 실제 그리 높지 않은 언덕이므로 길이 중간까지 나 있다. 현재 그곳에는 카피톨리노박물관이 있다. 박물관 외부 광장에 동상과 조각상이 여럿 설치되어 있지만,

가장 인상적인 것은 마르쿠스 아우렐리우스(121~80)의 기마상이다. 우리에게 〈명상록〉의 지은이로 잘 알려진 이 황제는 로마를 지키기 위해 재임 기간 내내 변방 전선에 있었다. 그만큼 로마의 평화는 거저 얻어지는 것이 아니었다. 이렇게 로마를 위대하고 평화롭게 구축한 오현제의 마지막 황제가 마르쿠스 아우렐리우스이다. 그의 업적을 기리기 위해 로마 시대에 세운 동상이 아직도 남아있다. 다른 로마 황제의 동상은 없다는 의미다.

그렇지만 사후 그의 아들이 언덕 아래 콜로세움에서 검투사 축제로 시민의 마음을 사려는 바보짓을 하리라고 예측이나 했을까? 그의 아들이자 후계자인 콤모두스(189~92)는 잔혹한 폭군으로 로마의 운명을 기울게 했다. 그는 오현제의 마지막 황제였지만, 훗날 기독교 융성에 막중한 역할을 했기 때문에 동상이 파괴되지 않고 오늘날까지 전해지고 있다. 로마 시절 카피톨리노 언덕에서는 많은 제사 의식이 거행되었다. 이 의식들에 등장하는 제물에 관해 이야기해 보자(이하 시오노 나나미, 『로마인 이야기』 인용).

— 카피톨리노 언덕에서 15명의 사제를 거느린 아우쿠스투스와 아그리파는 제각기 황소를 한 마리씩 끌고 있다. 산 제물을 바치는 황소는 최고의 신 유피테르에게 기원하는 제식이다. 황소를 도살하여 제단 위에서 불태워지는 동안 사제들은 유피테르 신에게 기도드렸다.

— 마르스 광장에서도 테베레 강변의 '타렌툼' 무대에서 축제가 시작되었다. 아우구스투스와 아그리파는 횃불 빛을 받으며 양과 산양을 각각 9마리씩 운명의 여신에게 산 제물로 바치는 의식을 거행하였다. 제단 위에서 양과 산양들이 도살되어 불태워지는 동안 로마인의 건강과 지혜, 로마의 승리와 독립과 평화를 기원하였다.

— 테베레 강변의 타렌툼으로 가서 두 사람은 제사와 임신을 관장하는

대지의 여신에게 산 제물로 바치는 암퇘지를 몰고 간다. 여신에게 바치는 제사이므로 110명의 기혼여성도 동참하였다. 제물로 바쳐진 동물을 불에 구워, 그 고기를 참석자에게 나누어 주었다.

고대 로마에서 가장 선호하는 제물은 소, 양, 돼지였다. 제물이 될 동물에게는 깨끗한 천을 걸치게 하고 머리에 화관을 씌웠다. 황소는 뿔에 금색을 칠해 호화롭게 단장하였다. 희생 동물은 로마를 위해 기꺼이 생명을 바치는 것처럼 보여야 했기에 조용하면서도 신속하게 제단에 올라가야 했다. 그리고 하늘과 지하의 신께 생명을 봉헌한다.

하늘의 신에 대한 희생은 시민이 참여하는 낮에 이루어졌다. 하늘의 신에게는 임신한 적이 없는 하얀 젊은 암컷을 제물로 올렸다. 그다음 연회가 이어졌다. 쓸개, 간, 심장, 폐는 에스타exta라고 부른다. 에스타와 피는 신을 위해 불에 태워 하늘에 뿌렸다. 반면 고기와 내장은 시민들이 나누어 먹었다. 나머지는 국을 끓여 먹거나 꼬챙이로 구워 먹었다. 소금과 포도주를 고기 위에 뿌리고 제단 위 불 속에 놓았다.

지하세계의 신에 대한 희생은 밤에 행해졌다. 희생 동물을 죽여 불태웠지만, 산 사람은 죽은 사람과 식사를 함께 할 수 없다고 하여 축제는 벌이지 않았다. 때로 지하세계의 다산의 여신에게는 임신한 암컷 동물을 제물로 바치기도 하였다. 천상계와 저승계에 속한 반신반인과 영웅들에게 희생물을 바치기도 했다. 로마 시대의 제물로는 향과 포도주도 있었지만, 통상적인 관행은 아니었다. 곡식의 풍작을 기원하여 붉은 개[犬]와 적포도주를 제물로 올리기도 하였다.

희생은 세속과 신성의 조화를 추구하는 행위다. 신을 위한 인간의 행위라지만, 실상은 신의 이름으로 인간을 위하는 행위였다. 희생은 신에 대한 감사, 또는 신성 모독에 대한 속죄의 뜻으로 행해졌다. 제례 의식을 통해 지도자들은 각종 재앙을 막으려 했다. 특수한 상황은 특별한 희생을 요구했다. 로마는 제2차 포에니 전쟁에서 큰 위기에 직면했다. 카피톨리노 언덕 위 유피테르 옵티무스 막시무스 신전에서 로마 황제는 유피테르 신으로부터 계시를 받았다. 유피테르 신은 한니발의 위협으로부터 앞으로 5년간 안전하게 보호를 해주는 대신 그해 봄에 태어난 모든 동물을 제물로 바치라고 계시했다. 죽은 가축은 이미 봉헌된 것으로 간주하여 제의가 보류되었다.

율리우스 카이사르(B.C 100~44)의 후계자로서 로마 최초의 황제 자리에 오른 아우구스투스(B.C 63~A.D 14)는 팍스 로마나의 주역이다. 그는 내부의 권력을 강화하고, 대외적으로는 정복한 영토의 통치 기반을 확고히 구축하였다. 전쟁에서의 승리와 황제권 강화, 국가 내외의 평화가 그의 소원이었다. 그는 다른 황제처럼 특별한 날에 신께 제물을 올리고 제사를 드렸다. 제사로써 황제는 신을 기쁘게 해주었고, 국민과 소통했으며, 그의 권력을 강화했다.

황제가 되기 전 아우구스투스의 이름은 가이우스 옥타비우스였다. 가이우스는 제사 의식이 얼마나 중요한지 배우며 성장했고, 어른이 되어서도 이를 충실히 믿고 따랐다. 제사는 신을 달래주고, 신의 의도를 확인하여 세상에 알리는 것이었다. 제사 의식에서는 동물을 희생하는 행위가 중요했다. 예리한 칼로 양, 송아지, 닭 같은 동물을 대량 죽였다. 피는 접시에 담아 제단에 뿌려졌고, 고기는 구워 신에게 바치는 의식을 치른 다음 시민이 먹었다(엔서니 에버렛, 2009, 76쪽). 이 의식을 통해 황제의 권력이 강화되고, 시민에게는 고기가 제공되어 그 원초적 욕망을 충족시켰다. 고기는 로마에서 시민과 국가 모두에게 생존과 번영을 위해 중요한 음식이었다.

로마 시대에 제사를 올렸던 곳이 오늘날까지도 몇 군데 남아있다. 아우구스투스의 '평화의 제단'이다. 아우구스투스는 기원전 13년 7월 4일, 변방인 히스파니아와 갈리아에서 로마로 돌아왔다. 이를 기려 원로원은 신들에게 평화를 기원하는 목적으로 제단을 지었다고 한다. 오늘날에는 그 제단이 아우구스투스 황제의 묘 옆 테베레강 옆으로 옮겨져 있다. 아우구스투스는 이 제단에서 해마다 신에게 산 제물을 바쳐 평화를 기원하는 의식을 거행하였다. 산 제물을 태울 때 연기가 빠져나가도록 지붕을 씌우지 않았다. 신이 연기를 좋아하는지 냄새를 좋아하는지 모르지만, 연기가 하늘 높게 올라가길 기원했다. 평화의 시대에도 항상 신과 제물은 그의 곁에 있었다.

05 _ 하드리아누스 황제와 미소년

로마는 기원전 27년부터 기원후 180년까지 약 200년 동안 가장 넓은 영토를 차지하였고, 정치적으로도 안정된 시기를 보냈다. '팍스 로마나Pax Romana'라 불리는 시기이다. 이 평화의 시기는 초대 황제 아우구스투스 통치시대부터 시작되었다. 한 국가의 평화와 번영은 국력만으로 되는 것이 아니다. 현명한 지도자가 있어야 가능하다. 다행히 이 시기 로마에는 5명의 현명한 황제가 있었다. 서기 96년, 네르바로부터 트라야누스, 하드리아누스, 안토니누스 피우스에 이어 서기 180년 마르쿠스 아우렐리우스 황제가 사망할 때까지 약 100년간의 로마가 오현제 시대로였다.

오현제 중 세 번째인 제14대 황제가 하드리아누스(A.D 76~138)이다.

그는 선대 트라야누스로부터 안정되고 번영된 제국의 영토와 정치 상황을 물려받았다. 그런 의미에서 그는 운이 좋은 황제이기도 했다. 나라의 운명을 1차로 책임지는 지도자에게 평화를 지키는 일은 가장 중요한 책무이다. 그는 브리타니아, 라인강, 도나우강, 파르티아와 소아시아, 이집트, 옛 카르타고를 포함하여 아프리카의 북부를 경계로 하는 광대한 해상과 영토를 지켜야만 했다. 영토가 넓어 항시 전쟁이 끊이지 않았다. 그는 전쟁이 일어날 때마다 평화를 유지하기 위해 협상하였다. 로마제국이 정복하지 못했던 파르티아와도 협상으로 전쟁을 피해갔다.

그러나 그는 불가피한 상황이라면 전쟁을 벌였고, 전쟁을 두려워하지 않았다. 피 흘리는 것이 피할 수 없는 상황이라면 피를 흘려야 한다고 생각한 그는 진정으로 용기가 있는 사람이었다. 평화를 지키기 위해 하드리아누스는 재임 21년 중 12년을 최전선에서 지냈다. 평화로 문제가 해결되지 않을 때는 무력을 사용하는데 주저하지 않았다.

제위 시절 유대 문제가 골칫거리였다. 서기 70년 마사다 항전에서 패배한 유대인은 계속해서 그들의 종교, 정체성, 통치 형태를 고집하였다. 하드리아누스는 평화적 해결에 한계를 느끼자 무력으로 유대를 정벌하였다. 4년간 로마와의 전쟁에서 유대 왕국의 50개 성채와 900개 이상의 도시가 파괴되었고, 60만여 명의 생명을 잃었다고 한다. 로마군도 전투, 풍토병, 전염병 등으로 9만의 인명 손실이 있었다고 기술하고 있다(마그리트 유르스나르, 2008). 그리고 로마는 유대를 팔레스타인이라고 부르고 예루살렘을 그가 세운 신도시인 아일리아 카피톨리나로 명칭을 바꾸었다. 그는 로마의 통치에 반대하지 않은 기독교인을 제외하고, 나머지 유대인을 이스라엘 땅에서 영구히 추방하는 디아스포라를 단행했다. 오늘날 유대인들에게 씻지 못할 상처로 남게 만든 장본인이다.

수염을 길게 기른 황제는 변방을 자주 순회하였다. 순방을 나가면 속주들은 황제를 위해 절대복종의 예를 갖추고 맞이하였을 것이다. 속주들의 가장 화려한 환영식은 그를 위한 개선문 건축이다. 지중해 연안에는 오늘날까지도 하드리아누스를 기념하는 건축물이 많이 남아있다. 기억이 나는 건축물로는 터키 안탈리아의 하드리아누스 문, 에페소스의 하드리아누스 신전이다. A.D 130년에 황제가 안탈리아를 방문한 기념으로 세워진 하드리아누스 문은 현재 구시가지 입구에 서 있다. 돌로 포장된 길에 움푹 파인 마차 바퀴 자국이 폼페이 거리처럼 2천여 년 전의 흔적을 생생히 보여주고 있다. 요르단의 옛 로마 도시 제라쉬 유적도 인상적이다. 제라쉬 유적 입구에 있는 하드리아누스 개선문은 그 웅장함이 놀라울 뿐 아니라, 보존상태가 양호하여 더욱 놀랍다.

판테온pantheons은 하드리아누스 황제가 서기 125년에 재건한 신전이다. 이 신전은 만신전萬神殿이라고 하여 모든 신께 제사를 지내기 위한 신전이었다. 하드리아누스 시대까지도 로마는 다신교 사회였다. 황제는 물론 누구나 신이 될 수 있었다. 그만큼 사회 정서를 지배할 많은 신이 존재했던 시대였다. 만신전을 옆에서 보면, 그 주위에 여러 건축물이 함께 있어서인지 존재감이 약해 보인다. 그렇지만 내외부를 둘러보면 건축한 지 2천 년이 되었다는 사실이 믿기지 않을 정도로 단정하게 보였다. 세상에서 가장 아름답고 완벽하다고 르네상스의 천재 화가 라파엘로가 칭송했던 건축물이다. 하드리아누스의 신을 숭상하는 위엄과 권력을 생각하며 떼어지지 않은 발걸음을 옮길 수밖에 없었던 여행의 기억이 난다. 로마 외곽의 하드리아누스가 말년에 머물던 티볼리Tivoli도 기억에 새롭다.

트라야누스와 그다음 황제인 하드리아누스는 히스파니아(에스파니아) 출신이었다. 하드리아누스는 즉위 전, 아버지 트라야누스 황제의 승전 축제를 위해 1년간 아시아와 아프리카에서 사냥해온 1만 2천 마리의 맹수가 도륙되고 1만 명의 검투사가 질서 있게 참살되는 광경을 목격했다. 이토록 많은 생명을 살육하는 이유가 무엇인가? 오늘날 네팔에서 20만~30만 마리의 버펄로와 가축을 축구장보다 넓은 곳에서 400여 명의 작업자가 도축하는 '가디마이 축제'와 연계해 생각할 수 있다. 생명의 희생을 통해 신께 드리는 나약한 인간 존재의 위로와 감사의 의식이다. 2천 년 전 로마의 승전 축제와 오늘날 가디마이 축제는 본질에서 같은 것이다.

그는 어릴 때부터 사냥에 취미가 있었는데, 이는 황제로 등극한 후에도 이어졌다. 사냥은 인간이 다른 동물을 죽이는 행위이다. 그것도 강제로 잡아 호흡을 끊고, 염통에서 치솟는 피를 혈관 밖으로 분출시켜 죽음에 이르게 하는 행위이다. 사냥에서의 피는 한 생명체의 삶과 죽음의 교차에서 느끼는 자기 희열과 영생 기원을 상징화한다. 사냥은 그 획득물 자체가 인간에게는 먹거리였고, 그 포획 과정은 즐거움이었다. 인간의 본능 속에 잠자고 있는 타자의 죽음에 대한 측은지심과 함께 살육의 기쁨을 즐겼다고나 할까. 황제라고 함부로 살생을 저질러서도 안 되지만, 살생의 기쁨이 있는 자만이 권력을 획득할 수 있었다. 그 살생은 통치에 이용되어 황제 자리를 넘보는 자 없이 권력을 지킬 수 있었다.

하드리아누스와 미소년에 관한 이야기는 많은 사람에게 잘 알려져 있다. 하드리아누스는 치세 21년 중 상당 기간 최전선에 있었지만, 부인 대신 그리스 출신 미소년을 7년간 끼고 다녔다. 동성애자였다. 그 미소년을 데리고 제물 의식에도 참석하였다. 정결과 금기가 요구되는 성스러운 의식이었다. 미소년 안티노우스를 의식에 참여시키기 위해 온몸에 황소피를 발라 피와 진흙으로 끈적거리게 하는 일종의 세례를 주었다. 가장 아끼는 대상, 살아있는 생명체를 죽이는 의식이 제물 봉헌식이다.

하드리아누스가 안티노우스와 함께 안티오케이아로 출발하기 직전, 카시우스 언덕에 오르는 중에 사람과 사슴 새끼를 죽이게 된다. 안티노우스는 겁이 나 벌벌 떨었지만, 하드리아누스는 두 생명의 죽음은 그를 대신한 것이므로, 그의 생명을 연장할 것이라고 여겼다. 이 장면이 훗날 미소년의 자살 동기가 되었을 것이다.

어느 날 하드리아누스가 점을 쳐보니 운세가 불길한 것으로 나타났다. 예언자는 하드리아누스가 인신 봉헌을 혐오한다는 사실을 알고 있었기 때문에 노예 대신 가축 한 마리를 바치라고 요구했다. 문명화되었던 이 시대에도 인신 봉헌이 유행하였다는 사실을 시사하고 있다. 이집트 마법사들만이 할 수 있는 제물 봉헌을 드리고자 하였다. 가능한 한 제물은 자기가 애지중지하는 가축이어야 했다. 그러나 개는 이집트에서는 불결한 동물로 여겨 제물로 사용할 수 없다고 하여 오스로에네 왕이 안티노우스에게 선물한 매를 대신하기로 하였다. 이 매는 소년이 아끼며 길렀던 새다. 소년이 매를 제물로 건의하자, 황제는 거부하고 싶었지만 어쩔 수 없이 허락한다.

봉헌 의식에 따라 죽음을 맞이한 매는 꿀과 향유를 바른 후 나일강 물을 가득 담은 큰 물통 바닥에 놓았다. 이제 매는 이집트에서 인간 사후에 부활하는 사자의 신 오시리스와 동일시되었다. 하드리아누스는 이렇게 독백한다. "지상에서 이 매의 수명은 나에게 더해졌고, 태양을 따르는 그 조급한 영혼은 그것이 희생으로 바쳐진 인간의 수호신과 결합되었다. 그 보이지 않는 수호신은 이후 그 새의 형태로 나에게 나타나 나를 도울 수 있게 될 것이다"(마그리트 유르스나르, 2008, 2권 81~3쪽).

14세의 안티노우스는 20세가 넘으면서 자기 정체성을 느끼기 시작한다. 자신의 존재가 하드리아누스에게 어떤 의미인지 고민하였을 것이다.

결국, 그는 나일강 변에서 자살하고 만다. 종교의식이 있었던 곳으로 추측되는 진흙 펄에서 죽은 채로 발견되었다. 죽음을 맞이하면서도 황제에 대한 자기 헌신이라는 일종의 희열 같은 것을 느꼈는지 모른다. 그의 희생으로써 하드리아누스가 신으로부터 보호받길 희망했던 것이다. 그는 자기 몸은 산 제물이며, 이를 희생양으로 드리길 자초했을 것이다.

소년은 스스로 황제의 제물이길 택했지만, 하드리아누스는 그토록 사랑했던 미소년을 신에게 바칠 수가 없었다. 미소년은 연인 이상의 존재였다. 소년의 죽음으로 하드리아누스의 슬픔은 이만저만이 아니었다. 미소년의 희생은 운명적이었고, 그가 황제의 제물이라는 점을 잘 알고 있었다. 하드리아누스에게 그 소년은 욕망의 근원이었고, 먹고 싶은 대상이었고, 벌거벗은 인간이 본능적으로 즐기는 쾌락 자체였다. 슬픈 죽음이 사냥과 살육에서 얻어지는 기쁨과 만났고, 그 죽음은 황제를 위한 제물이 될 수밖에 없었다. 결국 그는 하드리아누스를 위한 제물이 된 것이다.

우리의 관심은 그 시대의 제물에 관해서다. 당시는 신에게 드리는 여러 형태의 제물이 성행하였다. 하드리아누스가 인신 공양을 싫어했다고 했지만, 옛 카르타고의 어떤 지역에서는 어린아이의 인신봉헌人身奉獻이 행해지고 있었다. 바알(페니키아의 신)의 사제들은 봉헌제의 장작더미에 불을 붙여 산 자를 태워 죽이는 광희狂喜를 용납했다는 기록도 있다. 로마 시대에 인신공희는 없었지만, 살아있는 동물을 희생시키는 의식은 일상화되었다.

하드리아누스는 5세 된 세손 마르쿠스 아우렐리우스를 위해 성아르빌리스사제에서 황제 주관으로 제물 봉헌식을 열었다. 티베리스 강변에서 제물로 죽임을 당하는 돼지의 비명에 세손이 겁에 질려 있었다고 한다(마그리트 유르스나르, 2008, 2권 195쪽). 이때도 사람 대신 돼지를 제물로 봉헌하였음을 알 수 있다. 참고로, 하드리아누스 회상록은 작가의 상상력을 보탠 소설이 아니라, 철두철미하게 사실에 입각한 일종의 전기 형식이다.

왜 하드리아누스 황제에게 관심을 가지는가? 플로베르라는 고대 작가는 이렇게 말했다. "키케로에서 마르쿠스 아우렐리우스에 이르는 시기는, 이교의 신은 더는 존재하지 않았고, 그리스도는 아직 나타나지 않아, 인간이 유일한 시대였다." 곧 그 시기는 특정 종교의 속박이 없는 주체자로서 인간의 세상이었다. 자유로운 영혼을 바탕으로 절대 권력자와 시민은 많은 신과 교류할 수 있었다. 유한한 인간은, 신이 가장 감동할 것은 희생이라는 죽음이라고 믿었고, 신이 가장 좋아할 것이라고 믿는 음식은 동물의 사체, 곧 제물, 고기다.

하드리아누스 황제는 서기 117년 전쟁터에서 로마로 돌아가는 도중에 뇌졸중으로 사망했다. 원로원은 그를 곧 신격화했고, 그의 업적을 기려 시신을 로마의 트라야누스 원주 하단에 안치했다. 그러나 계시한 예언대로 신들이 황제를 보호하지 못했다는 이유로, 황제의 사후 그와 관련 제례에서는 희생 제물을 신에게 올리는 의식이 폐기되었다고 전해진다.

제12장

사람을 위한 사람의 고기

01 _ 아브라함과 이삭, 어린 양

제물로서 희생은 중동 지역의 유대교, 기독교, 이슬람교에 모두 등장한다. 유대교의 히브리어 성경은 여호와께서 이스라엘 백성들에게 명령하여 여러 제단에 예물과 제사를 드리라고 하였다. 황소, 양, 염소를 희생하여 불태우는 의식이다. 예루살렘에 성전을 세우기 전에 이스라엘 백성이 광야에 있을 때 성막에서 제사를 드렸다. 솔로몬 성전을 건축한 후에는 그곳에서만 희생 제사가 허용되었다. 성전이 무너진 후 제2 성전이 세워졌을 때 제사를 재개하였지만, 기원후 70년에 파괴되었고 디아스포라가 시작되었다. 두 번째 성전이 파괴된 이후 더는 성전이 없었기 때문에 제사를 드리는 것이 금지되었다. 희생제물 의식은 그 후 특정 공동체에서 일부 유지되었다. 유대인 관련 집단인 사마리아인도 모세의 율법에 따라 동물 희생제를 지냈다고 한다.

기독교는 명시적으로는 모든 동물 희생에 반대했다. 동물을 희생시키는 행위는 기독교 신학에서 불합리하고 비윤리적인 것으로 거부되었다. 대부분의 기독교 교단은 예수의 십자가 죽음과 부활이 구약의 희생 제도를 완전히 대체한다고 믿는다. 이는 예수가 고대의 모든 희생을 의미하는 '하나님의 어린 양'이라는 히브리서의 가르침에 기초한 것이다. 대부분의 기독교 종파는 성찬식 또는 주님의 만찬에서 피 없는 희생이 구약의 희생 제도를 완전히 대체한다고 믿는다. 따라서 기독교에서 동물 희생은 거의 사라졌지만, 일부 기독교 공동체나 그리스 정교회에서는 부활절 예배의 일부로 동물을 희생시키고 고기 잔치를 하는 의식이 남아있다.

구약에 아브라함과 그의 아들 이삭 이야기가 나온다. 하나님이 사람 제물로 희생을 요구하였으나, 실제로 사람을 대상으로 하지 않았고 희생물을 나누어 먹지도 않았다. 이것이 창세기 22장의 하나님이 아브라함에게 요구하였다는 내용이다. 주목해야 할 점은 신이 요구하였던 제물이 사람이었고, 가장 신과 교감할 수 있는 매개체가 사람의 희생이었다.

> 하나님께서 아브라함을 시험해보려고 "사랑하는 네 외아들 이삭을 데리고 모리야 땅으로 가거라. 거기서 내가 일러주는 산에 올라가, 그를 번제물燔祭物(제사용으로 통째로 희생시켜 태워 바치던 동물)로 나에게 바쳐라"라고 분부하셨다.
> 아브라함은 아침 일찍 나귀에 안장을 얹고 아들 이삭을 데리고 제물을 태우기 위한 장작을 쪼개 가지고 하느님께서 일러주신 곳 산 아래에 도달하였다. 이삭이 말하길 "아버지! 불씨도 있고 장작도 있는데, 번제물로 드릴 어린 양은 어디 있습니까?" "아들아, 번제물로 드릴 양은 하느님께서 순수 마련하신단다."
> 두 사람은 함께 길을 떠나 하느님께서 알려주신 곳에 이르렀다. 아브

라함은 거기에 제단을 쌓고 장작을 얹어놓은 다음, 아들 이삭을 묶어 제단 장작더미 위에 올려놓았다. 아브라함이 손에 칼을 잡고 아들을 막 찌르려고 할 때, 야훼의 천사가 하늘에서 큰 소리로 불렀다. "아브라함아, 아브라함아!" "어서 말씀하십시오."라고 아브라함이 대답하자 야훼의 천사가 이렇게 말하였다. "그 아이에게 손을 대지 말아라. 나는 네가 얼마나 나를 공경하는지 알았다"(찰스 벤 도렌, 2010, 61~2쪽).

여기서 아브라함이 아들에게 "아들아, 번제할 어린 양은 하나님이 친히 준비하신다"라고 말한 것은 훗날 예수의 희생과 부활을 강력하게 암시하고 있다. 하나님은 아브라함이 얼마나 신실하게 따르는지 진정성을 확인하였다. 그래서 아들을 희생시키지 말라고, 아들 대신 숫양 한 마리를 보내 줬다.

'하나님의 어린 양'은 예수님의 칭호이다. 세례 요한은 예수님을 보고 "보라, 세상의 죄를 지고 가는 하나님의 어린 양이로다"라고 외쳤다. 예수는 세상의 죄를 지고 가는 하나님의 대리인이자 종으로 하나님 뜻에 순종한다는 표시로 스스로 십자가에 못 박히기를 선택했다. 하나님의 어린 양을 인도한다는 비유에서 알 수 있듯이, 예수님은 하나님의 아들로서 세상의 죄를 없애고 구원하기 위해 희생을 택했고, 부활하였다고 표현되고 있다. 이 구속자이자 심판자로서의 어린 양은 예수의 이중 역할을 나타내고 있다. 예수는 헤롯의 궁전에서 자신의 결백을 주장할 수 있었으나, 거의 침묵을 지켰고, 십자가에 못 박히심에 복종했다. 하나님의 어린 양으로서 자신의 역할을 알았기 때문이다.

벨기에 겐트시 시내에 성 바프성당이 있다. 유럽의 대부분 성당은 입장

료가 없다. 성 바프성당도 관광객들이 자유롭게 들어갈 수 있는 곳이다. 그 성당 안에는 특별전시실이 따로 있는데, 이곳에만 입장료를 받는다. 거기에는 네덜란드 회화사의 위대한 명작인, 얀 반 에이크Jan van Eyck가 1432년에 그린 〈피를 뿜어내는 신비한 어린 양의 숭배〉라는 제단화가 있다. 우리의 죄를 대신하여 피 흘리는 어린 양에게 많은 사람과 천사들이 두 손 모아 기도와 찬양을 하고 있다.

신이 진정성을 확인하기 위해 요구하는 것은 인간의 생명이다. 인간으로서 신에게 감동을 줄 수 있는 봉헌의 최고 제물이기 때문이다. 이후 유대인들도 인간을 희생물로 바치지 않았다고 한다. 대신 지금부터 2천 년 전 하나님의 어린 양 예수는 모든 사람의 죄를 사하고 대신 희생제물이 되었다. 기독교는 오늘날까지도 의식에서 마시고 먹는 포도주(피)와 빵(살) 속에 예수가 실존한다는 상징을 믿는다.

02 _ 이슬람의 이드 알 아드하

이드 알 아드하는 이슬람의 동물 희생 축제이다. 이드 알 피트르 다음으로 이슬람에서 가장 성대하게 지키는 공식 휴일이자 축제다. 이슬람력에서 '이드 알 아드하'는 두 알 히자Dhu al-Hijjah(희생과 축제가 열리는 순례의 달)의 마지막 12번째 달의 10일에 해당하며 4일간 열린다. 날짜는 해마다 달라 매년 약 11일이 빨라진다. 이드 알 아드하는 이드 알 아자하Eid al-Azha 및 이드 울 아자하Eid ul-Azha라고 부르기도 한다. 이것은 하나님의 명령에 대한 순종의 행위로, 그의 아들 이스마엘을 희생하려는 이브라힘의 의지를 존중하고 기리는 날이다.

이드Eid는 축제, 축하, 축일 또는 휴일을 의미한다. 아랍어로 휴일은 이드 울 아드하Eid-ul-Adha 또는 이드 울 카비르Eid-ul-Kabir라고 한다. 아드하는 꾸르반qurban이라는 동물 희생 또는 희생된 제물을 의미하는 말이다. 이와 유사한 용어는, 유대교에서 전능하신 하나님께 바치는 희생제물을 가리키는 코르반qorban이다.

이슬람과 기독교 축제의 기원은 꾸란의 아브라힘과 구약성경의 아브라함의 이야기에서 나왔다. 이브라힘의 삶에서 가장 어려운 시련의 하나가 사랑하는 아들을 희생하라는 알라의 명령에 대처하는 것이었다. 이야기에 따르면, 이브라힘은 아들 이스마일을 희생시키는 악몽을 계속 꾸었다. 이브라힘은 이것이 알라의 명령임을 알았고 쿠란에 명시된 대로 아들에게 "오, 아들이여, 내가 너를 죽이는 꿈을 꾸고 있다"라고 고백하지 않을 수 없었다. 이에 이스마일은 "아버지, 명령받은 대로 하십시오"라고 대답하였다. 이브라힘은 알라에 대한 믿음과 순종의 행위로서 자기의 아들을 죽일 준비를 하였다. 준비하는 동안 악마와 사탄은 이브라힘과 그의 가족이 알라의 명령을 수행하지 않도록 설득하여 유혹했고, 이브라힘은 돌멩이를 던져 사탄을 쫓아냈다. 이들이 사탄을 배척한 것을 기념하기 위해 지금도 메카 순례haji 의식에서는 상징적인 기둥에 돌을 던진다. 이 돌을 '악마의 돌'이라고 부른다.

전능하신 알라께서는 이브라힘이 자신에게 소중한 것을 기꺼이 희생할 수 있음을 인정하면서 이브라힘과 이스마일의 순종과 진정성에 감동하였다. 천사 가브리엘은 이브라힘에게 "오! 이브라힘, 당신은 계시를 성취했습니다"라고 칭송하였다. 그리고 천사 가브리엘은 이스마일 대신 도살하기 위해 하늘에서 온 어린 양을 이브라힘을 통해 알라에게 바쳤다. 숫양이라고도 하고, 염소라고 한 기록도 있다.

이드 알 아드하 축제 기간에는 순례자뿐만 아니라 일반 신도도 한 사람당 염소 한 마리(낙타는 일곱 사람이 한 마리)를 제물로 바친다. 그 고기의 3분의 1은 자기가 먹고, 나머지는 다른 사람에게 주거나 가난한 사람에게 기부한다. 제물이자 동시에 귀중한 식품인 고기는 신의 것으로 간주하기 때문에 팔지 못한다. 세계의 모든 무슬림은 이브라힘의 헌신과 이스마일의 생존을 기리기 위해 이드 알 아드하를 소중히 여겨 이 날을 휴일로 정해서 고기와 음식을 먹으며 즐겁게 축제를 즐긴다.

이슬람에서 가장 성대한 축제는 이드 알 피트르다. 이는 금식 기간인 라마단이 끝났음을 축하하는 축일이자 휴일이다. 이드 알 피트르를 줄여 이드Eid라 부르기도 한다. 이드는 아랍어로 축제를 의미하며, 피트르는 끝났음을 뜻한다. 라마단이 끝나는 샤왈Shawwal(이슬람력 10월) 첫째 날에는 이를 축하하는 이드 알 피트르가 개최된다. 어려웠던 한 달간의 금식이 무사히 끝난 것을 축하하는 이 날의 집단 예배는 해가 뜬 시간부터 정오 사이 적당한 시간을 골라 행해진다. 무슬림들은 이날 아침에 새옷으로 갈아입고 예배를 올린 다음 서로 인사를 나누며 친지들을 방문하고 선물을 교환한다. 무슬림은 라마단을 고행이 아닌 축제로 여긴다.

이드 알 아드하는 하지Hajj(순례)에 종사하는 무슬림이 어린 양이나 염소, 소, 낙타를 희생시켜 제물로 바치고, 그 제물로 잔치를 베풀었던 것에서 시작되었다고 한다. 메카로 순례하지 않는 사람들도 이슬람력 12월 10일에는 세계 어느 곳에 있든지 이 희생 의식에 참여한다. 희생의 잔치를 의미하는 용어는 위대한 축제al-ad-kabir 또는 희생 축제Qurban Bayrami라고 하여, 터키, 인도네시아, 파키스탄 등 이슬람 국가들의 희생 축제에 영향을 끼쳤다.

하지 동안에 거행되는 동물 희생은 아홉 단계 순례 의식의 일부이다. 연례적인 이슬람 축제에서 동물의 희생은 이슬람 이전에 서부 아라비아에서부터 시작되었다고 하며, 메카 근교 마나의 골짜기에서 있었던 제물봉공祭物奉供 관습으로부터 나왔다고 한다. 동물 희생은 쿠란이 요구하지는 않지만, 순나sunnah와 같은 그들의 전통 사회 및 율법에 관한 문서에는 자세하게 기록되어 있다.

하디스(예언자 무함마드의 말과 행동, 묵시적 승인에 대한 기록)에서 언급했듯이, 동물이라고 모두 제물로 올리는 것은 아니다. 허용되는 동물과 건강 및 나이가 적합해야 한다. 아디야adhjya라 부르는 희생 동물은 특정 나이와 품질 기준을 충족하지 못하면 희생시켜서는 안 되고 희생으로 간주하지도 않는다. 소, 낙타, 염소, 어린 양 등을 허용하고 있으나 어린 양을 가장 먼저 추천한다. 고대 로마 시절에 많이 쓰던 돼지는 제물로 쓰지 않으며, 기르지도 먹지도 않았다.

첫째, 고기는 상태가 좋고 지방이 충분히 있어야 하며, 알라의 상징이므로 먹을 수 있어야 한다. 둘째, 동물의 나이는 양은 6개월 이상, 염소는 한 살 이상, 소와 버펄로는 두 살 이상, 낙타는 다섯 살 이상이어야 한다. 또한, 외형적으로 결함이 있거나 건강 상태가 나쁜 동물은 희생제물로 적합하지 않다. 예를 들어, 최소한 이빨이 반 이상 있어야 하고, 귀나 꼬리는 3분의 2 이상 있어야 한다. 눈이 안 보이거나 3분의 2 이상 시력을 잃으면 안 된다. 절뚝거리지 않고 걸을 수 있어야 하며, 뿔이 부러지지 않아야 한다. 잘 먹고 잘 자라야 하고, 너무 마르거나 지나칠 정도로 비육한 것도 안 된다. 수컷, 암컷 모두 가능하지만, 외형적으로 건실한 어른 가축이어야 한다. 이슬람식 도살방법인 다비하dhabihah의 절차에 따른 희생이어야 한다.

축제 동안에는 새옷이나, 가장 좋은 옷을 입는다. 이드Eid 기도를 하기 위해 사람들은 다 같이 이드 가 모스크Eid Gah Mosque라 불리는 열린 광장 등 공공장소에 모인다. 부유한 무슬림은 감당할 수 있는 범위에서 가장 좋은 할랄 가축(낙타, 염소, 양)을 희생시킨다. 축제의 휴일 기간에 기도가 끝난 다음 제물로 쓴 고기를 나누어 준다. 첫날 이드 기도 전과 4일의 기도 후에는 필히 큰 소리로 탁비르takbir를 외운다. '알라후 아크바르'로 시작되는 탁비르는 번역하면 "알라는 가장 위대하시다, 알라는 위대하시다, 알라는 위대하시다. 오로지 알라 이외에 다른 신은 없다. 알라가 위대하시다, 알라가 위대하시다. 모든 찬양을 알라께 돌립니다"이다.

축제 기간에는 고기 말고도 마몰ma'amoul(양질의 거친 밀가루로 만든 버터 쿠키)과 사모사samosa(튀김 만두 비슷한 요리)를 만들어 먹으며 가족이나 친구들과 모여 즐거움을 나눈다. 희생 동물의 고기는 세 부분으로 나눈다. 가족이 3분의 1을 보유하고, 다른 3분의 1은 친척, 친구, 이웃에게 나누어 준다. 나머지 3분의 1은 가난한 사람들에게 베푼다. 이슬람 구호 단체들은 1986년부터 꾸르바니qurbani 또는 우디야udhiyah라 불리는 희생 제물을 기부받아 세계의 가난한 사람들에게 주는 사업을 하고 있다. 사정에 따라 가공육, 냉동고기, 통조림을 제공하기도 한다.

꾸르바니 고기를 받는 사람은 과부, 고아, 난민, 가난한 사람, 노인 또는 장애인이다. 꾸르바니를 통해 그들에게 희망을 주고, 가난한 사람들도 이드 알 하드하를 함께 기리도록 애쓰고 있다. 기부에 있어 양과 염소 1마리는 1꾸르바니, 소는 7꾸르바니로 정한다. 구호 단체들이 미리 희생 가축을 매입하는 자금을 해당 지역에 이체하고 있다. 이렇게 나누는 것은, 잘살든 못 살든 희생 축제를 통해 모든 무슬림이 고기를 먹을 수 있도록 해야 한다는 알라신의 위대한 배려라고 본다. 인도네시아에서 80만 마리, 터키에서 250만 마리, 파키스탄에서 무려 1천만 마리의 동물이 매년 희생되고 있다고 한다.

03 _ 아즈텍의 인신공희人身供犧

고기 문화를 거론할 때 참으로 불편한 진실이 인신공희이다. 인간이 인간을 살해하고 그 육신을 먹었던 문명사회가 있었다. 유럽이나 아시아에서 식인 제물은 구전으로 전해지는 그야말로 신화 같은 이야기였지만, 16세기 스페인 침략자들은 신대륙에서 금을 찾아 헤매는 도중 멕시코의 아즈텍이라는 나라에서 제단 위에서 공개적으로 산 사람을 죽여 대중과 함께 나누어 먹는 광경을 목격한 것이다. 인간을 제물로 사용하는 충격적인 모습이었다.

아즈텍은 13~15세기에 멕시코 중앙고원(해발 2,240m)에 있었던 문명국이다. 스스로 글쓰기 방법을 고안하였고, 정확한 달력을 썼다. 금속도구 없이도 웅장한 석조건물을 지을 수 있는 기술이 있었다. 농업 분야에서는 복잡한 관개수로를 만들어 다양한 농작물을 집약적으로 생산하였다. 전 세계의 곡물 가운데 60%가 500년 전 멕시코와 페루에서 경작된 농작물이다(찰스 밴 도렌, 2010, 55쪽). 수도는 테노치티틀란Tenochititlan으로 현 멕시코의 수도인 멕시코시티이다. 그들은 호수 안의 섬에 도시를 건설하였는데, 지금의 멕시코시티도 그 호수를 메워 확장한 도시이므로 매년 지반이 조금씩 가라앉는다고 한다. 당시 이 도시의 인구는 20만~30만이었다. 스페인의 코르테스는 1520~21년 아즈텍의 왕 몬테수아 2세가 이끄는 군사를 제압하여 왕국을 무너뜨렸다.

아즈텍의 찬란했던 영광의 옛 유물들이 남아있어 오늘날에도 많은 관광객이 찾고 있지만, 불과 500년 전에 이들이 사람을 죽여 제물로 썼다는 사실, 더구나 인육을 먹었다는 사실을 아는 여행객은 많지 않은 것 같다. 아즈텍인이 쌓아 올린 석조 피라미드(신전) 정상에서 제사장이 위칠로포치틀린 신과 틀랄록 신에게 산 사람을 제물을 바쳤다. 이것을 인신공양 또는 인신공희라고 한다. 몬테수아 왕이 스페인 침략자를 피라미드 신전에 초청하여 그들의 전통 의식을 보여준 것은 큰 실수였다. 침략자들이 그리스도의 이름으로 그들을 정복하고 약탈할 수 있는 명분을 주었기 때문이다.

이집트의 피라미드가 사후 세계를 기다리는 일종의 무덤과 같은 성격이라면, 아즈텍 피라미드는 신에게 가까이 다가가기 위해 쌓아놓은 제단이다. 멕시코를 방문하는 관광객들이 반드시 찾는 고대 아즈텍 도시의 하나가 멕시코시티에서 동으로 50km 떨어진 테우티우아칸이다. 이 고대도시에는 태양과 달의 신전 등 크고 작은 피라미드가 있다. 관광객들이 가파른 계단을 올라가 확 트인 고대도시의 모습과 주위 전경을 즐기는 곳이다. 이곳이 불과 500년 전에 사람이 제물로 살해된 장소였다는 사실을 기억하는 관광객은 많지 않은 것 같다.

아즈텍이 숭배한 신은 비의 신Tlaloc과 태양과 전쟁의 신(위칠로포치틀린)이다. 동서양을 막론하고 인류는 제사를 지낼 때 여러 제물을 썼다. 문명시대 이후 구대륙에서는 양, 염소, 소, 닭과 같은 동물을 제물로 썼지만, 아즈텍에서는 포로, 어린아이, 처녀를 제물로 바쳤다. 매년 전체 아이의 5분의 1을 제물로 바쳤다고 전해지고 있다. 2017년 피라미드 발굴 조사를 할 때, 지하에서 수많은 해골과 뼈가 발견되었는데, 그중 여성과 어린이 두개골이 많았다고 한다. 왜 신이 가장 좋아할 제물이 여성과 어린이였을까? 예쁘고 순진해서가 아니다.

제사장이 신께 바치기 위해 사람 제물을 대중 앞에서 희생한 이유가 무엇일까? 아직 풀리지 않은 수수께끼로 남아있어 학계에서도 논란에 있다. 제사장으로서의 지도자는 제물을 신전에 올려놓고 신께 용서를 빌고, 기원을 통해 대중에 대한 자기의 권력을 강화, 통치를 원활하게 하려고 했다. 당시 국가 존립과 관련해 가장 시급했던 사안은 인구 증가와 식량 부족이었다. 중부 아메리카는 탄수화물 부족보다는 단백질 부족, 곧 고기가 절대적으로 부족한 지역이었다. 왕은 인구를 줄여서라도 남은 백성에게 단백질을 제공하는 방안을 강구해야 되었다. 이웃 종족과의 전쟁에서 이기면 그 지역의 인구까지 줄여야 했다. 포로를 살해하면 식량 소비를 줄일 수 있지만, 포로를 죽여 고기로 활용하면 부족한 단백질을 보충할 수 있었다.

권력자(제사장)는 대중의 지지를 받기 위해 사람을 죽일 때는 반드시 신을 끌어들였다. 신께 용서를 빌고 신이 정당성을 해결해주는 살육의 장소가 피라미드 위 제단이었다. 왕의 생일이나 특정 축제 날에 제단은 열기로 가득하였다. 대중이 함께하기 때문에 서구인의 축제festival와 비슷하였다. 특히 주변 종족과 싸워 승리한 날에는 제례가 성대히 열렸다. 기록에 의하면, 하루에 2만~3만 명, 시간당 1천여 명의 포로가 제단에서 희생되었다고 한다.

1487년 이 광경을 목격한 스페인 사람의 기록에 의하면, 피라미드가 완공되던 날 많은 군중이 모인 가운데 8만 명이나 되는 포로들이 연속 살해되었으며, 죽을 차례를 위해 기다려야 하는 포로의 행렬이 끝이 보이지 않았다고 한다. 약간 과장되었다고 하더라도, 적어도 몇천 명의 포로가 제물로 희생된 것은 틀림없다. 또 이 죽음의 제물 의식이 한번이 아니라 주기적으로 이루어졌음에 놀라지 않을 수 없다. 당시 12개의 중소 규모 신전에서도 비슷하게 이 의식이 거행되었다고 하니 희생자 수가 얼마나 많은지 확인할 수 없다.

> 피라미드 정상에서 권력자는 묶인 사람의 가슴을 열고 아직도 움직이는 심장을 꺼내어 차크몰(심장을 올려 놓는 제단)에 올려놓고 틀락록 신께 제사를 지냈다. 희생자의 목을 잘라 피라미드 아래로 굴려

> 촘판틀리 제단에 쌓아놓고 전시하기도 했다. 나머지 몸뚱이는 아래로 굴려 군중에게 나누어 주었다. 피라미드 아래에서 지켜보던 백성들은 현장에서 피를 맛보았다. 그리고 시신을 조각내어 후춧가루와 토마토로 양념하여 국물로 끓여 옥수수와 함께 먹었다(마빈 해리스, 1995, 181쪽).

제물의 살해 방법도 다양했다. 희생자가 죽어갈 때는 저항해도 그대로 내버려 두었다. 여성은 의도적으로 느슨하게 묶은 상태에서 제단에 눕혔다. 몸부림치게 두면서 목을 잘랐다. 때로는 왕이 희생자의 살가죽을 벗겨 직접 입기도 하면서 제사를 집행하였다. 희생하는 방법은 말할 수 없이 잔혹하였다. 희생할 자의 육체에 화살을 찔러 벌집을 만들거나, 불에 지지기도 하였다. 포로는 맨몸에 무딘 칼 하나만 주고 전사와 겨루게 하여 살해되기도 했다. 이렇게 잔인하게 죽여야 피를 많이 흘릴 수 있었고, 피를 많이 흘릴수록 신에게서 더 큰 축복을 받는다고 믿었기 때문이다. 16세기 아즈텍 언어로 쓰인 비단 두루마기는 화신 역할을 한 여인의 죽음을 아래와 같이 기록하고 있다.

> 모든 포로를 도륙하고 난 뒤, 그제야 위시토슈아틀 여신의 화신 차례가 된다. 여자를 피라미드 신전의 제물상 위에 눕힌다. 그들은 여자를 꼼짝 못 하게 잡고는 사지를 쭉 뻗게 하고 젖가슴을 치켜 올려 등을 활처럼 휘게 한다. 그리고 머리는 땅 쪽으로 쭉 늘어뜨리게 한다. 이윽고 그들은 물고기 모양을 한 날카로운 칼, 양면에 모두 가시가 돋친 물고기 칼의 주둥이로 여자의 목을 세게 눌러 구멍을 뚫는다. 그리고는 도살자가 다가선다. 여자의 가슴을 찔러 열어젖힌다. 가슴을 열어젖히자 피가 높이 솟아오른다. 마치 뜨거운 물이 끓듯

피가 왈칵 솟구쳐 멀리까지 쏟아진다. 그런 다음 그는 여자의 심장을 뜯어내어 초록색 단지 안에 담는다(마빈 해리스, 1995, 165쪽).

16세기 초 브라질 해안에서 난파당한 독일인 선원 한스 슈테텐의 목격담도 있다.

인신공희를 하는 날, 밧줄로 묶인 포로가 광장으로 끌려 나온다. 포로의 죽음을 집행할 사람이 깃털로 짠 긴 망토를 입고 나타난다. 포로에게는 이리저리 피할 수 있을 만큼의 자유가 허용된다. 때로는 곤봉까지 주어서 자신을 보호할 수 있게 하되, 공격은 하지 못하도록 한다. 마침내 포로의 머리통이 박살이 나면, 모두가 일제히 소리를 지르고 휘파람을 분다. 포로에게 그 억류기간 동안 여자를 제공했을 경우는, 그 여자는 다른 사람들과 함께 인육 잔치에 한몫 끼기에 앞서 죽은 자의 몸에 눈물을 뿌리는 것으로 되어있다. 이에 앞서서 말한 노파가 달려들어 따뜻한 피를 마시고, 아이에게 피맛을 보게 한다. 죽인 포로의 몸은 넷으로 토막 내어 바비큐 구이를 했고 그동안 사람고기 먹는 데 가장 열심이었던 노파들은 고기 굽는 석쇠 구실을 하는 막대기에서 뚝뚝 떨어지는 기름기를 핥아 먹는다(마빈 해리스, 1995, 167~68쪽).

사람 제물은 도축 전 가축과 같은 존재였다. 산 제물을 획득하기 위해서는 다른 부족을 공격하여 적이 다치지 않게 생포해야만 했다. 생포해야 두고두고 천천히 제물로 사용할 수 있기 때문이다. 이와 같은 전쟁을 꽃 전쟁이라고 부른다. 꽃 전쟁은 일반 전쟁과 목적이 다르다. 신에게 제물을 바치기 위한 생포 전쟁이다. 적을 생포해야만 하는 그들의 전쟁 습관 때문에 훗날 스페인 정복자와 싸울 때도 혹독한 대가를 치러야 했다. 코르테스 군대는 닥치는 대로 아즈텍 군사를 죽였지만, 아즈텍 군사가 보기에는 그러한 행위가 제정신이 아니었다고 생각했을 것이다.

꽃 전쟁에서는 사로잡은 포로를 신전 위로 올리기 전 일정 기간 옥수수로 잘 먹여 살을 찌웠다. 때로는 여자와 성관계도 할 수 있도록 기회를 주었다. 편안하게 지내고 먹여 살을 찌우게 한 것이다. 당연히 살찐 제물이어야 고기량이 많기 때문이다. 그러나 희생의 날에는 말할 수 없는 고문과 확대로 서서히 살해했다. 고통과 잔인성이 증가할수록 신이 기뻐하리라 생각했다. 포로에 대한 잔인성을 보여줌으로써 대중에게 전쟁에 대한 경각심을 알리는 목적도 있었을 것이다. 패배하면 저렇게 당한다는 본보기이다. 군중은 고통스럽게 죽어가는 희생자에 대한 증오와 애정을 동시에 접하면서 신이 허락한 육신을 먹었다.

포로가 신전의 제단 위에서 전사에게 저항하도록 하는 행위는 로마 시대의 검투사를 연상시킨다. 로마 황제는 전승기념으로 개선문을 건립하고, 콜로세움에서 살육의 축제를 벌였다. 제왕들의 통치수단의 일환이라는 점에서는 같으나, 차이점이 있다면 사람을 고기용 가축처럼 취급했느냐 여부이다.

유사 이래 세계 어느 곳에서나 제물이 신께 올려졌다. 우리나라도, 일본도 예외는 아니다. 제물로 쓰기 위해 생명체를 희생하고, 이런 의식을 통해 백성에게는 자기 소망을 기원하고, 권력자에게는 통치행위가 강화되었다. 살해된 제물(고기)은 민중에게 재분배되었다. 문명화된 사회에서는 동물을 희생시켜 재분배하였지만, 왜 아즈텍 문명에서만 인육을 재분배하였는지 학자마다 의견이 분분하다.

가장 유력한 학설은 인구 증가에 따른 고기의 절대적 부족이다. 인간 욕망의 근원인 고기가 부족하면 나라의 통치 기반까지 흔들린다. 이를 해결하기 위해 필연적으로 이웃과 전쟁을 벌여 인구를 줄여야 했고, 식량과 인력을 약탈해야만 했다. 포로나 전쟁 중의 고아는 없애야 했다. 그렇지 않으면 자국의 어린 소녀나 가임 여성을 죽일 수밖에 없다. 전쟁에서 승리해 옥수수, 포로(인력), 금은보화와 여자를 얻을 수는 있었지만, 고기는 얻을 수 없었다. 유럽에서는 포로를 노예로 하여 고기를 생산할 노동력으로 활용할 수 있었지만, 아즈텍에서는 포로를 활용해 고기를 생산할 수가 없었다. 가축이 없었기 때문이다. 그러하니 포로를 희생하여 동물성 단백질로 공급하는 것이 더 효율적이었다.

마이클 하너의 주장에 따르면, 멕시코 지역은 빙하기 이후 대형 초식동물이 멸종되었고, 개와 칠면조만 남아 있었다고 하였다. 이들은 풀이 아닌 곡류를 먹어야 하는 동물이기 때문에 인간과 먹이사슬의 경쟁 관계에 있었다. 이들을 길러 단백질을 얻으려면 고기의 5~8배 가까운 곡류를 먹여야 한다. 따라서 아즈텍인은 농사를 지어 얻은 콩과 옥수수를 개나 칠면조에게 먹여 고기를 얻을 수가 없었다. 매우 비효율적인 식량 조달 방법이기 때문이다.

아즈텍인들의 식품 목록을 보면, 주식인 옥수수, 감자, 채소, 과일 외에 개와 칠면조, 토끼, 물고기, 물새, 들새, 방울뱀, 쥐, 아르마딜로, 각종 벌레, 곤충의 알 등 다양한 동물성 단백질원이 있었다. 뒤집어 말하면, 곤충 알까지 먹을 수밖에 없을 정도로 인구 증가에 따른 단백질의 부족이 심각하였다는 증거이기도 하다.

마빈 해리스에 의하면, 테노치티틀란의 반경 20마일 내에 거주하는 백만 명에게 분배할 수 있는 짐승의 고기와 생선, 새의 고기는 1년에 1인당 몇 그램에 지나지 않았다. 단백질의 절대 부족은 개인의 생존과 국가의 존립에 위협적인 문제였다.

더욱 문제가 된 것은 다른 정복지에서 잉여 곡물을 가져와 개나 칠면조를 키우려 해도 이를 운반할 수단이 사람의 등짐밖에 없었다. 효율적인 운송수단인 바퀴 문화가 없었다. 일꾼이 왕복하면서 먹는 곡물의 양이 테노치티틀란에 도착하는 양보다 더 많을 수도 있다. 전쟁은 옥수수 수확 철인 건기에 수행되었다. 충분한 양식이 있어 포로를 잡아 살찌우기에 좋은 계절이다. 적국에 쳐들어가 곡물을 약탈하여 포로에게 먹이고, 남은 옥수수를 등짐에 지워 수도로 옮기는 일석이조를 행할 수 있었던 것이다.

아즈텍인이 인육을 먹은 다른 이유가 있다고 주장하는 학자도 있다. 당시 테노치티틀란은 호수 위에 자리 잡고 있어 풍부한 수산 자원이 있었고, 이미 개, 토끼, 칠면조, 오리를 가축화하였으며, 세계 어느 나라도 식육 부족이 바로 식인으로 연결된 사례가 없다는 것이다. 곧 이들은 고기와 상관없이 식인을 즐겼다는 것이다. 어떤 학설이 맞는지 모르지만, 20만 이상의 인간이 인육에 옥수수를 넣어 즐긴 것은 신이 허락한 음식이자 생존을 위한 음식이었기 때문이다. 이는 종교적 행위가 동반된 통치행위의 산물이기도 하였다. 이같이 아즈텍인의 식인 풍습은 포로를 노예로 삼는 것보다 죽여서 고기로 활용하는 것이 정치·경제적으로 더 효율적이고 이익이 되었기 때문이라고 볼 수 있다.

아즈텍인의 식인 풍습은 충격적이다. 그러나 그리스·로마나 구약에 나타난 것처럼 문명 시대 이전에는 인육 제물이 성행했음을 알 수 있다. 중국도 진나라 이전에는 인신 공양이 있었고, 순장이 청나라 초까지 있었다. 로마 시대에는 인신공희가 없었지만, 미개척 오지에는 남아있다가 사라졌다고 전해지고 있다. 불과 2천 년 전의 일이다. 스페인 정복자들은 아즈텍인의 인신공희의 충격으로 그들을 문명화하였다고 자화자찬하지만, 그들이 신대륙에서 벌인 정복 전쟁에서 죽인 1,900만 명의 원주민들을 생각하면 그들의 만행도 인신공희에 못지않다고 인류학자들은 전한다. 행위의 근원적 동기는 육식에서 출발하였고, 인간의 절제되지 못한 욕망이 있어서는 안 될 화를 불렀다.

04 _ 마야의 치첸이사Chichen Itza

마야문명은 마야족을 비롯한 인디언들이 멕시코 남부 유카탄반도와 과테말라 북부에서 이룩한 문명이다. B.C 3천 년경 북아메리카에서 남진한 원주민들이 이곳에 정착하여 나라를 세우고 300~900년 사이 부흥하였으나 10세기경에 멸망하였다. 그러니까 아즈텍보다는 남쪽 지역에서 먼저 발원하여 부흥하였다. 아즈텍을 포함하여 지역 국가들의 통치 수단과 생활 습관은 서로 비슷하다고 볼 수 있다.

열대 정글에 형성된 치첸이사, 팔란케, 옥스말, 야수칠란, 티칼 등 여러 고대 마야 도시가 오늘날에는 밀림 속에 폐허 상태로 남아있어 옛 영화는 사라지고 관광객만 북적이고 있다. 멕시코에서 관광객이 많이 찾는 관광지는 유카탄반도 끝에 있는 칸쿤Cancun이다. 맑은 바다와 초현대식 호텔, 위락시설이 있어 세계의 수많은 관광객이 모여드는 곳이다. 전에 칸쿤을 방문할 기회가 있었다. 해변을 따라 고급 호텔이 즐비하게 있었다. 우리가 묵었던 호텔의 시설도 훌륭했고 종업원의 서비스도 좋았다.

호텔에서 제공하는 1일 투어 상품이 있어 마야 도시 치첸이사를 선택했다. 마야문명과 치첸이사에 대해 사전에 공부하지는 않았지만, 아즈텍의 식인 문화가 있었다는 사실을 이미 알고 있어서 꼭 가고 싶었던 곳이다. 치첸이사 가는 길은 열대우림이 가득하였다. 휴게소의 기념품 가게에는 조각이나 천에 그려진 재규어 왕좌나 챠크몰이 있어 마야문명을 알리고 있었다.

치첸이사는 마야문명의 대표적인 도시이다. 칸쿤에서 내륙으로 약 200km 떨어져 있어 자동차로 두세 시간 소요되는 곳이다. 치첸이사는 마야 도시 중에 가장 큰 도시였다고 하지만, 지금은 석조 유적물만 남아 있어 '잊혀진 신의 도시'라고 불리고 있다. 이 도시는 이집트의 피라미드와 같은 석조 양식이 있는 곳으로 잘 알려져 있다. 치첸이사는 멕시코 유적지 중 관광객들이 가장 많이 찾는 곳이라는데, 이는 유카탄반도 끝 세계적 휴양지인 칸쿤 때문이 아닌가 생각된다.

치첸이사는 마야어로 '이트사의 우물의 입 앞에'라는 뜻이다. 이곳은 석회암 지대이다. 땅 꺼짐 현상으로 푹 파인 큰 우물(세노테)이 많이 있고, 수중 동굴이 지하에 서로 연결되어 있다고 한다. 농경 사회에서 물은 생명의 젖줄이고 제국의 존립에 필수 요건이다. 안내자가 석조건물 모서리에 비의 신이자 농업의 신인 차크가 장식되었다고 설명하였다. 여러 물웅덩이 중에 어느 세노테Cenote(성스러운 우물)는 관광객이 수영할 수 있도록 개방되었고, 홀 안쪽 공간에 무대를 만들어 각종 공연을 하고 있었다.

1911년 발굴 당시 어떤 우물인지는 모르지만, 21구의 어린이, 13구의 성인 남자, 8구의 성인 여자 뼈가 발견되었다고 한다. 마야인들은 이곳을 차크 신이 살고 있는 곳으로 믿었으며, 여기에 인간 제물을 던져 넣었다. 이 신성한 우물터는 신의 품이었다. 아이러니컬하게도 오늘날에는 그 신의 품이 수영장과 관광객을 위한 쇼 무대로 변해 있다. 인류학자들은 세노테가 지하 수중 동굴로 중심부에 우뚝 서 있는 피라미드 내부까지 연결되었을 것으로 믿고 있다.

치첸이사의 대표적 상징물은 엘 카스티요El Castillo이다. 다른 말로 '쿠쿨칸의 신전'이라고 부르는 이 피라미드는 밀림 속에 원형이 잘 보존된 상태로 우뚝 솟아 있어 관광객이 가장 많이 찾는다. 쿠쿨칸이란 마야인이 풍요의 신으로 믿었던 뱀 신을 말한다. 치첸이사에 널려진 여러 석조물 처마 부분이나 끝부분에 쿠쿨칸을 장식한 모습이 눈에 자주 띄었다. 피라미드식으로 우뚝 선 엘 카스티요는 45도의 급경사에 365개 계단이 있으며, 높이가 30m이고 그 위 정상 6m에 신전이 있다.

이곳은 사방에 널려진 세노테 중앙부에 자리를 잡은, 우리식으로 말하면 명당이다. 여기는 하늘과 땅을 연결하는 곳에 엄청난 돌을 운반하여 조밀하게 쌓아 올린 마야인의 걸작품이다. 천문天門과 조화를 이루는 돌계단을 사람의 힘으로만 쌓아 올린 것이다. 꼭대기에 신전이 있고, 제사장(권력자)이 지상의 인간과 하늘의 신을 연계하여 자신의 권력을 강화했던 곳이다.

아즈텍과 마찬가지로 권력자는 이곳에서 비의 신에게 인간의 피를 바쳤다. 전에는 관광객이 가파른 경사의 계단을 밟고 신전까지 갈 수 있도록 허용되었으나, 내가 방문했을 때는 문화재 보호 차원에서 등정을 금지한다고 하였다. 치첸이사에는 엘 카스티요 말고도 규모가 작은 피라미드 석조물이 많이 있었고, 관광객들은 돌계단을 따라 올라갈 수 있도록 허용되었다. 내가 정상까지 올라가 본 피라미드 신전은 모두 텅 비어 있는 공간뿐이었지만 말이다.

엘 카스티요 정상의 신전에는 제물의 방과 희생의 방이 있었다고 한다. 제물의 방에서는 흑요석, 산호와 같은 보석과 인간의 유해가 담겨 있는 상자가 발견되었다. 희생의 방에는 벽에 기대어 있는 사람의 뼈가 발견되었다고 한다. 희생이 치러지는 신전에는 마야 시대 여러 도시에서도 발견되는 왕의 의자(재규어 왕자)와 차크몰Chacmool이 있었다. 재규어는 얼룩 반점이 있는 고양이과 동물로, 마야의 지도자를 상징했다. 차크몰은 다리가 굽혀져 있고, 등 쪽으로 누워 있으며, 배 위에 접시를 얹은 독특한 모양의 제단 조각상을 말한다. 사람의 가슴을 흑요석으로 찔러 심장을 꺼내어 차크몰 접시 위에 올려놓는 일종의 제단이다.

흑요석은 석기 시대부터 부싯돌과 같은 도구를 만드는 데 사용되었다. 흥미롭게도 오늘날 심장 수술에 쓰는 메스도 흑요석을 사용한다고 한다. 잘 연마된 흑요석은 두께가 3나노미터에 불과한 아주 예리한 칼날이 된다. 마야는 흑요석 칼날로 심장을 파냈고, 현대인은 이를 심장 수술에 쓰고 있다. 아무튼, 마야는 아즈텍처럼 하루에 수많은 포로를 죽이지는 않았지만, 종교 의식으로 천체 우주와 태양신에게 인간을 제물로 썼고, 그의 펄펄 뛰는 염통과 피를 바쳤다는 점에서 다를 바 없었다.

피라미드 옆으로 조금만 이동하면 직사각형의 운동장이 보인다. 마야인의 공놀이 경기장인 펠로타Pelota이다. 펠로타는 벽을 향해 공을 튀겨 상대방을 공격하는 스페인의 바스크 지방의 스포츠에서 유래했다. 마야인의 펠로타는 손과 발을 사용하지 않고 무릎, 엉덩이, 팔꿈치만으로 농구 골대 같은 지름 30cm의 석조 구멍에 공을 넣는 경기다. 치첸이사를 방문한 관광객들에게 고대 마야인의 펠로타 경기를 시범으로 보여줬다. 축구에 익숙한 나는 손발을 사용하지 않고 공을 다루는 모습이 활력적이지 못하다는 느낌을 받았다.

그러나 경기 종료 후 그들이 이어서 하는 의식은 무시무시했다. 마야 시대 치첸이사에는 13개의 공놀이 경기장이 있었다고 한다. 그중 엘 카스티요 옆에 있는 경기장은 세로 70m 가로 168m의 크기로 잘 보존되어 있었다. 펠로타는 단순 운동경기가 아니다. 그들에게는 신의 영광을 위한 운동경기이지만, 종료 후 필히 살육이 이어지는 피의 의식이었다. 경기에서 승자는 신에게 영광을 돌리기 위해 어김없이 목이 잘려야 했다. 승리한 팀 선수의 심장을 신전에 바치고, 유족에게는 명예와 부를 주었다.

경기장 둘레에는 높이 8m, 길이 95m의 석조 벽이 있고, 각종 조각 그림이 새겨져 있었다. 벽의 중간에는 날개 달린 뱀(깃털 달린 뱀)들이 똬리를 틀고 있는 모습이 새겨져 있고, 벽 기단부에는 공놀이 경기 선수들을 묘사한 석조 부조가 조각되어 있다. 한 부조에는 목이 잘린 선수가 그려져 있는데, 이 선수의 목 부위에서는 뱀의 형상을 한 피가 뿜어져 나오고 있다. 경기장 주변에는 해골이 새겨진 장식 벽돌이 차곡차곡 쌓인 제단이 보였다. 해골 제단이라고 불리는 쏨판틀리Tzompantli다. 공놀이 경기에서 진 선수들의 목을 잘라 올려놓기도 하고, 전쟁에서 잡은 포로들의 목을 잘라 꿰어 올려놓았던 곳으로 추정된다.

마야 문화도 아즈텍과 비슷하게 극도의 잔인성을 보여주는 현장이었다. 아즈텍의 수도 테노치티틀란에서 해골들을 수평으로 꿰어 전시해놓았던 것과 비슷하다. 신과 권력, 공포와 경외, 유희, 삶과 죽음, 희생과 제사라는 단어들이 복잡하게 떠올랐다.

학자들에 의하면, 마야는 철기와 수레 문화는 없었지만, 천문학, 건축술, 수로, 달력, 수학, 농업이 발달한 문명국이었다고 한다. 그들의 문화는 9세기에 절정에 이르렀으나, 이후 100여 년 사이에 인구의 90%가 줄어들면서 역사 속으로 사라졌다. 1100년대부터 서서히 몰락하였지만, 정확히 언제 왜 사라졌는지는 알 수 없다. 1527년 스페인의 정복자들이 도착했을 때는 여전히 몇몇 마을에 사람이 거주하고 있었지만, 제국의 석조건물들은 밀림에 덮여 있었다고 한다. 그들은 상형문자를 썼지만, 스페인 정복자들에 의해 대부분 파괴되었다. 인류학자들은 연속된 가뭄 때문에 세노테마저 말라붙어 소멸에 이른 것으로 조심스럽게 결론을 내리고 있다.

그곳 토양은 석회로 이루어져 있어 비가 내려도 바로 물이 지하로 빠져버린다. 또 지층 구조로 인해 땅 꺼짐 현상이 많고, 거기에 물이 고이는 시노테가 형성된 것이다. 평상시의 강우량도 적지 않아 물 빠짐이 있어도 시노테에서 생명수를 얻을 수 있었다. 그러나 연속된 가뭄으로 시노테마저 말라버리게 되면 생존 자체가 불가능할 것이다. 마야의 쇠락은 인류학자들에게 아직도 미스터리이다.

05 _ 잉카문명과 가축

잉카Inca는 남미의 에콰도르, 페루, 볼리비아, 칠레 북부지역에서 번성했던 고대 국가이다. 잉카는 서기 1200년경 국가를 형성하였다가 1572년경 역사에서 사라졌다. 원주민들은 안데스의 고원과 골짜기의 가파른 경사지에 옥수수, 감자, 호박, 땅콩, 목화 등을 재배하고, 라마와 알파카를 키우며 살았다. 잉카는 부족들끼리의 조약 형태로 유지된 제국으로, 태양신, 번개신, 창조신 등을 숭배하였다. 안데스 고원에 있는 쿠스코Cusco는 옛 잉카의 수도이자 그 문명의 중심지이다. 페루의 수도 리마에서 국내선 비행기를 타고 안데스산맥 남동으로 1시간 20분쯤 가면 나타나는 해발 3,600m의 고원 도시이다. 그곳에는 삭사이만, 마추픽추, 코리칸차, 나스카라인 등 놀라운 유적지가 즐비하다.

보통 잉카라고 하면 미스터리 고공 도시인 마추픽추를 많이 떠올릴 것이다. 마추픽추 자체가 워낙 신비한 상태로 남아있어 상상하기를 좋아하는 사람들은 스페인 침략자를 피해 숨어들어왔다든지, 스페인인에 의해 멸망했다는 등 추측성 이야기를 펴지만, 모두 사실이 아니다. 확실한 것은 이 고공 도시가 어느 순간 갑자기 사라졌다는 것이다. 마추픽추 고원에서 그 아래 계곡을 내려다보면 우루밤바강 줄기가 까마득하게 보인다. 그 강을 따라 지나가는 누구도 저 높은 산꼭대기에 도시가 있을 것이라 생각하지 않았다. 숨겨진 천연 요새와 같은 곳이다.

마추픽추 기행은 쿠스코에 여장을 풀고 시내 중앙의 아르마스 광장을 가는 것으로 시작된다. 광장 가까운 곳에 잉카의 석조 기술을 자랑하는 돌담이 있다. 12각 돌을 빈틈없이 끼워 쌓아 올린 축대다. 돌끼리 음양의 홈을 만들어 단단하게 결합해 쌓았기에 어떤 충격에도 견딜 수 있었다. 잉카를 무너뜨린 정복자들은 아르마스 광장의 '태양의 신전'(코리칸차)을 허물고 성당을 지었다. 자기들 조상이 모스크를 허물고 세비아대성당을 세운 것처럼. 1950년에 지진이 여기를 강타했는데 잉카인이 쌓은 기반부는 멀쩡한데, 스페인이 지은 산또 도밍고 성당은 무너져 버렸다. 이들의 석조 기술에 현대인조차 놀랐다.

쿠스코에서 차로 15분 가는 거리에도 잉카 석조 기술의 진수를 보여주는 삭사이만 유적이 있다. 적의 침입에 대비한 성벽으로 알려졌지만, 1980년대 발굴에서 미라가 발굴된 것으로 보아 신께 제물을 드리는 신전일지도 모른다는 설이 더 유력하다. 엄청난 크기의 돌과 면도칼 하나 들어가지 않는 완벽한 이음으로 축조한 요새이다. 성벽은 길이 11.6m, 높이 5.5m, 두께 2m이다. 유난히 눈에 띄는 큰 돌은 높이 8.5m에 무게가 360톤이 된다니 경이로울 뿐이다.

보통은 계단을 오르는데도 호흡이 가쁘고 어지러운데, 이러한 조건에서도 큰 돌을 옮기고 쌓는 불가사의한 공사를 잉카인은 해낸 것이다.

그들의 폐활량은 다른 종족들보다 3배 이상 좋았다고 한다. 다른 종족들보다 심장 박동 속도가 느렸으며, 혈액도 2리터 이상 많았고, 피에서 산소를 나르는 헤모글로빈 수치 또한 두 배 이상 높다고 한다. 그러나 여기는 고도 3,600m의 쿠스코보다도 높은 곳이어서 조금만 움직여도 숨이 차다.

쿠스코에서 자동차로 두어 시간 달려 조그마한 역(오얀타이참보)에서 기차를 타고 우루밤바강을 따라 종착역(아구아스 칼리엔테스)에 도착하여 다시 셔틀버스를 타고 20분 정도 산 정상으로 지그재그로 올라가면 마추픽추가 나온다. 이미 사진으로 본 광경이지만, 누구나 입을 다물지 못한다. 특히 인상 깊은 것은 돌계단 사이로 흘러 떨어지는 물소리이다. 마추픽추인들은 암벽을 파서 수로를 개설, 365일 그치지 않고 마을 전역에 물이 흐르도록 하였다.

도시에서 물과 식량은 생명줄이다. 스페인 그라나다의 아람브라 궁전의 사치스러운 물보다는 요르단의 패트라의 물처럼 생존을 위해 외부에서 물을 끌어온 것으로 보였다. 마을 중앙에는 태양의 신전이 있었고, 거기의 가장 높은 곳에는 약 1m 높이의 네모난 돌기둥이 있었다. 인티와따나라고 하여 께추아어로 태양을 묶어두는 기둥이라는 의미인데, 잉카인은 태양이 죽어 다시 떠오르지 않는 날을 걱정해서 잡아두려고 했다고 한다.

학자들에 의하면, 마추픽추 마을은 규모로 보아 최대 600~1,000명까지 거주할 수 있다고 한다. 주민들은 고공 도시 주위 가파른 경사지에 계단식으로 돌을 쌓아 밭을 일구었다. 다행히 이곳은 연간 강우량이 1,800mm로 풍부하여 물 걱정 없이 농사를 지을 수 있었다. 수확한 농산물은 꼴까라는 식량 창고에 저장하였다. 저장고에서는 돌 위에 수확물을 얹고 그 위를 민트 잎으로 덮어 오랫동안 신선도를 유지했다.

나는 고기 식품이 전공이기 때문에 이와 관련이 있는 역사적 사실에는

눈이 번쩍 띈다. 이곳에서 어린이와 처녀의 유골 33구가 발견되었다고 한다. 그 80%가 여자였다. 왜 어린아이와 처녀의 유골만 발견되었을까? 살아있는 자들을 제물로 바쳤음을 유추할 수 있는 증거라 생각해 본다. 어떻게든 살아야만 하는 인간사회를 위해 신에게 바친 희생양이었을 것이다. 고공 도시 주위는 급경사지여서 계단식 밭을 많이 일구었지만 생산되는 식량은 한정적일 수밖에 없다. 인구가 늘어나면 이에 맞추어 식량을 공급할 수가 없다. 그러면 어떻게 해야 하나? 신의 이름으로, 신의 허용 아래 인구를 조절하는 것이다. 가임 여성과 어린이가 제물이 된다. 이런 상상이 머리에서 떠나지 않았다.

잉카의 인신공희

잉카는 아즈텍처럼 인신공희人身供犧가 성행한 국가이다. 그들은 어린아이를 제물로 바침으로써 미래에 닥쳐올 재난을 막고 지배력을 공고히 할 수 있었다. 매년 피지배 부족으로부터 받는 공물에도 어린아이가 포함되었다. 권력자에게는 인신공희가 꼭 필요했을 것이다. 그들에게는 카파코차capacocha라고 하는 종교적 살생 의식이 있었다. 창조주인 비라코차와 그의 아들 태양신 인티를 위해 아이들을 선발하여 1년간 잘 먹이고 재운 뒤 신에게 바치는 의례이다.

16세 정도의 처녀도 효험이 있지만, 주로 10세 전후의 여아들을 선호하였다. 몸에 점 하나 없는 예쁘고 깨끗한 아이가 선택되어 극진한 대접을 받다가 축제 때 목을 졸라 죽이고는 맥박이 뛰는 심장을 꺼내 신에게 바치고 피를 신상에 바르거나 뿌렸다. 쿠스코의 코리칸차 태양 신전의 준공식에서는 잘 차려입은 어린이들을 교살하여 신전 바닥에 묻었다. 매일 아침 코리칸차에서 야마를 제물로 바쳐 피를 뿌리고 사지를 갈라 불태웠다.

손수 기른 야마나 알파카도 바쳤다(권병조, 2003).

잉카의 인신 공양법도 아즈텍처럼 잔인했다. 살아있는 아이들을 몽둥이로 때려죽이거나 얼어 죽게 하기도 하였다. 때로는 동굴에 가둬 죽였다. 잔인하게 생명줄이 끊긴 제물이어야 신이 기쁘다고 했을까? 미스터리한 광경이지만 사실이었다. 한 곳에서 2~3구의 미라가 동시에 발견되기도 했다. 이런 방식으로 대략 연간 수백 명의 어린이를 희생시켰다고 한다. 국가적 재난이 벌어지거나 새로운 왕의 즉위식 같은 특별한 날에는 수백 단위로 어린이를 바치곤 했다. 축제 때는 아이들을 신상 주변을 걷게 한 다음 죽였다.

또 다른 인신 공양은 왕의 장례 때 행하는 순장이다. 장례식에 앞서 왕과 함께 저승길을 동행할 사람을 왕의 부인과 자식, 신하, 하인 중에서 골라 목 졸라 죽였다. 그리고 왕의 명령으로 제국의 전역에서 500쌍의 남녀 아이들을 뽑아 예쁜 옷을 입히고 상징적으로 결혼을 시킨 다음 전국을 다니며 한 쌍씩 생매장하여 저승으로 간 왕을 시중들도록 하였다. 잉카를 전성기로 이끈 9대 파차쿠티 왕의 장례식에서는 약 1천 명의 어린이를 둔기로 때려죽여 파묻는 인신공희가 있었다고 한다.

잉카 제국이 완전히 몰락한 뒤, 잉카의 망코 왕을 따르는 가신들이 스페인군의 추격을 피해 도망쳐 세운 임시정부가 빌카밤바(에스피리투 팜파)이다. 이 유적지에서도 어린이 인신 공양의 흔적이 발견되었다. 신께 깨끗하고 신성함으로 여겨지는 어린 생명을 국가 안전, 왕의 삶과 죽음, 권력 유지를 위해 거리낌 없이 공양한 것이다.

제물은 집단의 생존이나 권력자의 통치 강화를 위해, 신의 허락이라는 명분 아래 살해를 정당화한 의식의 산물이다. 원시시대는 살생에 대한 죄의식에서 용서와 변명으로 신께 빌었지만, 인구가 늘어나 사회가 커 갈수록 지도자의 권력 강화가 필요했다. 소중한 생명을 희생하여 피가 흘리는 모습을 보여줌으로써 신이 더 즐거워한다는 명목으로 잔인성이 가중되었다. 사람의 이빨을 꿰어 만든 목걸이를 차고 해골 잔을 들어 백성에게 무한한 권력을 보여줘 감히 엿볼 수 없는 두려움으로 사회를 통치하려 했다.

독재자든 왕이든, 지도자는 대중의 안녕과 복지를 살펴야 한다. 대중이 요구하는 기본은 안정된 삶, 굶지 않는 삶이다. 잉카 주변의 안데스는 오늘날 인류가 먹을 수 있는 곡류의 50% 이상이 자생한 원산지이다. 감자, 고구마, 옥수수, 토마토, 오이, 딸기, 고추, 밤, 땅콩, 호박, 파인애플, 콩, 카카오, 바닐라, 파파야 등이 있었다. 그래서 잉카인도 인신 공양을 하였지만, 마야나 아즈텍과 같이 그 고기를 취했다는 기록은 없는 것 같다. 인신 공양을 통해 단백질을 보충하지 않았다는 이야기이다. 인신 공양이 단백질 공급보다는 권력의 강화와 국가 안전에 더 무게를 두었는지 모른다.

쿠스코 외에 고도 6,000~6,700m의 산꼭대기에서도 어린아이 제물이 많이 발견되었다. 고도가 높을수록 태양이 더 가깝기 때문에 거기에서 의식을 치르고 제물을 바쳤다. 1999년, 유야이야코 정상(6,712m)에서도 소년 소녀 미라 3구가 발견되었다. 미라를 분석한 결과, 사망 전 1년까지 고기와 옥수수로 잘 먹였다고 한다. 제물용으로 어린아이를 선발하였거나 정복 지역의 부족에서 강제로 데려 왔을 것이다. 전쟁의 속성이 다 그렇지만, 잉카 부족 간의 잔혹성은 패배한 자에게는 원한으로 남아 훗날 스페인 침략자를 도와 잉카 제국을 무너지게 하는 역할을 하였다.

인간이 생존하기 위해서는 반드시 단백질이 필요하다. 잉카에서도 단백질이 절대 부족하였다. 구대륙에서는 가축을 농경에 이용함으로써 곡물 생산을 늘리고, 그 가축을 도살한 고기에서 단백질을 얻었다. 식량 생산을 위한 동물 자원의 선순환이다. 그러나 아메리카 대륙에는 가축화할 동물이 거의 없었고, 그나마 몇 종 안 되는 동물들도 가축화하는 데 실패했다. 농작물을 경작하고, 바퀴를 이용한 수레를 만들어 효율적으로 농경에 활용할 가축이 없었다. 식량 생산의 선순환이 막혀 있었다.

잉카에는 덩치가 큰 동물은 라마와 알파카이다. 이들은 소목 낙타과에 속하는 포유류로써 안데스산맥의 고지대의 초원이나 숲에서 작은 무리를 이루며 산다. 라마는 몸길이 1.2m, 어깨높이 1.2m, 몸무게 70~140㎏ 정도다. 머리는 낙타를 닮았고, 귀는 길고 끝이 뾰족하다. 천성적으로 온순하지 못해 수레를 끌거나 말처럼 사람이 올라타기를 거부하며, 빨리 이동하지 못한다. 유럽의 소나 말처럼 집에서 가두어 기르기는 더욱 불가능하였다. 화가 나면 등에 짐이 있든 없든 땅에 나동그라져 뒹굴며 고약한 냄새가 나는 침을 뱉기도 한다. 피곤하거나 짐이 많으면 누워서 일어나지 않는다. 소, 말처럼 사람이 타거나 수레를 끌기엔 힘이 약한 동물이다. 초식동물이기 때문에 사람과 먹이 사슬의 경쟁자가 되지 않을 뿐이다. 그리고 해발 5,000m에서도 50~90kg의 짐을 지고 하루 25km 걸을 수 있는 동물이다.

알파카도 낙타과의 비쿠냐속 포유류로 라마보다는 덩치가 작다. 털을 이용하기 위해 기르는 동물이다. 알파카도 혈액의 산소 운반 효율이 높아 산소가 부족한 고산 지대에 살기에 적합하다. 어린 알파카는 고기로 먹기도 한다. 털은 양털보다 가늘고 곧아 따뜻하고 부드러운 직물을 짜는 데 유용하다. 해마다 한 차례 털을 깎는데 3.1kg 정도까지 털을 얻을 수 있다. 알파카도 덩치가 작을 뿐 아니라 라마와 비교해 허리가 약해 탈것이나 짐꾼으로 이용하지 못한다.

잉카인은 이 동물들을 가축화하는데 실패했다. 오직 짐을 나르고, 도태

된 것만 고기로 활용했다. 춥고 건조한 날씨에 고기를 말려 저장하였다. 오늘날 영어권의 저키jerky도 잉카인의 말린 고기 차르끼charqui에서 유래하였다. 그나마 다행인 것은 잉카에는 아즈텍에는 없는 라마나 알파카 같은 초식 동물이 있었다는 것, 이를 고지대의 경작이 불가능한 척박한 초원에서 기를 수 있다는 것이었다.

잉카인이 고기를 얻는 가축은 작은 꾸이(모르모토)밖에 없었다. 그러하니 그들도 절대적으로 부족한 고기 자원을 농작물로 대체하거나, 아니면 인구의 수를 줄여야 생존이 가능했다. 인류학자들에 의하면, 마야, 아즈텍, 잉카의 문명은 거리가 많이 떨어져 있어 교류한 적이 없다고 한다. 잉카도 인신 공양을 행하였지만, 아즈텍처럼 희생물을 먹지 않았다는 차이가 그 때문인지 모르겠다.

잉카의 멸망원인

1532년, 스페인의 프란시스코 피사로와 그의 부하 168명이 도착한 지 3년 만에 잉카는 결정적인 전투에서 지고 말았다. 당시 잉카의 아타후알파 왕(1532~33)은 와이나까박 왕(1493~1527)과 그 후궁의 아들이었다. 그는 제2의 수도 끼토에서 쿠데타를 일으켜 선왕이자 이복형인 12대 우아스카르 왕을 폐위시켰다. 그는 어릴 때부터 아버지 와이나까박을 따라 각종 전투에 참여한 경험이 많은 사람이었다. 1532년 11월 16일, 수만 명의 잉카 군사는 스페인 정복자 168명에게 2시간 만에 패하고 그도 생포되었다. 쇠로 만든 창과 칼, 총은 없었지만, 활과 돌로 만든 무기가 있었고, 용감무쌍한 수만의 전사가 있었다.

잉카인은 최고의 신인 태양신을 모셨지만, 바다 건너에 다른 인간족이 있으리라고는 생각하지 못했다. 아버지 와이나까박 왕이 죽으면서 유언을 남기기를, "아주 강력한 힘을 가진 족속이 조만간 나타나면 절대 이길 수 없으니 무조건 복종하라"고 하였단다. 그 후 생전 보지도 못한 백색인과 말馬이 나타났다. 높은 코에 하얀 얼굴의 사람들을 자기들이 숭배한 신화 속 뷔라꼬차 신이라고 믿어 의심치 않았다. 잉카인은 서양인을 흰 피부의 뿔 없는 사슴을 타고, 천둥소리가 나는 막대기를 들었다고 묘사하였다. 뿔 없는 사슴은 말이었고, 천둥소리가 나는 막대기는 총이었다. 스페인 군인이 쏘는 총과 대포 소리를 공포의 대상이면서 하나의 신으로 착각한 것이다. 훗날 이들이 신이 아니라는 사실을 알게 되었지만, 그것은 침략자에 적절하게 대처하지 못한 이유의 하나였다.

왕의 생포는 잉카 제국의 붕괴였고, 원주민의 몰락으로 이어졌다. 아타후알파는 스페인 군인들이 자기 땅에 있는 금을 거두어 가는 것을 보고는, 살려준다면 두 달 안에 큰 방을 금으로 채워주고, 다른 두 개의 방은 은으로 채워주겠다고 약속하였다. 오늘날 페루 북쪽 까하마르까에는 아타후알파가 제시한 '몸값의 방'이 있는데, 그 크기가 6.7×5.2×2.8m라고 하니 금의 물량이 얼마나 엄청난지 알 수 있다. 스페인인들은 아타후알파를 화형에 처하려 했지만, 잉카인들이 몸이 불에 타면 이 세상에 다시 오지 못한다고 믿었기 때문에 화형을 면하는 대신 세례를 받아 기독교인이 되게 한 후 그의 목을 잘랐다고 한다. 이것이 잉카의 패망기록이다.

그래도 잉카 제국이 구대륙과 겨루어 멸망하게 된 더 큰 원인이 있었을 것이다. 당시 신대륙은 오늘날의 식량류의 50% 이상을 차지하는 원산지였다. 다시 말해 500년 전 구대륙 사람들은 옥수수, 감자는 물론이고 커피와 담배를 구경도 못했다. 잉카는 자기들의 글자가 있었고, 달력, 금속제 도구, 석조건물 축조 기술이 발달하였다. 인구는 1천 200만 명이었다. 서로 교류가 없었던 마야·아즈텍 문화와 잉카문화에서 공통점이 있다면 전쟁으로 획득한 포로를 잔인하게 학살하거나 산 제물로 신께 바쳤다는 점이다. 그들이 구대륙과 충돌하여 멸망한 이유는 학자마다 견해가 약간 다르나, 식량, 고기, 단백질 자원이 부족하였고, 선순환할 수 있는 가축이 없었다는 점은 의견을 같이한다.

유럽, 아프리카, 아시아 대륙에서는 일을 시키거나 잡아먹을 수 있는 소, 말, 돼지, 양, 염소, 낙타, 기린, 코끼리 같은 대형 동물이 있었지만, 마야와 아즈텍에는 개와 칠면조만 있었고, 이는 단위 동물이라 인간과 먹이를 놓고 경쟁하는 사이였다. 잉카에는 길들이지 못한 라마와 알파카밖에 없었다. 가축화해 수레를 끌 동물이 없어 바퀴 문화도 없었다. 바퀴는 끌고, 당기고, 올리고, 이동하는 힘을 효율적이게 하는 도구이다. 잉카에서는 라마의 등에만 짐을 실어 나를 수밖에 없었고, 동물의 종류가 한정되어 가축화가 불가능해 단백질이 상시 부족하였다.

제국의 권력자는 인구를 조절하고 식량을 획득하기 위해 전쟁을 벌이거나 가임 여성과 유아를 살해하는 방식을 택했다. 기술이 발달하였음에도 불구하고 몇 종 안 되는 동물의 가축화 실패, 수레와 철기 문화의 부재 때문에 멸망한 것이다. 그 결과 1,900여 만의 원주민이 침략자에 의해 사라졌고, 남은 다수는 서양인과 피를 섞어 혼혈아를 낳았다. 그들 대부분은 산간에서 이민족처럼 생존을 이어가고 있다. 잉카의 멸망에 고기라는 인간의 원초적 욕망을 해결해주는 가축의 부재가 한몫하고 있음을 부인하기란 쉽지 않다.

참고문헌

권병조, 2003, 『잉카 속으로』, 풀빛.

그레이엄 로턴, 2017, 『거의 모든 것의 기원』, 프리텍.

김안나, 2003, 『페루, 페루비안』, 평민사.

김정희, 2007, 『성서 속의 음식』, 효일.

난 멜링거, 2002, 『고기 - 욕망의 근원과 변화』, 해바라기.

데이비드, 싱클레어, 매슈 러플랜트. 2020, 『노화의 종말』, 부키.

마그리트 유르스나르, 2008, 『하드리아누스 회상록』(1, 2권), 민음사.

마빈 해리스, 1995, 『식인과 제왕』, 한길사.

마이클 폴란, 2008, 『잡식동물의 딜레마』, 다른세상.

마키아벨리, 2006, 『군주론』, 해누리기획.

박종구, 2017, 「개고기 식용문화에 대한 문화적 논의」, 『관광연구』 41호.

새뮤얼 헌틴턴, 1997, 『문명의 충동』, 김영사.

시오노 나나미, 2007, 『로마인 이야기』, 한길사.

안용근, 1999, 「한국의 개고기 음식에 대한 고찰」, 『한국식품영양학회지』 12호.

_____, 2000, 『한국인과 개고기』, 도서출판 효일.

_____, 2003, 「한국의 개고기 식용 정책의 개선 방향」, 『한국식품영양학회지』 16호.

애도배시오, 올가 소퍼, 제이크 페이지, 2010, 『누가 베이컨을 식탁으로 가져왔을까?』, 알마.

앨런 S. 밀러, 가나자와 사토시, 2008, 『처음 읽는 진화심리학』, 웅진씽크빅.

엔서니 에버렛, 2009, 『로마 최초의 황제 아우쿠스투스』, 다른세상.

이규태, 「개고기의 뿌리」, 조선일보 2001.11.20.

이근택, 윤요한, 정승희, 정종연, 조철훈, 허선진, 2016. 「2016 식육가공품의 안전성 평가」, 한국육가공협회 보고서.

_____________________________, 2017, 「적색육 위험성 분석 및 과학적 근거 발굴연구」, 한돈자조금 관리위원회 보고서.

이성기, 1995,「돈지와 우지에 대한 여러 향신료 oleoresin의 항산화성」,『동물자원연구』6호.
_____, 2016,『닭고기와 계란의 과학』, 유한문화사.
이성기, 김희주, 최원희, 강선문, 무흘리신, 조선재, 김천제, 2010,「시판용 춘천 닭갈비의 거래형태 및 품질조사」,『동물자원연구』21호.
이성기, 한정희, 1998,「개고기의 저장 중 지방산화에 관한 연구」,『동물자원연구』9호.
이윤기, 2002,『그리스 로마신화』,(2, 3, 4권), 웅진지식하우스.
이희훈, 2010,『닭의 백과』, 현축.
장대익, 2008,『다윈의 식탁』, 김영사.
정승희, 2007,『햄소시지 제조』, 한국육가공협회.
제레미 리프킨, 2002,『육식의 종말』, 시공사.
제인 구달, 게리 매커보이, 게일 허드슨, 2006,『희망의 밥상』, 사이언스북스.
주선태, 2011,『대한민국 돼지고기가 좋다』, 집사채.
_____, 2013,『필로 교수의 한우고기 예찬』, 집사채.
진중권, 2009,『휴먼오디세이1』, 휴먼니스트.
최종찬, 2009,「인도 무슬림의 특성」,『남아시아연구』15호.
찰스 밴 도렌, 2010,『지식의 역사』, 갈라파고스.
칼 세이건, 2017,『코스모스』, 사이언스 북스.
프레데릭 J. 시문스, 2004,『이 고기는 먹지마라 – 육식 터부의 문화사』, 돌베개.
한민정, 2018,「개고기 유통 관련법의 문제점 검토」,『유통법연구』5호.
한비야, 1996,『바람의 딸 걸어서 지구 세 바퀴 반』, 금토.
한석현, 1996,『계란의 과학과 그 이용』, 선진문화사.
할 헤르조그, 2011,『우리가 먹고 사랑하고 혐오하는 동물들』, 살림출판사.
황익주, 1994,「향토음식 소비의 사회문화적 의미: 춘천 닭갈비 사례」,『한국문화인류학』26호.

농촌진흥청 국립농업과학원, 2016, 〈국가표준식품성분표〉(1, 2).
보건복지부, 2020, 〈한국인 영양소 섭취기준〉.
보건복지부, 한국영양학회, 2015, 〈한국인 영양소 섭취기준〉.
춘천시 농업기술센터, 2004, 〈닭갈비 유래공고 결과〉.

Allison Aubrey. 2014. 3. 31. Rethinking fat: The case for adding some into your diet. npr news. https://www.npr.org.

Bouvard V. 등. 2015. Carcinogenicity of consumption of red and processed meat. Lancet Oncol. 16:1599.

Breslow, Jan L. 2006. n-3 fatty acids and cardiovascular disease. Am J Clin Nutr, doi:10.1093/ajcn/83.6.1477S.

Carr, P.R. 등. 2015. Meat subtypes and their association with colorectal cancer: Systematic review and meta-analysis. International J Cancer. https://doi.org/10.1002/ijc.29423.

Chae, B.J. 등. 2002. Rancid rice bran affects growth performance and pork quality in finishing pigs. Asian-Aust. J. Anim. Sci. 15(1):94.

Chan D.S. 등. 2011. Red and processed meat and colorectal cancerIncidence: meta-analysis of prospective studies. doi: 10.1371/journal.pone.0020456.

Czerwonka, M. 등. 2017. Iron in red meat−friend or foe. Meat Sci. 123:157.

Devje, S. 2021. 11. 5. A meaty debate: Can meat fit into a healthy diet?−Medically reviewed by Kim Rose RDN, CDCES, CNSC, LD, Nutrition.

Enser, M. 등. 1996. Fatty acid content and composition of English beef, lamb and pork at retail. Meat Sci. 42(4):443.

Farouk, M.M. 등. 2014. Halal and kosher slaughter methods and meat quality: A review. Meat Sci. 98:505.

Farouk, M.M. 등. 2016. Industrial halal meat production and animal welfare: A review. Meat Sci. 120:60.

Geiker, N.R.W. 등. 2021. Meat and human health−Current knowledge and research gaps. Foods 10(7):1556.

González-Domínguez, R. 등. 2020. Fatty acid profiling for the authentication of Iberian hams according to the feeding regime. 2020, 9,149. doi:10.3390/foods9020149.

Huang, Xi. 등. 2019. Lipid oxidation and its implications to meat quality and human health. Food Sci. Biotechnol. 28(5):1275.

Husted, K.S., 등. 2016. The importance of n-6/n-3 fatty acids ratio in the major depressive disorder. Medicina 52(3):139.

IFT Newsletter. 2014. 10. 29. Institute of Food Technologists. https://www.ift.org

IFT Newsletter. 2019. 3. 12. Institute of Food Technologists. https://www.ift.org

Kris-Etherton P.M. 등. 1999. High-monounsaturated fatty acid diets lower both plasma cholesterol and triacylglycerol concentrations. Am. J. Clin. Nutr. 70:1009.

Leistner, L. 1986. Allgemeines uber rohwurst. Fleischwirtshaft 66:290.

Liu, R. 등. 2017.10. What is meat in China? Animal Frontiers 7(4):53.

Matt Stiles. 2015. 4. 8. In Korea, Spam isn't junk meat-It's a treat. The NPR daily newsletter. USA.

Meslier, V. 등. 2020. Mediterranean diet intervention in overweight and obese subjects lowers plasma cholesterol and causes changes in the gut microbiome and metabolome independently of energy intake. Gut 69:1258.

Nakyinsige, K. 등. 2012. Halal authenticity issues in meat and meat products. Meat Sci. 91:207.

Pfalzgraf, A. 등. 1994. Content of trans-fatty acids in food. Z Ernahrungswiss 33(1):24.

Proctor, D.N. 등. 1995. Oxidative capacity of human muscle fiber types: effects of age and training status. J. Appl. Physiol.(1985) 1995. 6. 78(6):2033.

Richi, E.B. 등. 2015. Health risks associated with meat consumption: A review of epidemiological studies. Int J Vitam Nutr Res. 85(1-2):70.

Sandoval-Insausti, H. 등. 2016. Macronutrients intake and incident frailty in older adults: A prospective cohort study. J. Gerontol. Ser. 71(10):1329.

Sobal, J. 등. 1989. Socioeconomic status and obesity: A review of the literature. Psychological Bulletin. 105(2):260.

Torrejon, C, 등. 2007. n-3 Fatty acids and cardiovascular disease: Actions and molecular mechanisms. Prostaglandins, Leukotrienes and Essential Fatty Acids. 77(5-6):319.

Utama, Dickey Tri. 등. 2018. Blood profile and meat quality of Holstein-Friesian steers finished on total mixed ration or flaxseed oil-supplemented pellet mixed with reed canary grass haylage. Animal 12(2):426.

Vahmani, P. 등. 2015. The scope for manipulating the polyunsaturated fatty acid content of beef: A review. J. of Animal Science and biotechnology 6:29. DOI:10.1186/s40104-015-0026-z.

Vahmani, P. 등. 2020. Bioactivity and health effects of ruminant meat lipids. Invited Review. Meat Sci. 165, 108114.

Valenzuela, P.L. 등. 2019. Does beef protein supplementation improve body composition and exercise performance? A systematic review and meta-analysis of randomized controlled trials. Nutrients 11:1429.

Van Elswyk, M.E. 등. 2014. Impact of grass/forage feeding versus grain finishing on beef nutrients and sensory quality: The U.S. experience. Meat Sci. 96(1):535.

Wang W. 등. 2012. Traditional meat products from China and their optimization by means of hurdle technology. Fleischwirtschaft [1994] 74: v1135-1145(11).

Ward, H.A. 등. 2016. Pre-diagnostic meat and fibre intakes in relation to colorectal cancer survival in the European prospective investigation into cancer and nutrition. Br. J. Nutr. 116:316.

Watts, G.F. 등. 1988. Effective lipid lowering diets including lean meat. British Medical J. 296(1):235.

Yang, J. 등. 2015. Effect of conjugated linoleic acid on blood pressure: A meta-analysis of randomized, double-blind placebo-controlled trials. Lipids Health Dis. DOI: 10.1186/s12944-015-0010-9.

Zheng J.S. 등. 2013 6. Intake of fish and marine n-3 polyunsaturated fatty acids and risk of breast cancer: meta-analysis of data from 21 independent prospective cohort studies. British Medical Journal 346. f3706. doi:10.1136/bmj.f3706.

Zhou, G.H. 등. 2007. Biochemical changes during processing of traditional Jinhua ham. Meat Sci. Sep. 77(1):114.